入試
『解き方を
さずける
問題集
数学
谷津綱一
KADOKAWA

はじめに

高校入試は公立高校と私立高校の両者を併願する受験生がほとんどでしょう。そうなると必然的に，そのどちらの特徴も頭に置きながら学習していくことになります。

数学で断っておきたいのは，国私立高校の入試問題は，公立高校の入試問題より，たくさんの知識を必要とすることです。たとえば偏差値70の公立トップ校を目指して学習していれば，偏差値50の私立高校の問題が容易に解けるのかといえば，そうではありません。国私立高校にはそれ特有の出題があるからです。もし公立高校入試の問題しか見たことのない受験生がいざ私立高校の問題を眺めると，まったくの別世界に引きずり込まれた感覚に驚くでしょう。手堅く得点する公立入試に対して，国私立入試は挑戦を迎え撃つ雰囲気を持っているからです。

その対策としての本書は，公立入試の延長線上に私立入試をとらえる，この道案内にチャレンジします。本書のそれぞれの単元に置かれた導入部分は公立入試をターゲットとします。そして，徐々にその解法に肉付けしていくことで，最終目的地の私立入試にたどり着こうという構成です。いうなれば，公立入試と私立入試を解法から結び付ける1冊に仕上げました。

公立と私立の併願者はもちろんのこと，どちらにするか志望を迷っている受験生にも無理のない理解が可能です。

最後になりますが，今回もKADOKAWA教育編集部の角田顕一朗様に大変にお世話になりました。ここに謝意を表したいと思います。

谷津　綱一

本書の特長と使い方

▶ 本書の全体構成

本書は分野別・単元別に31のテーマに分けています。

どの章から進めていってもよいですが，**第２章「平面図形」の知識はそれ以降も引き継ぐので，第２章には必ず目を通してください。**

第１章　計算
第２章　平面図形
第３章　関数
第４章　立体図形
第５章　発展内容

▶ 各単元の進め方

各単元は，大きく次の４つで構成されています。

01 ここでのテーマ
02 合格のための視点
03 例題　※例題の中で「避けたい失敗例」「ワザあり」というコーナーもあります
04 入試問題演習

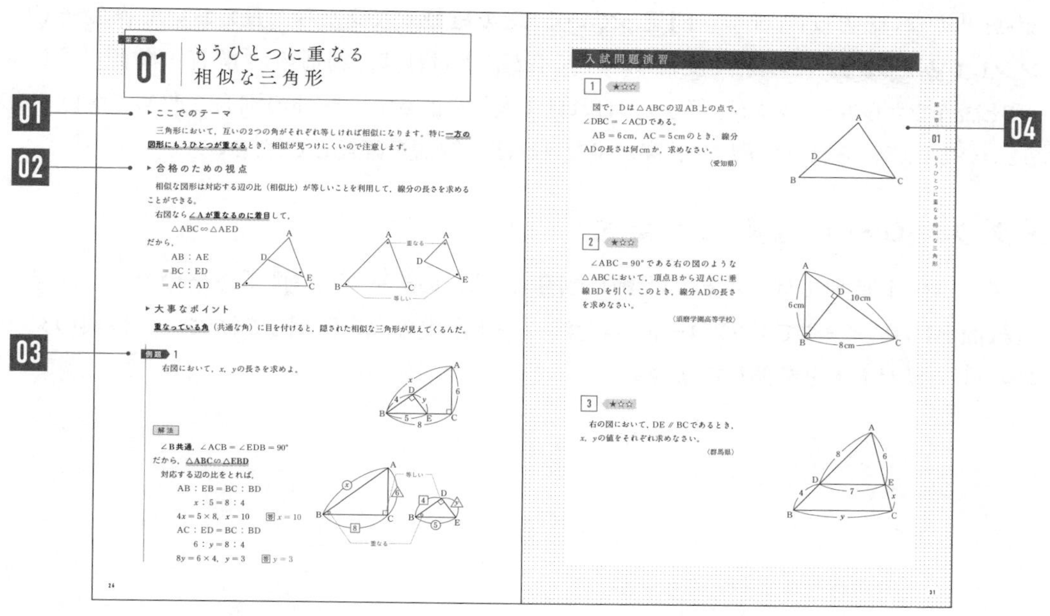
第２章

01 もうひとつに重なる相似な三角形

▶ ここでのテーマ

三角形において，互いの２つの角がそれぞれ等しければ相似になります。特に**一方の図形にもうひとつが重なる**とき，相似が見つけにくいので注意します。

▶ 合格のための視点

相似な図形は対応する辺の比（相似比）が等しいことを利用して，線分の長さを求めることができる。

右図なら**∠Aが重なるのに着目**して，

△ABC ∽ △AED

だから，

AB：AE
＝BC：ED
＝AC：AD

▶ 大事なポイント

重なっている角（共通な角）に目を付けると，隠された相似な三角形が見えてくるんだ。

例題 1

右図において，x，yの長さを求めよ。

解法

∠B共通，∠ACB＝∠EDB＝90°
だから，**△ABC∽△EBD**
対応する辺の比をとれば，
AB：EB＝BC：BD
x：5＝8：4
$4x=5\times8$，$x=10$　答 $x=10$
AC：ED＝BC：BD
6：y＝8：4
$8y=6\times4$，$y=3$　答 $y=3$

24

入試問題演習

1 ★☆☆

図で，Dは△ABCの辺AB上の点で，∠DBC＝∠ACDである。
AB＝6cm，AC＝5cmのとき，線分ADの長さは何cmか，求めなさい。
〈愛知県〉

2 ★☆☆

∠ABC＝90°である右の図のような△ABCにおいて，頂点Bから辺ACに垂線BDを引く。このとき，線分ADの長さを求めなさい。
〈須磨学園高等学校〉

3 ★☆☆

右の図において，DE // BCであるとき，x，yの値をそれぞれ求めなさい。
〈群馬県〉

第２章 01 もうひとつに重なる相似な三角形

31

まず，01「ここでのテーマ」には，この単元で何を学ぶかが書かれています。

つづいて02「合格のための視点」に目を通しましょう。**単元で学ぶ具体的な知識や情報が書かれています。本書ではここが最も大切といえます。その中でも特に強調したい事柄は大事なポイントにまとめています。絶対に読み飛ばさないでください。**

それでは実際に03「例題」を解いていきましょう。ここでは，重要事項が問題中にどのように潜むかあるいは試されるか，これが順を追って理解できます。すぐに解説を読むのではなく，自力でどれぐらい解き進められるかできるだけ粘ってみましょう。どうしてもわからなければ解説を読みながら，それに沿って自分の手を動かしていきましょう。**本書は「例題を解きながら力をつける」ことを重視しているので，例題はできるまで何度も何度もチャレンジしましょう。**

最後に04「入試問題演習」にもチャレンジしましょう。**公立入試の典型的な問題から国私立入試特有の問題へとステップアップしていきます。**もちろんすぐには手が出ないかもしれませんから，入試直前期の演習問題として利用するのもひとつの方法です。

高校入試問題へ手が出なければ再度「例題」へ戻ることをおすすめします。

▶例題や入試問題演習を解くときの注意点

いきなり本書の図形や余白に文字や数字を書き込んでしまうと，繰り返し学習することができなくなります。ですから，**図をノートに写して，計算もノートにするとよいでしょう。**

図はノートの４分の１から半分ぐらいの大きさがわかりやすくていいです。図は大きめに描きましょう。コピーをとって図をノートに貼りつける方法はあまりおすすめしません。やはり図は自分で描けるようになってほしいからです。

また，正解や不正解のチェック（答え合わせ）ですが，正答を赤ペンで書き込む作業はあまり意味がないと思っています。**間違っていることの確認ができたら，日をおいて再度チャレンジしてみましょう。**その際，1度目にまったく手が出なければ，別冊の「解答・解説」をしっかりと読んでから再チャレンジ，そうでなければ１度目を消さずにノートの別頁に改めて解いてみるといいでしょう。それでも正しい正答が出なければ，解説を確認してください。

▶ダウンロード特典について

ダウンロード特典では，本書に掲載した01「ここでのテーマ」，02「合格のための視点」の紙面をPDFデータでダウンロードできます。ノート作成の際に活用してください。特典のダウンロード方法はP.8を参照してください。

▶本書に掲載している入試問題の出題都道府県・出題校一覧

本書では次のような，都道府県・国私立高校の入試問題を掲載しています。

北海道	島根県
青森県	岡山県
岩手県	広島県
宮城県	香川県
秋田県	高知県
山形県	福岡県
茨城県	長崎県
栃木県	熊本県
群馬県	大分県
埼玉県	宮崎県
千葉県	沖縄県
東京都	
神奈川県	
新潟県	
富山県	
石川県	
山梨県	
岐阜県	
静岡県	
愛知県	
三重県	
京都府	
奈良県	
和歌山県	
鳥取県	

愛光高等学校	滝高等学校
江戸川学園取手高等学校	帝京八王子高等学校
大阪教育大学附属高等学校平野校舎	帝塚山高等学校
大阪星光学院高等学校	桐蔭学園高等学校
岡山白陵高等学校	東海高等学校
開智高等学校	東海大学付属浦安高等学校
鎌倉学園高等学校	東京工業大学附属科学技術高等学校
関西大倉高等学校	桐光学園高等学校
共立女子第二高等学校	桐朋女子高等学校
弘学館高等学校	トキワ松学園高等学校
國學院大學久我山高等学校	奈良大学附属高等学校
札幌光星高等学校	西大和学園高等学校
四天王寺高等学校	日本大学習志野高等学校
修道高等学校	日本大学第三高等学校
城西大学附属城西高等学校	白陵高等学校
城北高等学校	東福岡高等学校
昭和学院秀英高等学校	福岡大学附属大濠高等学校
巣鴨高等学校	法政大学高等学校
須磨学園高等学校	明治学院高等学校
駿台甲府高等学校	明治学院東村山高等学校
青雲高等学校	明治大学付属明治高等学校
成蹊高等学校	明星高等学校
成城学園高等学校	山手学院高等学校
清風高等学校	洛南高等学校
専修大学附属高等学校	

※学校名は五十音順

Contents

はじめに 2
本書の特長と使い方 3
特典のダウンロード方法 8

第1章 計算

テーマ1 共通因数でくくる因数分解 10
テーマ2 工夫する平方根の計算 12
テーマ3 求値計算 15
テーマ4 根号を外し整数にする 18
テーマ5 方程式の未定係数の決定 22

第2章 平面図形

テーマ1 もうひとつに重なる相似な三角形 26
テーマ2 平行線の間にできる向かい合う相似な三角形 33
テーマ3 平行線と線分の比 40
テーマ4 三角形の面積比 44
テーマ5 三平方の定理と相似の融合 54
テーマ6 特別角の利用 63
テーマ7 円と角の大きさの関係 69
テーマ8 円の直径が作る角度に着目 74
テーマ9 円内の回転系合同や回転系相似 84
テーマ10 中点連結定理 88

第3章 関数

テーマ1 座標平面上の図形 92

テーマ2 座標平面上の面積 104

テーマ3 面積を分ける直線と座標 112

テーマ4 等積変形 119

テーマ5 座標平面上の反射と最小 129

第4章 立体図形

テーマ1 立体図形の長さや面積 132

テーマ2 すい体の体積 140

テーマ3 すい体の体積比 147

テーマ4 空間内の長さや比 152

テーマ5 円すいや結んだ最短経路 157

第5章 発展内容

テーマ1 平行線の利用 164

テーマ2 平行四辺形内に引く補助線 166

テーマ3 正方形内で直交する線分 168

テーマ4 不等辺三角形の高さや面積 170

テーマ5 平行四辺形の面積二等分 172

テーマ6 すい台の体積 174

特典のダウンロード方法

本書をご購入いただいた方への特典として，本書に掲載している「ここでのテーマ」，「合格のための視点」のPDF データを無料でダウンロードすることができます。記載されている注意事項をよくお読みになり，ダウンロードページへお進みください。下記のURLへアクセスいただくと，データを無料でダウンロードできます。「特典のダウンロードはこちら」という一文をクリックして，ユーザー名とパスワードをご入力のうえダウンロードし，ご利用ください。

https://www.kadokawa.co.jp/product/322204001027/

ユーザー名：sazukeru_math
パスワード：sazukeru_31

注意事項

- パソコンからのダウンロードを推奨します。携帯電話・スマートフォンからのダウンロードはできません。
- ダウンロードページへのアクセスがうまくいかない場合は，お使いのブラウザが最新であるかどうかご確認ください。また，ダウンロードする前に，パソコンに十分な空き容量があることをご確認ください。
- フォルダは圧縮されていますので，解凍したうえでご利用ください。
- なお，本サービスは予告なく終了する場合がございます。あらかじめご了承ください。

本書に掲載している入試問題について

- 本書に掲載している入試問題の解説は，著者が作成した本書独自のものです。
- 本書に掲載している入試問題の解答は，基本的に，学校・教育委員会が発表した公式解答ではなく，本書独自のものです。
- 一部の入試問題の表現・小問の数・図などを、元の問題から変更している場合がありますが，問題の主旨を変更するものではありません。改題，省略などをした問題は，出典の部分に変更の旨を記載しています。
- 入試問題以外の例題などは，著者が作成した本書独自のものです。

装　丁／上坊菜々子
編集協力／島田晋也
校　正／宮本和直
組版・図版／株式会社フォレスト

第1章

計算

テーマ 1　共通因数でくくる因数分解　10

テーマ 2　工夫する平方根の計算　12

テーマ 3　求値計算　15

テーマ 4　根号を外し整数にする　18

テーマ 5　方程式の未定係数の決定　22

第1章

01 共通因数でくくる因数分解

▶ ここでのテーマ

因数分解には多くのパターンがあり，特に重要なのは**共通因数でくくる**タイプです。

▶ 合格のための視点

共通因数を見落とさないようにすること。また別の文字に置き換えてから，**共通因数でくくる**ものもある。

例題 1

次の式を因数分解せよ。

(1) $ax + bx + cx$　　(2) $x^2y + 5xy + 6y$　　(3) $2a^2b - 8b^3$

解法

(1) xが**共通因数**　答 $x(a + b + c)$

(2) yが**共通因数**　$x^2y + 5xy + 6y = \boxed{y}(x^2 + 5x + 6) = y(x + 2)(x + 3)$　（$\boxed{y}$：共通因数）

答 $y(x + 2)(x + 3)$

(3) $2b$が**共通因数**　$2a^2b - 8b^3 = \boxed{2b}(a^2 - 4b^2) = 2b(a - 2b)(a + 2b)$　（$\boxed{2b}$：共通因数）

※このように中学数学では因数2をくくり出すことになっている

答 $2b(a - 2b)(a + 2b)$

例題 2

次の式を因数分解せよ。

(1) $a(x + 4) - b(x + 4)$　　(2) $(a + b)^2 - 2(a + b)$

解法

(1) $(x + 4) = A$ **と置く**と，$aA - bA = \boxed{A}(a - b)$，$A$を戻す　（$\boxed{A}$：共通因数）　答 $(x + 4)(a - b)$

(2) $(a + b) = A$ **と置く**と，$A^2 - 2A = \boxed{A}(A - 2)$，$A$を戻す　（$\boxed{A}$：共通因数）　答 $(a + b)(a + b - 2)$

例題 3

$ab - 3a + 2b - 6$を因数分解せよ。

解法

$ab - 3a$，$2b - 6$を**かたまり**とみると，$(ab - 3a) + (2b - 6) = a(b - 3) + 2(b - 3)$

$(b - 3) = A$ **と置く**と，$aA + 2A = A(a + 2)$，Aを戻して，　答 $(b - 3)(a + 2)$

ワザあり

$ab + 2b$, $-3a - 6$をかたまりとみて,

$(ab + 2b) + (-3a - 6) = b(a + 2) - 3(a + 2)$としてもよい。

避けたい失敗例

共通因数でくくることを忘れていた。／(　　)内が同じ形になっていることに気づかずに，展開してまとまらなかった。／かたまりがみえなかった。

入試問題演習

1

次の因数分解をせよ。

★☆☆ (1) $2x^2 - 32$

〈千葉県〉

★☆☆ (2) $3ab^2c + 18ac - 15abc$

〈開智高等学校〉

★☆☆ (3) $(x + 6)^2 - 5(x + 6) - 24$

〈神奈川県〉

★☆☆ (4) $(x + y)^2 + 7(x + y) + 12$

〈長崎県〉

★★☆ (5) $xy - 6x + y - 6$

〈香川県〉

★★☆ (6) $a^2 + 2ab + b^2 + 3a + 3b$

〈桐光学園高等学校〉

★★☆ (7) $x^2 - 6xy + 9y^2 + 3x - 9y + 2$

〈江戸川学園取手高等学校〉

第1章

02 工夫する平方根の計算

▶ ここでのテーマ

平方根の計算では，式を簡略化して間違いを減らす工夫を凝らしましょう。

▶ 合格のための視点

㋐公約数でくくる

$\sqrt{18}\times\sqrt{6}=\boxed{\sqrt{6}}\times\sqrt{3}\times\sqrt{6}=\sqrt{6}\times\sqrt{6}\times\sqrt{3}=6\sqrt{3}$ と計算する（公約数）

$\sqrt{6}+\sqrt{8}=\boxed{\sqrt{2}}(\sqrt{3}+\sqrt{4})=\sqrt{2}(\sqrt{3}+2)$ とみる（公約数）

㋑分子に根号をつけて有理化

$\dfrac{6}{\sqrt{3}}=\dfrac{\boxed{\sqrt{36}}}{\sqrt{3}}=\sqrt{12}=2\sqrt{3}$ と計算する（分子に根号をつける）

㋒無理数で通分する

$\dfrac{1}{\sqrt{3}}+\dfrac{1}{\sqrt{2}}=\dfrac{\sqrt{2}}{\boxed{\sqrt{3}\times\sqrt{2}}}+\dfrac{\sqrt{3}}{\boxed{\sqrt{2}\times\sqrt{3}}}=\dfrac{\sqrt{2}+\sqrt{3}}{\sqrt{6}}$ とみる（通分する）

▶ 大事なポイント

公約数でくくること。有理数に根号をつけること。この2つの操作を効果的に使うといいんだ。

例題 1

次の計算をせよ。

(1) $\dfrac{10}{\sqrt{5}}-\sqrt{20}$　　(2) $\sqrt{\dfrac{1}{2}}+\dfrac{4}{\sqrt{2}}$　　(3) $\sqrt{24}\times\sqrt{8}\times\sqrt{6}$

解法

(1) ㋑を利用する。

$\dfrac{\sqrt{100}}{\sqrt{5}}-\sqrt{20}=\sqrt{20}-\sqrt{20}=0$（分子に根号をつける）　答 0

(2) ㋒を利用する。

$\sqrt{\dfrac{1}{2}}+\dfrac{4}{\sqrt{2}}=\dfrac{1}{\sqrt{2}}+\dfrac{4}{\sqrt{2}}=\dfrac{5}{\sqrt{2}}=\dfrac{5\sqrt{2}}{2}$　答 $\dfrac{5\sqrt{2}}{2}$

(3) ㋐を利用する。

$$\underline{\sqrt{24}} \times \sqrt{8} \times \underline{\sqrt{6}} = \underline{\sqrt{8} \times \sqrt{3}} \times \sqrt{8} \times \underline{\sqrt{3} \times \sqrt{2}}$$
$$= \sqrt{8} \times \sqrt{8} \times \sqrt{3} \times \sqrt{3} \times \sqrt{2} = 8 \times 3 \times \sqrt{2} = 24\sqrt{2}$$

答 $24\sqrt{2}$

例題 2

次の計算をせよ。

(1) $(\sqrt{18} - \sqrt{12})^2$　　(2) $(\sqrt{2} + 1)(\sqrt{6} - \sqrt{3})$

解法

(1) ㋐を利用する。

公約数

$$(\sqrt{18} - \sqrt{12})^2 = \{\boxed{\sqrt{6}}(\sqrt{3} - \sqrt{2})\}^2 = (\sqrt{6})^2(\sqrt{3} - \sqrt{2})^2$$
$$= 6(\sqrt{3} - \sqrt{2})^2 = 6(3 - 2\sqrt{6} + 2) = 6(5 - 2\sqrt{6}) = 30 - 12\sqrt{6}$$

答 $30 - 12\sqrt{6}$

(2) ㋐を利用する。

公約数

$$(\sqrt{2} + 1)(\sqrt{6} - \sqrt{3}) = (\sqrt{2} + 1) \times \boxed{\sqrt{3}}(\sqrt{2} - 1)$$
$$= \sqrt{3}\underline{(\sqrt{2} + 1)(\sqrt{2} - 1)} = \sqrt{3} \times \underline{1} = \sqrt{3}$$

答 $\sqrt{3}$

ワザあり

$(\sqrt{a} \pm \sqrt{b})^2 = (\sqrt{a})^2 \pm 2\sqrt{a}\sqrt{b} + (\sqrt{b})^2 = a \pm 2\sqrt{ab} + b$

$(\sqrt{a} + \sqrt{b})(\sqrt{a} - \sqrt{b}) = (\sqrt{a})^2 - (\sqrt{b})^2 = a - b$

これらはよく使われるので，すぐに頭の中で計算できるようにしておく。

避けたい失敗例

型どおりの有理化をしたら，約分を誤ってしまった。／

掛け算で工夫しなかったら，数が大きくなり計算ミスをしてしまった。

入試問題演習

1

次の計算をせよ。

★☆☆ (1) $\sqrt{18}-\dfrac{10}{\sqrt{2}}$

〈山形県〉

★☆☆ (2) $\sqrt{32}+2\sqrt{3}\div\sqrt{6}$

〈石川県〉

★☆☆ (3) $\dfrac{3}{\sqrt{2}}-\dfrac{2}{\sqrt{8}}$

〈愛知県〉

★☆☆ (4) $\sqrt{14}\times\sqrt{7}-\sqrt{8}$

〈北海道〉

★☆☆ (5) $(\sqrt{10}+\sqrt{5})(\sqrt{6}-\sqrt{3})$

〈愛知県〉

★★☆ (6) $\left(\dfrac{6}{\sqrt{3}}-\sqrt{18}\right)\left(\sqrt{12}+\dfrac{6}{\sqrt{2}}\right)$

〈福岡大学附属大濠高等学校〉

★★☆ (7) $(\sqrt{24}-2\sqrt{3})\div\sqrt{6}+\sqrt{2}(\sqrt{18}-\sqrt{32})$

〈國學院大學久我山高等学校〉

★★★ (8) $\dfrac{3\sqrt{8}}{\sqrt{3}}-\dfrac{(\sqrt{12}+\sqrt{2})^2}{2}$

〈成蹊高等学校〉

★★☆ (9) $(\sqrt{2}+1)^2-5(\sqrt{2}+1)+4$

〈神奈川県〉

第1章

03 求値計算

▶ ここでのテーマ

整理した文字式に数値を代入し計算します。文字式の計算と数値の代入という2つの要素が合わさることで，計算ミスが起こりやすいと言えます。

▶ 合格のための視点

そのままの式に数値を代入するのではなく，できるだけ**文字を減らしてから代入**することで数値計算をより正確にできる。

例題 1

$x=-3$のとき，次の式の値を求めよ。

(1) $-15x\div(-3)$　　(2) $\dfrac{1}{4}x-\dfrac{3}{5}x$

解法

まず**文字式の計算**をする。

(1) 与式$=\dfrac{-15x}{-3}=5x$

この式のxに値を代入して，

$5\times\boxed{(-3)}=-15$ （代入）　答 -15

(2) 与式$=\dfrac{5}{20}x-\dfrac{12}{20}x=-\dfrac{7}{20}x$

この式のxに値を代入して，

$-\dfrac{7}{20}\times\boxed{(-3)}=\dfrac{21}{20}$ （代入）　答 $\dfrac{21}{20}$

例題 2

$a=\dfrac{2}{3}$，$b=-\dfrac{1}{2}$のとき，次の式の値を求めよ。

(1) $4(a+3b)-(a-4b)$　　(2) $12a^2b^2\div(-2a)$

解法

まず**文字式の計算**をする。

(1)　　与式 $= 4a + 12b - a + 4b = 3a + 16b$

この式の a と b に値を代入して，

代入

$$3 \times \boxed{\frac{2}{3}} + 16 \times \left(\boxed{-\frac{1}{2}}\right) = 2 - 8 = -6$$　答 -6

(2)　　与式 $= \dfrac{12a^2b^2}{-2a} = -6ab^2$

この式の a と b に値を代入して，

$$-6 \times \boxed{\frac{2}{3}} \times \left(\boxed{-\frac{1}{2}}\right)^2 = -6 \times \frac{2}{3} \times \frac{1}{4} = -1$$　答 -1

代入

例題 3

$a = \sqrt{2} + 1$，$b = \sqrt{2} - 1$ のとき，次の式の値を求めよ。

(1)　$a^2 + 2ab + b^2$　　(2)　$a(b+2) - (b+2)$

解法

まず**因数分解**する。

(1)　　与式 $= (a+b)^2$

この式の a と b に値を代入して，

代入

$$\{(\boxed{\sqrt{2}+1}) + (\boxed{\sqrt{2}-1})\}^2 = (2\sqrt{2})^2 = 8$$　答 8

(2)　　与式 $= (a-1)(b+2)$

この式の a と b に値を代入して，

代入

$$\{(\boxed{\sqrt{2}+1}) - 1\}\{(\boxed{\sqrt{2}-1}) + 2\} = \sqrt{2}(\sqrt{2}+1) = 2 + \sqrt{2}$$　答 $2 + \sqrt{2}$

避けたい失敗例

式を簡単にしたり因数分解したりせずに値を代入したら，計算が複雑になった。／慌てて代入せずに，どうしたら効率的かもっと考えるべきだった。

ワザあり

$(\sqrt{2}+1)(\sqrt{2}-1) = (\sqrt{2})^2 - 1^2 = 2 - 1 = 1$，

$(\sqrt{5}+2)(\sqrt{5}-2) = (\sqrt{5})^2 - 2^2 = 1$ などの計算は，暗算でできるとよい。

入試問題演習

1

次の各問に答えよ。

★☆☆ **(1)** $x = \frac{1}{5}$，$y = -\frac{3}{4}$のとき，$(7x - 3y) - (2x + 5y)$の値を求めよ。

〈京都府〉

★☆☆ **(2)** $x = -2$，$y = 3$のとき，$(2x - y - 6) + 3(x + y + 2)$の値を求めなさい。

〈群馬県〉

★☆☆ **(3)** $a = 4$のとき，$6a^2 \div 3a$の値を求めなさい。

〈広島県〉

★☆☆ **(4)** $a = 3$，$b = -2$のとき，$2a^2b^3 \div ab$の値を求めなさい。

〈宮城県〉

★☆☆ **(5)** $a = 11$，$b = 43$のとき，$16a^2 - b^2$の式の値を求めなさい。

〈静岡県〉

★★☆ **(6)** $x = \sqrt{3} + 1$，$y = \sqrt{3} - 1$のとき，$x^2 + 2xy + y^2$の値を求めよ。

〈駿台甲府高等学校〉

★★☆ **(7)** $a = 2 + \sqrt{6}$，$b = 2 - \sqrt{6}$のとき，$a^2 - b^2$の値を求めなさい。

〈日本大学第三高等学校〉

★★☆ **(8)** $a = \sqrt{2}$，$b = 1$のとき，$(3a - b)^2 - (a - 3b)^2$の値を求めよ。

〈洛南高等学校〉

04 根号を外し整数にする

▶ ここでのテーマ

根号が外れ整数になるための条件を利用し計算します。

▶ 合格のための視点

$0=\sqrt{0}$，$1=\sqrt{1}$，$2=\sqrt{4}$，$3=\sqrt{9}$，…，だから，nを0または自然数として，$n=\sqrt{n^2}$である。

▶ ワンポイントアドバイス

$\sqrt{2a}$が自然数となるような，自然数aを小さい方から3つ書く。

自然数は**0を含まない**ことに注意すれば，

$1=\sqrt{1}=\sqrt{2a}$となる自然数aはない

$2=\sqrt{4}=\sqrt{2a}$となるとき，$2a=4$より，$a=2$

$3=\sqrt{9}=\sqrt{2a}$となる自然数aはない

$4=\sqrt{16}=\sqrt{2a}$となるとき，$2a=16$より，$a=8$

$5=\sqrt{25}=\sqrt{2a}$となる自然数aはない

$6=\sqrt{36}=\sqrt{2a}$となるとき，$2a=36$より，$a=18$

以上より，$a=2$，8，18

ここで，$a=2$のとき$\sqrt{2\times2}=\sqrt{2\times2\times1\times1}=\sqrt{(2\times1)^2}$，$a=8$のとき$\sqrt{2\times8}=\sqrt{2\times2\times2\times2}=\sqrt{(2\times2)^2}$，$a=18$のとき$\sqrt{2\times18}=\sqrt{2\times2\times3\times3}=\sqrt{(2\times3)^2}$と表せる。つまり，$k$を自然数として$\sqrt{(2\times k)^2}=\sqrt{2\times \underline{2\times k\times k}}$の形になればよいから，

$a=\boxed{2\times k\times k}$とする。

ここが大事

▶ 大事なポイント

文字に値を1つずつ代入するのではなく，□ × $\boldsymbol{k}$ × $\boldsymbol{k}$という形で進めるといいんだ。

ワザあり

$\sqrt{12a}$なら$2\sqrt{3a}$のように根号を簡単に，$\sqrt{24a-32}$なら$\sqrt{8(3a-4)}=2\sqrt{2(3a-4)}$とする。

避けたい失敗例

整数なのに0を入れるのを忘れてしまった。／自然数なのに0を入れてしまった。／やみくもに数値を代入したら，かなり時間がかかってしまった。

例題 1

次の各問に答えよ。

(1) $\sqrt{24a}$ が整数となるような，整数aを小さい方から3つ書け。

(2) $\sqrt{22-6a}$ が整数となるような，自然数aをすべて求めよ。

解法

(1) $\sqrt{24a}=2\sqrt{6a}$ は整数だが，負の数になることはないから $2\sqrt{6a} \geqq 0$。

$a \geqq 0$ より，kを負でない整数として，$a=\boxed{\boldsymbol{6 \times k \times k}}$ と考える。

$k=0$ のとき $a=6\times0\times0=0$,

$k=1$ のとき $a=6\times1\times1=6$,

$k=2$ のとき $a=6\times2\times2=24$　　答 $a=0,\ 6,\ 24$

(2) $\sqrt{22-6a}=\sqrt{2(11-3a)}$ は整数だが，負の数になることはないから $\sqrt{2(11-3a)} \geqq 0$。

kを負でない整数として，$11-3a=\boxed{\boldsymbol{2\times k\times k}}$，$3a=11-2\times k\times k$ と考える。

$k=0$ のとき $3a=11-2\times0\times0=11$，aは自然数にならない。

$k=1$ のとき $3a=11-2\times1\times1=9$，$a=3$,

$k=2$ のとき $3a=11-2\times2\times2=3$，$a=1$,

$k=3$ のとき $3a=11-2\times3\times3<0$ だから，これ以降は満たさない。

答 $a=1,\ 3$

例題 2

$\sqrt{40-3a}$ が整数となるような，自然数aをすべて求めよ。

解法

$\sqrt{40-3a}=0$ のとき，$40-3a=0$，$3a=40$ だから満たさない。

$\sqrt{40-3a}=1$ のとき，$40-3a=1$，$3a=39$，$a=13$

$\sqrt{40-3a}=2$ のとき，$40-3a=4$，$3a=36$，$a=12$

$\sqrt{40-3a}=3$ のとき，$40-3a=9$，$3a=31$ だから満たさない。

$\sqrt{40-3a}=4$ のとき，$40-3a=16$，$3a=24$，$a=8$

$\sqrt{40-3a}=5$ のとき，$40-3a=25$，$3a=15$，$a=5$

$\sqrt{40-3a}=6$ のとき，$40-3a=36$，$3a=4$ だから満たさない。

$\sqrt{40-3a}=7$ のとき，$40-3a=49$，$a<0$ だから，これ以降は満たさない。

答 $a=5,\ 8,\ 12,\ 13$

例題 3

$\sqrt{\dfrac{72}{a}}$が整数となるような，自然数aをすべて求めよ。

解法

$\sqrt{\dfrac{72}{a}}=\sqrt{\dfrac{2\times 2^2\times 3^2}{a}}$が約分されるには$a$は少なくとも2の倍数。そこで$k$を自然数として，$a=\boxed{2\times \boldsymbol{k}^2}$と考える。$\sqrt{\dfrac{72}{a}}$が整数となる$k$の値を調べると，

$k=1$のとき，$a=2\times 1^2(=2)$だから，$\sqrt{\dfrac{2\times 2^2\times 3^2}{2\times 1^2}}=\sqrt{2^2\times 3^2}=\sqrt{36}=6$

$k=2$のとき，$a=2\times 2^2(=8)$だから，$\sqrt{\dfrac{2\times 2^2\times 3^2}{2\times 2^2}}=\sqrt{3^2}=\sqrt{9}=3$

$k=3$のとき，$a=2\times 3^2(=18)$だから，$\sqrt{\dfrac{2\times 2^2\times 3^2}{2\times 3^2}}=\sqrt{2^2}=\sqrt{4}=2$

$k=6$のとき，$a=2\times 2^2\times 3^2(=72)$だから，$\sqrt{\dfrac{2\times 2^2\times 3^2}{2\times 2^2\times 3^2}}=\sqrt{1^2}=\sqrt{1}=1$

答 $a=2,\ 8,\ 18,\ 72$

▶ワンポイントアドバイス

$2<\sqrt{a}<3$を満たす自然数aの値を求める。

式を平方すれば，$4<a<9$。$a=5,\ 6,\ 7,\ 8$　ここが大事

▶大事なポイント

$-3<-\sqrt{a}<-2$のときは，**マイナスを残し**，$-9<-a<-4$とするんだ。

例題 4

次の各問いに答えよ。

(1) $2<\sqrt{a}<5$を満たす自然数aはいくつあるか。

(2) $n<\sqrt{a}<n+2$を満たす自然数aが7個あるとき，自然数aをすべて求めよ。

解法

(1) 式を平方して，$4<a<25$

$a=5,\ 6,\ 7,\cdots,\ 24$。$25-4-1=20$　答 20個

(2) 式を平方して，$n^2<a<(n+2)^2$

$n^2+4n+4-n^2-1=7,\ 4n+3=7,\ 4n=4,\ n=1$

よって，$1<\sqrt{a}<3$，式を平方して，$1<a<9$

$a=2,\ 3,\ 4,\ 5,\ 6,\ 7,\ 8$　答 $a=2,\ 3,\ 4,\ 5,\ 6,\ 7,\ 8$

入試問題演習

1

次の各問に答えよ。

★★☆ (1) $\sqrt{171a}$ の値が整数となるような自然数 a のうち，小さいものから2番目の数は［　　］である。

〈東海高等学校〉

★☆☆ (2) $\sqrt{126-9n}$ が整数となるような最も小さい自然数 n を求めよ。

〈桐光学園高等学校〉

★★☆ (3) $\sqrt{96-8n}$ が自然数となるような自然数 n の個数を求めよ。

〈青雲高等学校〉

★☆☆ (4) $\sqrt{\dfrac{540}{n}}$ が自然数となるような，最も小さい自然数 n の値を求めなさい。

〈神奈川県〉

★☆☆ (5) $4<\sqrt{n}<5$ をみたす自然数 n の個数を求めなさい。

〈石川県〉

★★☆ (6) n は自然数である。$10<\sqrt{n}<11$ を満たし，$\sqrt{7n}$ が整数となる n の値を求めなさい。

〈秋田県〉

第1章

05 方程式の未定係数の決定

▶ここでのテーマ

与えられた方程式の解から，方程式の**未定係数を求めます**。

▶合格のための視点

解を方程式に戻せば左辺と右辺が等しくなることは，よく知られた検算の方法。この性質を利用することで，方程式の未定係数が求められる。

例題 1

xについての方程式$ax + 4 = 3x - 1$（…㋐）の解が$x = 2$のとき，aの値を求めよ。

解法

ここが大事

式㋐へ$x = 2$を**代入すれば**，$2a + 4 = 3 \times 2 - 1$，$2a = 1$，$a = \dfrac{1}{2}$　　答 $a = \dfrac{1}{2}$

例題 2

x，yの2つの連立方程式$\begin{cases} ax - by = 14 & \cdots① \\ 2x + 3y = 0 & \cdots② \end{cases}$，$\begin{cases} 5x + y = 13 & \cdots③ \\ bx - ay = 11 & \cdots④ \end{cases}$が同じ解を持つとき，$a$，$b$の値を求めよ。

解法

ここが大事

未定係数a，bを含まない式②③を解いてx，yを求める。

②－③×3より，$(2x + 3y) - 3(5x + y) = 0 - 13 \times 3$，
$2x + 3y - 15x - 3y = -39$，$-13x = -39$，$x = 3$

②へ代入し，$2 \times 3 + 3y = 0$，$3y = -6$，$y = -2$

未定係数を含む式①④へ，$x = 3$，$y = -2$を**代入する。**

①→$3a - (-2)b = 14$，④→$3b - (-2)a = 11$，

$$\begin{cases} 3a + 2b = 14 & \cdots⑤ \\ 2a + 3b = 11 & \cdots⑥ \end{cases}$$

a, bの連立方程式にする

⑤×3－⑥×2より，$3(3a + 2b) - 2(2a + 3b) = 14 \times 3 - 11 \times 2$，
$9a + 6b - 4a - 6b = 20$，$5a = 20$，$a = 4$

$a = 4$を⑤へ代入し，$3 \times 4 + 2b = 14$，$12 + 2b = 14$，$2b = 2$，$b = 1$

答 $a = 4$，$b = 1$

▶ 大事なポイント

①②③④の4つの方程式の中から2つを組み合わせ（ここでは②と③），まずxとyを求めるといいんだ。

例題 3

xについての二次方程式$2x^2-3a^2x+18=0$（…㋑）の1つの解が$x=3$のとき，aの値を求めよ。

解法

ここが大事

式㋑へ$x=3$を**代入すれば**，$2\times3^2-3a^2\times3+18=0$，$18-9a^2+18=0$，$9a^2=36$，$a=\pm2$　答 $a=\pm2$

例題 4

xについての二次方程式$ax^2+bx-3=0$（…㋒）の2つの解が$x=\frac{1}{2}$，-3であるとき，a，bの値を求めよ。

解法

ここが大事

式㋒へ$x=\frac{1}{2}$を**代入すれば**，$a\times\left(\frac{1}{2}\right)^2+b\times\frac{1}{2}-3=0$，$a+2b-12=0$　…①

式㋒へ$x=-3$を**代入すれば**，$a\times(-3)^2+b\times(-3)-3=0$，$3a-b-1=0$　…②

①＋②×2より，$(a+2b-12)+2(3a-b-1)=0+0\times2$，

$a+2b-12+6a-2b-2=0$，$7a=14$，$a=2$

これを②へ代入し，$3\times2-b-1=0$，$-b+5=0$，$b=5$　答 $a=2$，$b=5$

〔**別解**〕 2つの解$x=\frac{1}{2}$，-3を持つ二次方程式を作れば，$\left(x-\frac{1}{2}\right)(x+3)=0$

展開，整理して，$2x^2+5x-3=0$（…㋓）

式㋒と㋓は定数項が一致しているから，**他の項の係数も比較**すれば，$a=2$，$b=5$とわかる。

ワザあり

$x=\boldsymbol{p}$ならば$x-\boldsymbol{p}=0$，$x=\boldsymbol{q}$ならば$x-\boldsymbol{q}=0$から，$(x-\boldsymbol{p})(x-\boldsymbol{q})=0$，

$x^2-(\boldsymbol{p}+\boldsymbol{q})x+\boldsymbol{pq}=0$と二次方程式を作っていく。

入試問題演習

1

次の各問に答えよ。

★☆☆ (1) xについての方程式$3x+2a=5-ax$の解が$x=2$であるとき，aの値を求めなさい。

〈大分県〉

★☆☆ (2) $\begin{cases} ax+by=5 \\ bx-ay=1 \end{cases}$の解が$x=1$，$y=1$であるとき，定数$a$と$b$の値を求めなさい。

〈東海大学付属浦安高等学校〉

★★☆ (3) x，yについての2つの連立方程式$\begin{cases} 2x-y=1 \\ 2ax+by=16 \end{cases}$，$\begin{cases} ax+2y=8 \\ -3x+2y=3 \end{cases}$が同じ解をもつとき，$a$，$b$の値を求めなさい。

〈日本大学習志野高等学校〉

★★★ (4) 2次方程式$x^2-8x+a=0$の解の1つが$4-\sqrt{5}$であるとき，aの値を求めなさい。

〈東京工業大学附属科学技術高等学校〉

★★★ (5) 2次方程式$x^2+ax+b=0$の2つの解からそれぞれ2を引くと$x^2+3x-10=0$の2つの解になります。a，bの値を求めなさい。

〈帝塚山高等学校〉

第 2 章

平面図形

テーマ 1	もうひとつに重なる相似な三角形	26
テーマ 2	平行線の間にできる向かい合う相似な三角形	33
テーマ 3	平行線と線分の比	40
テーマ 4	三角形の面積比	44
テーマ 5	三平方の定理と相似の融合	54
テーマ 6	特別角の利用	63
テーマ 7	円と角の大きさの関係	69
テーマ 8	円の直径が作る角度に着目	74
テーマ 9	円内の回転系合同や回転系相似	84
テーマ 10	中点連結定理	88

第2章

01 もうひとつに重なる相似な三角形

▶ ここでのテーマ

三角形において，互いの2つの角がそれぞれ等しければ相似になります。特に**一方の図形にもうひとつが重なる**とき，相似が見つけにくいので注意します。

▶ 合格のための視点

相似な図形は対応する辺の比（相似比）が等しいことを利用して，線分の長さを求めることができる。

右図なら**∠Aが重なるのに着目**して，

$\triangle ABC \backsim \triangle AED$

だから，

$AB : AE$

$= BC : ED$

$= AC : AD$

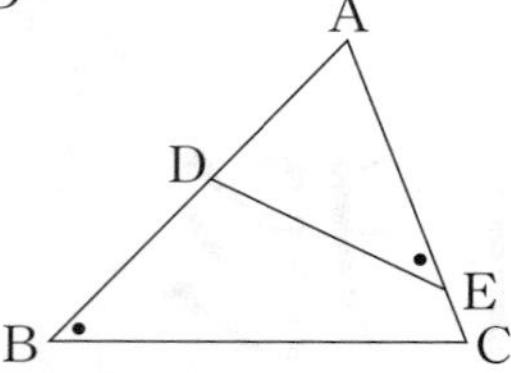

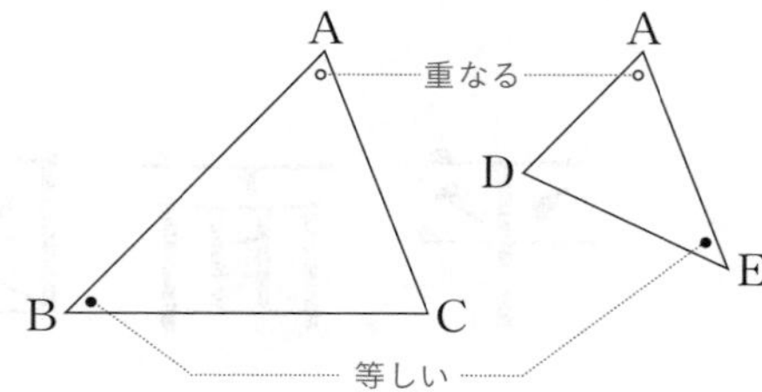

▶ 大事なポイント

重なっている角（共通な角）に目を付けると，隠された相似な三角形が見えてくるんだ。

例題 1

右図において，x，yの長さを求めよ。

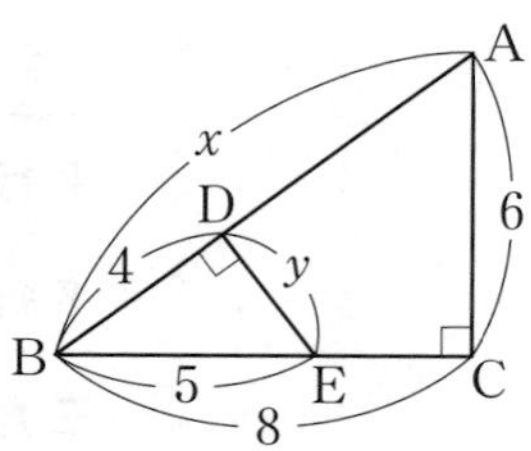

解法

∠B共通，$\angle ACB = \angle EDB = 90°$

だから，**$\triangle ABC \backsim \triangle EBD$**

対応する辺の比をとれば，

$AB : EB = BC : BD$

$x : 5 = 8 : 4$

$4x = 5 \times 8$，$x = 10$　　答 $x = 10$

$AC : ED = BC : BD$

$6 : y = 8 : 4$

$8y = 6 \times 4$，$y = 3$　　答 $y = 3$

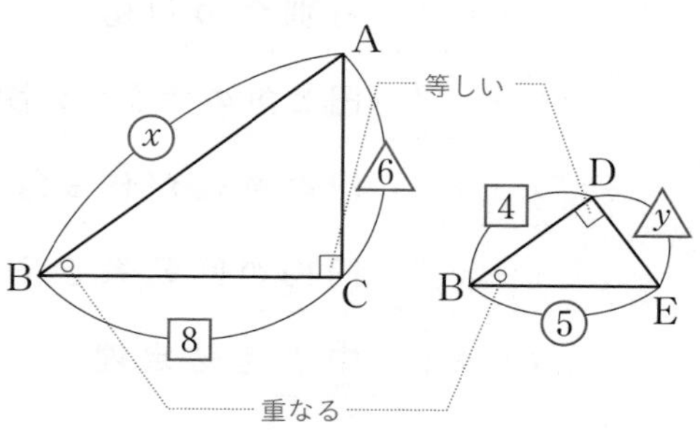

ワザあり

重なっている三角形を，このように**描き分ける**とよい。

例題 2

右図において，x，yの長さを求めよ。

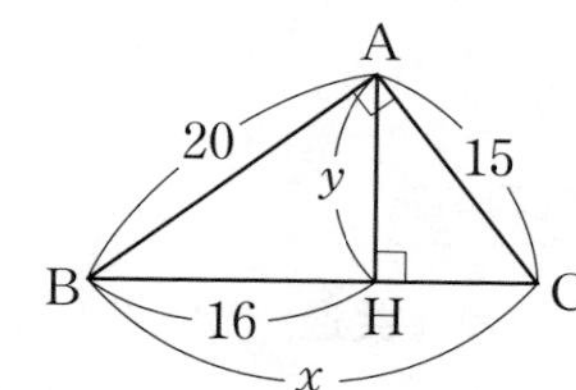

解法

∠B共通，∠BAC = ∠BHA = 90°

だから，**△ABC ∽ △HBA**

対応する辺の比をとれば，

AB : HB = BC : BA

$20 : 16 = x : 20$

$16x = 20 \times 20$，$x = 25$　　答 $x = 25$

AB : HB = AC : HA

$20 : 16 = 15 : y$，$20y = 16 \times 15$，$y = 12$　　答 $y = 12$

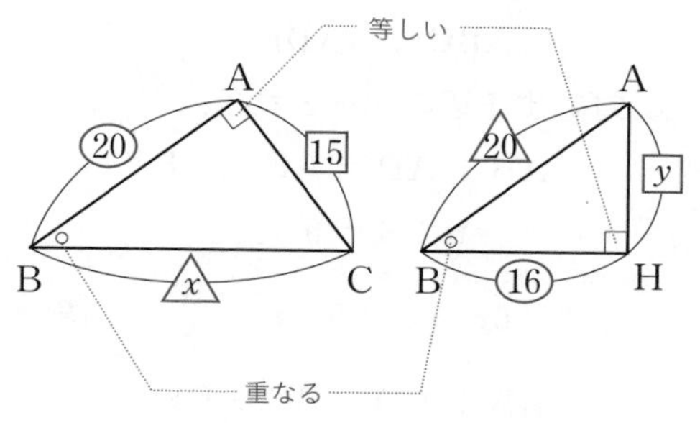

例題 3

右図において，x，yの長さを求めよ。

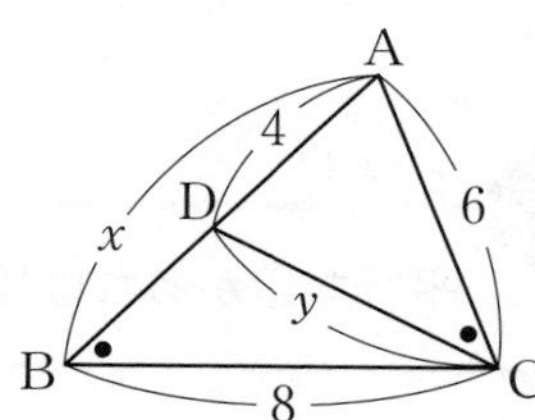

解法

∠A共通，∠ABC = ∠ACD

だから，**△ABC ∽ △ACD**

対応する辺の比をとれば，

AB : AC = AC : AD

$x : 6 = 6 : 4$

$4x = 6 \times 6$，$x = 9$　　答 $x = 9$

BC : CD = AC : AD

$8 : y = 6 : 4$

$6y = 8 \times 4$，$y = \frac{16}{3}$　　答 $y = \frac{16}{3}$

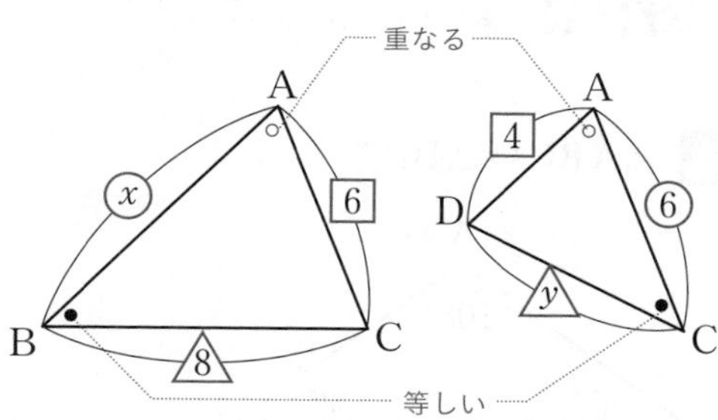

避けたい失敗例

△ACD ∽ △DBCと勘違いしてしまった。

例題 4

右図において，x，yの長さを求めよ。

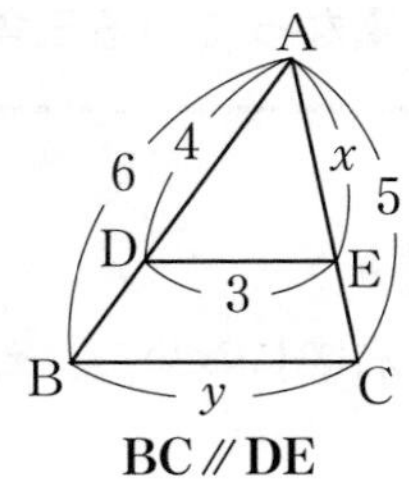

解法

∠**A共通**，BC // DEだから

∠ABC = ∠ADE

△ABC∽△ADE

対応する辺の比をとれば，

AB ： AD = AC ： AE

$6 : 4 = 5 : x$

$6x = 4 \times 5$，$x = \dfrac{10}{3}$　　答 $x = \dfrac{10}{3}$

AB ： AD = BC ： DE

$6 : 4 = y : 3$

$4y = 6 \times 3$，$y = \dfrac{9}{2}$　　答 $y = \dfrac{9}{2}$

ワザあり

平行な辺があれば‘同位角’や‘錯角’が等しいことに目を付ける。

▶ 合格のための視点

図**A**や**B**において図のように点Dをとると，次のような相似な三角形ができる。

A **△ABC∽△DBA**

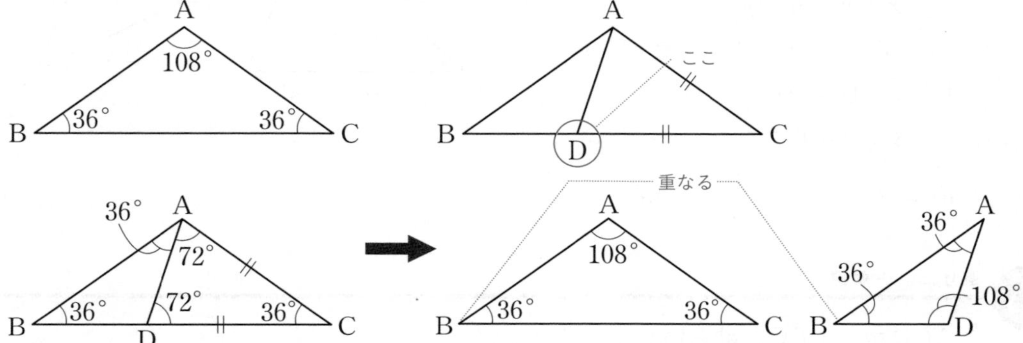

B △ABC∽△BDC

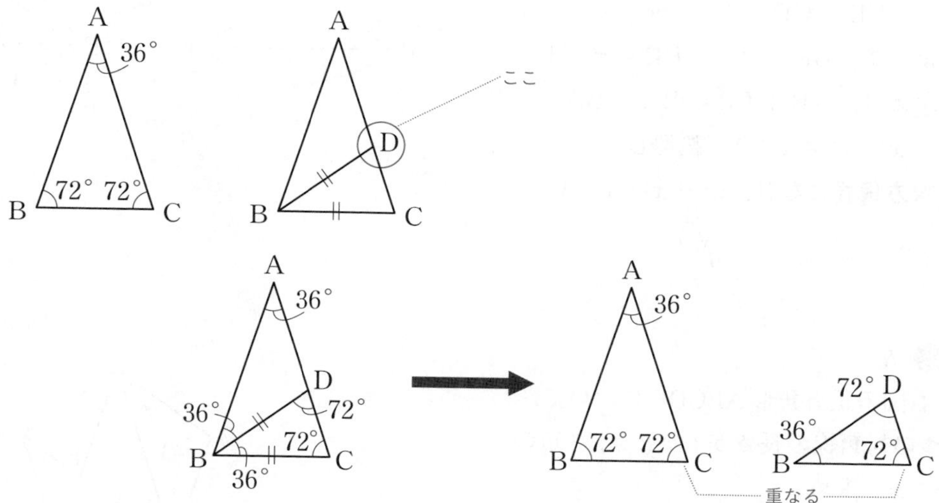

▶ **大事なポイント**

この相似がみられるのが**正五角形**。

右図の太枠の三角形と色の付いた三角形が，上図の**A**や**B**に対応しているんだ。

A正五角形の1つの内角は108°だから，

△ABEで∠ABE＝∠AEB＝36°

同様に△ABCで∠BAC＝36°

Bの相似も同じようにやってみよう。

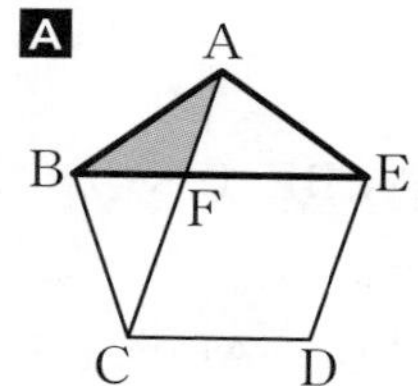

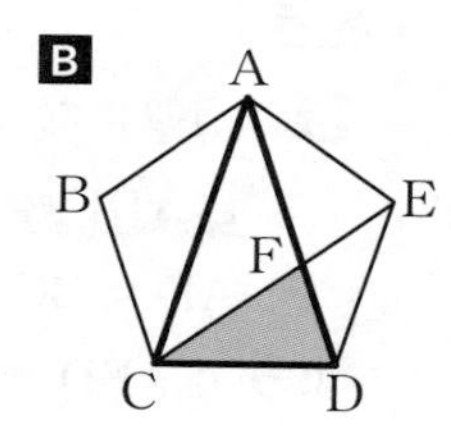

例題 5

右図の1辺の長さが1の正五角形ABCDEにおいて，xの長さを求めよ。

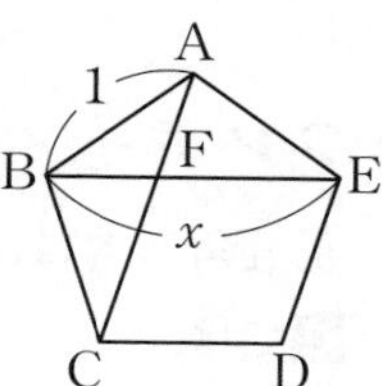

解法

Aの相似になり，

△ABE∽△FBA (…㋐)

ここで図のように36°を○印として，四角形FCDEに着目すると

∠EFC＝∠EDC，∠FED＝∠FCD

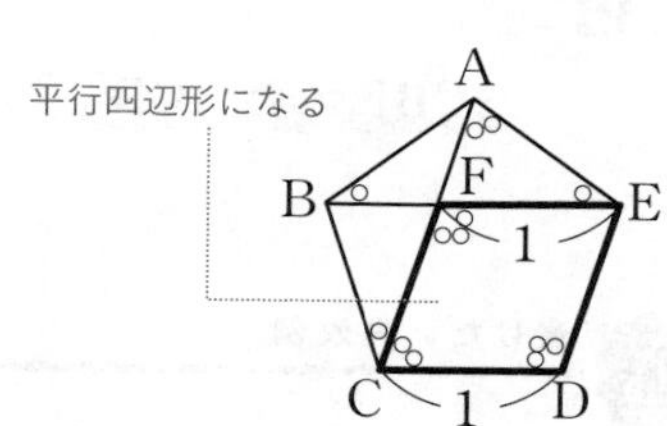

だから，四角形FCDEは平行四辺形

$$FE = CD = 1$$

よって，$BF = BE - FE = x - 1$

㋐より，$AB : FB = BE : BA$

$1 : (x-1) = x : 1$，整理して，

二次方程式になり，$x^2 - x - 1 = 0$

$x > 0$より，$x = \frac{1+\sqrt{5}}{2}$

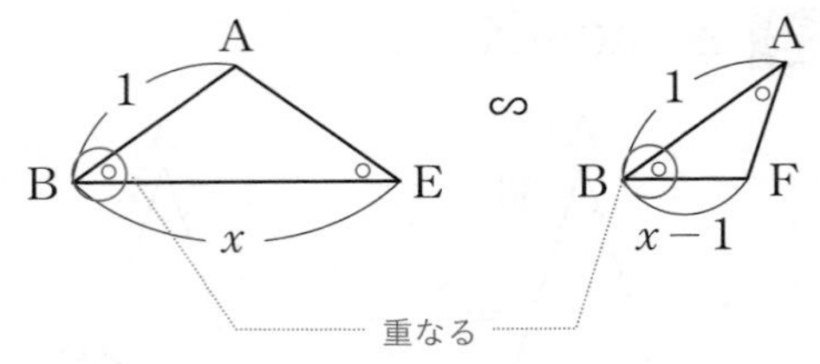

例題 6

右図の正五角形ABCDEにおいて，1つの対角線の長さが1のとき，1辺の長さxを求めよ。

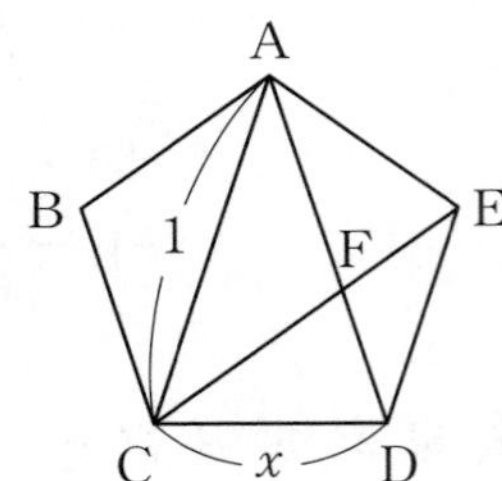

解法

Bの相似になり，

△ADC ∽ △CDF（…㋑）

$AF = BC = x$

よって，$FD = AD - AF = 1 - x$

㋑より，$AD : CD = CD : FD$

$1 : x = x : (1-x)$，整理して，

二次方程式になり，$x^2 + x - 1 = 0$

$x > 0$より，$x = \frac{-1+\sqrt{5}}{2}$

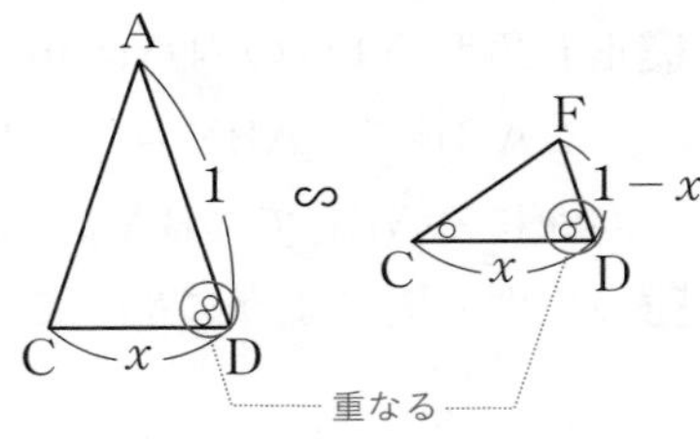

▶ **ワンポイントアドバイス**

正五角形内には他にもさまざまな相似があるから，自分の得意な形を作るといい。

Cでは，

△ABF ∽ △CEF

Dでは，

△CBF ∽ △ACD

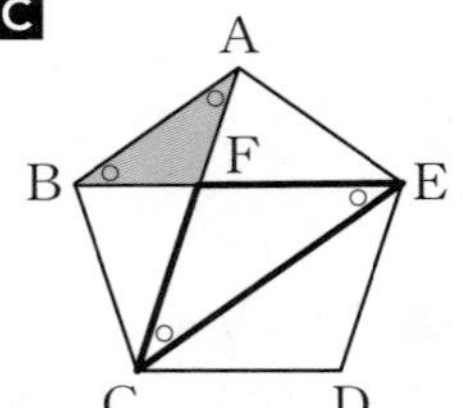

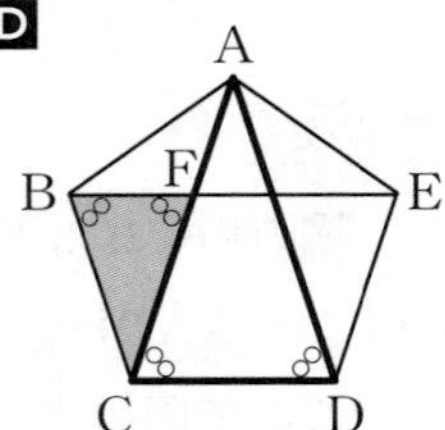

避けたい失敗例

相似の対応する辺を間違ってしまった。／二次方程式の計算を間違ってしまった。

入試問題演習

1 ★☆☆

図で，Dは△ABCの辺AB上の点で，∠DBC＝∠ACDである。

AB＝6cm，AC＝5cmのとき，線分ADの長さは何cmか，求めなさい。

〈愛知県〉

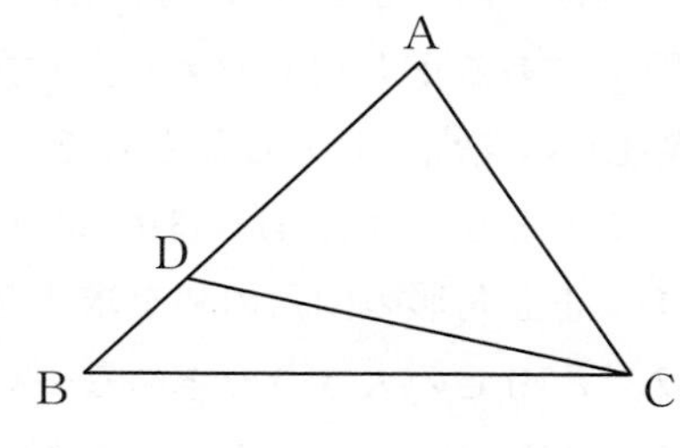

2 ★☆☆

∠ABC＝90°である右の図のような△ABCにおいて，頂点Bから辺ACに垂線BDを引く。このとき，線分ADの長さを求めなさい。

〈須磨学園高等学校〉

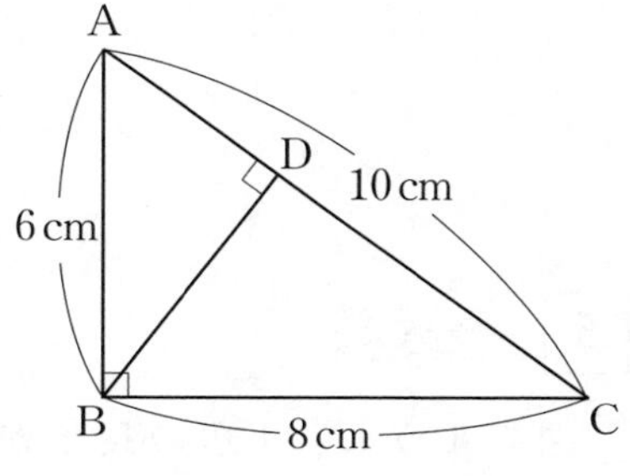

3 ★☆☆

右の図において，DE // BCであるとき，x，yの値をそれぞれ求めなさい。

〈群馬県〉

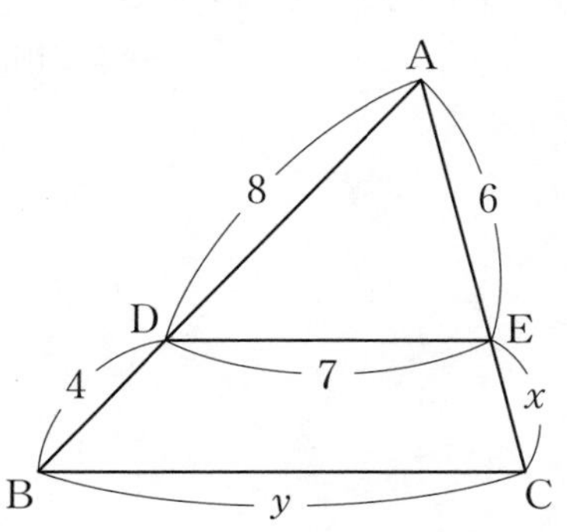

4 ★★☆

図は，円と5個の頂点A，B，C，D，Eが円周上にある正五角形であり，対角線ACと対角線BEの交点をPとしたものである。

このとき，次の(1)～(3)の問いに答えなさい。

(1)　正五角形の内角の和を求めなさい。

(2)　∠BPCの大きさを求めなさい。

(3)　AB＝2cmであるとき，対角線ACの長さを求めなさい。

〈宮崎県〉

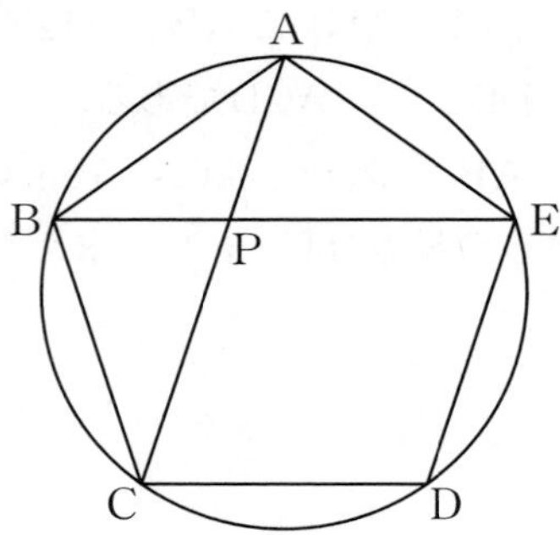

5 ★★☆

図のように，1辺の長さが2の正五角形ABCDEに5本の対角線をひき，それぞれの交点をF，G，H，I，Jとします。

次の問いに答えなさい。

(1)　∠BACの大きさを求めなさい。

(2)　FJの長さを求めなさい。

〈鎌倉学園高等学校・一部略〉

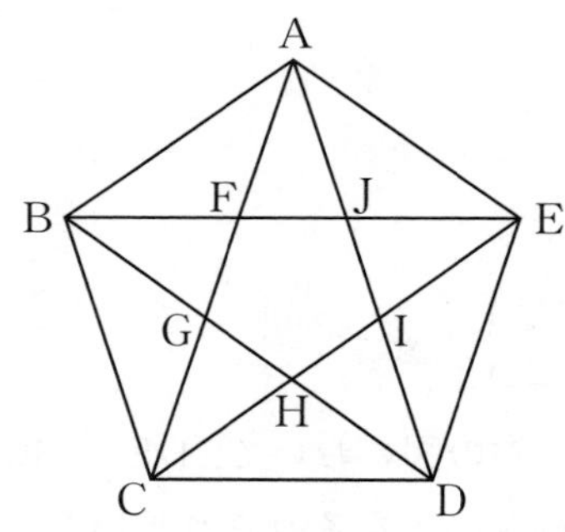

02 平行線の間にできる向かい合う相似な三角形

▶ここでのテーマ

平行線からできる**2つの角がそれぞれ等しい相似**に注目します。
平行四辺形では多くの場面でこれを使います。

▶合格のための視点

右図で**AC // DB**ならば，

∠CAB＝∠DBA，

∠ACD＝∠BDC

だから，

△AEC∽△BED　（★）

よって，

AE：BE＝CE：DE＝AC：BD

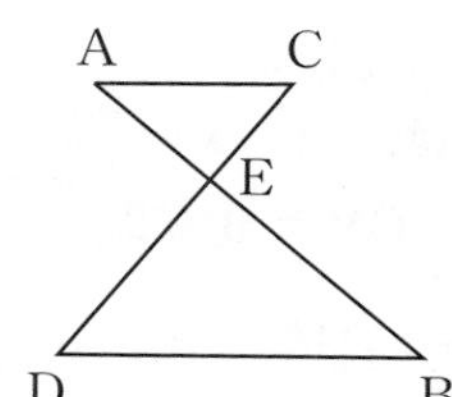

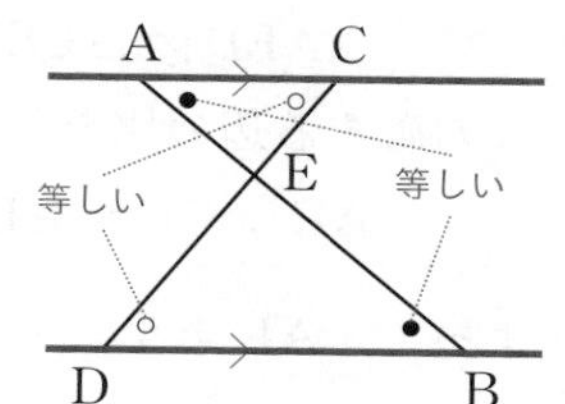

▶大事なポイント

平行線の間で2直線が交われば，そこには**向かい合った相似ができる**んだ。

例題 1

右図の平行四辺形において，BE：EDを求めよ。

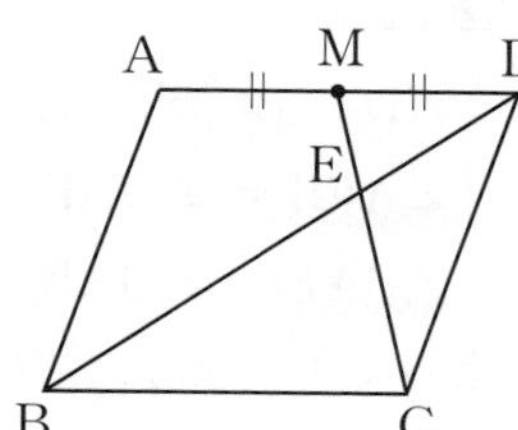

解法

MD // BCだから，★より，

△CEB∽△MED

対応する辺の比をとれば，

BE：DE＝BC：DM＝2：1

答 2：1

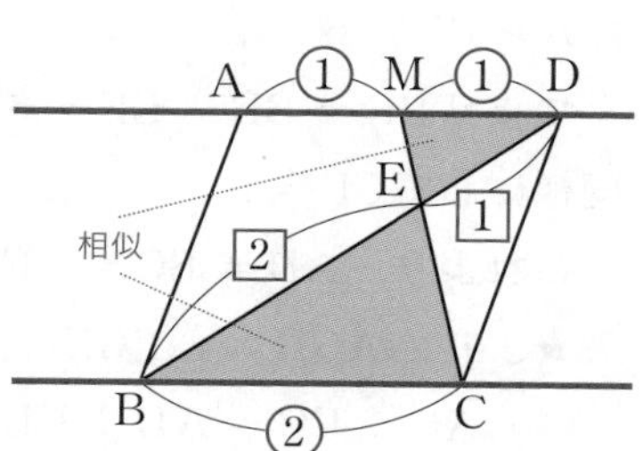

例題 2

右図のAD // BCの台形において，AEの長さを求めよ。

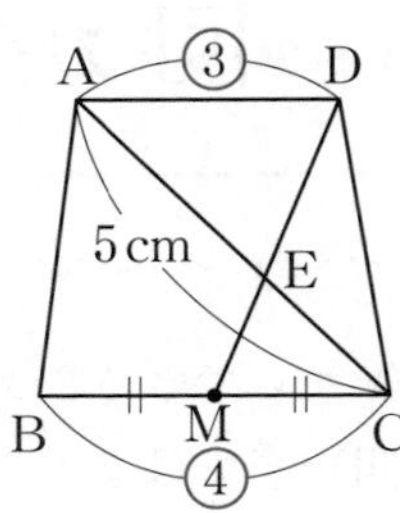

解法

AD // BCだから，★より，

△AED ∽ △CEM

対応する辺の比をとれば，

AE ： CE ＝ AD ： CM ＝ 3 ： 2

よって，$AE = 5 \times \frac{3}{3+2} = 3$　　答 3cm

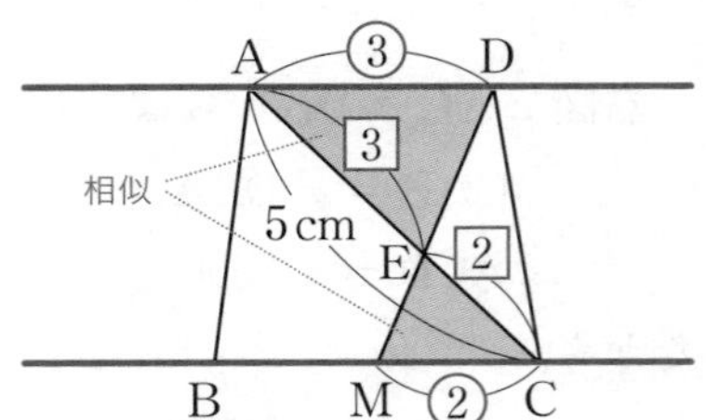

例題 3

右図の平行四辺形において，AG ： GF を求めよ。

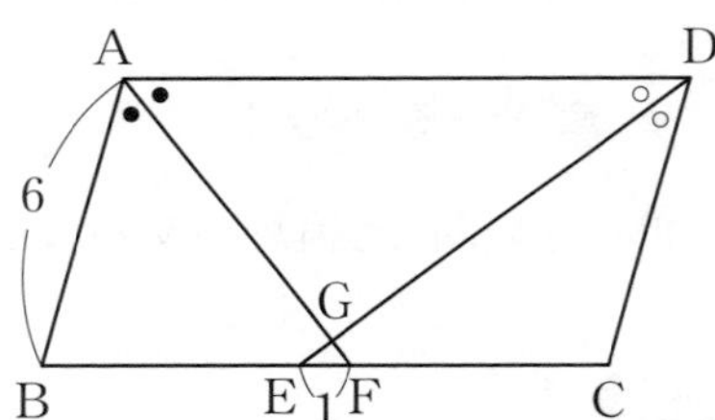

解法

AD // BCだから，

∠AFB ＝ ∠DAF　(…①)

∠BAF ＝ ∠DAF　(…②)

よって①②より，

△ABFはBA ＝ BFの二等辺三角形

だからBF ＝ 6

つまりBE ＝ BF − EF ＝ 6 − 1 ＝ 5

同様にしてCF ＝ 5

これより，AD ＝ BC ＝ BE ＋ EF ＋ FC ＝ 5 ＋ 1 ＋ 5 ＝ 11

★より**△AGD ∽ △FGE**

AG ： FG ＝ AD ： FE ＝ 11 ： 1　　答 11 ： 1

錯角で等しい

相似

錯角で等しい

ワザあり

平行四辺形の角の二等分線から**二等辺三角形に着目**する。

例題 4

右図の平行四辺形において，
DG：GEを求めよ。

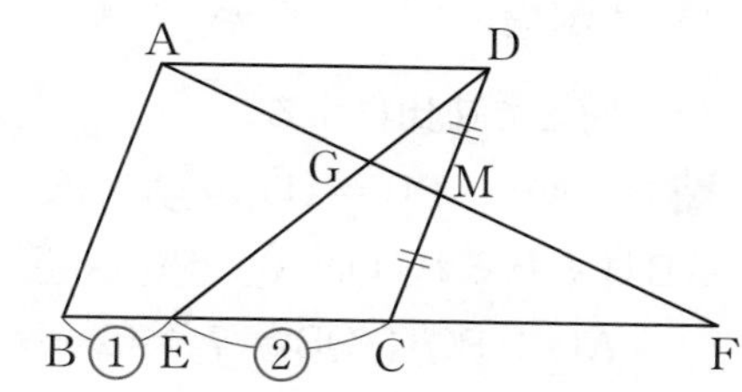

解法

AD // BCだから，★より，

△DAM ∽ △CFM

対応する辺の比をとれば，

AD：FC＝DM：CM＝1：1

また，△DAG ∽ △EFG

DG：EG＝AD：FE＝3：(2＋3)

＝3：5

答 3：5

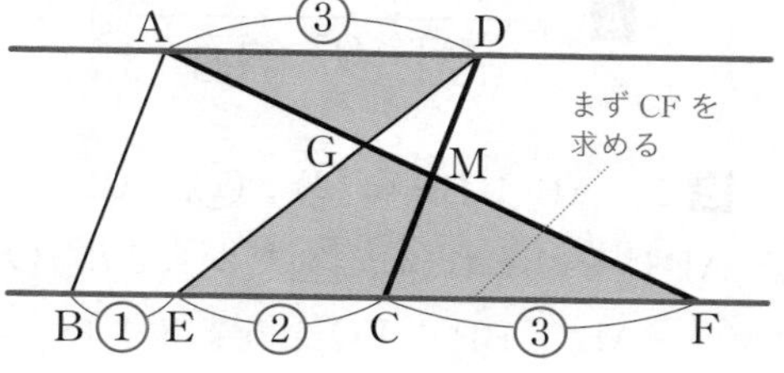

例題 5

右図でAD // EF // BCのとき，
EFの長さを求めよ。

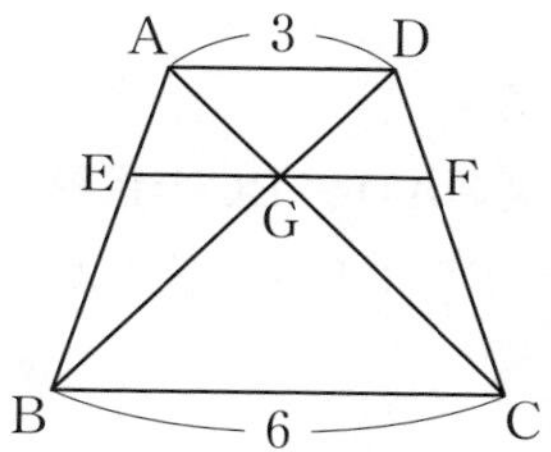

解法

AD // BCだから，★より，

△AGD ∽ △CGB

対応する辺の比をとれば，

DG：BG＝AD：CB＝1：2

また，△BAD ∽ △BEG

AD：EG＝BD：BG

3：EG＝3：2

3EG＝3×2，EG＝2

FGも同様だから，EF＝EG＋GF＝2＋2＝4　答 4

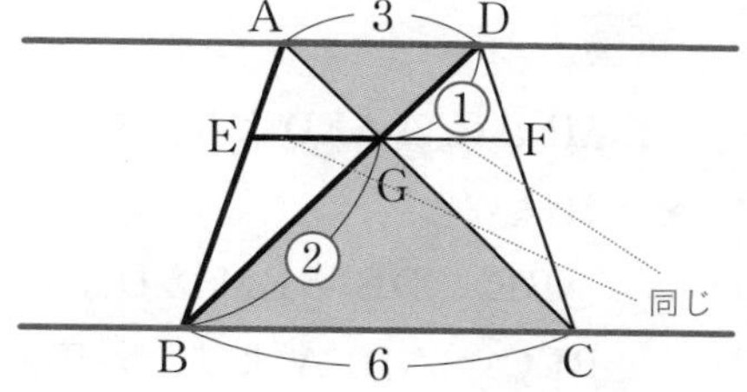

避けたい失敗例

比が苦手で揃え方がわからなかった。もっと比に慣れておけばよかった。／
2組の相似が見えてこなかった。／連比にする計算を誤ってしまった。

▶ワンポイントアドバイス

比を揃えて**連比**にする。

Aで，AP：PB＝①：②，AQ：QB＝[3]：[4]のときAP：PQ：QBを求める。
ABはそれぞれ①＋②＝③，[3]＋[4]＝[7]だから3と7の最小公倍数21に揃えて，

AP：PQ：QB＝7：(9－7)：12＝7：2：12

A 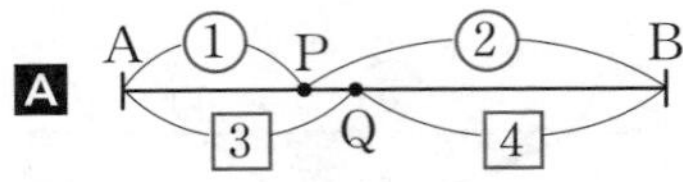

③×7
[7]×3

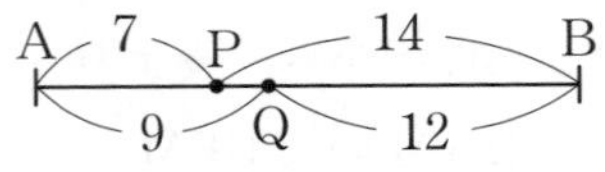

Bで，AB：BP＝②：①，AB：BQ＝[3]：[4]のときAB：BP：PQを求める。
ABはそれぞれ②，[3]だから2と3の最小公倍数6に揃えて，

AB：BP：PQ＝6：3：(8－3)＝6：3：5

B 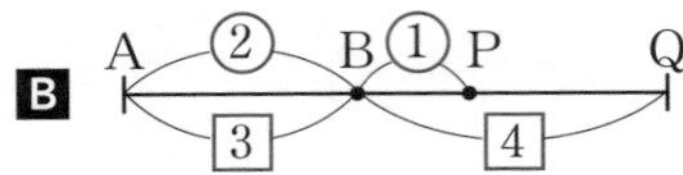

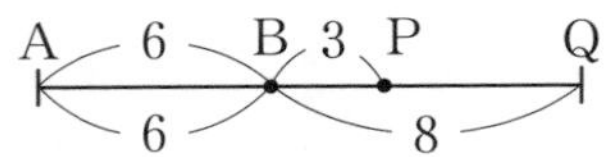

例題 6

右図のAD∥BCの台形において，
BE：EF：FDを求めよ。

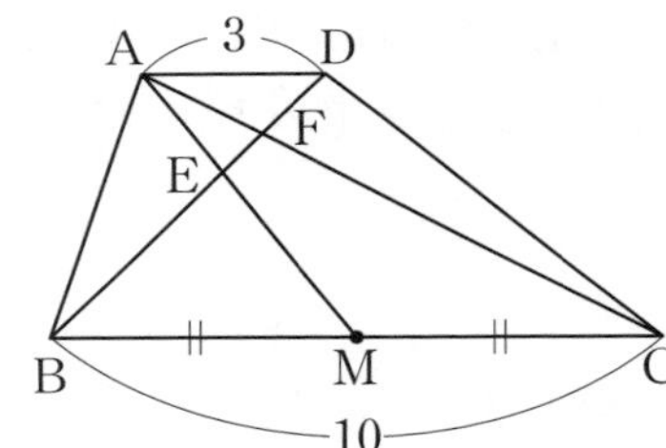

解法

△MEB∽△AEDより，対応する辺の比をとれば，

BE：DE＝BM：DA＝5：3

△BFC∽△DFAより，対応する辺の比をとれば，

BF：DF＝BC：DA＝10：3

これより**連比**を考えれば，BDはそれぞれ⑧と[13]だから最小公倍数104にそろえて，

BE：ED＝⑤×13：③×13＝65：39

BF：FD＝[10]×8：[3]×8＝80：24

BE：EF：FD＝65：(80－65)：24＝65：15：24　　**答** 65：15：24

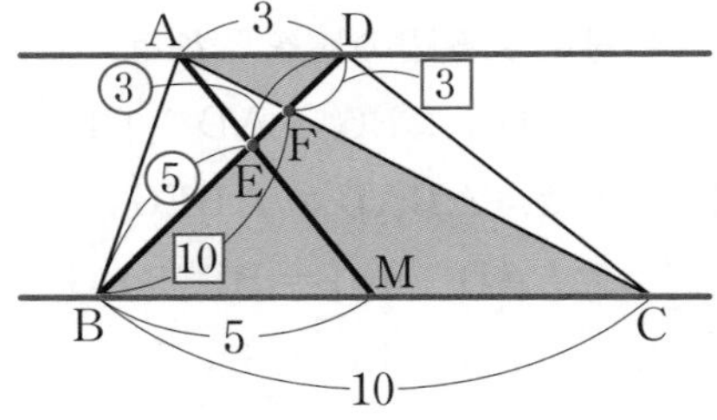

BE:ED, BF:FDに着目

入試問題演習

1 ★☆☆

右の図の四角形ABCDは，1辺の長さが6cmのひし形です。辺ABの中点をEとし，辺AD上にDF＝2cmとなるように点Fをとります。

線分CD，EFの交点をGとするとき，線分DGの長さを求めなさい。

〈岩手県〉

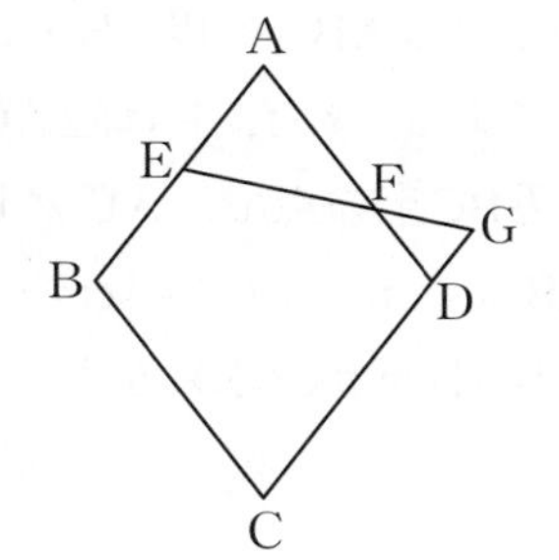

2 ★☆☆

図の平行四辺形ABCDにおいて，辺AB上に点Eがあり，BDとECの交点を点Fとします。AE：EB＝2：3で，EC＝16cmのとき，EFの長さを求めなさい。

〈帝塚山高等学校〉

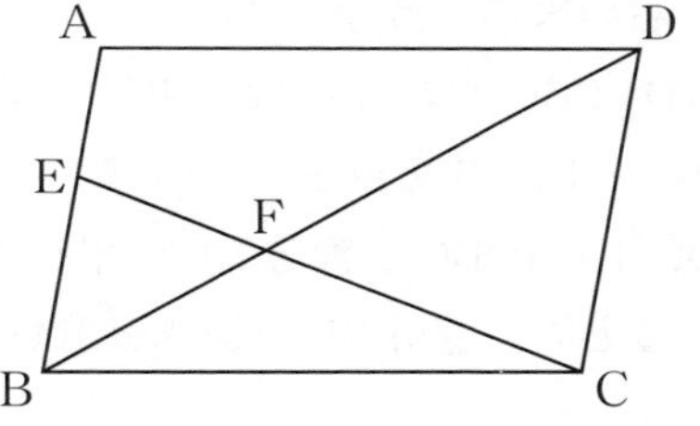

3 ★★☆

右の図の平行四辺形ABCDにおいて，∠ABCの二等分線と直線AD，CDとの交点をそれぞれE，Fとし，∠BADの二等分線と直線BC，CDとの交点をそれぞれG，Hとする。

AB＝8cm，BC＝10cmであるとき，次の問いに答えなさい。

(1) AE：EDを最も簡単な整数の比で求めなさい。

(2) FHの長さを求めなさい。

〈明星高等学校・一部略〉

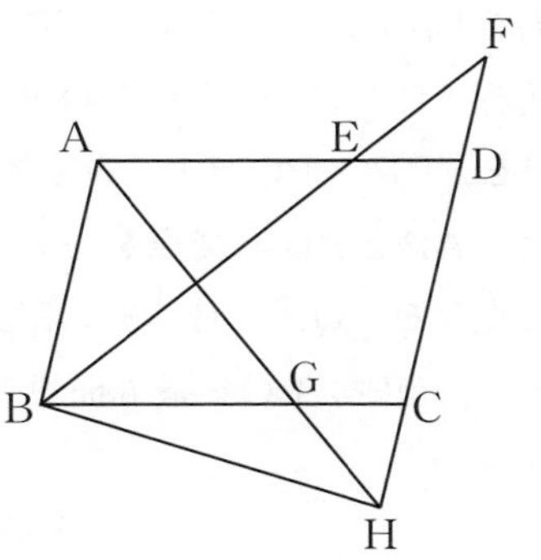

4 ★☆☆

図で，△ABCの辺ABと△DBCの辺DCは平行である。また，Eは辺ACとDBとの交点，Fは辺BC上の点で，AB // EFである。

AB = 6 cm，DC = 4 cmのとき，線分EFの長さは何cmか，求めなさい。

〈愛知県〉

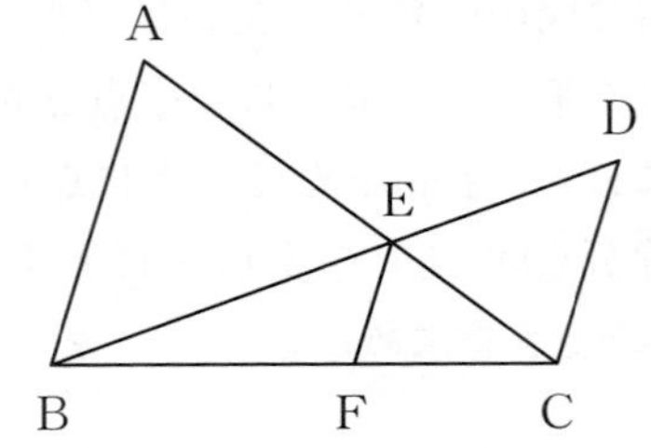

5 ★☆☆

右の図のような，AD = 2 cm，BC = 5 cm，AD // BCである台形ABCDがある。対角線ACとBDの交点をEとする。点Eから，辺DC上に辺BCと線分EFが平行となる点Fをとるとき，線分EFの長さを求めなさい。

〈新潟県〉

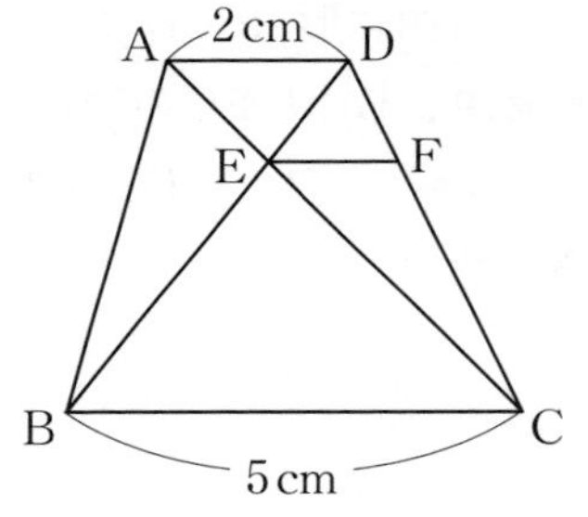

6 ★★☆

右の図のような平行四辺形ABCDがある。対角線ACとBDの交点をOとし，辺BC上に点Pを，BP : PC = 1 : 3となるようにとる。また，APとBDの交点をQとし，対角線AC上に点Rを，QR // BCとなるようにとる。このとき，QR : BCを最も簡単な整数の比で求めなさい。

〈明星高等学校・一部略〉

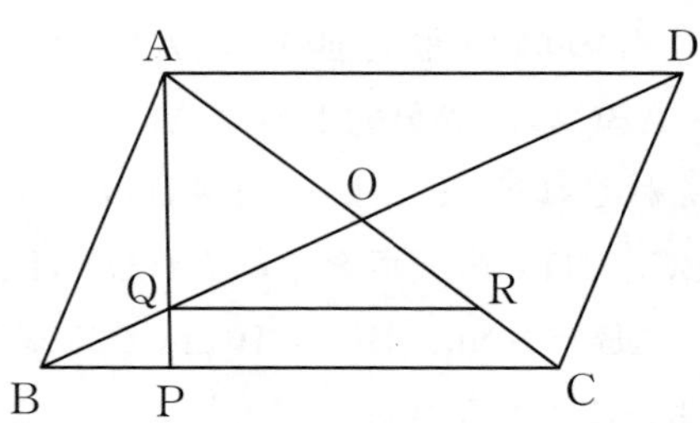

7 ★★☆

図のように，△ABCの辺BC上に，BP：PC＝2：3となる点Pをとる。また，辺ACの中点をQとし，点Qを通り辺BCに平行な直線が線分APと交わる点をRとする。線分APと線分BQの交点をSとするとき，AR：RSを最も簡単な整数の比で表せ。

〈弘学館高等学校〉

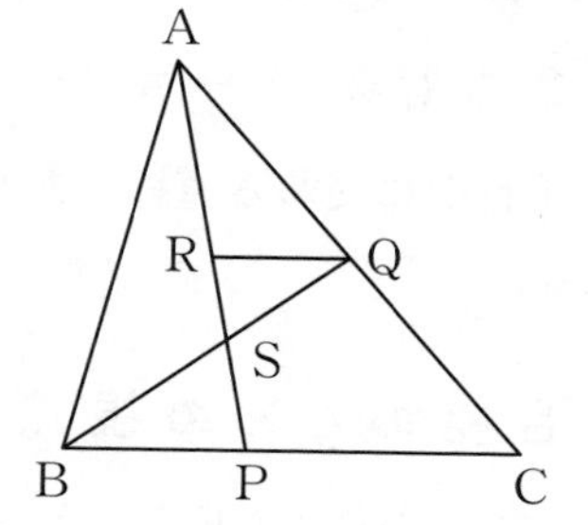

8 ★★★

平行四辺形ABCDにおいて，辺ABの中点をM，線分ACと線分BDの交点をE，線分CMと線分BDの交点をFとする。このとき，DE：EF：FBを求めよ。

〈東福岡高等学校〉

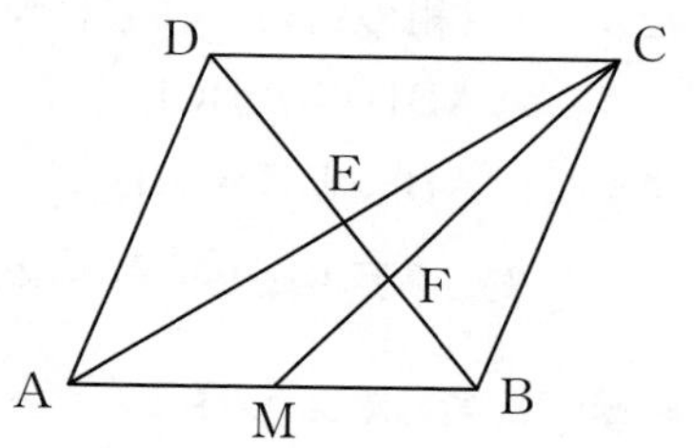

9 ★★★

右の図のように，1辺の長さが10の正方形ABCDがあり，CP：PD＝2：1，DQ：QA＝4：3である。

このとき，△BRSの面積は□である。

〈大阪星光学院高等学校〉

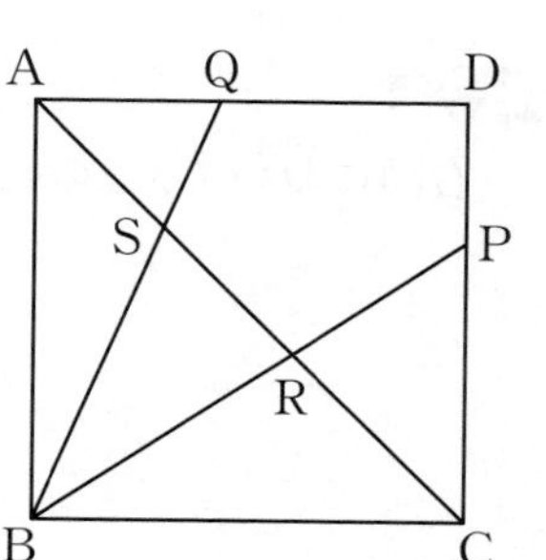

第2章

03 平行線と線分の比

▶ここでのテーマ

平行線に交わる直線があれば，相似な三角形を利用して**線分の比を求める**ことができる。

▶合格のための視点

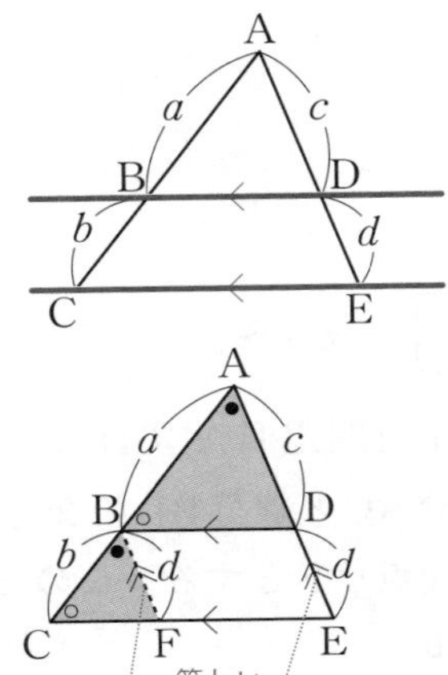

右図でBD // CEのとき，AE // BFを引けば，
四角形BFEDは平行四辺形だからBF = DE
ここでDE = dとおけば，BF = dとなる。

∠ABD = ∠ACE

∠BAD = ∠CBF

だから，2組の角がそれぞれ等しく，

△ABD ∽ △BCF

よって，AB：BC = AD：BF

$\boldsymbol{a : b = c : d}$または$\boldsymbol{a : c = b : d}$

▶大事なポイント

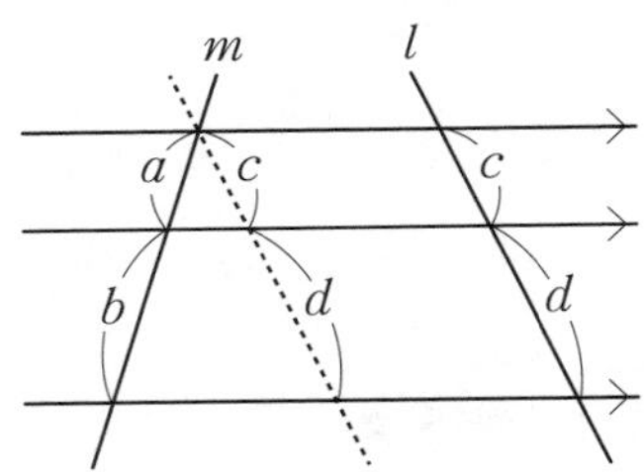

直線lと直線mが右図のように離れていても，

$\boldsymbol{a : b = c : d}$または$\boldsymbol{a : c = b : d}$

が成り立つんだ。

例題 1

右図において，xの長さを求めよ。

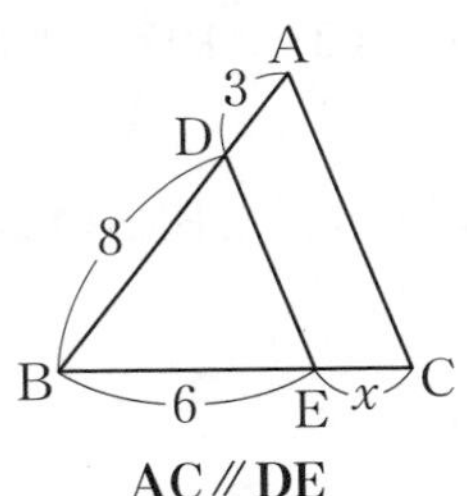

AC // DE

解法

AC // DEより，**BD：DA = BE：EC**が成り立つから，

$8 : 3 = 6 : x$，$8x = 3 \times 6$，$x = \dfrac{9}{4}$　　答 $x = \dfrac{9}{4}$

例題 2

右図において，xの長さを求めよ。

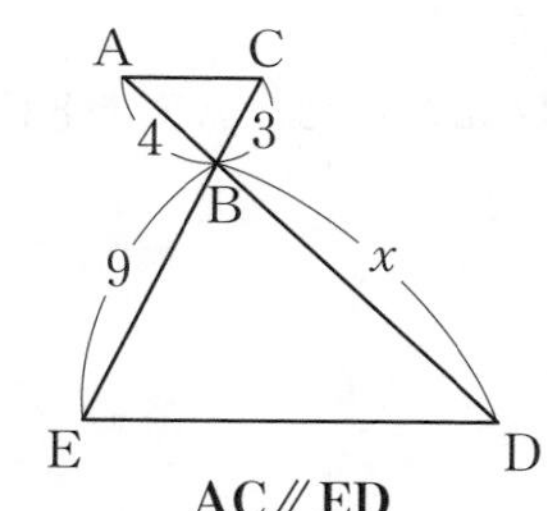

AC∥ED

解法

右図のようにADと平行なCD′を引く。
さらにACやEDと平行なもう1本の直線BB′を引けば，

CB ： BE = CB′ ： B′D′

$3 : 9 = 4 : x$，$3x = 9 \times 4$，$x = 12$

答 $x = 12$

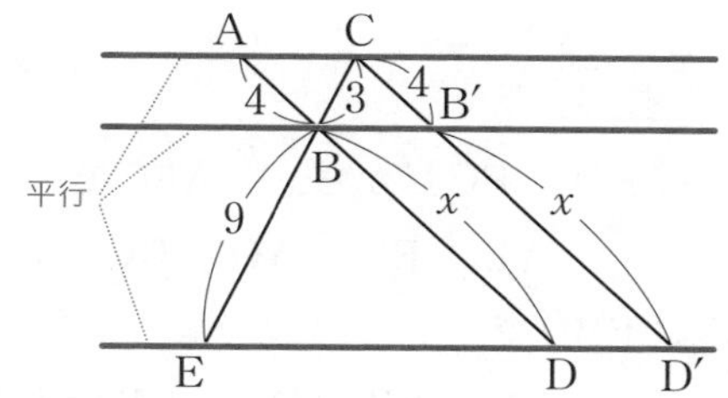

ワザあり

AC∥BB′，AB∥CB′だから四角形ABB′Cは平行四辺形でAB = CB′。
BD = B′D′も同様にわかる。

例題 3

右図において，xの長さを求めよ。

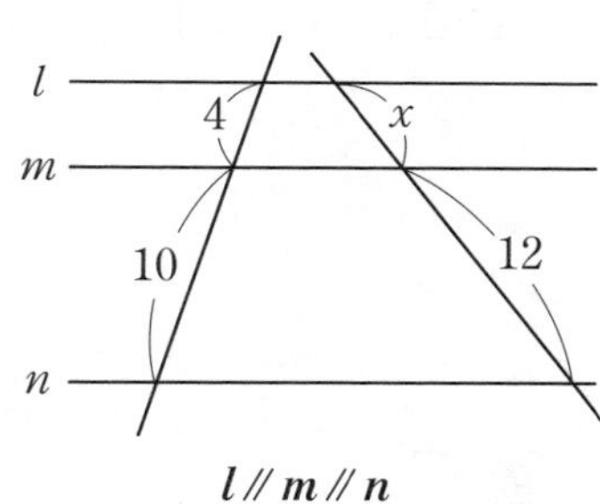

$l \parallel m \parallel n$

解法

図のように平行線を引けば，

$4 : 10 = x : 12$，$10x = 4 \times 12$，

$x = \dfrac{24}{5}$　　答 $x = \dfrac{24}{5}$

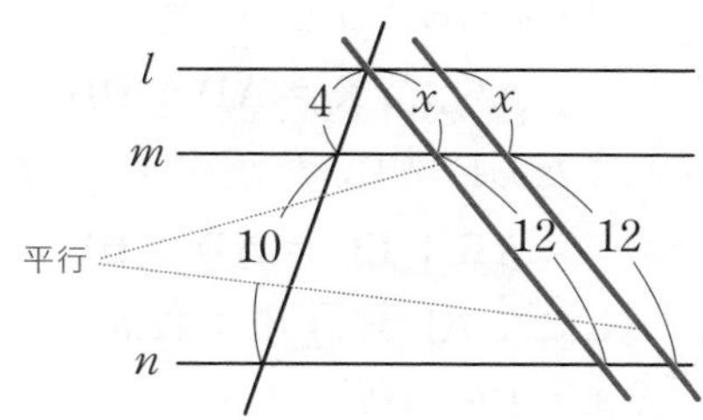

避けたい失敗例

比の取り方を誤ってしまった。／
線分比でできたのに，相似を使って遠回りしてしまった。

例題 4

右図において，AE：EF：FBを求めよ。

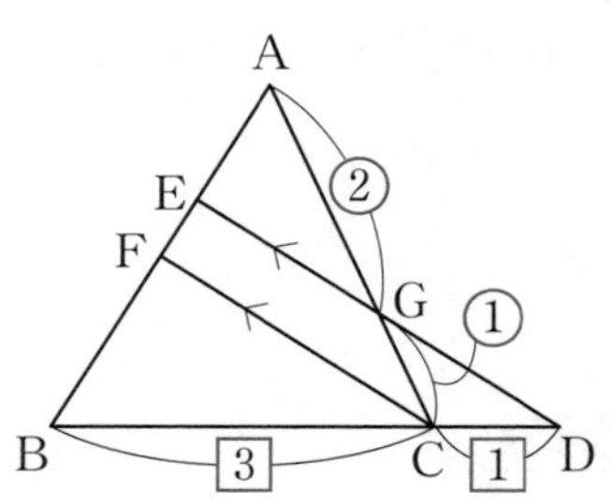

解法

ED // FCだから，△AFCで，

AE：EF＝AG：GC＝2：1（…㋐）

△EBDで，

EF：FB＝DC：CB＝1：3（…㋑）

ここでAE＝△2とすれば，

㋐よりEF＝△1，㋑よりFB＝△3

AE：EF：FB＝2：1：3

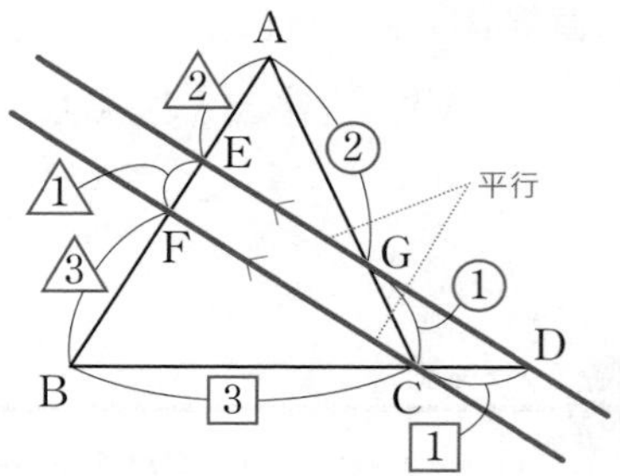

答 2：1：3

例題 5

右図で，AF：FE：ECを求めよ。

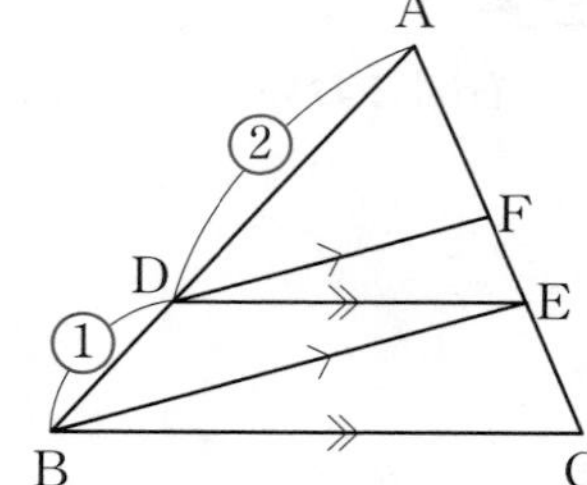

解法

DF // BEだから（…㋐），

AF：FE＝AD：DB＝2：1（…㋑）

またDE // BCだから（…㋒），

AE：EC＝AD：DB＝2：1（…㋓）

ここでAF＝4とすれば，

㋑よりFE＝2。

するとAE＝6だから，㋓よりEC＝3

AF：FE：EC＝4：2：3

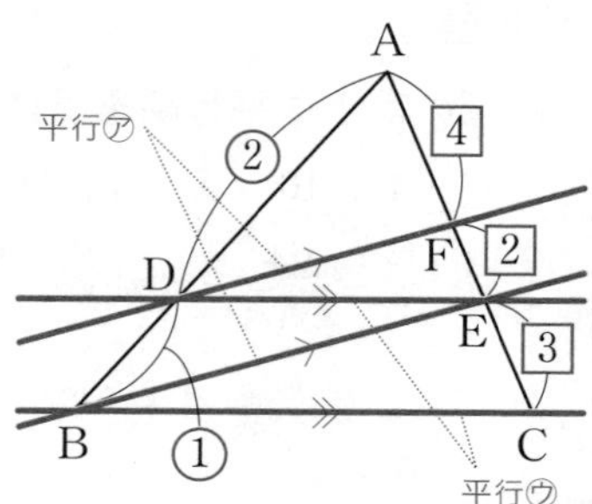

答 4：2：3

入試問題演習

1 ★☆☆

右の図のような5つの直線があります。直線l，m，nが$l \parallel m$，$m \parallel n$であるとき，xの値を求めなさい。

〈北海道〉

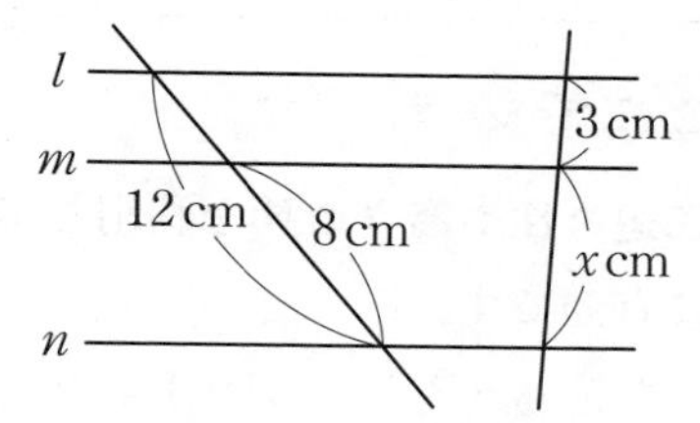

2 ★☆☆

右の図のように，平行な2つの直線l，mに2直線が交わっている。xの値を求めなさい。

〈栃木県〉

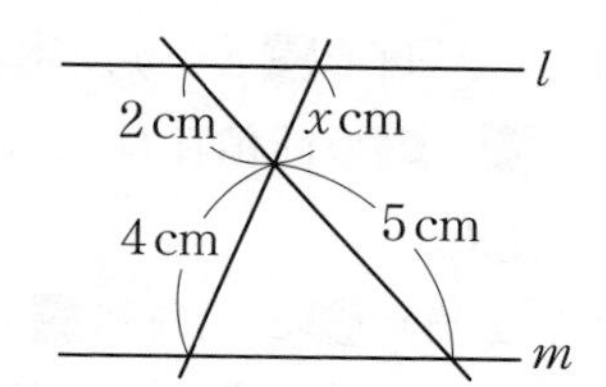

3 ★★☆

右の図のxの値を求めなさい。

〈法政大学高等学校〉

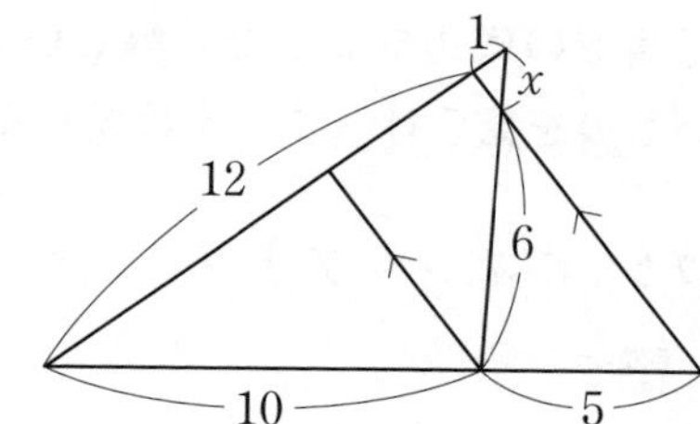

4 ★★☆

次の図のように，△ABCの辺BCを2：3に分ける点をD，線分ADを3：2に分ける点をEとし，直線CEと辺ABとの交点をFとします。

また，CF // DGとなるように，辺AB上に点Gをとります。

AF：FG：GBをもっとも簡単な整数の比で表しなさい。

〈山手学院高等学校・一部略〉

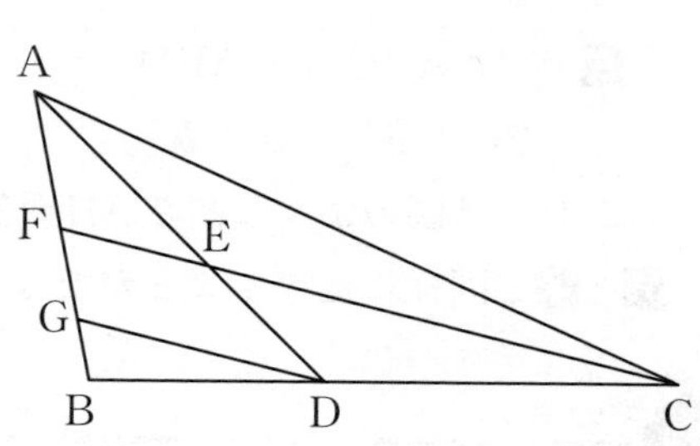

第2章

04 三角形の面積比

▸ ここでのテーマ

底辺の比や**高さの比**を利用して三角形の面積を比べます。面積が計算しにくい場面で特に有効です。

また，△ABC：△DEFは2つの三角形の面積の比を表していることに注意しましょう。

▸ 合格のための視点

右図で，三角形アと三角形イは高さhが等しいので，アとイの面積比は底辺の比と同じになるから$\boldsymbol{a:b}$。

続いて三角形ウと三角形エでは底辺の長さlが等しいので，ウとエの面積比は高さの比と同じになるから$\boldsymbol{c:d}$。

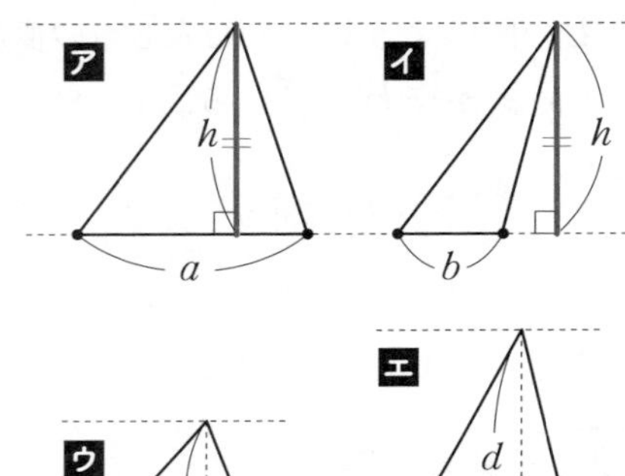

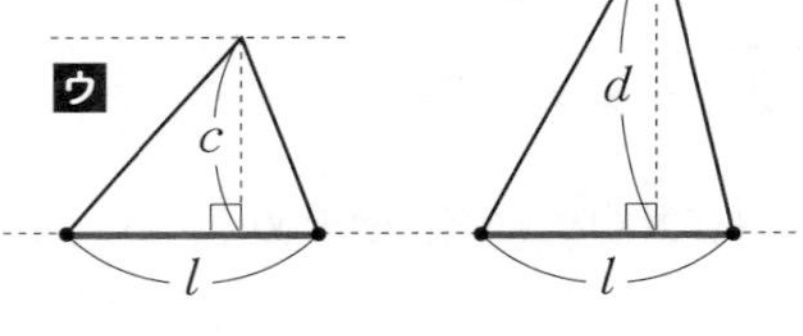

▸ 大事なポイント

三角形の底辺や高さで，**等しいものとそうでないものを見分ける**ことが重要なんだ。

▸ ワンポイントアドバイス

Ⅰ．Aで

△ABC：△ADC

＝BC：CD＝$\boldsymbol{a:b}$

Bで，△ABC：△ABD

＝BC：BD＝$\boldsymbol{a:b}$

これらは図のように高さAHが等しいので，アとイと同様に比べることができる。

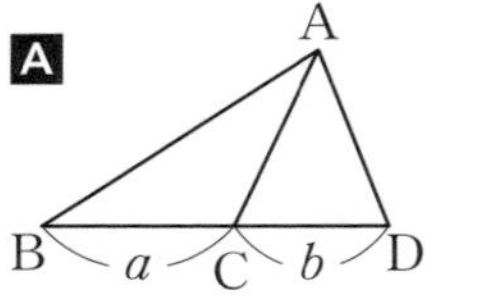

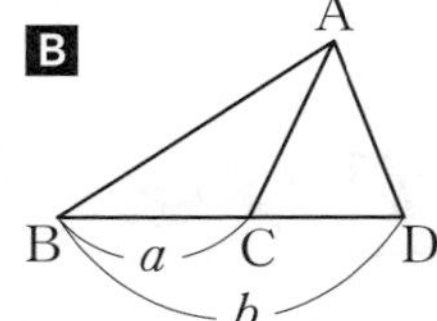

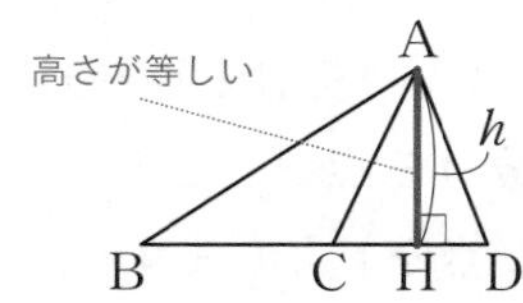

ワザあり

Bで△ABCは△ABDの$\frac{a}{b}$だから，△ABC＝△ABD×$\frac{a}{b}$（※）と式にすることもできる。

▶ワンポイントアドバイス

Ⅱ．**C**で△ADEと△ABCを比べる。

Ⅰ※から，$\triangle ADC = \triangle ABC \times \frac{a}{b}$（下中図）$\triangle ADE = \triangle ADC \times \frac{c}{d}$（下右図）

よって，$\triangle ADE = \triangle ADC \times \frac{c}{d} = \triangle ABC \times \frac{a}{b} \times \frac{c}{d}$

これより，$\triangle ABC : \triangle ADE = 1 : \frac{a}{b} \times \frac{c}{d} = \boldsymbol{b \times d : a \times c}$

C

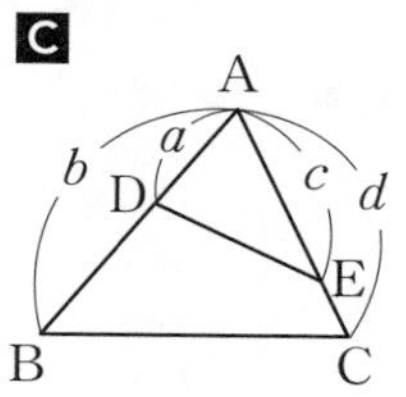

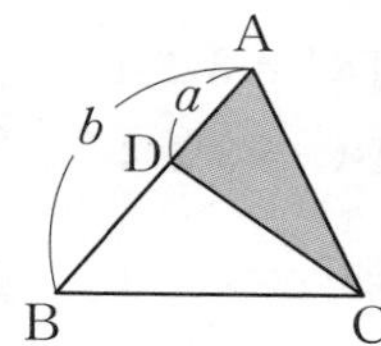

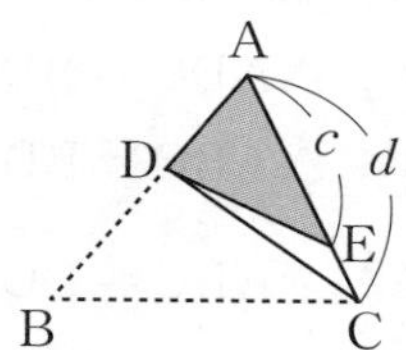

▶大事なポイント

∠Aが**C**のように**重なっている**ときと，**C**′のように**向き合っている**ときの両方で，この方法が活躍するんだ。

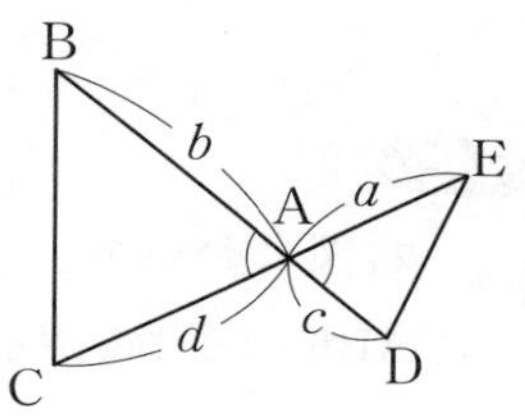

▶ワンポイントアドバイス

Ⅲ．**DE**で，△ABC：△ADEを比べる。

右図でBC // DEだから，

△ABC ∽ △ADE

AB：AD＝AC：AE

＝BC：DE＝a：b

Ⅱを利用して，

△ABC：△ADE

＝$a \times a : b \times b$

＝$\boldsymbol{a^2 : b^2}$

（＝$BC^2 : DE^2$）

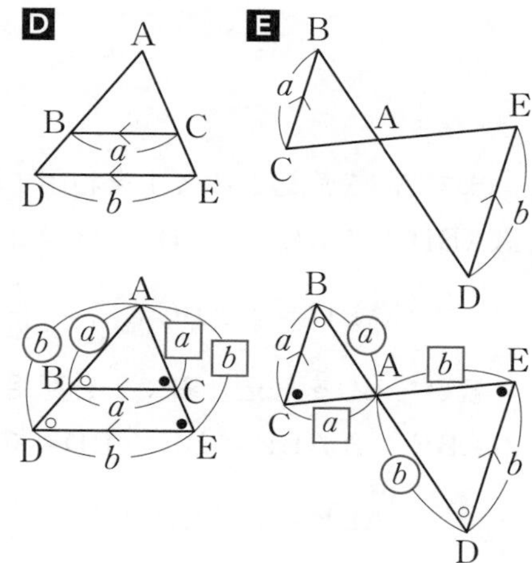

▶大事なポイント

△ABCと△ADEは相似な三角形。この場合の面積の比は**相似比の平方**と考えるんだ。

例題 1

右図において，次の各問に答えよ。

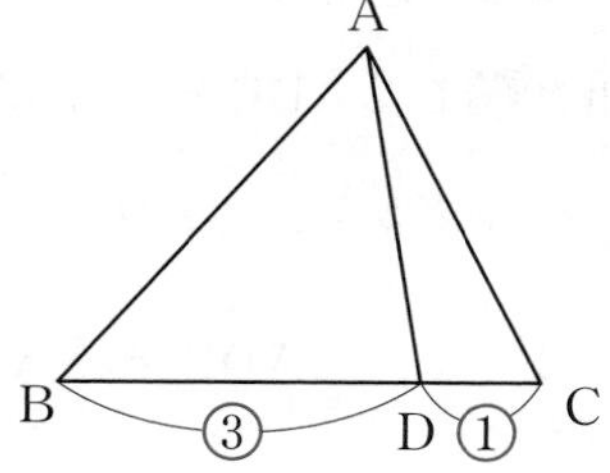

(1) △ABD：△ADCを求めよ。

(2) △ABD：△ABCを求めよ。

(3) △ADCは△ABCの何倍か。

(4) △ABCは△ABDの何倍か。

解法

底辺に対する高さが等しいのでⅠを利用する。

(1) △ABD：△ADC＝BD：DC＝3：1　答 3：1

(2) △ABD：△ABC＝BD：BC＝3：4　答 3：4

(3) △ADC：△ABC＝DC：BC＝1：4　答 $\frac{1}{4}$倍

(4) △ABC：△ABD＝BC：BD＝4：3　答 $\frac{4}{3}$倍

例題 2

右図において，△ABCの面積をSとするとき，△ABEの面積をSを用いて表せ。

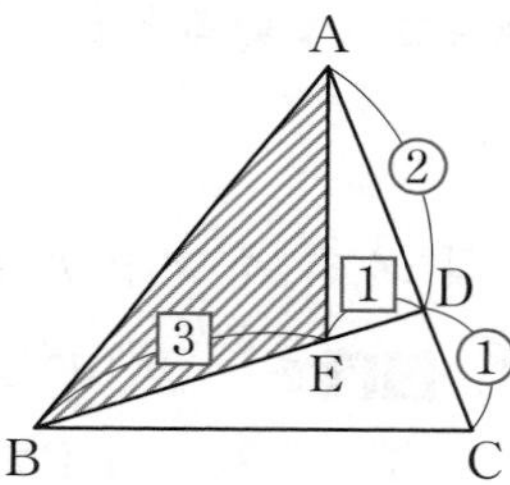

解法

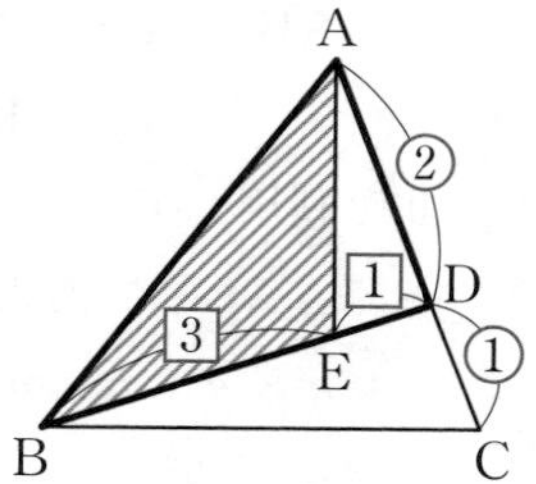

まずACを底辺とみてⅠを利用すれば，

△ABD：△ABC＝AD：AC＝2：3より，

$$\triangle ABD = \triangle ABC \times \frac{2}{3} = \frac{2}{3}S$$

続いてBDを底辺とみてⅠを利用して，

△ABE：△ABD＝BE：BD＝3：4より，

$$\triangle ABE = \triangle ABD \times \frac{3}{4} = \frac{2}{3}S \times \frac{3}{4} = \frac{1}{2}S$$

答 $\frac{1}{2}S$

ワザあり

△ABC→△ABD→△ABEと**徐々に小さくしていく**のがポイント。

例題 3

右図において，△ABC：△ADEを求めよ。

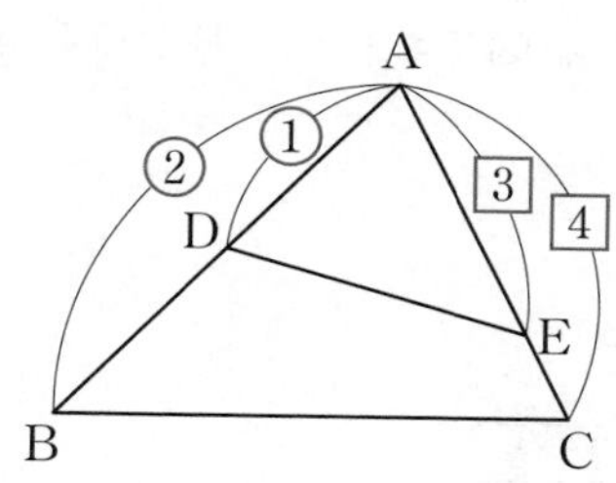

解法

△ABCの面積をSとしてⅡを利用する。

ABを底辺とみて，

△ADC：△ABC＝AD：AB＝1：2より，

$$\triangle \mathrm{ADC} = \triangle \mathrm{ABC} \times \frac{1}{2} = \frac{1}{2}S$$

ACを底辺とみて，

△ADE：△ADC＝AE：AC＝3：4より，

$$\triangle \mathrm{ADE} = \triangle \mathrm{ADC} \times \frac{3}{4} = \frac{1}{2}S \times \frac{3}{4} = \frac{3}{8}S$$

よって，$\triangle \mathrm{ABC} : \triangle \mathrm{ADE} = S : \frac{3}{8}S = 8 : 3$　　答 8：3

［別解］ **∠Aが共通**だから，

△ABC：△ADE＝AB×AC：AD×AE＝2×4：1×3＝8：3

例題 4

右図においてBC // DEであるとき，
△ABC：△ADEを求めよ。

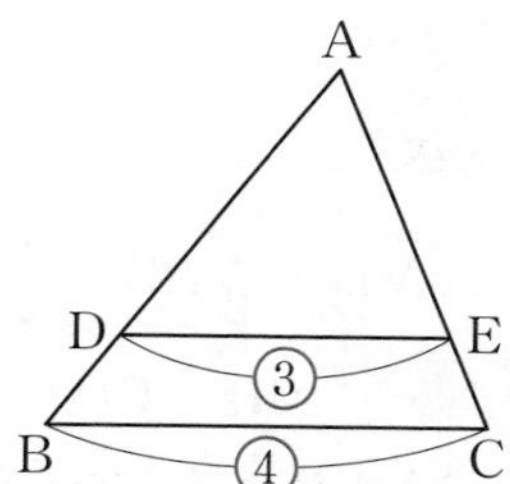

解法

BC // DEより，

∠ABC＝∠ADE，

∠ACB＝∠AED

だから，**△ABC∽△ADE**

Ⅲ**D**より，

$\triangle \mathrm{ABC} : \triangle \mathrm{ADE} = \mathrm{BC}^2 : \mathrm{DE}^2 = 4^2 : 3^2$

＝16：9　　答 16：9

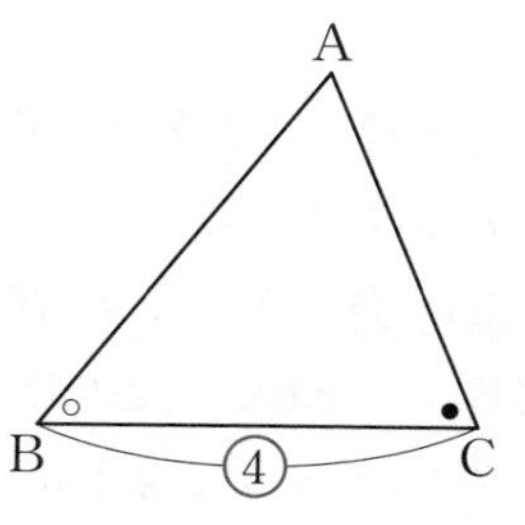

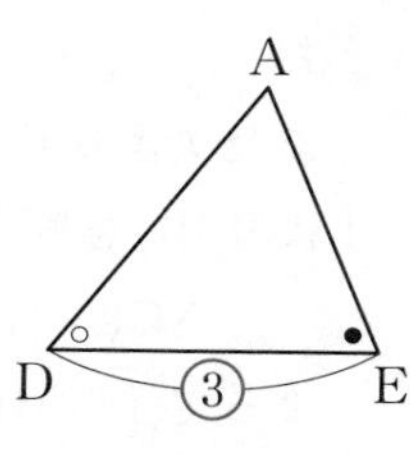

平行線から相似ができる

例題 5

右図において，PとQの面積の比を求めよ。

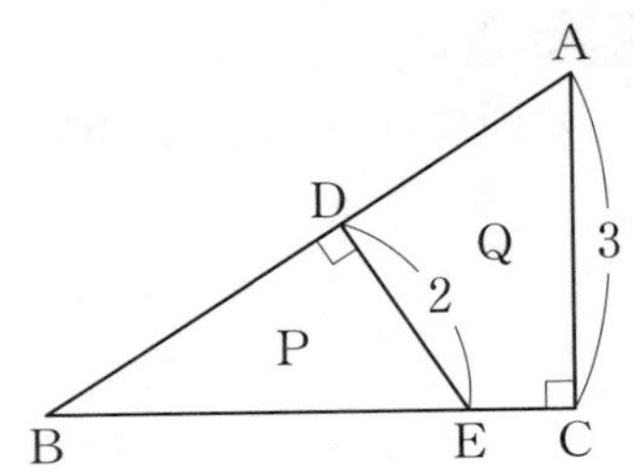

解法

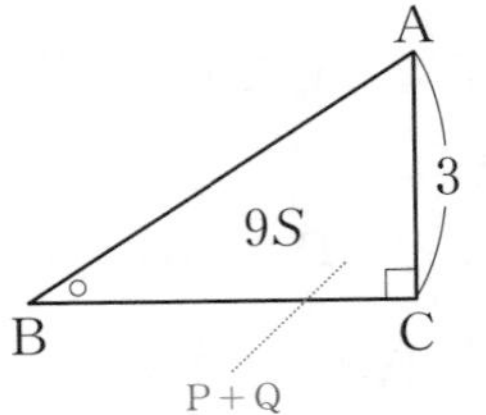

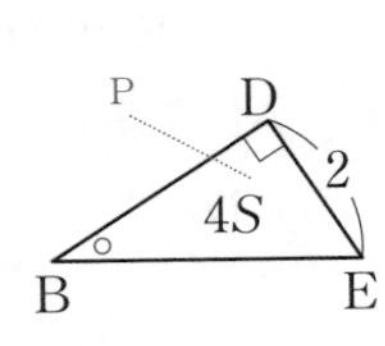

∠B共通，∠BCA ＝ ∠BDE ＝ 90°

だから△ABC ∽ △EBD

Ⅲ**D**より，

△ABC ： △EBD

＝ AC^2 ： ED^2 ＝ 3^2 ： 2^2 ＝ 9 ： 4

P ： Q

＝ △DBE ：(△ABC − △DBE)

＝ $4S$ ： $(9S - 4S)$ ＝ $4S$ ： $5S$ ＝ 4 ： 5

答 4 ： 5

例題 6

右図の四角形ABCDは平行四辺形である。
△MBE ： △EBC ： △CDEを求めよ。

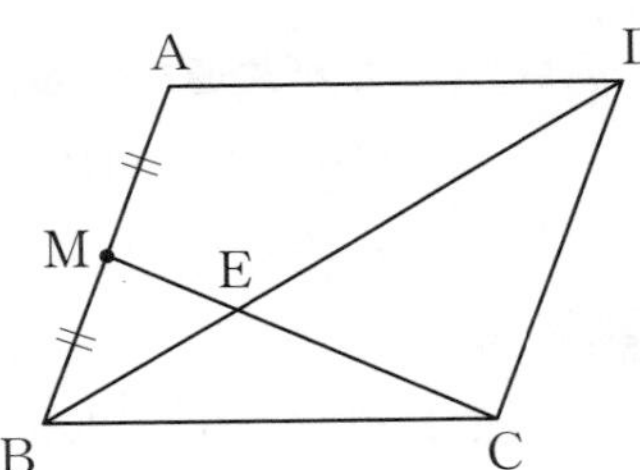

解法

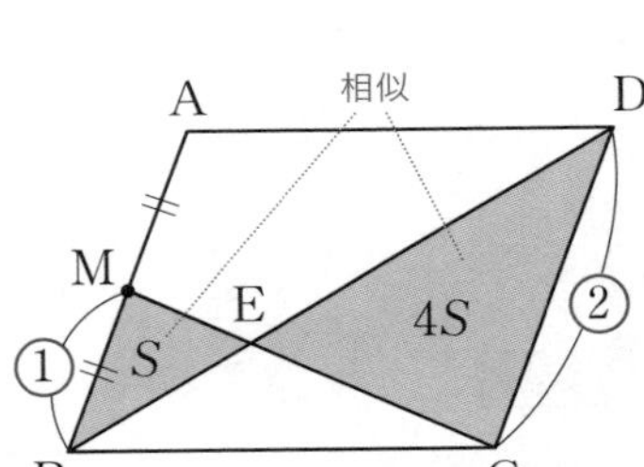

$MB = \frac{1}{2}AB = \frac{1}{2}CD$だから，

MB ： CD ＝ 1 ： 2

△MEB ∽ △CED（㋐）より，Ⅲ**E**から

△MEB ： **△CED** ＝ 1^2 ： 2^2 ＝ S ： **$4S$**

とおく。

また㋐よりEB ： ED ＝ 1 ： 2だから，

Ⅰ よりBDを底辺とみて，

△CEB ： **△CED** ＝ 1 ： 2 ＝ $2S$ ： **$4S$**

よって，△MBE ： △EBC ： △CDE

＝ S ： $2S$ ： $4S$ ＝ 1 ： 2 ： 4

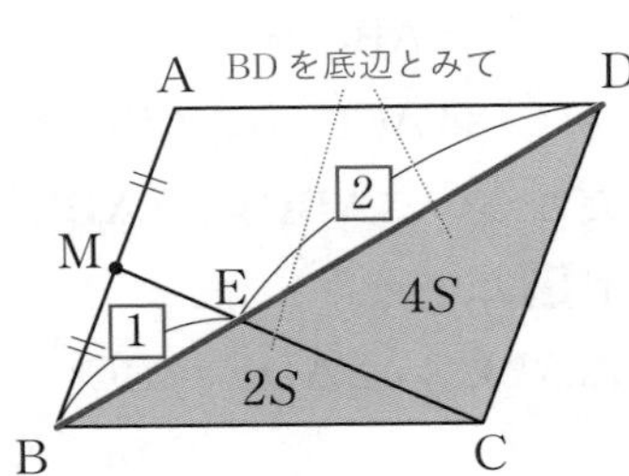

答 1 ： 2 ： 4

例題 7

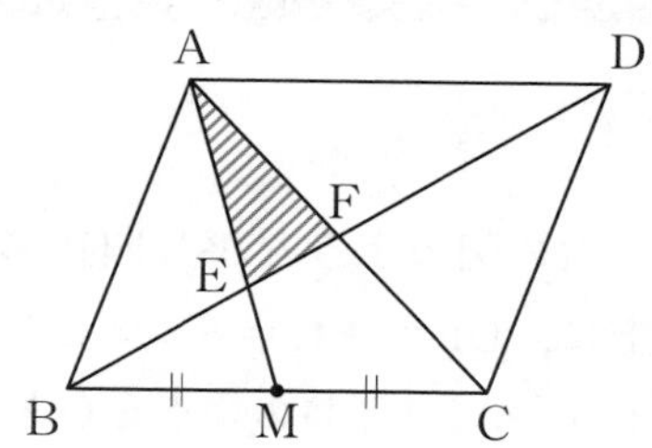

右図の四角形ABCDは平行四辺形である。
△AMC：△AEFを求めよ。

解法

△AED ∽ △MEBより，

AE：ME＝AD：MB＝2：1（下左図）。

また平行四辺形の対角線はそれぞれの中点で交わるから，

AF：FC＝1：1（下中図）。

ここで△AMCと△AEFは∠Aが共通だから，Ⅱより，

△AMC：△AEF＝**AM × AC**：**AE × AF**＝3 × 2：2 × 1＝3：1

答 3：1

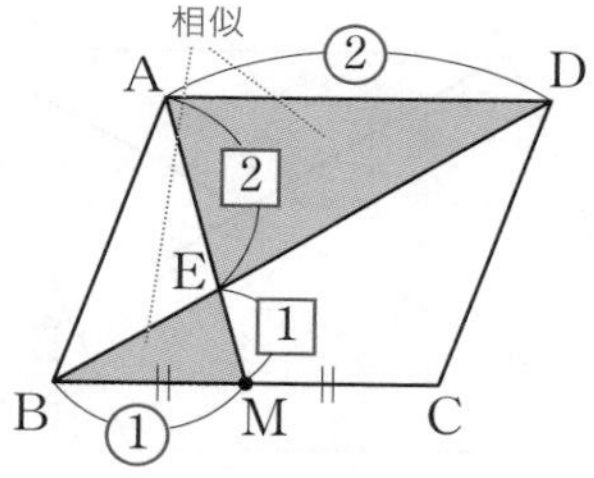

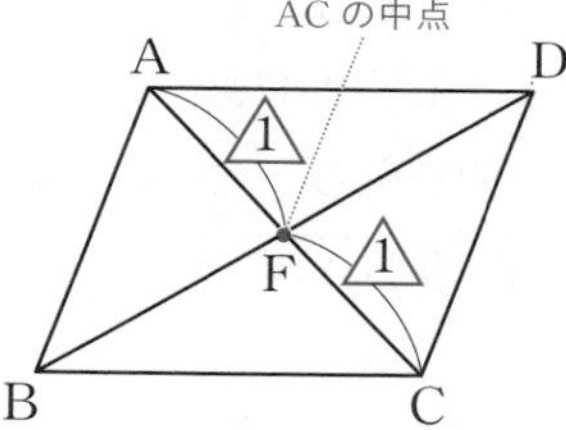

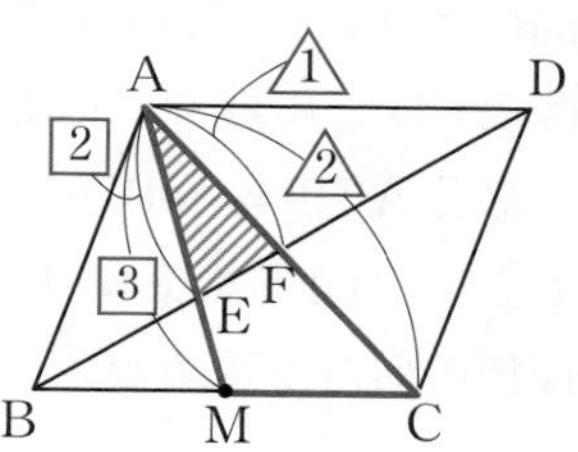

ワザあり

平行四辺形や台形では，**三角形が相似**（Ⅲ）と**三角形がとなり合う**（Ⅰ）を使い分ける。

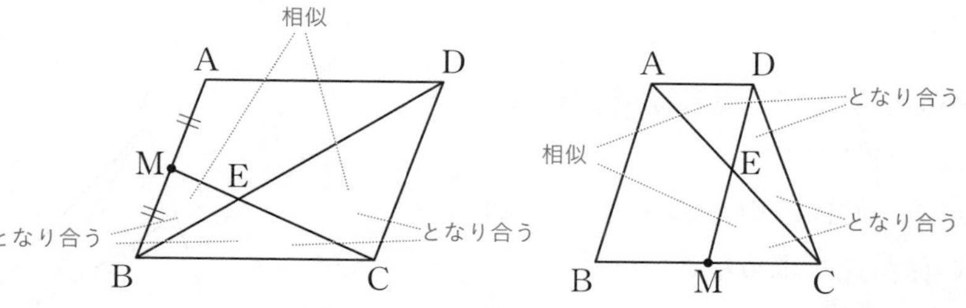

避けたい失敗例

となり合っていて高さが等しいのに2乗してしまった。／
向かい合う相似なのに2乗することを忘れてしまった。

入試問題演習

1 ★☆☆

右の図のような平行四辺形ABCDの辺CD上に，DE：EC＝8：3となるように点Eをとり，ACとBDの交点をOとします。

平行四辺形ABCDの面積が121 cm^2であるとき，△ODEの面積を求めなさい。

〈札幌光星高等学校〉

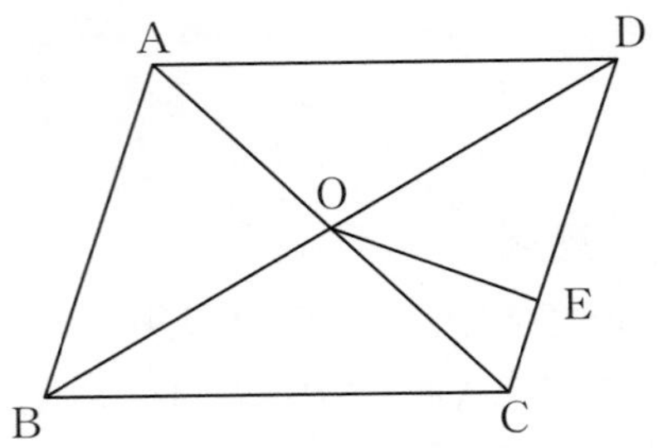

2 ★☆☆

図のように，平行四辺形ABCDがある。点Eは辺CD上にあり，CE：ED＝1：2である。線分AEと線分BDの交点をFとする。このとき，△DFEの面積は，平行四辺形ABCDの面積の何倍か求めなさい。

〈秋田県〉

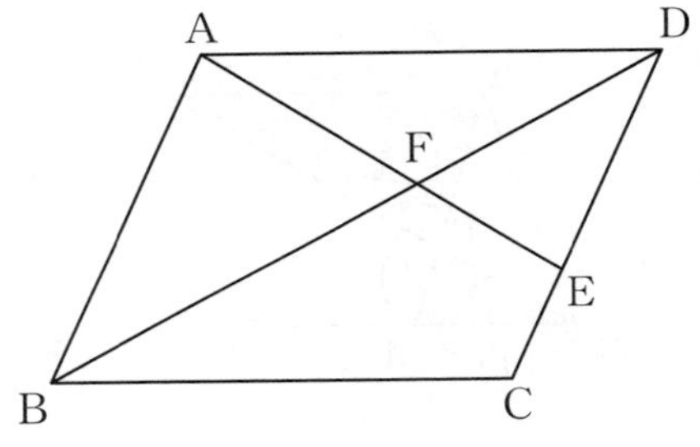

3 ★☆☆

右の図の△ABCで，点Dは辺AB上にあり，AD：DB＝1：2です。

点Eが線分CDの中点のとき，△ABCと△AECの面積比を求めなさい。

〈岩手県〉

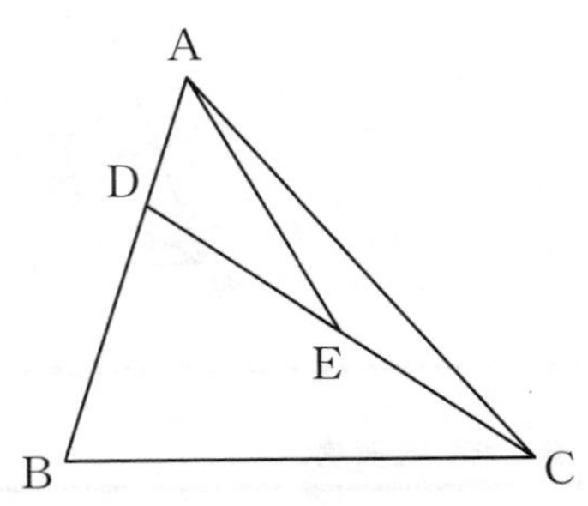

4 ★★☆

右の図は，BC ＝ 3 cm の平行四辺形ABCDである。辺AD上に辺AE ＝ 1 cm となる点Eをとり，線分BDと線分CEの交点をFとするとき，△BCFの面積は△ABEの面積の何倍か，求めなさい。

〈青森県・一部略〉

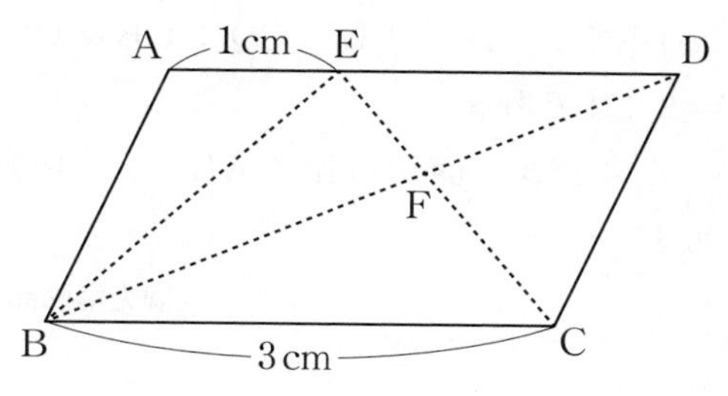

5 ★★☆

図のように，△ABCの辺AB，AC上にそれぞれ点D，Eがあり，AD ＝ EC ＝ 3，DB ＝ 1，AE ＝ 2とする。△ADEと四角形BCEDの面積の比を最も簡単な整数の比で答えよ。

〈桐光学園高等学校〉

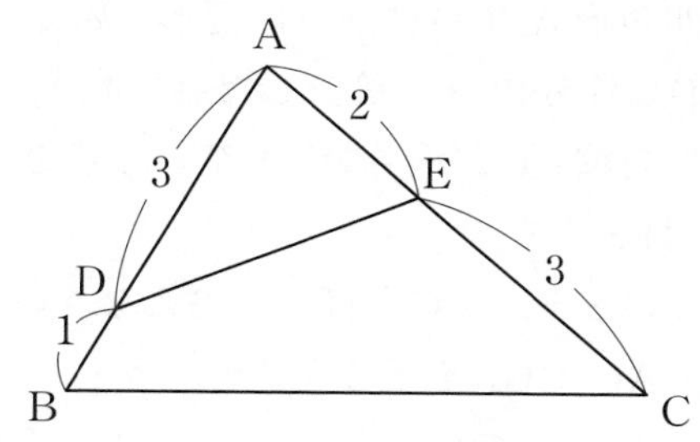

6 ★★☆

右図において，線分AEとBDの交点をCとするとき，△CABと△CDEの面積比を，最も簡単な整数比で答えなさい。

〈帝京八王子高等学校〉

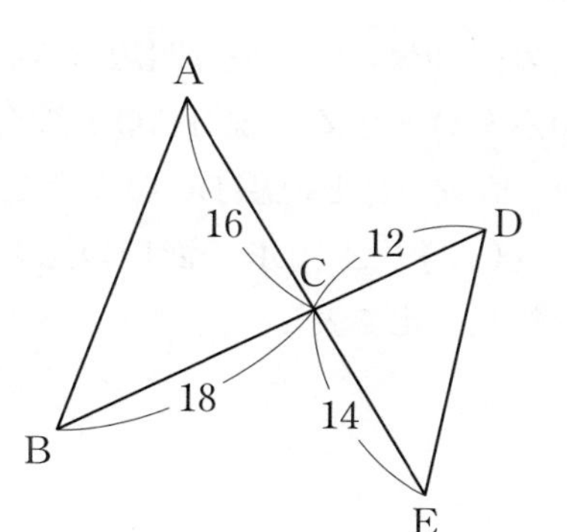

7 ★★☆

図で，AP：PB＝CQ：QB＝CR：RA＝2：1である。

このとき，面積の比△ABC：△PQRを求めよ。

〈桐光学園高等学校〉

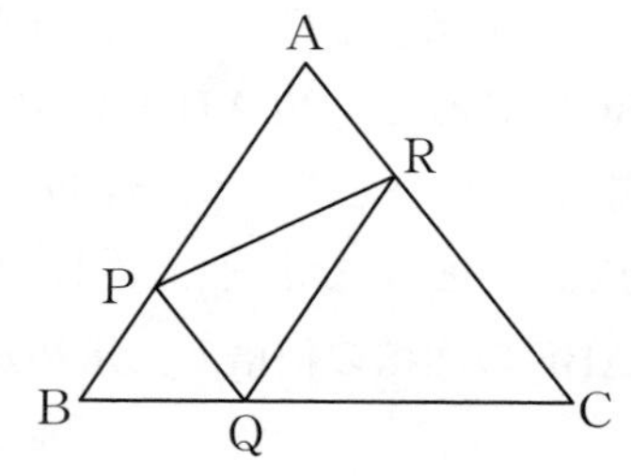

8 ★★★

四角形ABCDは平行四辺形である。点Eと点Fは線分BCを3等分した点であり，線分AFと対角線ACが線分DEと交わる点をそれぞれG，Hとする。

このとき，次の各問いに答えなさい。

(1) AG：GFを求めなさい。

(2) △AGHの面積が$6\,\mathrm{cm}^2$のとき，平行四辺形ABCDの面積を求めなさい。

〈共立女子第二高等学校・一部略〉

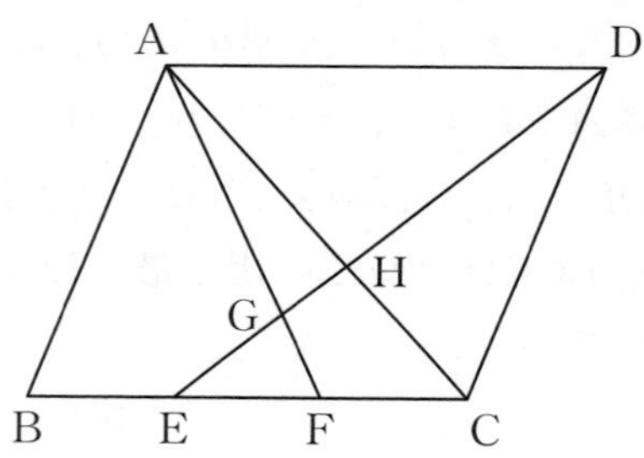

9 ★★★

右の図において，平行四辺形ABCDの辺BCの中点をQとする。線分AQと線分BDの交点をP，直線AQと直線DCの交点をRとするとき，△PBQと△PDRの面積の比をもっとも簡単な整数の比で表せ。

〈成蹊高等学校〉

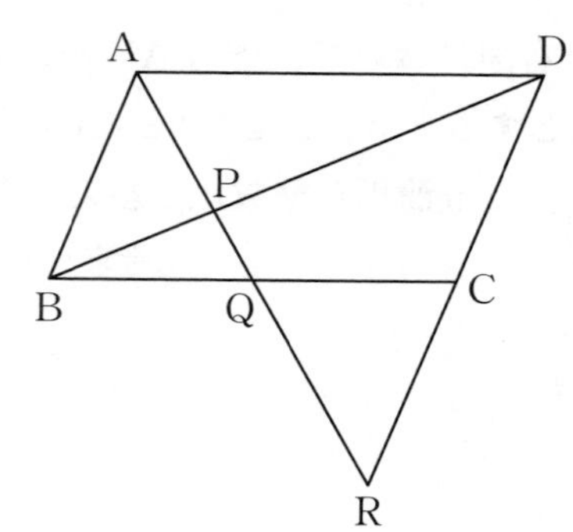

10 ★★☆

右の図のように，AD // BC の台形ABCDがあります。辺BC上に点E，辺CD上に点Fを，BD // EFとなるようにとります。また，線分BFと線分EDとの交点をGとします。BG：GF＝5：2となるとき，△ABEの面積Sと△GEFの面積Tの比を，最も簡単な整数の比で表しなさい。

〈広島県〉

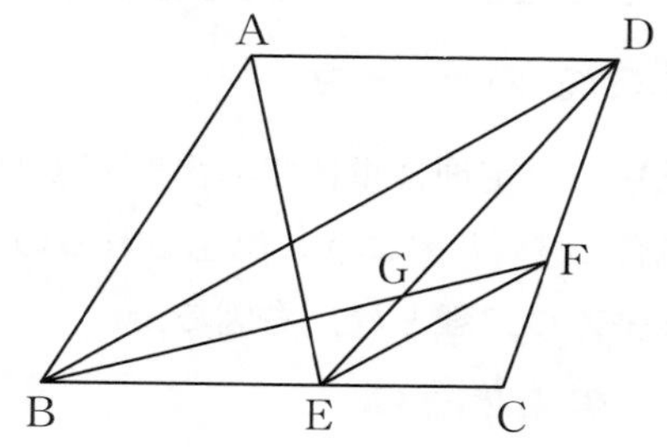

11 ★★☆

右の図の平行四辺形ABCDにおいて，BE：EC＝1：2，CF：FD＝2：3であり，対角線BDとAE，AFとの交点をそれぞれG，Hとする。平行四辺形ABCDと△AGHの面積比を求めよ。

〈城北高等学校〉

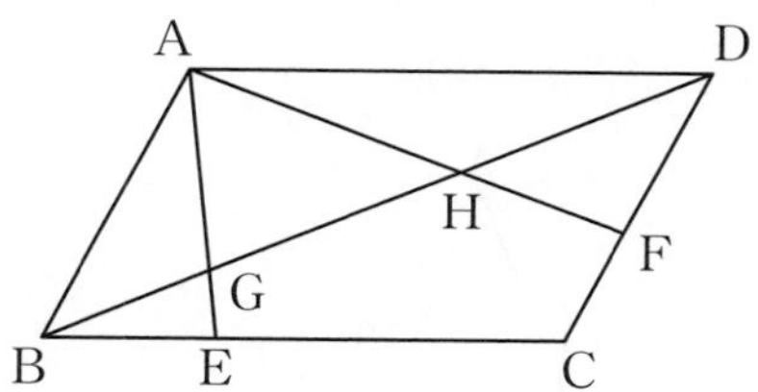

第2章

05 三平方の定理と相似の融合

▶ ここでのテーマ

三平方の定理は単体での出題が少なく，その多くは相似との融合です。どのように出題されるのか慣れておきましょう。

三平方の定理とは，右図で，

$$a^2+b^2=c^2$$

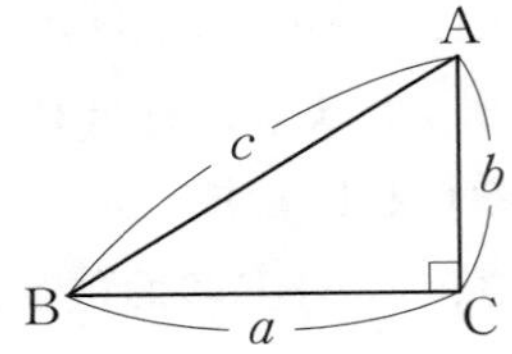

▶ 合格のための視点

三平方の定理を使うには，‘直角をみつける’‘直角を作る’ことが必要。ただし，三平方の定理は計算が複雑になることが多いので，最終手段とするとよい。

▶ 大事なポイント

対称軸を持つ図形では，三平方の定理を積極的に用いるといいんだ。

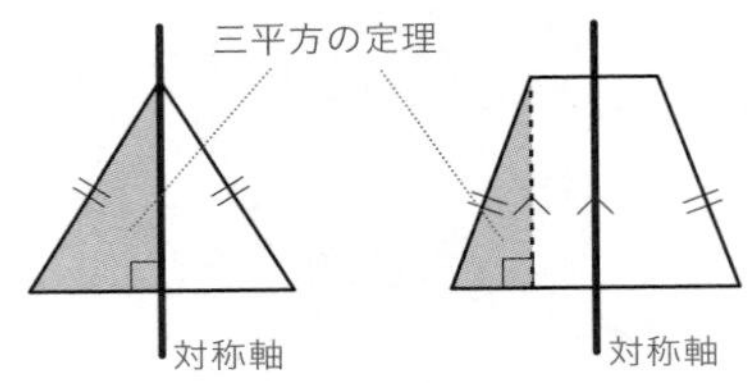

例題 1

次の図形の面積を求めよ。

(1) 二等辺三角形

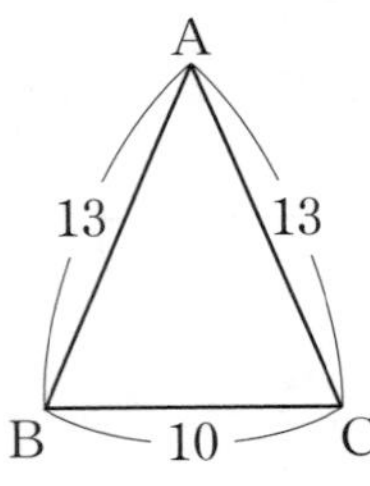

(2) 台形

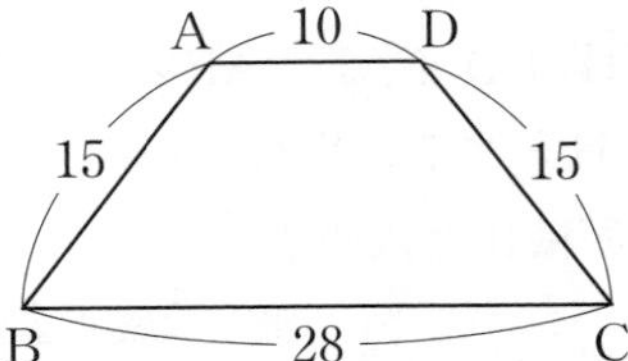

解法

(1) 図のように頂点Aから垂線AHを引き，AHを二等辺三角形ABCの高さとみる。

HはBCの中点で，△ABHで三平方の定理より，

$$\mathrm{AH}=\sqrt{\mathrm{AB}^2-\mathrm{BH}^2}$$

$$=\sqrt{13^2-5^2}=\sqrt{169-25}=\sqrt{144}=12$$

$$\triangle\mathrm{ABC}=10\times12\times\frac{1}{2}=60$$ 答 60

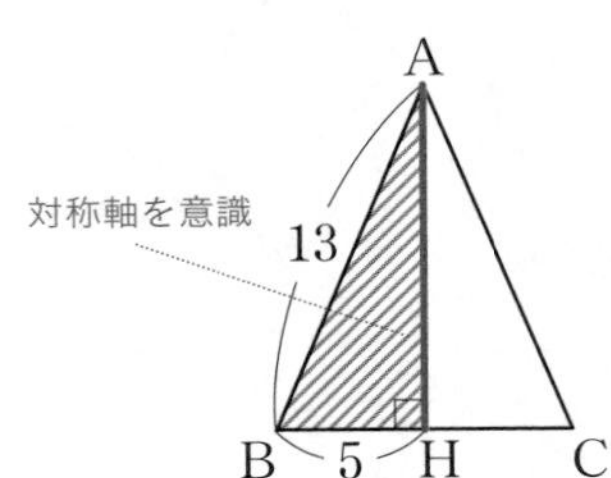

(2) 図のように頂点Aから垂線AEを引き，AEを台形ABCDの高さとみる。

EF = 10より，BE = FC = 9だから，

△ABEで三平方の定理より，

$$AE=\sqrt{AB^2-BE^2}$$
$$=\sqrt{15^2-9^2}=\sqrt{225-81}=\sqrt{144}=12$$

台形ABCD $=(10+28)\times 12\times\frac{1}{2}=228$　[答] 228

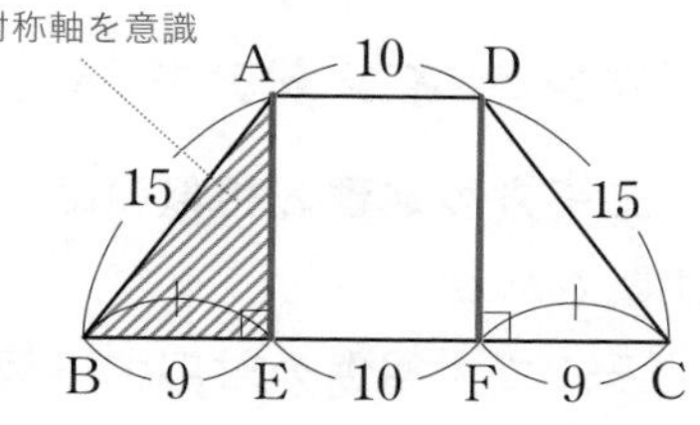

例題 2

次の図で，(1)はAD，(2)はDEの長さを求めよ。

(1) 二等辺三角形

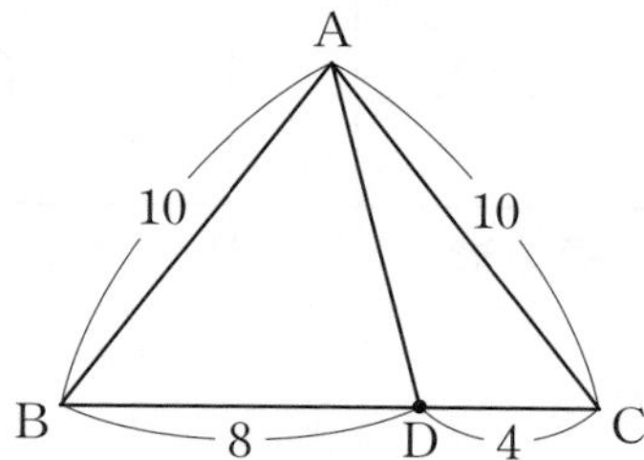

(2) 台形

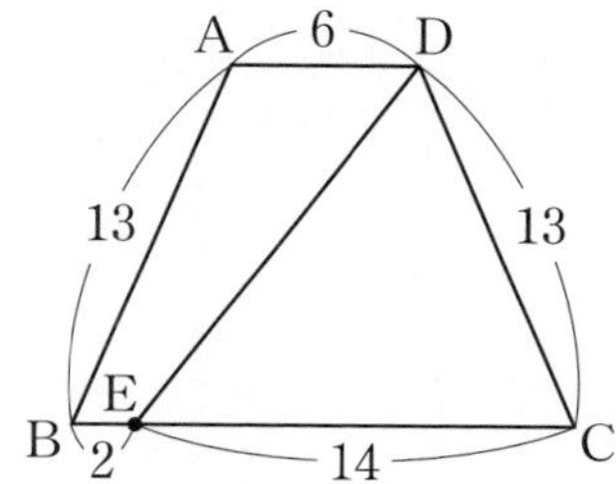

解法

(1) 図のように頂点Aから垂線AHを引けば，Hは BCの中点だから，

△ABHで三平方の定理より，

$$AH=\sqrt{AB^2-BH^2}=\sqrt{10^2-6^2}$$
$$=\sqrt{100-36}=8$$
$$HD=8-6=2$$

続いて△ADHで三平方の定理より，

$$AD=\sqrt{AH^2+HD^2}=\sqrt{8^2+2^2}=\sqrt{64+4}=2\sqrt{17}$$　[答] $2\sqrt{17}$

(2) 図のように頂点Dから垂線DFを引けば，

$$FC=\{(2+14)-6\}\times\frac{1}{2}=5$$

△DFCで三平方の定理より，

$$DF=\sqrt{DC^2-FC^2}=\sqrt{13^2-5^2}$$
$$=\sqrt{169-25}=12$$

続いて△DEFで三平方の定理より，

$$DE=\sqrt{DF^2+EF^2}=\sqrt{12^2+9^2}=\sqrt{144+81}=15$$　[答] 15

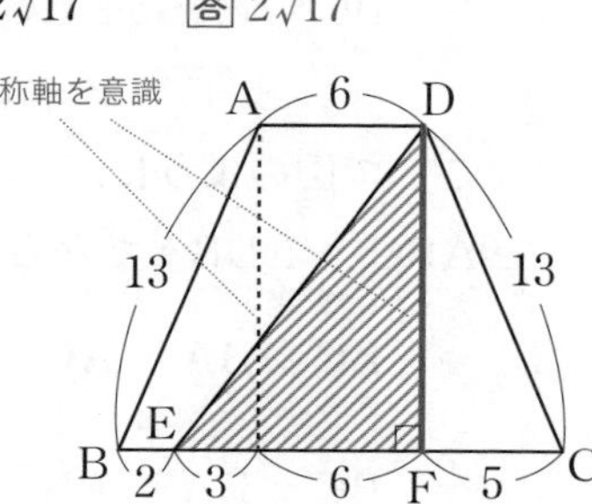

▸ワンポイントアドバイス

三平方の定理と相似の融合問題は多く出題される。

そこで，**相似の対応する辺を三平方の定理で求めておく**とよい。

右図**ABC**が代表的な直角三角形の相似であり，特にこれらは多く登場する。

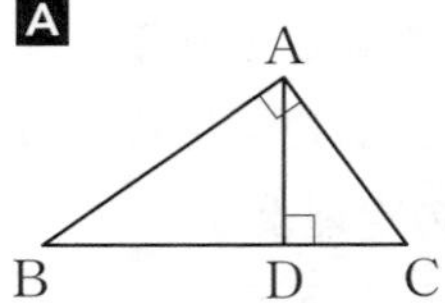

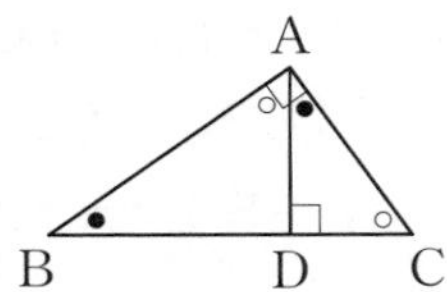

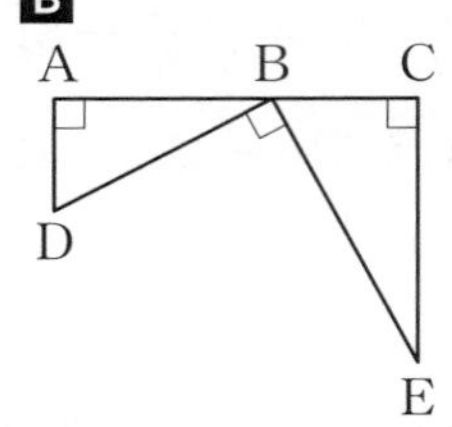

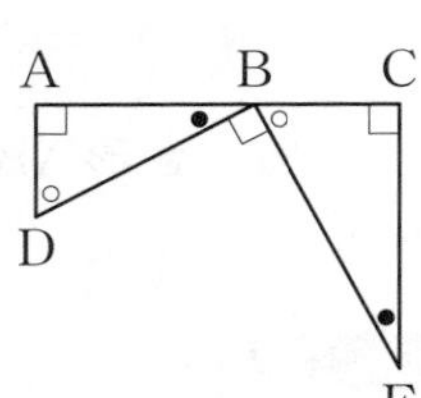

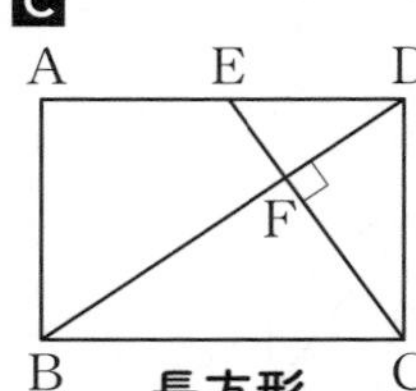

長方形

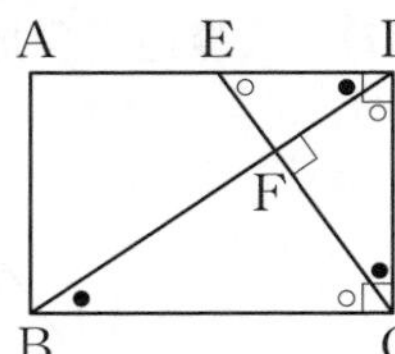

例題 3

次の図において，xやyの値を求めよ。

(1)

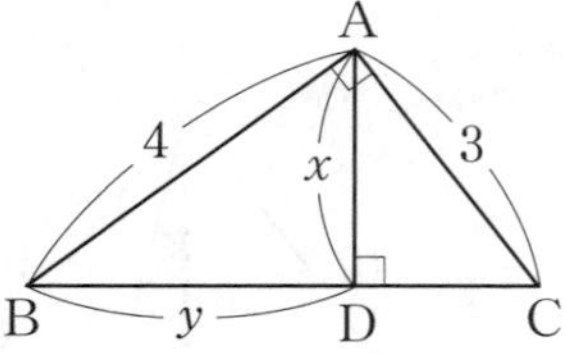

(2)

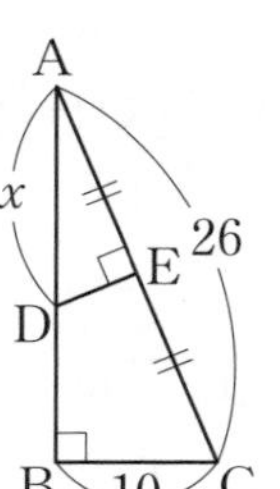

(3)

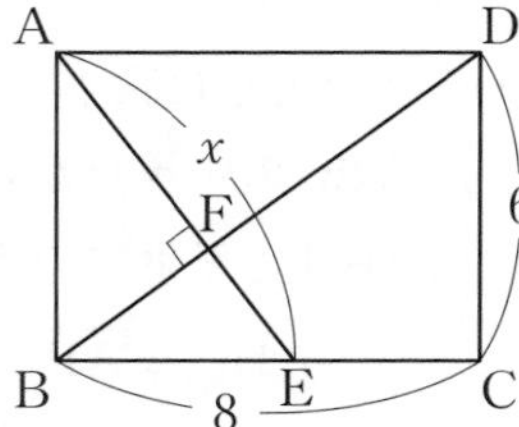

解法

(1)　△ABCで三平方の定理より，

$$BC = \sqrt{AB^2 + AC^2}$$

$$= \sqrt{4^2 + 3^2} = \sqrt{16 + 9} = 5$$

ここで図のように，

△ABC ∽ △DBAだから，

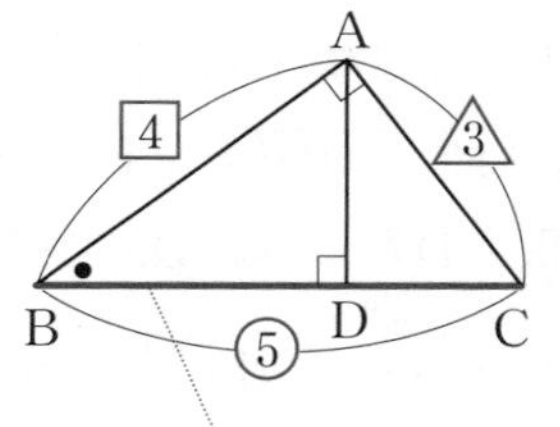

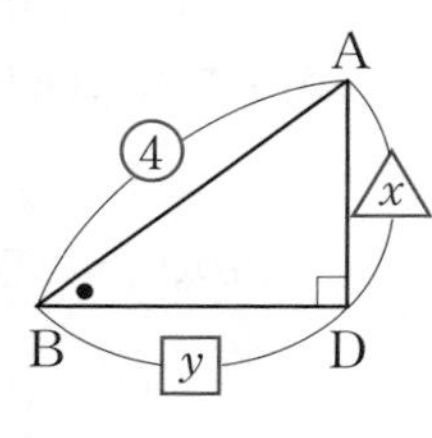

$$BC : BA = AC : DA,\ \ 5 : 4 = 3 : x,\ \ 5x = 4 \times 3,\ \ x = \frac{12}{5}$$

$$BC : BA = AB : DB,\ \ 5 : 4 = 4 : y,\ \ 5y = 4 \times 4,\ \ y = \frac{16}{5}$$

答 $x = \frac{12}{5},\ \ y = \frac{16}{5}$

(2)　△ABCで三平方の定理より，

$$AB = \sqrt{AC^2 - BC^2}$$
$$= \sqrt{26^2 - 10^2} = \sqrt{676 - 100} = 24$$

ここで図のように，

△ABC ∽ △AEDだから，

$AC : AD = AB : AE$，$26 : x = 24 : 13$，

$24x = 26 \times 13$，$x = \dfrac{169}{12}$　　答 $x = \dfrac{169}{12}$

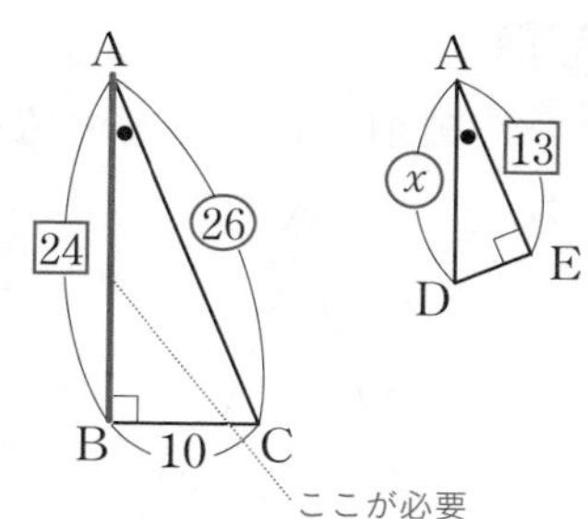

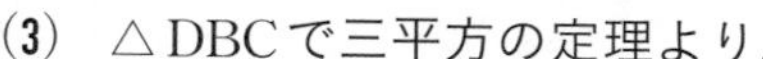

(3)　△DBCで三平方の定理より，

$$DB = \sqrt{DC^2 + BC^2}$$
$$= \sqrt{6^2 + 8^2} = \sqrt{36 + 64} = 10$$

ここで△DBCの内角を使い，

∠• ＋∠◦ ＝90°だから，

△FBEで∠FEB＝∠◦となる。

すると，図のように，

△EAB ∽ △DBCだから，

$AE : BD = AB : BC$，$x : 10 = 6 : 8$，

$8x = 10 \times 6$，$x = \dfrac{15}{2}$　　答 $x = \dfrac{15}{2}$

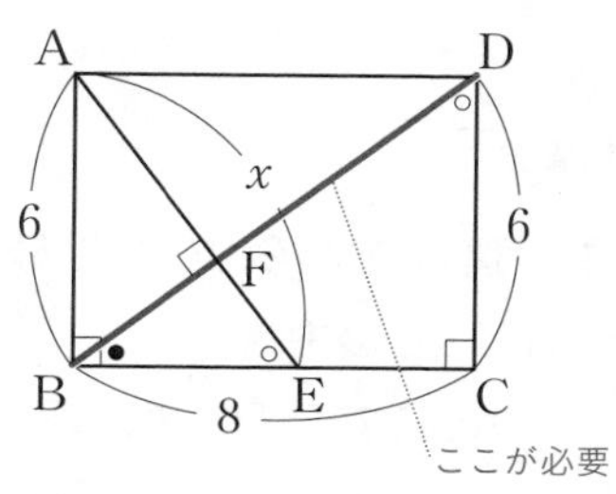

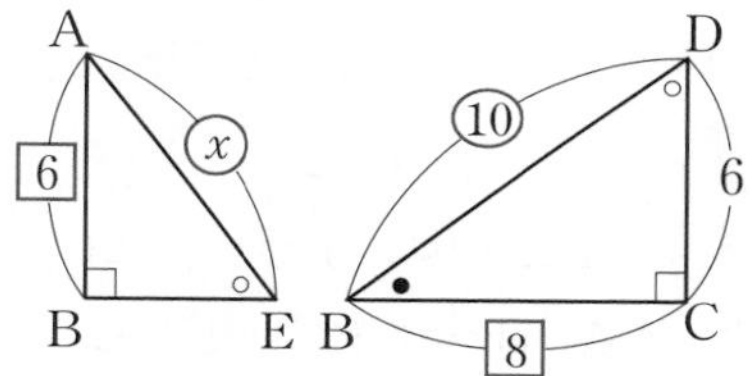

ワザあり

直角三角形に頻繁に出てくる∠• ＋∠◦ ＝90°を有効に使えるかが鍵となる。そのためにはp.56の図**A B C**のように，等しい角にどんどん印をつけていくとよい。

避けたい失敗例

直角三角形の三平方の定理にばかり気を取られて，相似と連携することが頭になかった。

▶ 大事なポイント

右図の色を付けた直角三角形はすべて相似であることに注意して解こう。

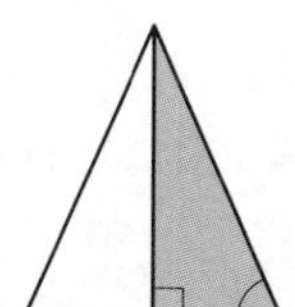

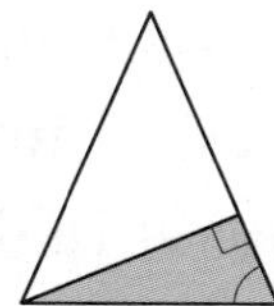

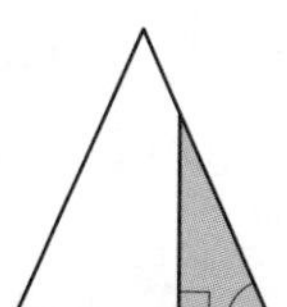

例題 4

次の図において，xの値を求めよ。

(1)

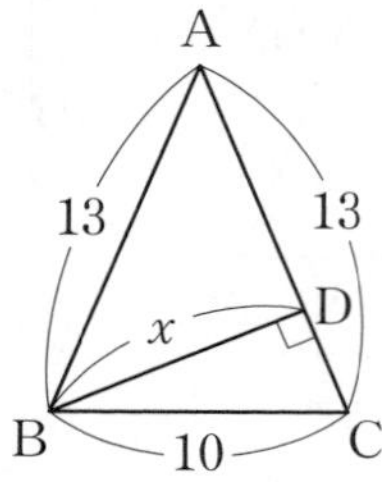

(2)

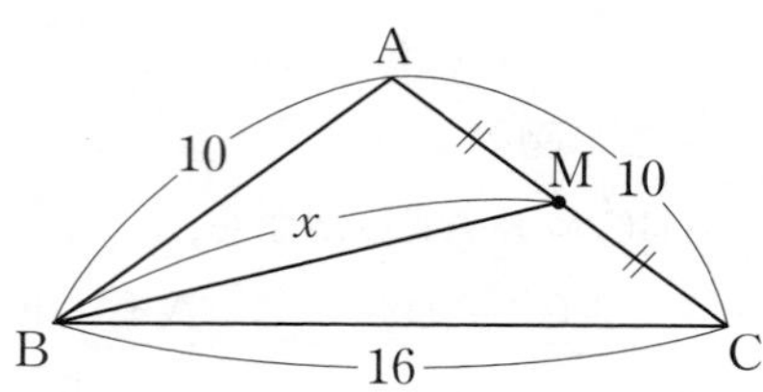

解法

(1) 頂点AからBCへ垂線AHを引けば，HはBCの中点。

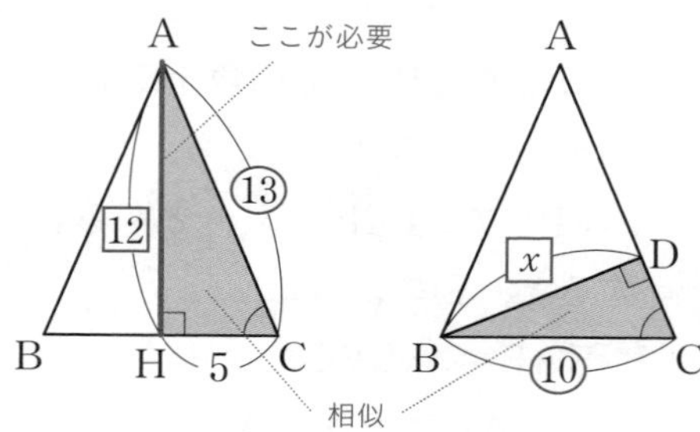

△ACHで三平方の定理より，

$$AH = \sqrt{AC^2 - CH^2}$$
$$= \sqrt{13^2 - 5^2} = \sqrt{169 - 25}$$
$$= 12$$

ここで図のように，∠C共通を利用すれば，△ACH∽△BCDだから，

$$AC : BC = AH : BD,\ 13 : 10 = 12 : x,$$

$$13x = 10 \times 12,\ x = \frac{120}{13}$$　　答 $x = \frac{120}{13}$

(2) 頂点AからBCへ垂線AHを引けば，HはBCの中点。

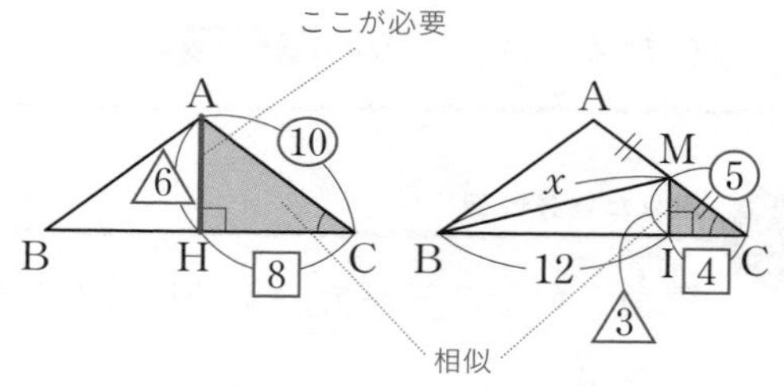

△ACHで三平方の定理より，

$$AH = \sqrt{AC^2 - CH^2}$$
$$= \sqrt{10^2 - 8^2} = \sqrt{100 - 64}$$
$$= 6$$

ここで図のように，∠C共通を利用すれば，△ACH∽△MCIだから，

$$AC : CH : AH = MC : CI : MI,\ 10 : 8 : 6 = 5 : CI : MI,$$

よって，$CI = 4$，$MI = 3$

△MBIで三平方の定理より，

$$x = \sqrt{MI^2 + BI^2} = \sqrt{MI^2 + (BC - IC)^2}$$
$$= \sqrt{3^2 + (16 - 4)^2} = \sqrt{3^2 + 12^2} = \sqrt{9 + 144} = 3\sqrt{17}$$　　答 $x = 3\sqrt{17}$

▶ワンポイントアドバイス

折り返された図形でも三平方の定理を頻繁に使う。

このとき，折り返す前の図形と後の図形は合同だから，**辺の移動**に注意する。

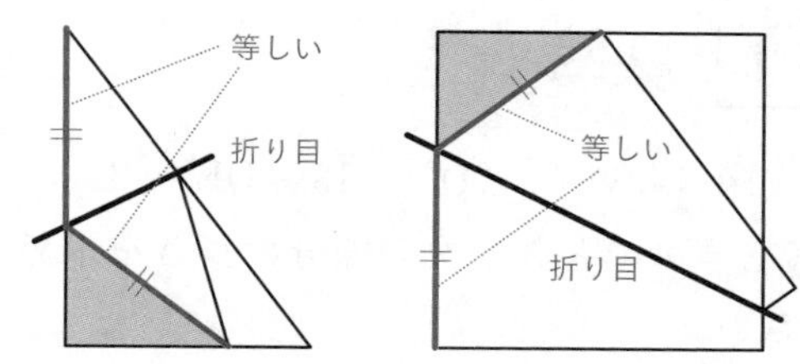

例題 5

PQを折り目とした次の図で，xやyの長さを求めよ。

(1) 直角三角形で，点Aが点Dへ移る　(2) 正方形で，点Bが点Mへ移る

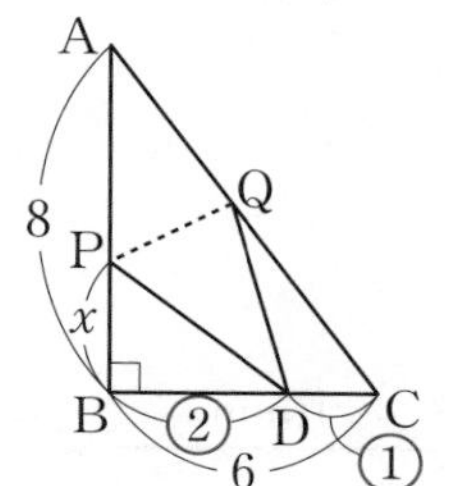

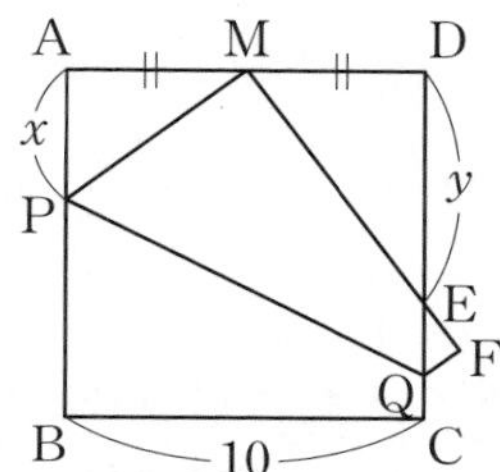

解法

(1) PQが折り目だからPD = PA = $8 - x$

△PBDで三平方の定理より，

$PD^2 = PB^2 + BD^2$

$(8 - x)^2 = x^2 + 4^2$, $64 - 16x + x^2 = x^2 + 16$,

$16x = 48$, $x = 3$　答 $x = 3$

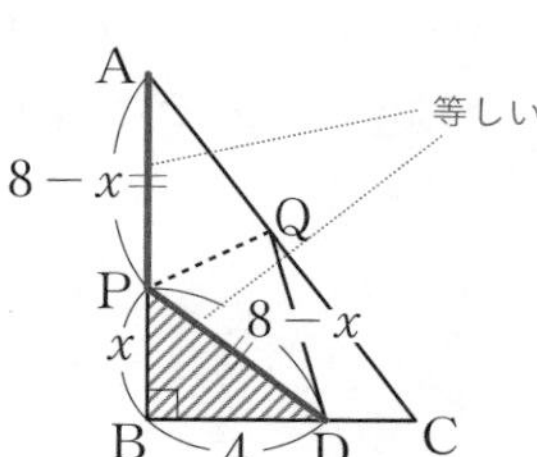

(2) PQが折り目だからPM = PB = $10 - x$

△APMで三平方の定理より，

$PM^2 = AP^2 + AM^2$

$(10 - x)^2 = x^2 + 5^2$,

$100 - 20x + x^2 = x^2 + 25$,

$20x = 75$, $x = \dfrac{15}{4}$

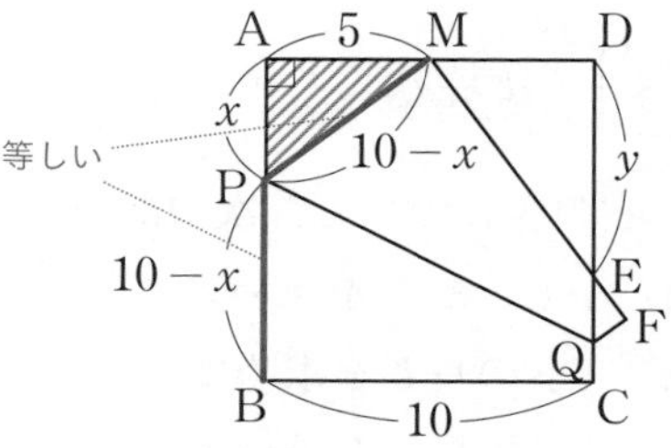

右図のように，△APM ∽ △DMEだから，

AP：DM = AM：DE

$\dfrac{15}{4}$：5 = 5：y, $\dfrac{15}{4}y = 5 \times 5$, $y = \dfrac{20}{3}$

答 $x = \dfrac{15}{4}$, $y = \dfrac{20}{3}$

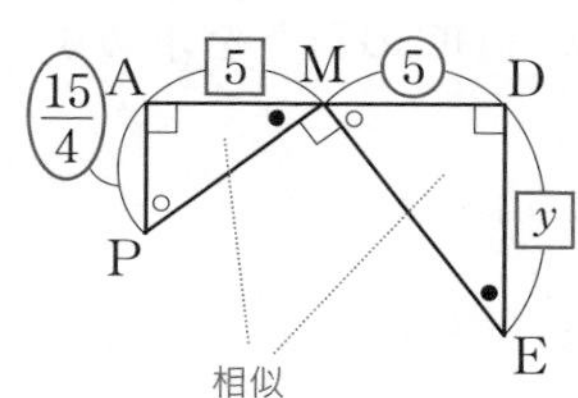

入試問題演習

1 ★☆☆

図において，AD = $\sqrt{13}$，DE = 3，CE = 4のとき，次の線分の長さを求めなさい。

(1) BCの長さ

(2) BDの長さ

〈明治学院東村山高等学校〉

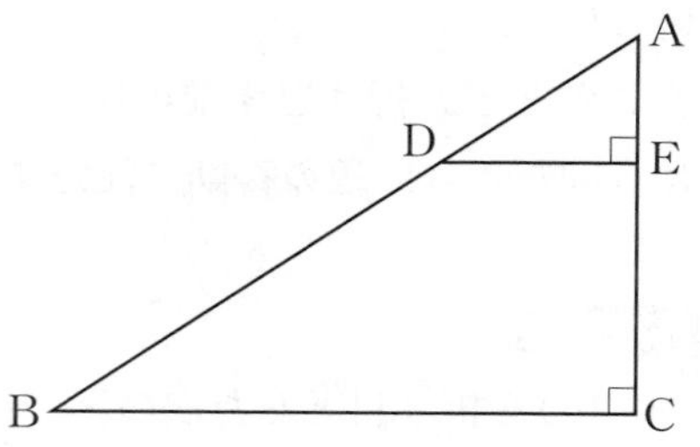

2 ★☆☆

右の図において，長方形ABCDと長方形EFGDは合同で，点Eは対角線BD上にあり，点Kは辺BCと辺EFの交点である。

AB = 12cm，AD = 16cmのとき，線分BEの長さは□cmで，四角形EKCDの面積は□cm^2である。

〈愛光高等学校〉

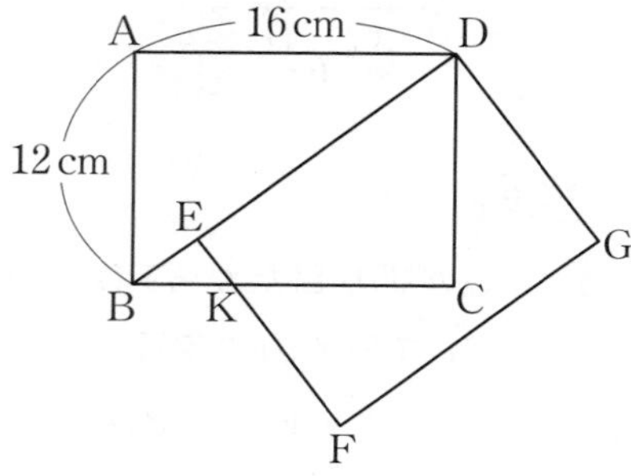

3 ★★☆

右の図において，次の問いに答えよ。

(1) AEの長さを求めよ。

(2) DFの長さを求めよ。

(3) BGの長さを求めよ。

(4) HCの長さを求めよ。

〈関西大倉高等学校〉

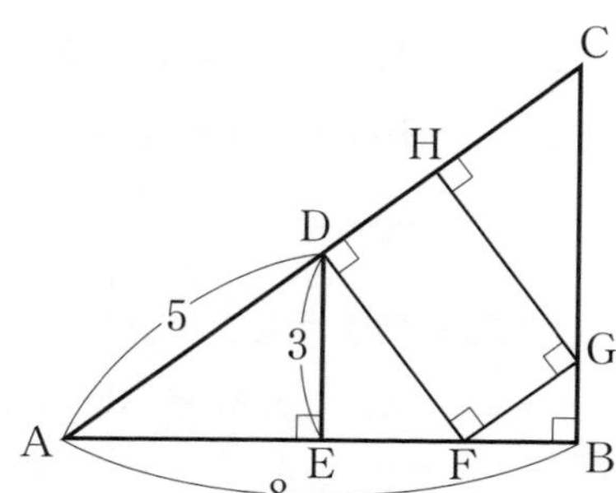

4 ★★☆

右の図のように，長方形ABCDがあり，辺ABの中点をEとする。

また，辺BC上に点FをBF：FC＝2：1となるようにとり，辺AD上に点Gを，線分DEと線分FGが垂直に交わるようにとる。

さらに，線分DEと線分FGとの交点をHとする。

AB＝2cm，BC＝3cmのとき，線分GHの長さを求めなさい。

〈神奈川県〉

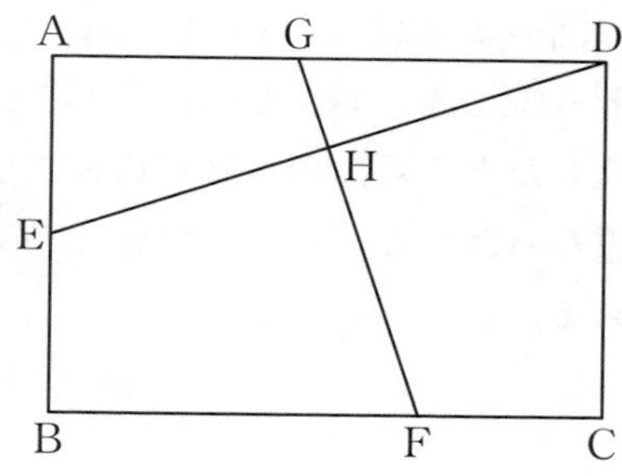

5 ★☆☆

右の図のように，AB＝BC＝6cmの直角二等辺三角形ABCを，頂点Aが辺BCの中点Mに重なるように折りました。折り目の直線と辺ABとの交点をDとします。このとき，線分BDの長さは何cmですか。

〈広島県〉

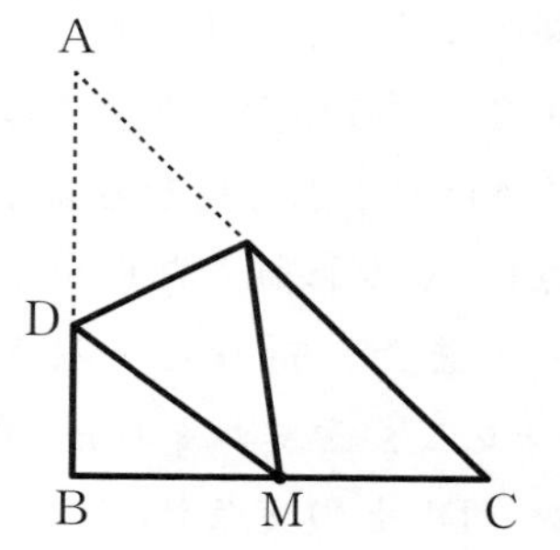

第2章 05 三平方の定理と相似の融合

6 ★☆☆

図のように，AB＝5，BC＝13の長方形ABCDを，線分CEを折り目として折り返したところ，頂点Bが辺AD上の点Fと重なった。このとき，線分AEの長さを求めよ。

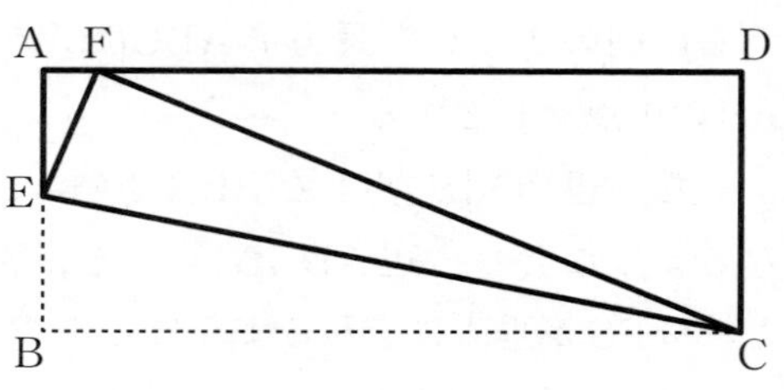

〈桐光学園高等学校〉

7 ★★☆

図のように，1辺の長さが8 cmの正方形ABCDの折り紙がある。この折り紙の頂点Bを辺ADの中点と重なるように折ったとき，頂点B，Cが移動した点をそれぞれP，Qとする。また，折り目となる直線と辺AB，CDとの交点をそれぞれE，Fとし，線分PQと線分DFとの交点をGとする。

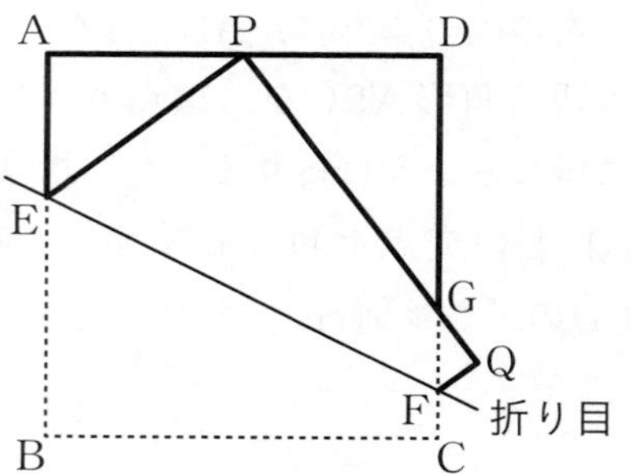

(1) AE＝x cmとするとき，xの値を求めよ。

(2) 線分FQの長さは何cmか。

(3) △CFQの面積は何cm^2か。

〈長崎県・一部略〉

第2章

06 特別角の利用

▶ ここでのテーマ

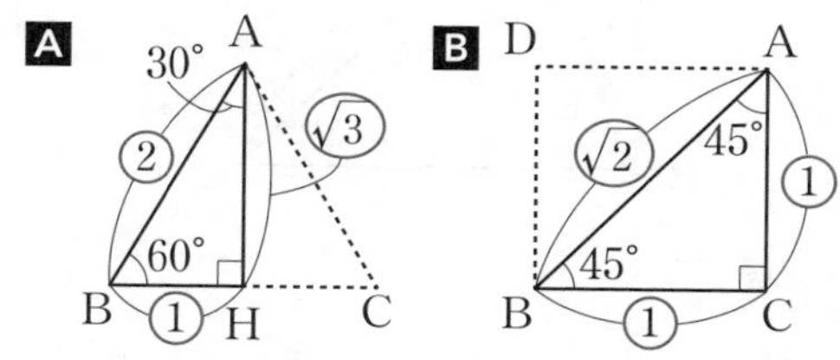

正三角形や正方形は**角度と長さ**を結びつける特別な形です。

これらはAやBの三角定規としても有用です。

▶ 合格のための視点

㋐はAと，㋒はBと2**角が等しいから相似**である。㋑や㋓は三平方の定理から残りの辺を求めれば，㋑はAと，㋓はBと3**辺の比が等しいから相似**になる。

よって㋐，㋑，㋒，㋓はすべて**三角定規の形**である。

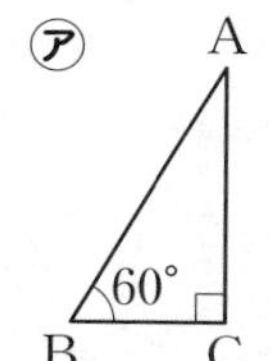

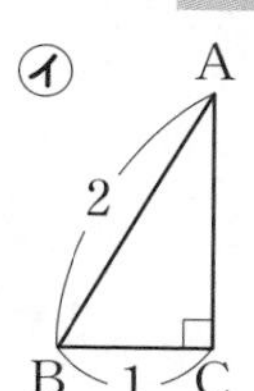

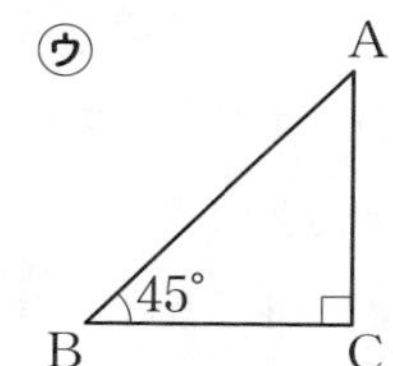

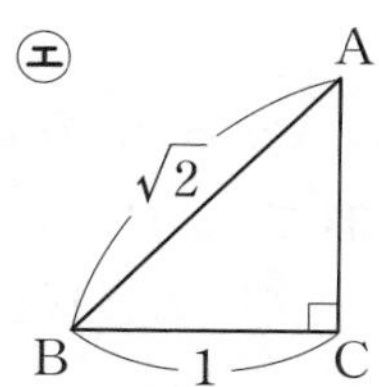

▶ 大事なポイント

下の図形Aでは垂線を下ろす，Bでは対称軸で分ける，Cは外側に三角定規を補う。こうすると三角定規の直角三角形ができるんだ。

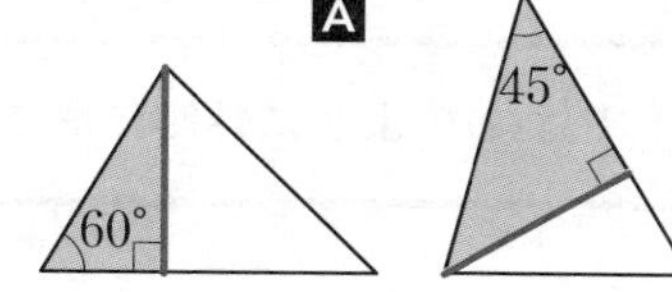

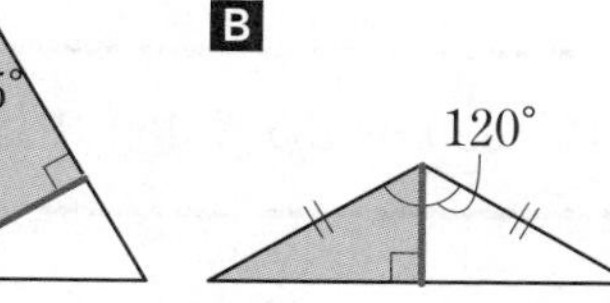

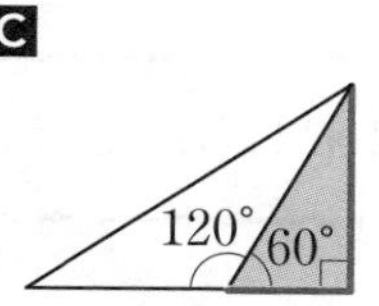

避けたい失敗例

直角を挟む2辺が長さ1と2の三角形を三角定規型と勘違いしてしまった。／
二等辺三角形でないCでもBのようになると思いこみ120°を分けてしまった。

例題 1

次の図においてxの長さを求めよ。

(1)

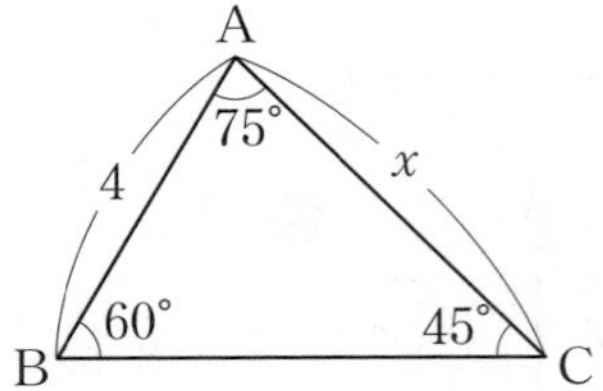

(2)

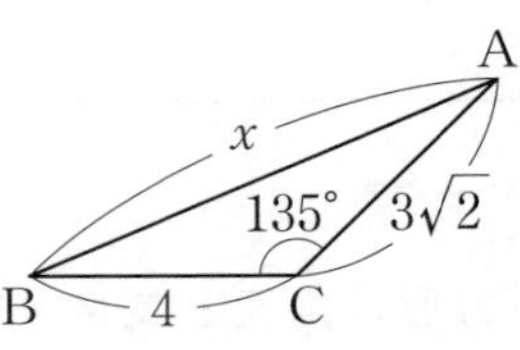

解法

(1) 頂点Aから辺BCへ垂線AHを引く。

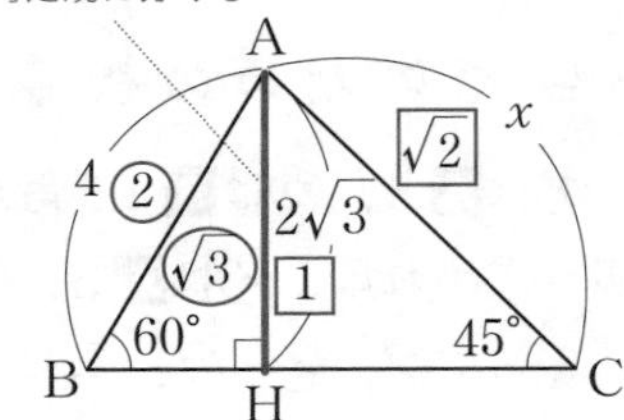

$\triangle$ABHで，AB ： AH ＝ 2 ： $\sqrt{3}$

4 ： AH ＝ 2 ： $\sqrt{3}$，AH ＝ $2\sqrt{3}$

$\triangle$ACHで，AC ： AH ＝ $\sqrt{2}$ ： 1

x ： $2\sqrt{3} = \sqrt{2}$ ： 1，$x = 2\sqrt{6}$

答 $x = 2\sqrt{6}$

(2) 頂点AからBCの延長へ垂線AHを引く。

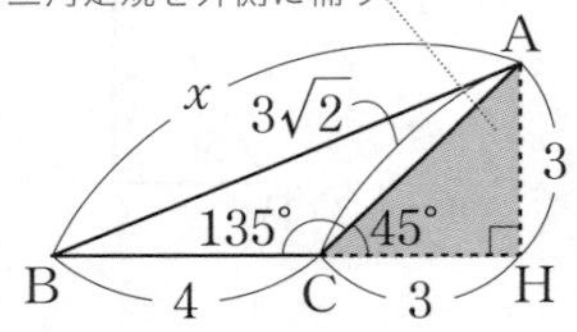

$\triangle$ACHで，AC ： AH ＝ $\sqrt{2}$ ： 1

$3\sqrt{2}$ ： AH ＝ $\sqrt{2}$ ： 1，AH ＝ 3

またCH ＝ AH ＝ 3

$\triangle$ABHで三平方の定理より，

$$AB = \sqrt{BH^2 + AH^2}$$

$$x = \sqrt{(4+3)^2 + 3^2} = \sqrt{49+9} = \sqrt{58}$$

答 $x = \sqrt{58}$

ワザあり

75°や105°は(1)のように分け，120°や135°や150°では(2)のように外側に補うとよい。

例題 2

次の図においてxの長さを求めよ。

(1)

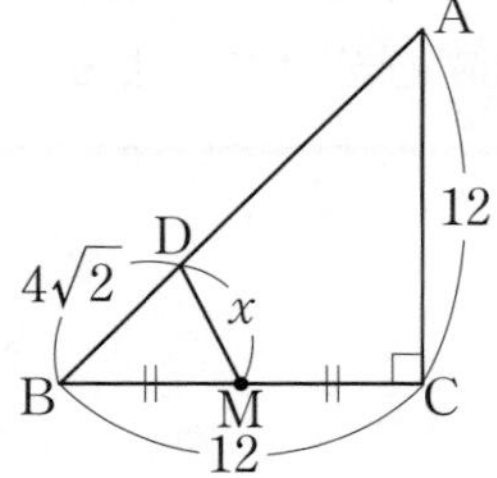

(2)

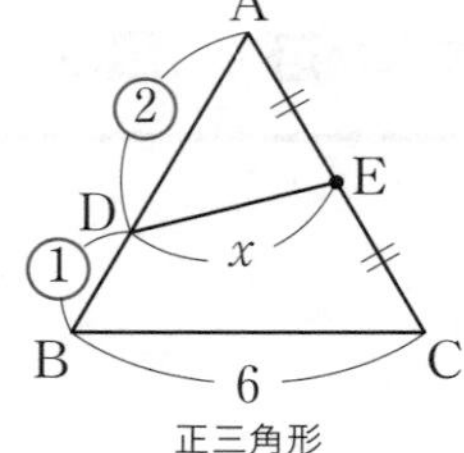

正三角形

解法

(1)　△ABCは∠B ＝ 45°の直角三角形。Mから BAに垂線MHを引けば，△HBMは三角定規の形。

$$\mathrm{BM} : \mathrm{HB} = \sqrt{2} : 1,$$
$$6 : \mathrm{HB} = \sqrt{2} : 1,$$
$$\sqrt{2}\,\mathrm{HB} = 6,\ \mathrm{HB} = 3\sqrt{2} = \mathrm{HM}$$

よって，$\mathrm{HD} = 4\sqrt{2} - 3\sqrt{2} = \sqrt{2}$

△DHMで三平方の定理より，

$$x = \mathrm{DM} = \sqrt{\mathrm{DH}^2 + \mathrm{HM}^2} = \sqrt{(\sqrt{2})^2 + (3\sqrt{2})^2} = 2\sqrt{5}$$

答 $x = 2\sqrt{5}$

(2)　△ABCは∠A ＝ 60°

DからACに垂線DHを引けば，△ADHは三角定規の形。

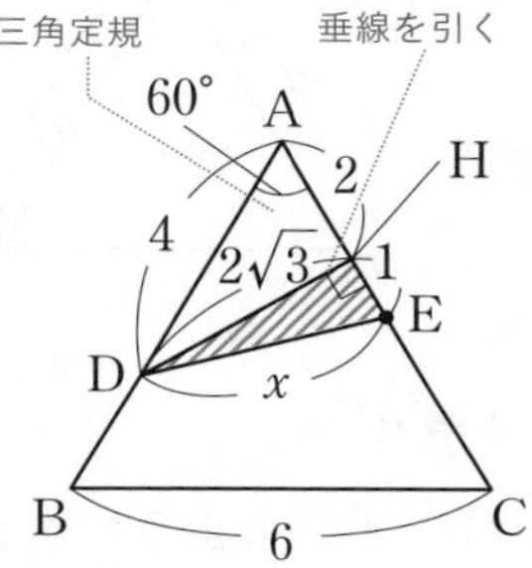

AD ： AH ＝ 2 ： 1，AD ＝ 4だからAH ＝ 2

よって，HE ＝ 3 − 2 ＝ 1

また

$\mathrm{AH} : \mathrm{DH} = 1 : \sqrt{3}$，$2 : \mathrm{DH} = 1 : \sqrt{3}$，$\mathrm{DH} = 2\sqrt{3}$

△DEHで三平方の定理より，

$$x = \mathrm{DE} = \sqrt{\mathrm{DH}^2 + \mathrm{HE}^2} = \sqrt{(2\sqrt{3})^2 + 1^2} = \sqrt{13}$$

答 $x = \sqrt{13}$

▶ 大事なポイント

垂線を引いて直角を作ると三角定規の形が現れる。直角二等辺三角形や正三角形では必ず考えよう。

▶ ワンポイントアドバイス

1辺aの**正三角形の面積**は，三角定規を使い図のようにして，

$$a \times \frac{\sqrt{3}}{2}a \times \frac{1}{2} = \frac{\sqrt{3}}{4}a^2 \ (★)$$

と計算できる。

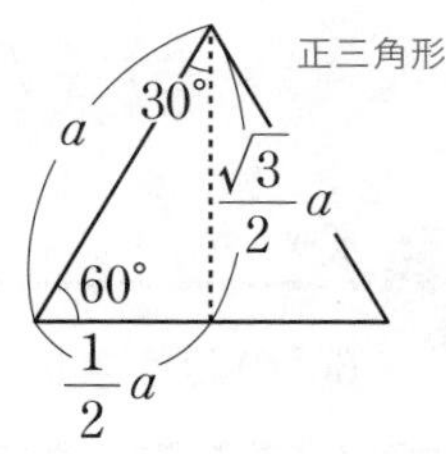

ワザあり

正三角形の面積は幾度も登場するほど大切。

▸ 大事なポイント

1辺aの正六角形の面積は，

1辺aの正三角形 $\times 6$

と考えることができるんだ。

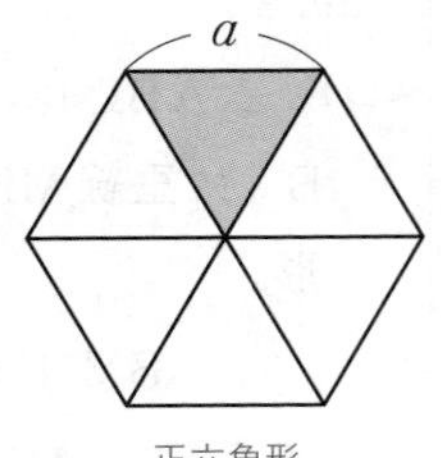

正六角形

例題 3

Oを中心とする半径2のおうぎ形がある。

次の図の斜線部分の面積を求めよ。

(1)

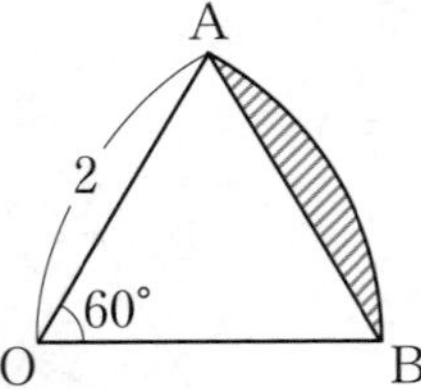

(2)

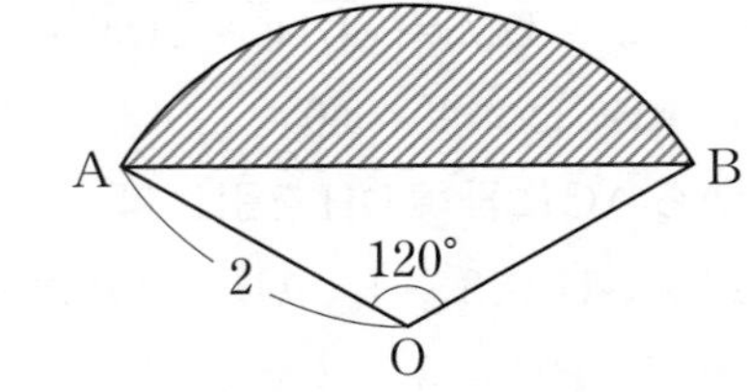

解法

(1) 右図のようにする。

$$2^2\pi \times \frac{60}{360} - 2 \times \sqrt{3} \times \frac{1}{2}$$

$$= \frac{2}{3}\pi - \sqrt{3} \qquad \text{答}\ \frac{2}{3}\pi - \sqrt{3}$$

(2) 右図のようにする。

$$2^2\pi \times \frac{120}{360} - 2\sqrt{3} \times 1 \times \frac{1}{2}$$

$$= \frac{4}{3}\pi - \sqrt{3} \qquad \text{答}\ \frac{4}{3}\pi - \sqrt{3}$$

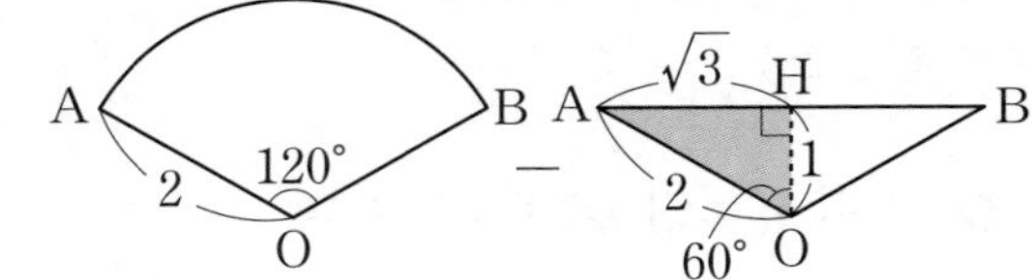

ワザあり

60°のおうぎ形では，正三角形が中に埋まっていることに気をつける。

▸ 大事なポイント

1辺aの正八角形は右図のようになり，正方形から周囲の4つの直角二等辺三角形を取り除くとよい。

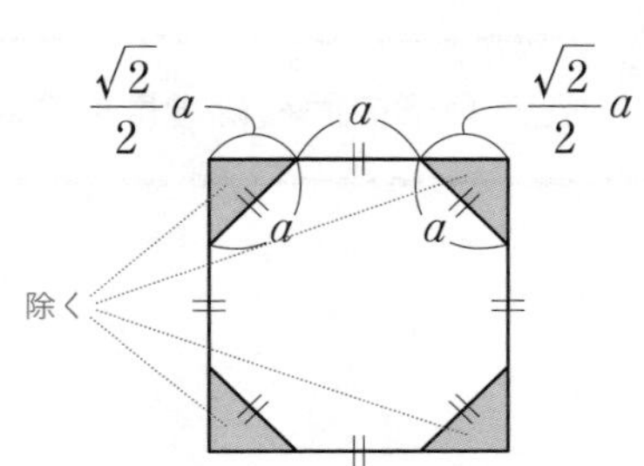

入試問題演習

1 ★☆☆

右の図のように，ABを斜辺とする2つの直角三角形ABCとABDがあり，辺BCとADの交点をEとする。また，BC = 4cm，EC = 1cm，∠AEC = 60°とする。

(1) AEの長さは□cmである。

(2) △ABEの面積は□cm^2である。

(3) 辺ADの長さは□cmである。

〈福岡大学大濠高等学校・一部略〉

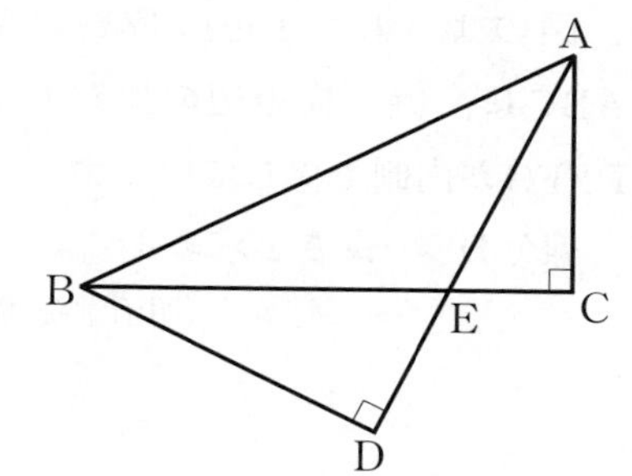

2 ★☆☆

右の図の三角形の面積は□√□である。

〈桐蔭学園高等学校〉

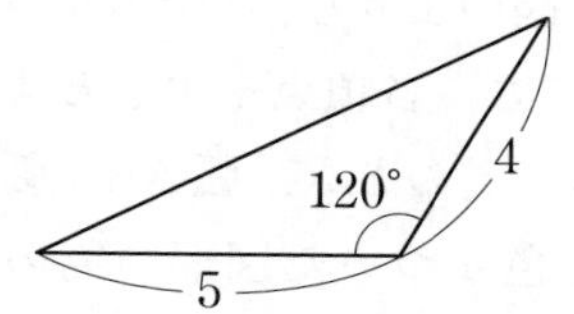

3 ★★☆

右の図のように，AB = 2，AD = 4となる平行四辺形ABCDがある。∠Bの二等分線と辺ADの交点をEとし，∠ABE = 30°のとき，次の各問いに答えなさい。

(1) ∠AEBの大きさを求めなさい。

(2) △AEBの面積を求めなさい。

(3) ACの長さを求めなさい。

〈奈良大学附属高等学校〉

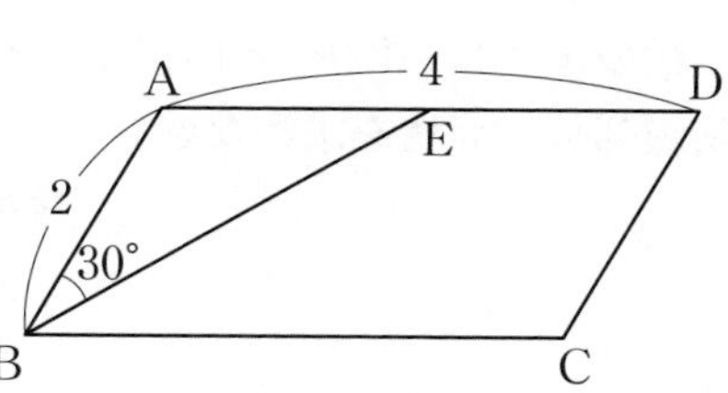

4 ★★☆

図のように，1辺の長さが30の正三角形ABCに，縦と横の辺の比が1：$\sqrt{3}$の長方形DEFGが内側で接しています。

線分DEの長さを求めよ。

〈明治学院高等学校・一部略〉

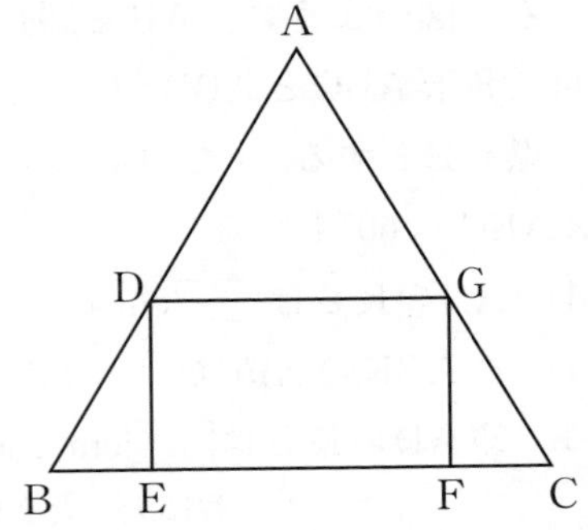

5 ★☆☆

右の図のような，1辺の長さが1cmの正三角形ABCと，各頂点を中心とする半径1cmの円がある。このとき，弧AB，弧BC，弧CAで囲まれた色がついた図形の周の長さを求めなさい。

〈岡山県〉

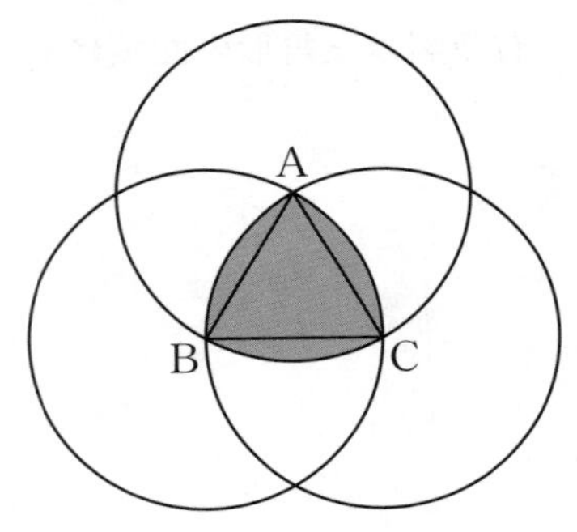

6 ★★☆

図のように，半径1の円が重なっているとき，斜線部分の面積を求めなさい。

〈鎌倉学園高等学校〉

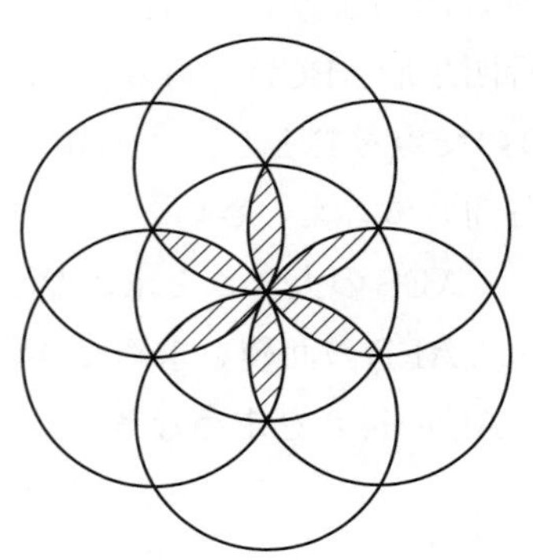

第2章

07 円と角の大きさの関係

▶ ここでのテーマ

円における‘弧の長さの比’と‘中心角の大きさの比’，‘円周角の大きさの比’の関係を調べると比例関係が見えてきます。

▶ 合格のための視点

右図で，$\angle \mathrm{AOB}$ を $\overset{\frown}{\mathrm{AB}}$ に対する**中心角**，$\angle \mathrm{APB}$ を $\overset{\frown}{\mathrm{AB}}$ に対する**円周角**という。

$$\boldsymbol{\angle \mathrm{APB} = \frac{1}{2}\angle \mathrm{AOB}}$$

が成り立っている。

また点P，Q，R，Sが同一円周上にあり，点P，Q，R，Sは弦ABについて同じ側ならば，

$$\boldsymbol{\angle \mathrm{APB} = \angle \mathrm{AQB} = \angle \mathrm{ARB} = \angle \mathrm{ASB}}$$

▶ 合格のための視点

$\overset{\frown}{\mathrm{AC}}:\overset{\frown}{\mathrm{BC}} = \boldsymbol{a:b}$ のとき，

$\angle \mathrm{AOC}:\angle \mathrm{BOC} = \boldsymbol{a:b}$ となる。

ここで $\angle \mathrm{AOC} = 2a^\circ$，$\angle \mathrm{BOC} = 2b^\circ$ とおけば

$\angle \mathrm{APC} = a^\circ$，$\angle \mathrm{BPC} = b^\circ$ だから

$\angle \mathrm{APC}:\angle \mathrm{BPC} = \boldsymbol{a:b}$ となる。

▶ 大事なポイント

円周がいくつかの弧に分割されているとき，**弧の端点と中心を結ぶ**。

こうすることで，**弧の長さが $a:b$** ならば，**中心角の大きさも $a:b$**，**円周角の大きさも $a:b$** がわかるんだ。つまり**弧の長さと円周角の大きさは比例する**といえる。

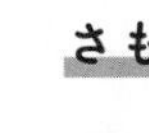

避けたい失敗例

右図で点Qは円周上にないのに，$\angle \mathrm{APB} = \angle \mathrm{AQB}$ としてしまった。

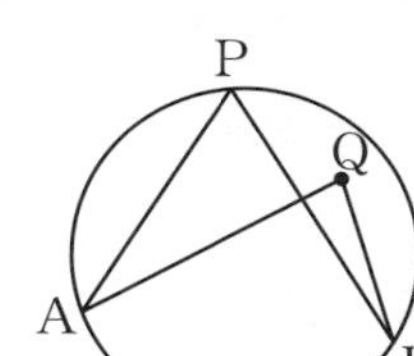

$\angle \mathrm{AOB}$ は中心角，$\angle \mathrm{APB}$ は円周角なのに，$\angle \mathrm{AOB} = \angle \mathrm{APB}$ としてしまった。

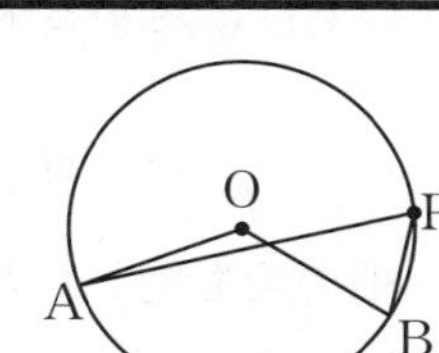

▶ワンポイントアドバイス

Ⅰ．右図のように円周を6等分したうちの1つ分を$\overset{\frown}{AB}$とする。

このとき，

$$\angle APB = \frac{1}{2}\angle AOB$$

$$= \frac{1}{2} \times 360° \times \frac{1}{6} = 180° \times \frac{1}{6} = 30°$$

Ⅱ．下図で，$\overset{\frown}{PQ} : \overset{\frown}{QR} : \overset{\frown}{RP} = a : b : c$ならば，

$\angle POQ : \angle QOR : \angle ROP = a : b : c$だから，

$$\boldsymbol{\angle PRQ : \angle QPR : \angle RQP = a : b : c}$$

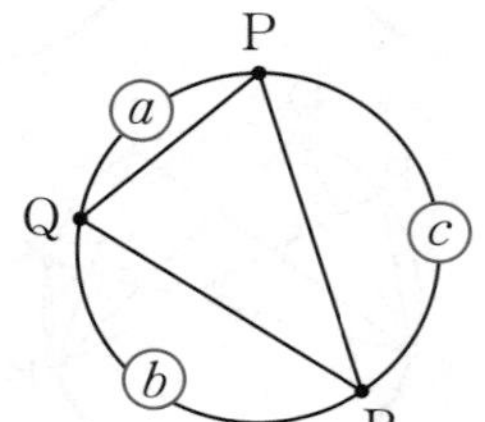

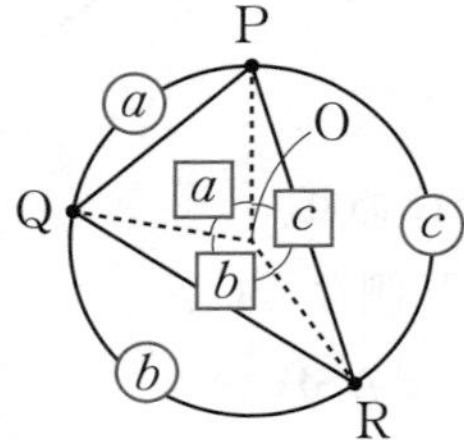

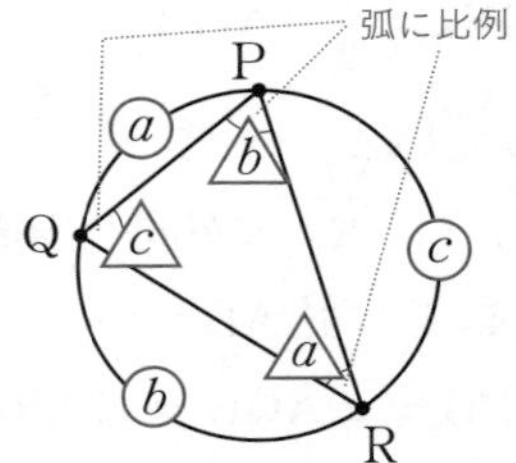

ワザあり

$\angle a + \angle b + \angle c = 180°$だから，**$\overset{\frown}{PQ}$，$\overset{\frown}{QR}$，$\overset{\frown}{RP}$に対する円周角の和は180°**

例題 1

右図のように円周上を5等分する。このとき，$\angle a + \angle b + \angle c + \angle d + \angle e$の大きさの和を求めよ。

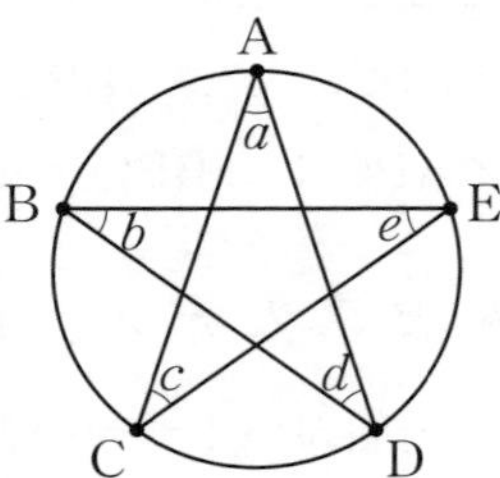

解法

円周上の点と円の中心を結ぶ。

$\overset{\frown}{CD}$に対する中心角は，$360° \times \frac{1}{5} = 72°$

$$\angle a = \angle CAD = \frac{1}{2}\angle COD = \frac{1}{2} \times 72° = 36°$$

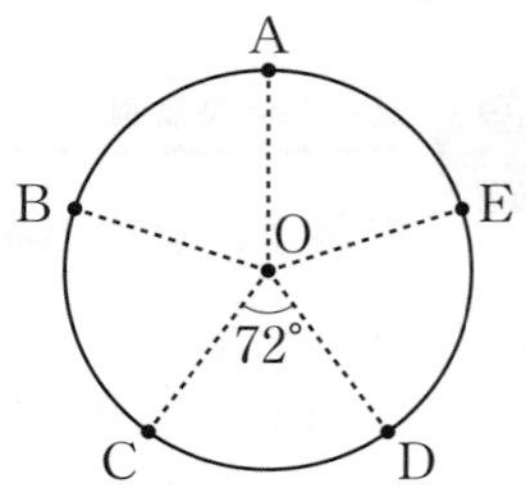

他の角も同じだから，

$$\angle a + \angle b + \angle c + \angle d + \angle e = 36° \times 5$$

$$= 180°$$

答 180°

例題 2

右図で$\angle ACB$，$\angle BAC$，$\angle CBA$の大きさをそれぞれ求めよ。

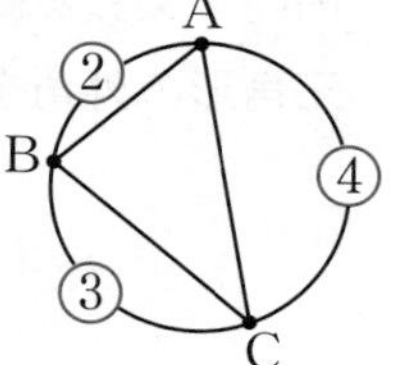

解法

円周上の点と円の中心を結ぶ。

円周は$2+3+4=9$（等分）される。

そこで中心Oの周りを9等分すると，

$\circ$印 $=360^\circ \div 9 = 40^\circ$

つまり弧1つ分に対する中心角が40°だから，

円周角は$40^\circ \times \dfrac{1}{2} = 20^\circ$

$\angle ACB = ② = 20^\circ \times 2 = 40^\circ$

$\angle BAC = ③ = 20^\circ \times 3 = 60^\circ$

$\angle CBA = ④ = 20^\circ \times 4 = 80^\circ$

答 順に，40°，60°，80°

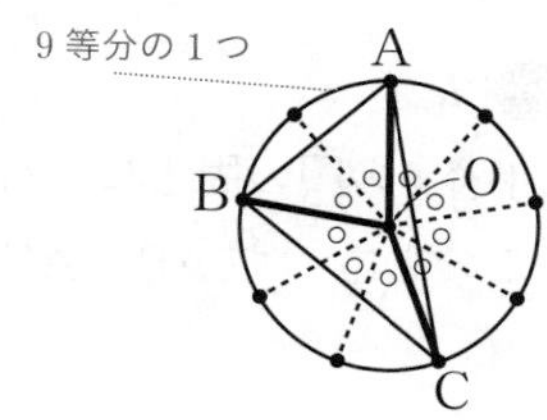

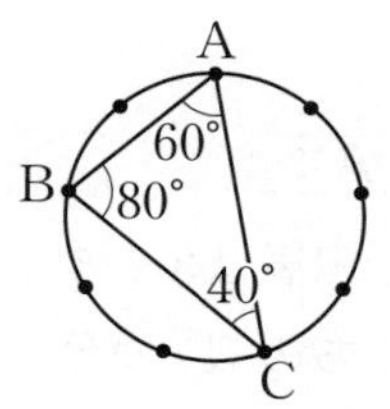

ワザあり

〔**別解**〕$\triangle ABC$の内角の和は180°だから，

$$\angle ACB = 180^\circ \times \frac{2}{2+3+4} = 40^\circ$$

$$\angle BAC = 180^\circ \times \frac{3}{2+3+4} = 60^\circ,\ \angle CBA = 180^\circ \times \frac{4}{2+3+4} = 80^\circ$$

例題 3

右図のように円周上を8等分する。このとき$\angle x$の大きさを求めよ。

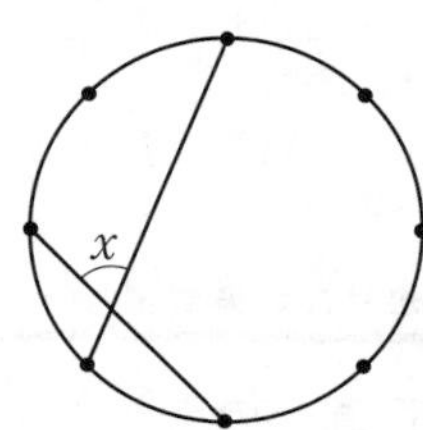

解法

8等分されたうちの弧1つ分に対する中心角は，

$360^\circ \div 8 = 45^\circ$だから，円周角は$45^\circ \times \dfrac{1}{2} = 22.5^\circ$

よって右図のようになる。

ここで色の濃い三角形の外角を利用して，

$x = 45^\circ + 22.5^\circ = 67.5^\circ$ 答 67.5°

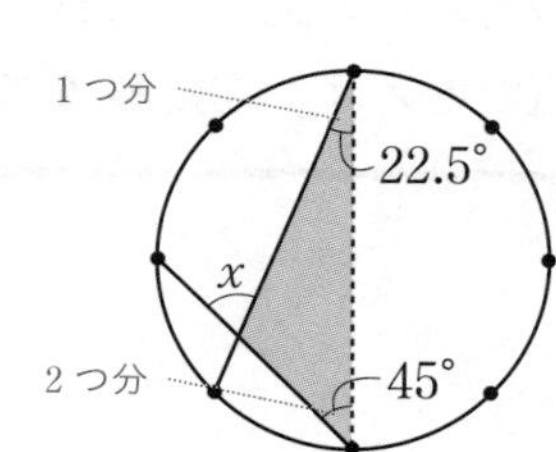

ワザあり

円内で交わる線分の作る角の大きさは，右図のように三角形の外角を利用するとよい。

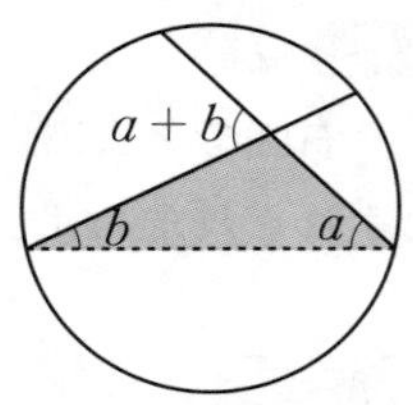

例題 4

半径4の円の周上に，右図のように3点A，B，Cをとる。このとき，弦AB，ACの長さを求めよ。

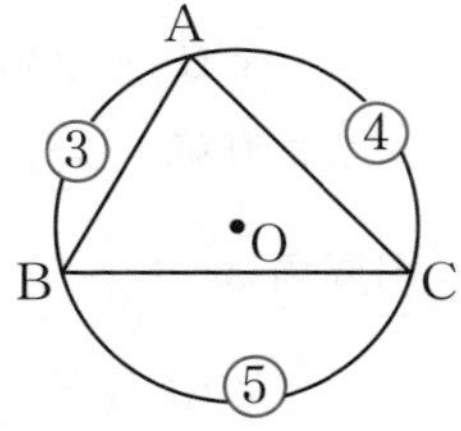

解法

円周は$3+5+4=12$（等分）される。12等分されたうちの弧1つ分に対する中心角は，$360^\circ \div 12 = 30^\circ$だから，円周角は$30^\circ \times \dfrac{1}{2} = 15^\circ$

よって右図のようになる。

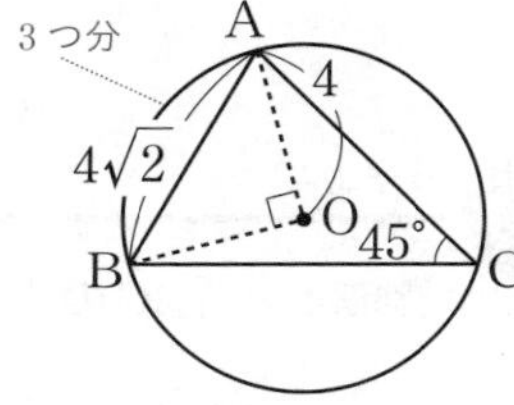

$\angle AOB = 30^\circ \times 3 = 90^\circ$だから，$\triangle AOB$は直角二等辺三角形。

$$AB = 4 \times \sqrt{2} = 4\sqrt{2}$$

$\angle ACB = 15^\circ \times 3 = 45^\circ$，$\angle CBA = 15^\circ \times 4 = 60^\circ$だから右図のようにして，三角定規の形を利用すれば，

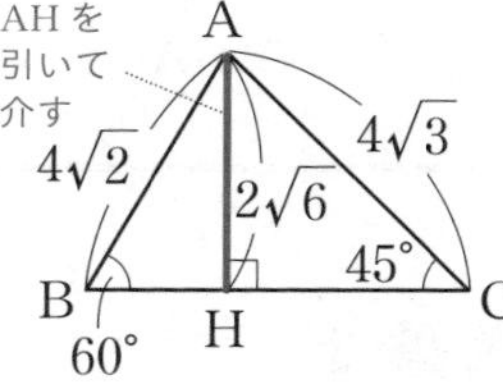

$$AH = 4\sqrt{2} \times \frac{\sqrt{3}}{2} = 2\sqrt{6}$$

$$AC = 2\sqrt{6} \times \sqrt{2} = 4\sqrt{3}$$

答 $AB = 4\sqrt{2}$，$AC = 4\sqrt{3}$

避けたい失敗例

円周上の点と中心を結ぶことを忘れていた。／弧の長さと弦の長さを読み間違えていた。／弧の長さが2倍になると弦の長さも2倍になると勘違いした。

(たとえば，例題 4 で弦AB：弦AC＝3：4にはならない)

入試問題演習

1 ★☆☆

AB = BC，CD = DE の5角形ABCDEが図のように円に内接している。∠ACE = 50°のとき，∠BCD = □°である。

〈白陵高等学校〉

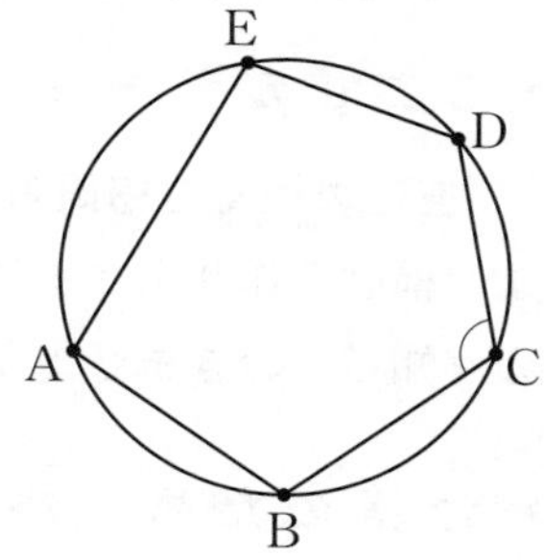

2 ★★☆

図のように，点Oを中心とする半径2の円の円周を10等分する点をA～Jとする。直線AFと直線CBの交点をKとする。次の角の大きさを求めよ。

(1) ∠BCF

(2) ∠AKB

〈成蹊高等学校〉

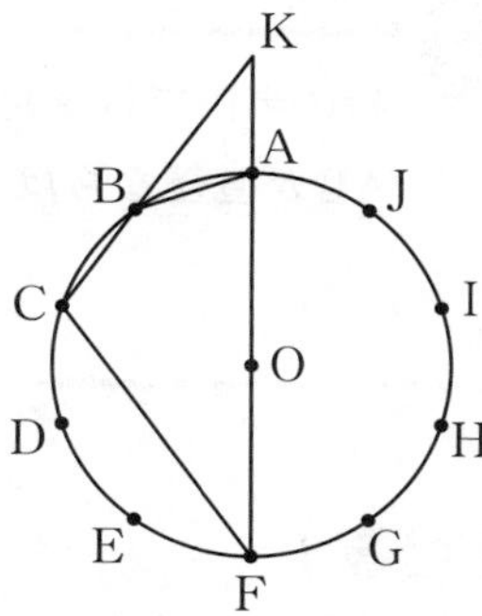

3 ★☆☆

図で，円周上の12個の点は円周を12等分している。このとき，∠xの大きさを求めよ。

〈桐光学園高等学校〉

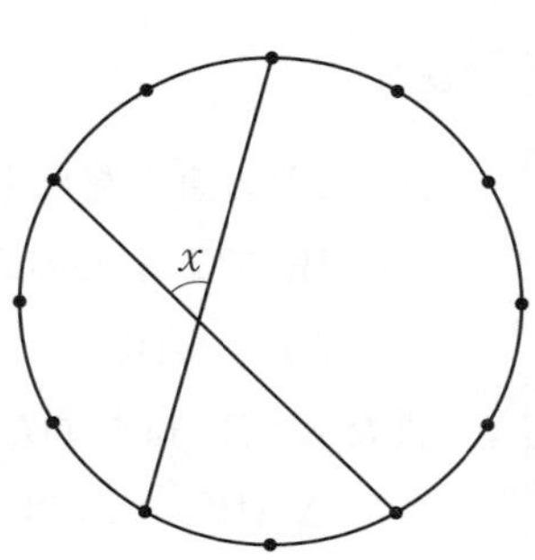

第2章 07 円と角の大きさの関係

第2章

08 円の直径が作る角度に着目

▶ここでのテーマ

‘直径のつくる円周角’ と **‘等しい円周角からできる相似’** の組み合わせが，さまざまな構図を作り出します。これには多くのパターンがありますが，ここでは代表的なものを知っておきましょう。

▶合格のための視点

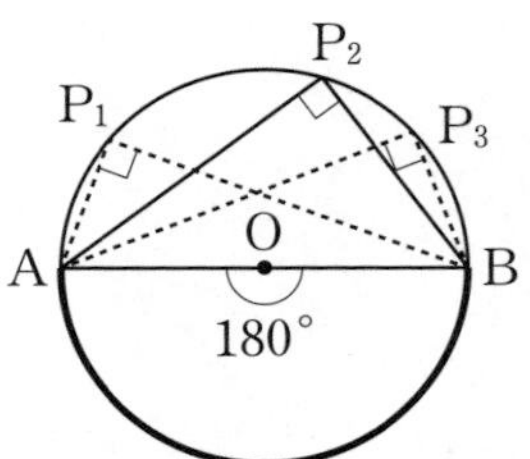

$\overset{\frown}{AB}$に対する中心角は180°だから，

$$\angle AP_1B = \angle AP_2B = \angle AP_3B = 90°$$

90°が三平方の定理や相似に絡む出題が多くある。

ワザあり

特に半円では直角が使われるケースが多い。

ABが直径ならば$\angle APB = 90°$

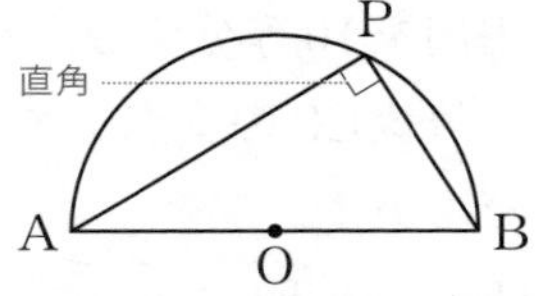

例題 1

右図でOは中心，DO ⊥ BCのとき，xの値を求めよ。

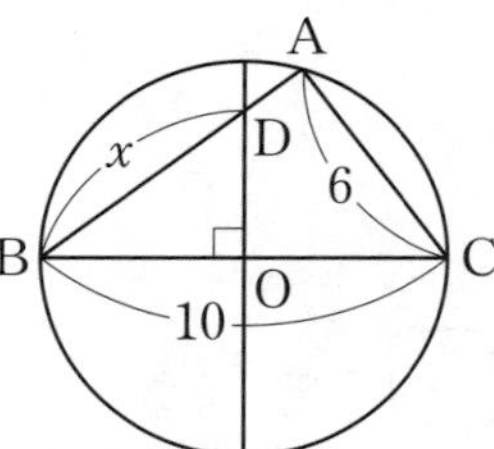

解法

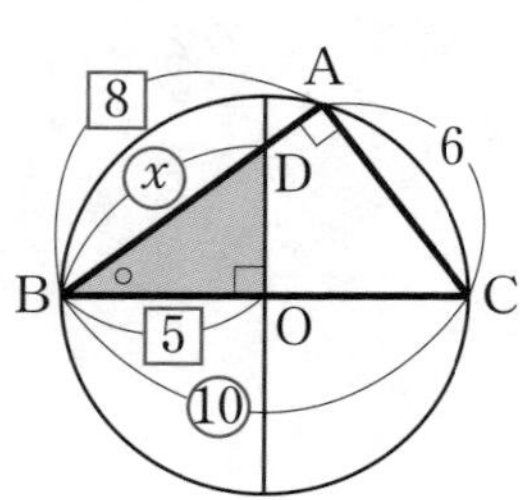

BCは円の直径だから$\angle BAC = 90°$

△ABCで三平方の定理より，

$$AB = \sqrt{BC^2 - AC^2} = \sqrt{10^2 - 6^2} = 8$$

また$\angle ABC$は共通だから，

$$\triangle ABC \backsim \triangle OBD$$

$$AB : OB = BC : BD$$

円の半径は5だから，

$$8 : 5 = 10 : x,\ 8x = 5 \times 10,\ x = \frac{25}{4}$$

答 $x = \dfrac{25}{4}$

例題 2

右図でOは円の中心，AC // DO，DE ⊥ BCのとき，xの値を求めよ。

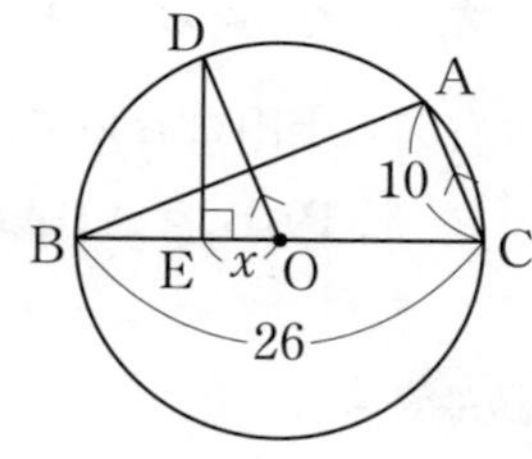

解法

BCは円の直径だから∠BAC = 90°

AC // DOより，∠ACB = ∠DOE

よって，△ABC ∽ △EDO

BC ： DO = AC ： EO

DOは円の半径だから13なので，

$26 : 13 = 10 : x$，$26x = 13 \times 10$，$x = 5$

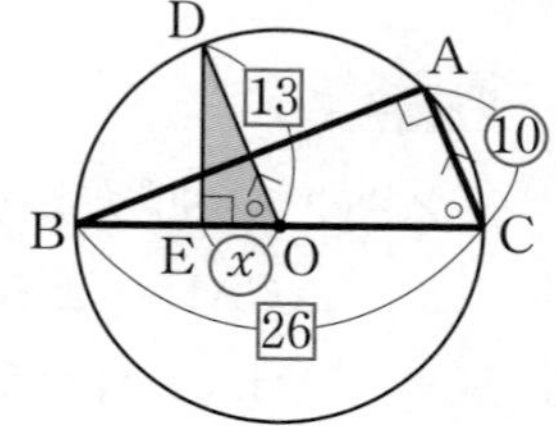

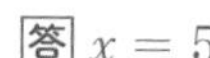
答 $x = 5$

例題 3

右図でOは円の中心，AE ⊥ BDのとき，xの値を求めよ。

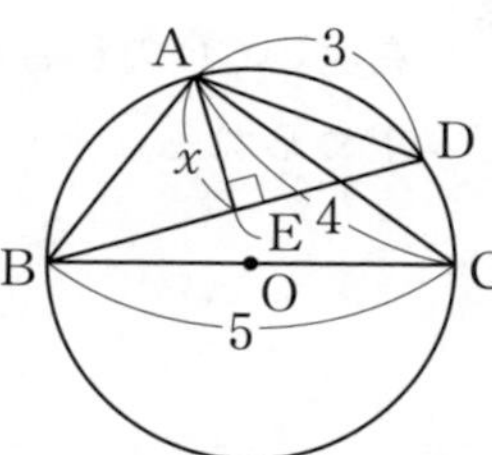

解法

BCは円の直径だから∠BAC = 90°

△ABCで三平方の定理より，

$$AB = \sqrt{BC^2 - AC^2} = \sqrt{5^2 - 4^2} = 3$$

$\overset{\frown}{AB}$に対する中心角は等しいから，

∠ACB = ∠ADB

よって，△ACB ∽ △EDA

AB ： EA = BC ： AD

$3 : x = 5 : 3$，$5x = 3 \times 3$，$x = \dfrac{9}{5}$　　答 $x = \dfrac{9}{5}$

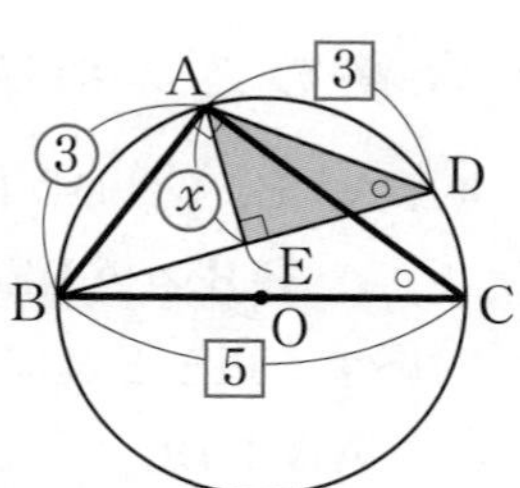

▶ 大事なポイント

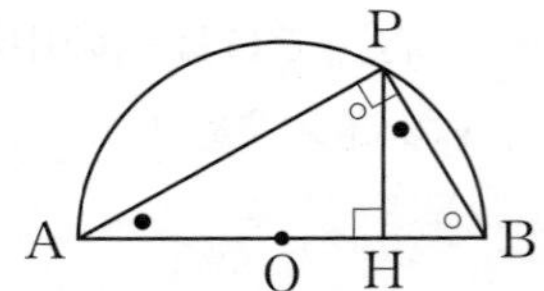

右図の半円において，∠○ ＋∠● ＝ 90°だから，

△PAB ∽ △HAP ∽ △HPB

例題 4

右図のように，ABは半円の直径であり，CH ⊥ ABであるときxの値を求めよ。

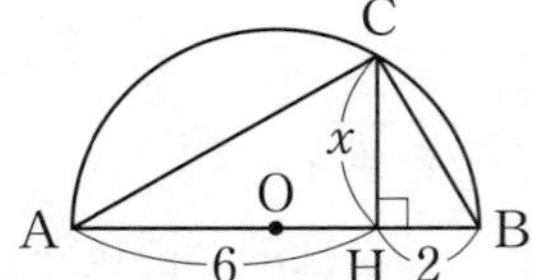

解法

∠ACB ＝ 90°だから，右図のように，

△CAH ∽ △BCH

AH ： CH ＝ CH ： BH

6 ： x ＝ x ： 2，$x^2 = 6 \times 2$，

$x > 0$より，$x = 2\sqrt{3}$　　答 $x = 2\sqrt{3}$

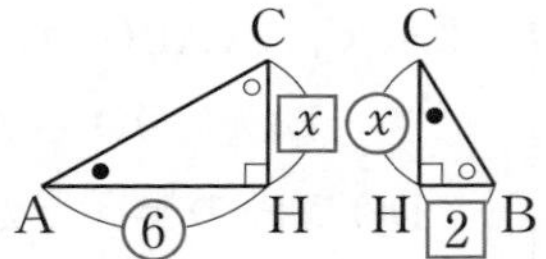

ワザあり

右図のCDの長さは，CD ＝ 2CHとして，求められることに注意。

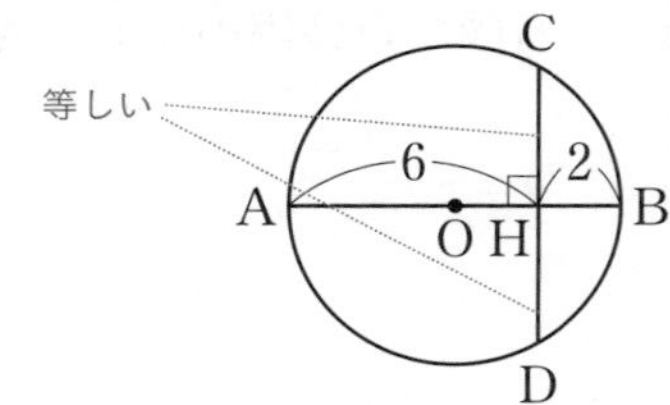

▶ 合格のための視点

4点A，B，C，Dが同一円周上にあるとき，

△AEB ∽ △DEC

対応する辺をとれば，

AB ： DC ＝ AE ： DE ＝ BE ： CE

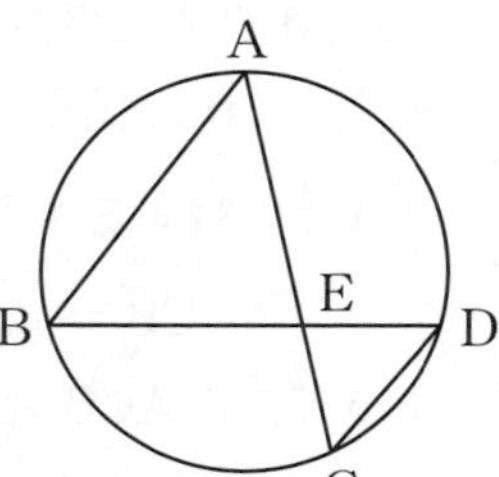

〔理由〕

$\overset{\frown}{AD}$に対する円周角は等しいから

∠ABD ＝ ∠ACD

$\overset{\frown}{BC}$に対する円周角は等しいから

∠BAC ＝ ∠BDC

以上より，2組の角がそれぞれ等しくなる。

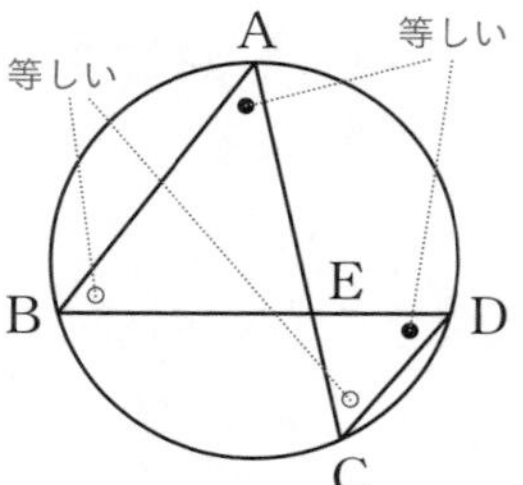

避けたい失敗例

円内の相似と平行線の相似では，対応する辺が異なるので混乱してしまった。

例題 5

右図で，BDが直径のとき次を求めよ。

(1) EHの長さ

(2) CHの長さ

(3) ECの長さ

(4) xの値

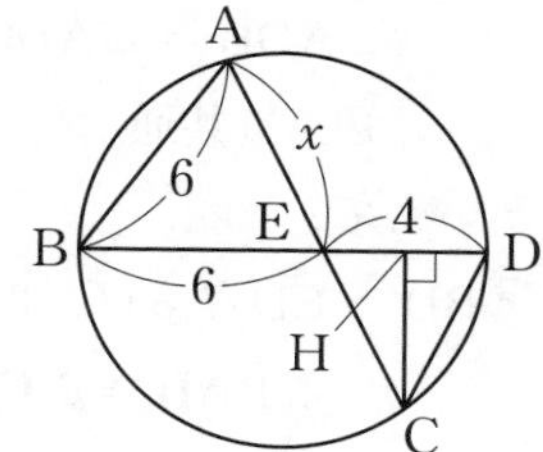

解法

この直角三角形に着目

(1) BA = BEより，

$\angle BAE = \angle BEA$

また$\angle$**BAE** $= \angle BDC$，$\angle$**BEA** $= \angle CED$

よって，$\angle EDC = \angle CED$

つまり△ECDは二等辺三角形で，CからBDへ下ろした垂線の足Hは　EDの中点だから，

EH = 2　答 2

(2) $\angle BCD = 90°$だから直角三角形BCDにおいて

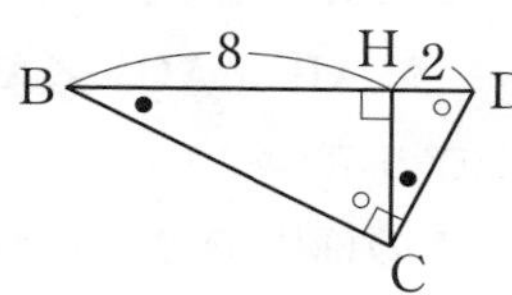

$\triangle BCH \backsim \triangle CDH$

BH : CH = CH : DH,

$8 : CH : CH = 2$，$CH^2 = 2 \times 8$，

$CH > 0$より，CH = 4　答 4

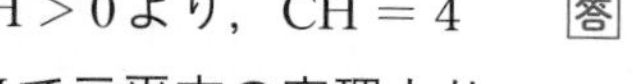

(3) △CEHで三平方の定理より，

$EC = \sqrt{EH^2 + HC^2} = \sqrt{2^2 + 4^2} = 2\sqrt{5}$　答 $2\sqrt{5}$

(4) $\triangle ABE \backsim \triangle DCE$から，BE : CE = AE : DE,

$6 : 2\sqrt{5} = x : 4$，$2\sqrt{5}x = 6 \times 4$，$x = \dfrac{12}{\sqrt{5}} = \dfrac{12\sqrt{5}}{5}$

答 $x = \dfrac{12\sqrt{5}}{5}$

▶ ワンポイントアドバイス

右図でABを円の直径とする。

△BADと△CADにおいて，

　　∠ADB = ∠ADC = 90°　(…①)，

　　辺AD共通　(…②)，

がいえて，

㋐BD = CDならば，2辺とその間の角がそれぞれ等しいから，

　　△BAD ≡ △CAD

㋑∠BAD = ∠EADならば，1辺とその両端の角がそれぞれ等しいから，

　　△BAD ≡ △CAD

㋒BD = DEならば，∠BAD = ∠EADとなり㋑と同様に，**△BAD ≡ △CAD**

㋓$\overset{\frown}{BD} = \overset{\frown}{DE}$ならば，∠BAD = ∠EADとなり㋑と同様に，**△BAD ≡ △CAD**

つまり㋐～㋓のいずれかの条件があれば，これと①②から，**△BAD ≡ △CAD**になる(★)。

また★のとき，

　　AB = AC，**∠ABD = ∠ACD**

が成り立つ。

この構図では，これ以外にも以下のⅠ・Ⅱが使われることがあるから，注意しておく。

▶ 大事なポイント

Ⅰ．右図で，

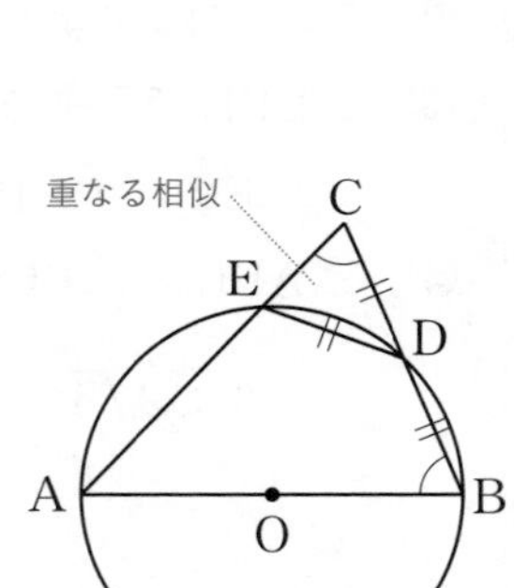

△BAD ≡ △CADよりBD = CD，

∠BAD = ∠CADよりBD = ED

　これよりCD = EDだから，

　　∠DCE = ∠DEC

　つまり2組の角がそれぞれ等しいから，

　　△ACB ∽ △DCE

例題 6

右図でABが半円の直径であるとき，次の長さを求めよ。

(1) CD

(2) AC

(3) CE

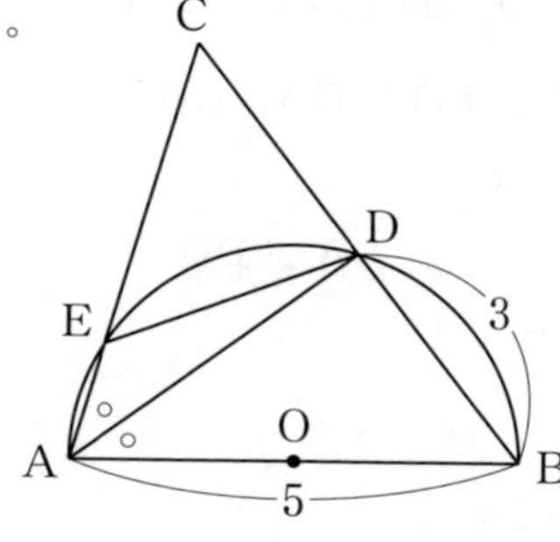

解法

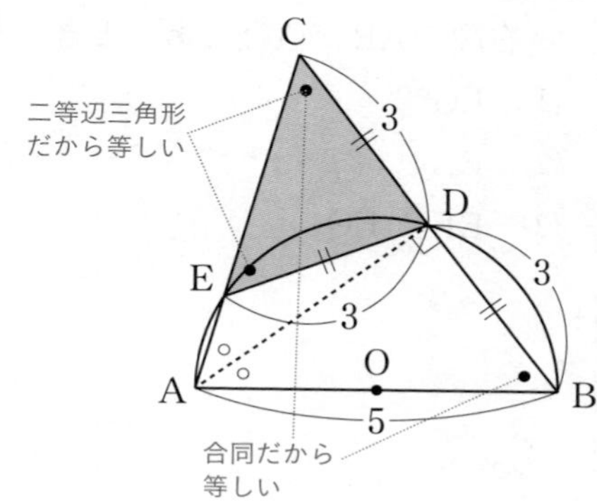

ABは半円の直径だから，

$\angle ADB = \angle ADC = 90^\circ$

ADは共通

$\angle DAB = \angle DAC$ （…㋐）だから，

$\triangle DAB \equiv \triangle DAC$ （…㋑）

(1) ㋑より，$CD = BD = 3$　答 3

(2) ㋑より，$AC = AB = 5$　答 5

(3) ㋐より，$\overset{\frown}{BD} = \overset{\frown}{ED}$だから，

$BD = ED = 3$

よって，$\angle \mathbf{DCE} = \angle DEC$

また㋑より，$\angle \mathbf{DCE} = \angle DBA$

これより，2組の角がそれぞれ等しいから，$\triangle \mathbf{CAB} \backsim \triangle \mathbf{CDE}$

$CB : CE = BA : ED$,

$6 : CE = 5 : 3$, $5CE = 6 \times 3$, $CE = \dfrac{18}{5}$　答 $\dfrac{18}{5}$

▶ 大事なポイント

Ⅱ．BO ＝ OA，BD ＝ DCだから，中点連結定理（p.88）より，

CA ∥ DO

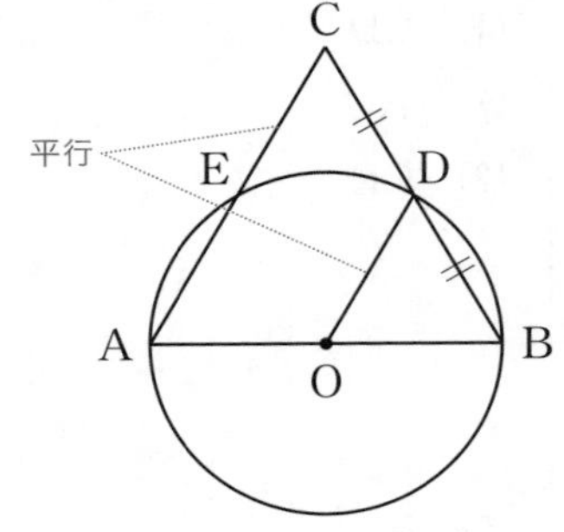

例題 7

右図でABが直径であるとき，次の長さや比を求めよ。

(1) EC

(2) EA

(3) EF ： FO

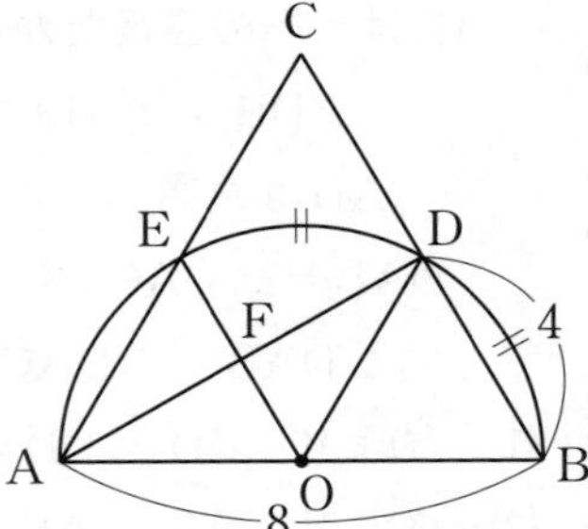

解法

ABは直径だから，

$\angle ADB = \angle ADC = 90^\circ$，ADは共通

$\overset{\frown}{BD} = \overset{\frown}{ED}$だから$\angle DAB = \angle DAC$

よって，△DAB ≡ △DAC　（…㋐）

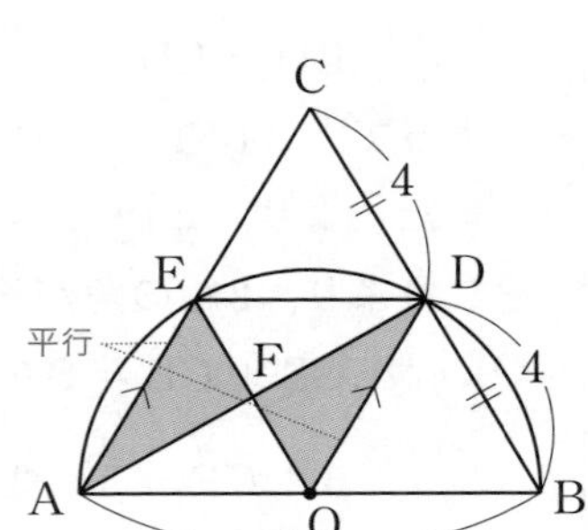

(1) $\overset{\frown}{BD} = \overset{\frown}{ED}$だから，BD ＝ ED ＝ 4

よって，CD ＝ EDより，**∠DCE** ＝ ∠DEC

また㋐より，**∠DCE** ＝ ∠DBA

これより，2組の角がそれぞれ等しいから，

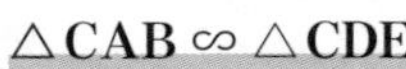

△CAB ∽ △CDE

CB ： CE ＝ BA ： ED，8 ： CE ＝ 8 ： 4，

CE ＝ 4　　答 4

(2) ㋐より

AB ＝ AC ＝ 8

EA ＝ AC − EC ＝ 8 − 4 ＝ 4　　答 4

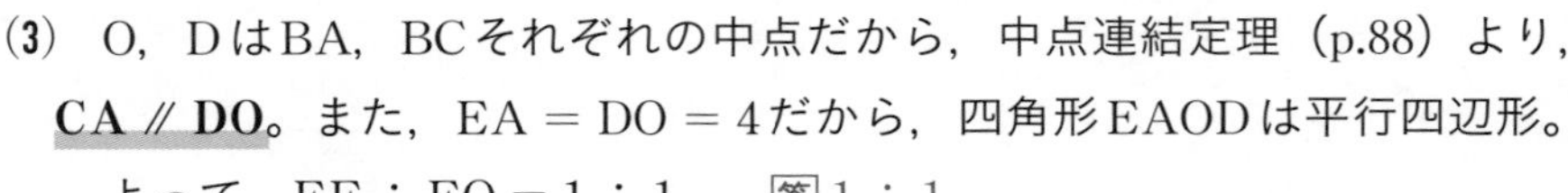

(3) O，DはBA，BCそれぞれの中点だから，中点連結定理（p.88）より，**CA ∥ DO**。また，EA ＝ DO ＝ 4だから，四角形EAODは平行四辺形。

よって，EF ： FO ＝ 1 ： 1　　答 1 ： 1

入試問題演習

1 ★☆☆

右の図において，線分BCは円の直径で，CDは円Oの接線である。円Oの半径が3cm，∠ACD＝30°であるとき，辺CD，ADの長さを求めなさい。

〈トキワ松学園高等学校・一部略〉

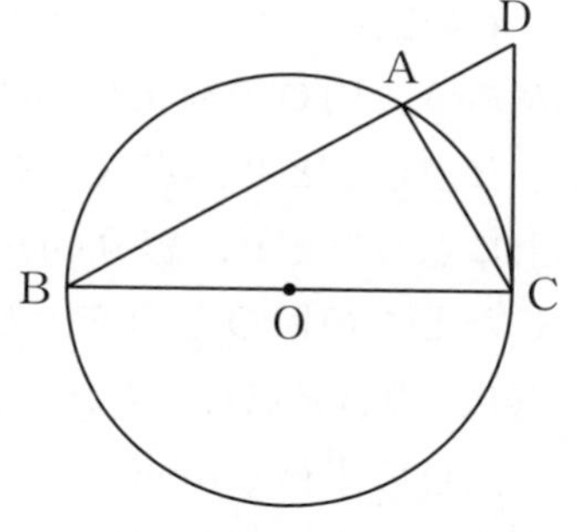

2 ★☆☆

右の図のように，半径5cmの円Oがあり，線分ABは円Oの直径である。線分AB上でAC：CB＝3：2となる点をCとする。円Oの周上に2点A，Bと異なる点Dをとり，円Oと直線CDとの交点のうち，点Dと異なる点をEとする。

AB⊥DEのとき，線分ADの長さを求めなさい。

〈茨城県・一部略〉

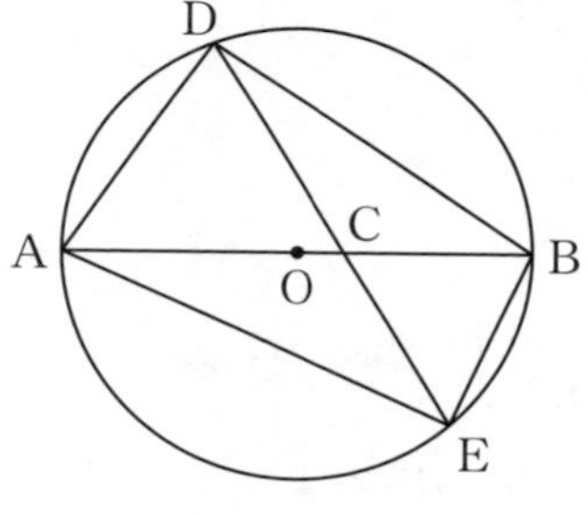

3 ★★☆

右の図のように，線分ABを直径とする円Oの周上に点Cがあり，AB＝5cm，AC＝3cmである。線分AB上に点Dをとり，直線CDと円Oとの交点のうち点C以外の点をEとする。ただし，点Dは，点A，Bと一致しないものとする。

AC＝CDのとき，△OEBの面積を求めよ。

〈奈良県・一部略〉

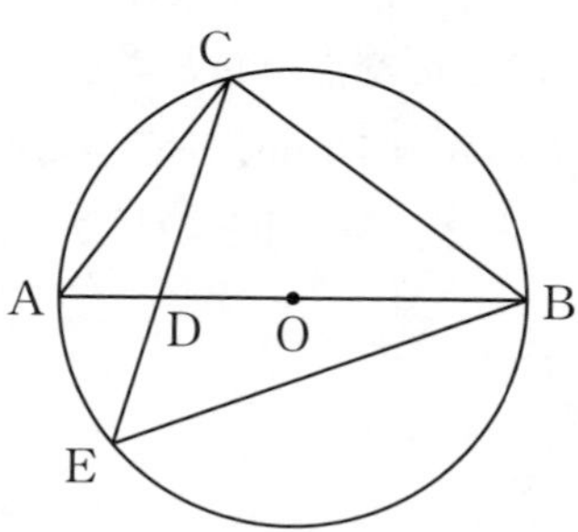

4 ★★☆

右の図のように，線分ABを直径とする円Oがある。円Oの周上に$\angle CAB = 45^\circ$となるような点Cをとり，点Aと点Cを結ぶ。線分OB上に点Dをとり，線分CDを点Dの方向へ延長したときの円Oとの交点をEとする。点Aと点E，点Bと点Eをそれぞれ結ぶ。

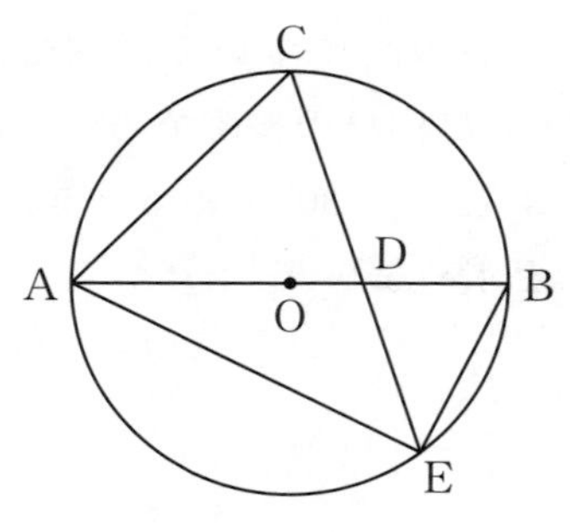

円Oの半径を6cm，OD = 2cmとするとき，次の(1)・(2)の問いに答えよ。

(1) 線分ACの長さを求めよ。

(2) 点Bと点Cを結ぶ。このとき，四角形AEBCの面積は，三角形DEBの面積の何倍か。

〈高知県・一部略〉

右の図のように，線分ABを直径とする円Oがある。円Oの周上に点Cをとり，BC < ACである三角形ABCをつくる。三角形ACDがAC = ADの直角二等辺三角形となるような点Dをとり，辺CDと直径ABの交点をEとする。また，点Dから直径ABに垂線をひき，直線ABとの交点をFとする。

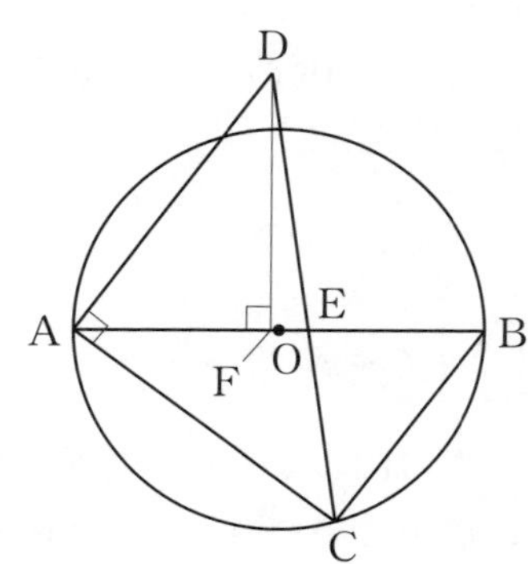

AB = 10cm，BC = 6cm，CA = 8cmとするとき，線分FEの長さを求めよ。

〈高知県・一部略〉

6 ★★☆

右の図で，点Oは線分ABを直径とする半径が2cmの半円の中心である。2点C，Dは$\overset{\frown}{AB}$上にあり，点Aと点Bのいずれにも一致しない。

∠BODは90°より小さい角であり，$\overset{\frown}{BC}=\overset{\frown}{CD}$である。点Aと点C，点Cと点Dを結び，直線ADと直線BCの交点をQとする。

$AC=\sqrt{14}$ cmのとき，△CQDの面積は何cm²か。

〈東京都立青山高等学校・一部略〉

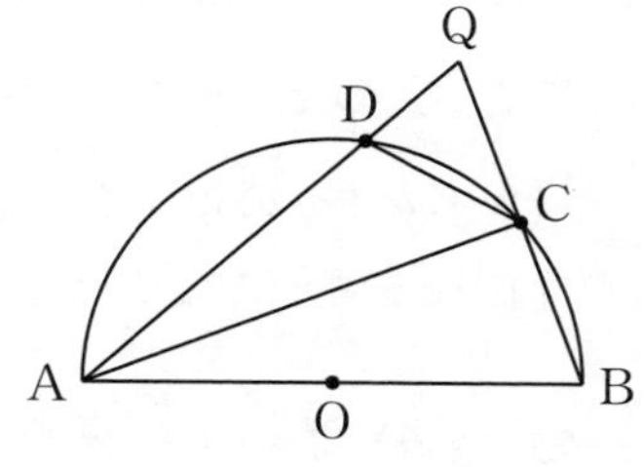

7 ★★★

右の図で，点Oは，線分ABを直径とする半円の中心である。点Cは$\overset{\frown}{AB}$上の点で，点A，Bのいずれにも一致しない。点Dは$\overset{\frown}{BC}$上の点で，点B，点Cのいずれにも一致しない。点Aと点Cを結んだ線分ACをCの方向に延ばした直線と，点Bと点Dを結んだ線分BDをDの方向に延ばした直線との交点をEとする。点Cと点Dを結ぶ。点Oと点Eを結び，線分CDと線分EOとの交点をFとする。

$\overset{\frown}{CD}=\overset{\frown}{DB}$，AB＝12cm，BE＝10cmのとき，線分CFの長さは何cmか。

〈東京都立戸山高等学校・一部略〉

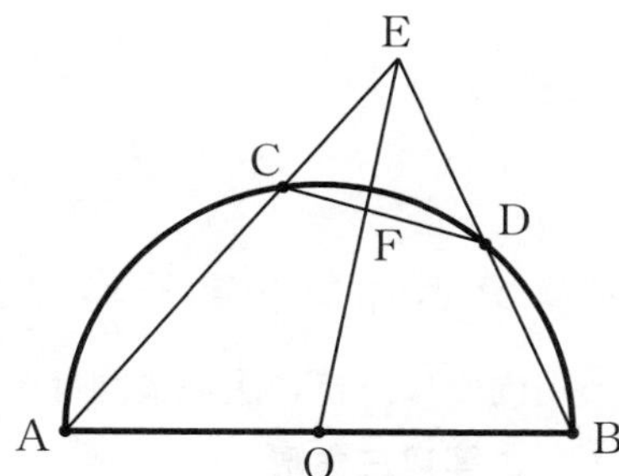

第2章

09 円内の回転系合同や回転系相似

▶ここでのテーマ

三角形を1つの頂点を中心に回転移動させたような構図（**回転系合同**）は，円内に多く見られます。ここではどのような場面で現れるのか，それを知っておきましょう。

▶合格のための視点

△ABCを点Aを中心に回転させた△ADEがあるとき，△ACEはAC = AE，△ABDはAB = ADと共に二等辺三角形（★）になる。

またその逆もいえる。

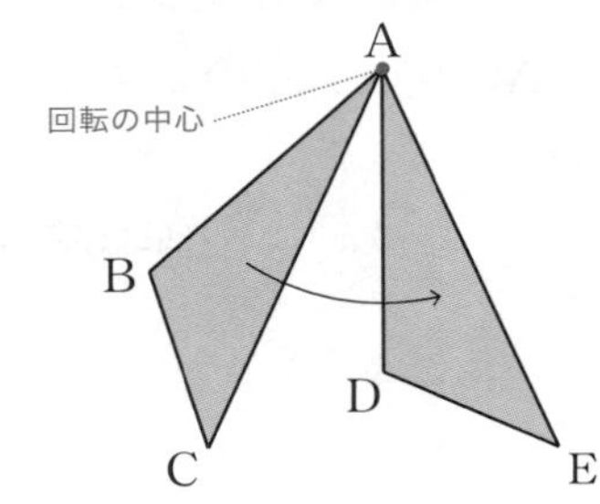

▶大事なポイント

∠BAD = ∠CAEになっているから，★と合わせて**△BAD ∽ △CAE**にも注意しよう。

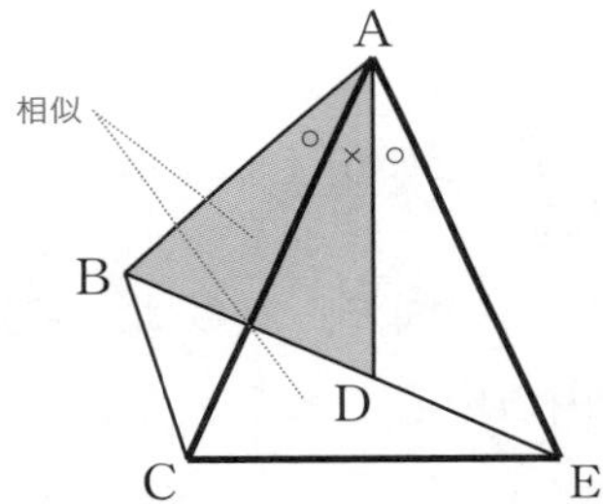

▶ワンポイントアドバイス

円内では，特に次の構図は多くみられます。

1．二等辺三角形

AB = AC，DC // BEのとき，

△ADB ≡ △AFC

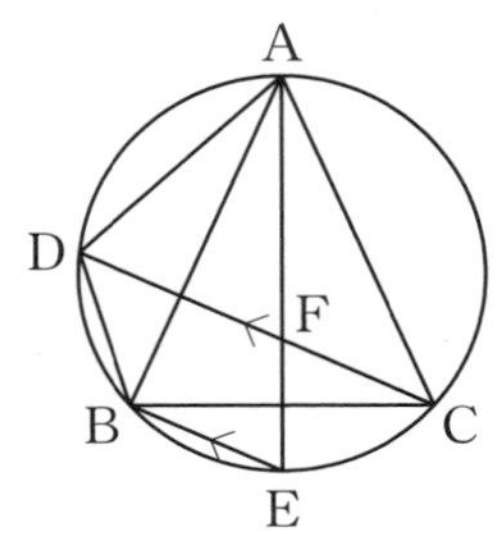

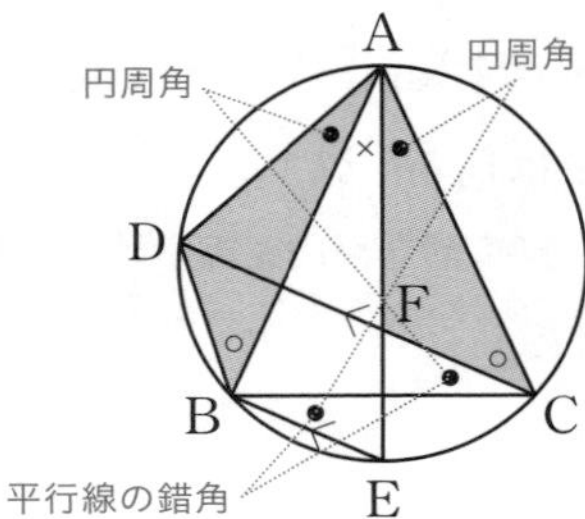

II．正三角形

△ABCと△ADEが共に正三角形であるとき，

△ADB ≡ △AEC

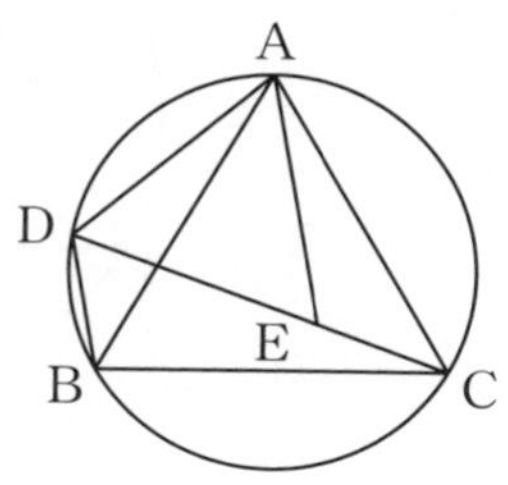

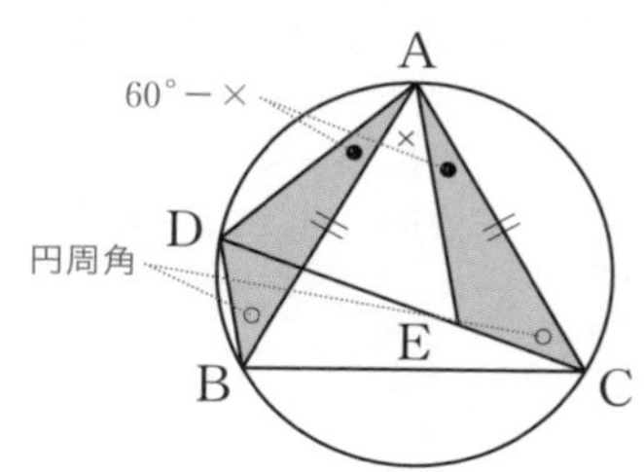

避けたい失敗例

円内の「平行線の錯角」による等しい角に気づかなかった。／2つの正三角形からできる合同を見つけられなかった。／平行線と円周角がうまく結びつかなかった。

例題 1

右図で，AC = 13，BC = 10，AF = 8，DC ∥ BEのとき，DFの長さを求めよ。

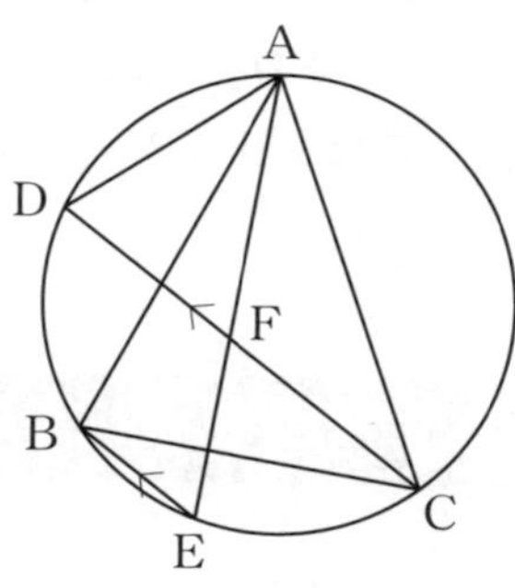

解法

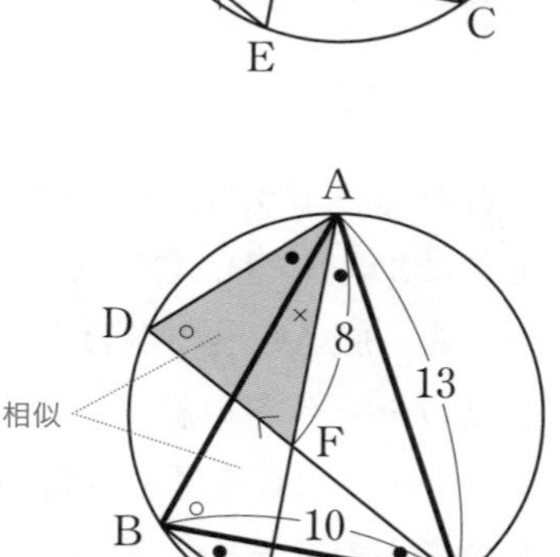

$\overset{\frown}{\mathrm{AC}}$の円周角より，∠ABC = ∠ADC

$\overset{\frown}{\mathrm{CE}}$の円周角より，∠CAE = ∠CBE

DC ∥ BEより平行線の錯角は等しく，

∠CBE = ∠DCB

$\overset{\frown}{\mathrm{DB}}$の円周角より，∠DCB = ∠DAB

よって，∠CAE = ∠DAB

これと共通な∠BAEから，∠BAC = ∠DAF

よって，2組の角がそれぞれ等しく，

△ABC ∽ △ADF

AC ： AF = BC ： DF，13 ： 8 = 10 ： DF，13DF = 8 × 10，

$\mathrm{DF} = \dfrac{80}{13}$　　答 $\dfrac{80}{13}$

例題 2

右図で，△ABC，△ECDは共に正三角形。AD = x，DC = yのとき，BDの長さをx，yを使って表せ。

ただし3点B，E，Dは一直線上にある。

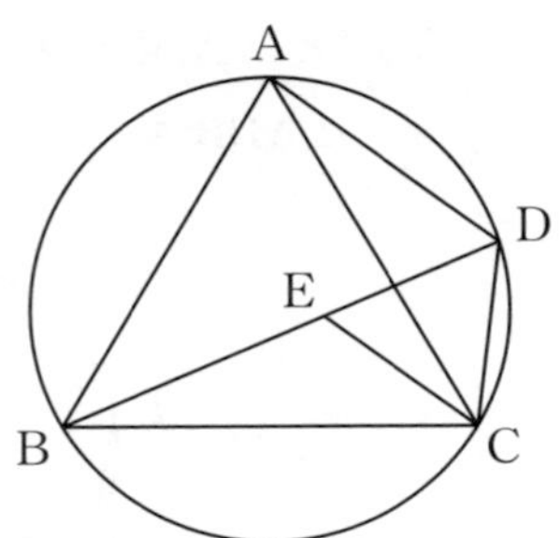

解法

$\overset{\frown}{DC}$の円周角より，∠DAC = ∠DBC

∠DCA = 60° − ∠ACE = ∠ECB

これとAC = BCより，1辺とその両端の角がそれぞれ等しく，

△DAC ≡ △EBC

よってBE = AD = x

また△ECDは正三角形だから，

ED = DC = y

これより，BD = BE + ED = $x + y$　　答 $x + y$

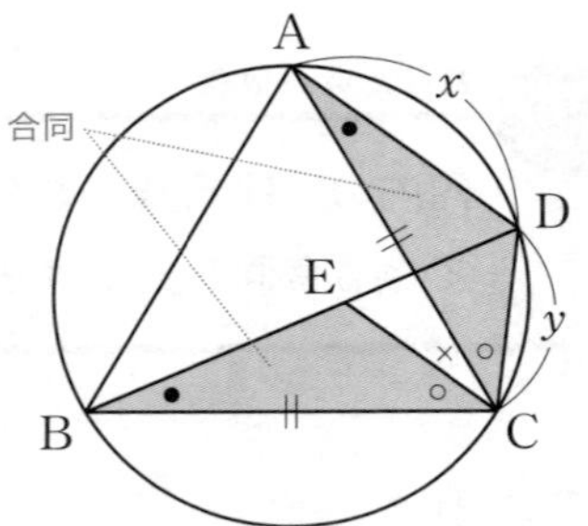

入試問題演習

1 ★☆☆

右の図のように，円Oの周上にAB = ACとなるように3点A，B，Cをとり，二等辺三角形ABCをつくる。弧AC上に点Dをとり，点Aと点D，点Cと点Dをそれぞれ結ぶ。線分BDと辺ACの交点をEとする。点Cを通り，線分BDに平行な直線と円との交点をFとし，線分AFと線分BDの交点をGとする。

AB = 8cm，AD = 3cm，GF = 7cmのとき，線分CEの長さを求めよ。

〈高知県・一部略〉

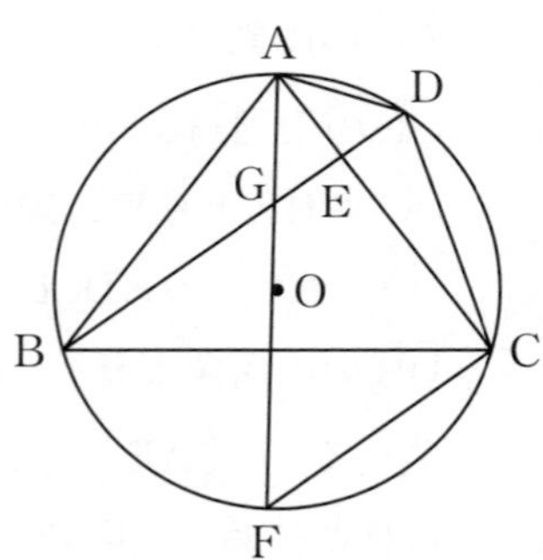

2 ★☆☆

右の図のように，円周上に異なる点A，B，C，D，Eがあり，AC＝AE，$\overset{\frown}{BC}=\overset{\frown}{DE}$である。線分BEと線分AC，ADとの交点をそれぞれ点F，Gとする。ただし，$\overset{\frown}{BC}$，$\overset{\frown}{DE}$は，それぞれ短い方の弧を指すものとする。

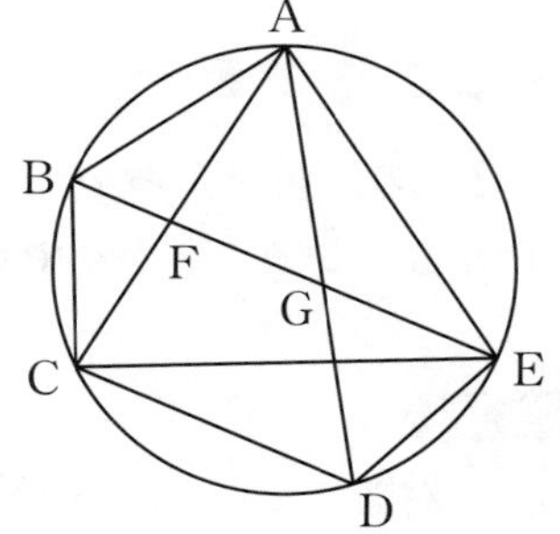

AB＝4cm，AE＝6cm，DG＝3cmとするとき，

(1) 線分AFの長さを求めなさい。

(2) △ABGと△CEFの面積比を求めなさい。

〈富山県・一部略〉

3 ★☆☆

右の図で，4点A，B，C，Dは円Oの周上の点であり，△ABCは正三角形である。また，点Eは線分BD上の点で，BE＝CDである。

点Aから線分BDにひいた垂線とBDとの交点をHとする。AB＝6cm，∠ABD＝45°のとき，

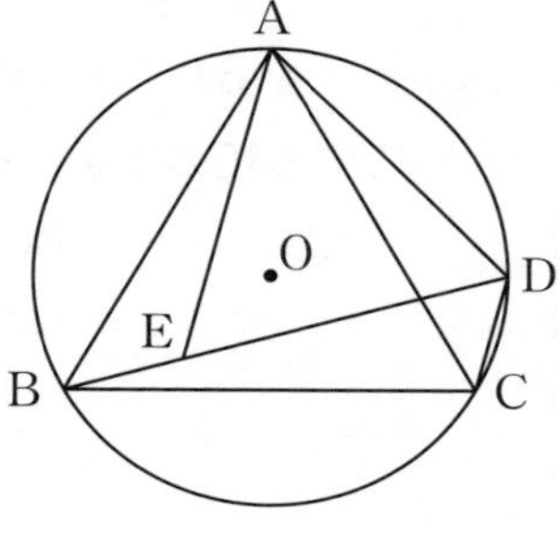

(1) AHの長さを求めなさい。

(2) △ABEの面積を求めなさい。

〈岐阜県・一部略〉

4 ★★☆

右の図のように3点A，B，Cを通る円があり，△ABCは1辺の長さが9cmの正三角形である。$\overset{\frown}{BC}$は円周上の2点B，Cを両端とする弧のうち短い方を表すものとする。点Pは$\overset{\frown}{BC}$上の点である。また，点Dを線分AP上にPC＝PDとなるようにとる。

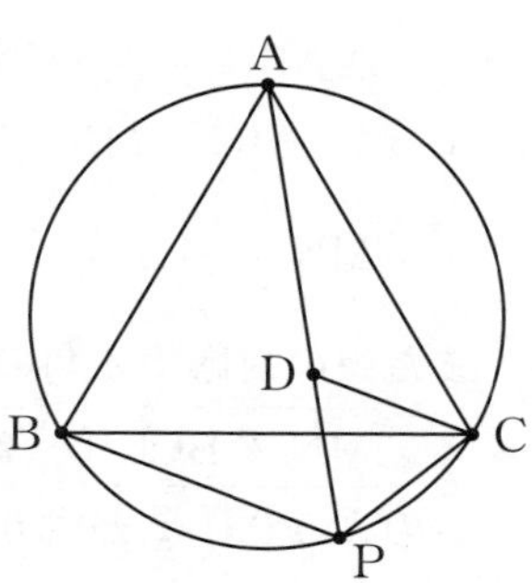

(1) AP＝10cmのとき，四角形ABPCの周の長さを求めなさい。

(2) 線分BCと線分APの交点をQとする。

BP：PC＝2：1のとき，△CDQの面積を求めなさい。

〈鳥取県・一部略〉

第2章

10 中点連結定理

▶ ここでのテーマ

2つの三角形において，**2組の辺の比とその間の角がそれぞれ等しければ相似**（★）になる。このことから**中点連結定理**も導きます。

 **1**

右図において，xの長さを求めよ。

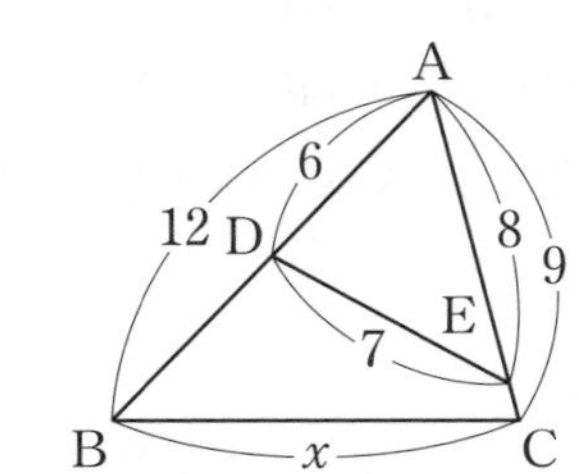

解法

∠Aは共通，

$AB : AE = AC : AD = 3 : 2$

だから，★より，**△ABC ∽ △AED**

対応する辺の比をとれば，

$AB : AE = BC : ED$

$12 : 8 = x : 7$

$8x = 12 \times 7$，$x = \dfrac{21}{2}$　　答 $x = \dfrac{21}{2}$

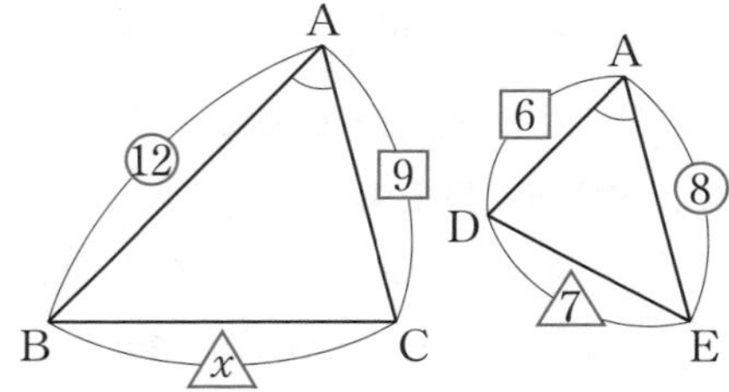

▶ 合格のための視点

右図で，**点M，Nがそれぞれの辺の中点**であるとき，

$AB : AM = AC : AN = 2 : 1$

∠Aは共通だから，★より，

△ABC ∽ △AMN　（※）

よって，$BC : MN = 2 : 1$より，

$MN = \dfrac{1}{2}BC$　（…①）

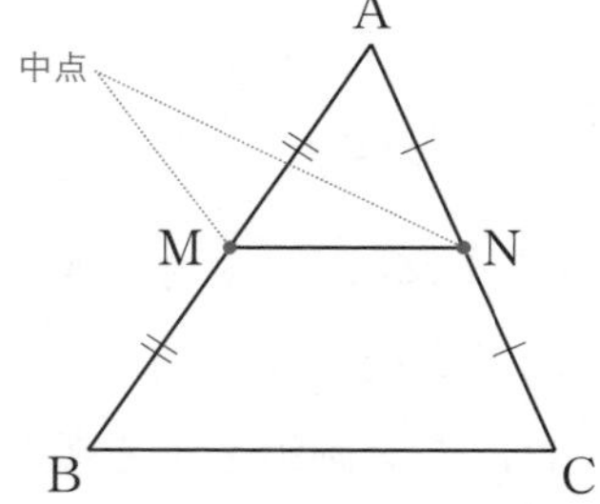

また※の対応する角の大きさは等しいから，∠ABC = ∠AMNだから，

$MN \parallel BC$　（…②）

このように①②が成り立ち，これを**中点連結定理**という。

避けたい失敗例

2辺の比が等しいことに気付かなかった。／中点が使えることを忘れていた。

▶ワンポイントアドバイス

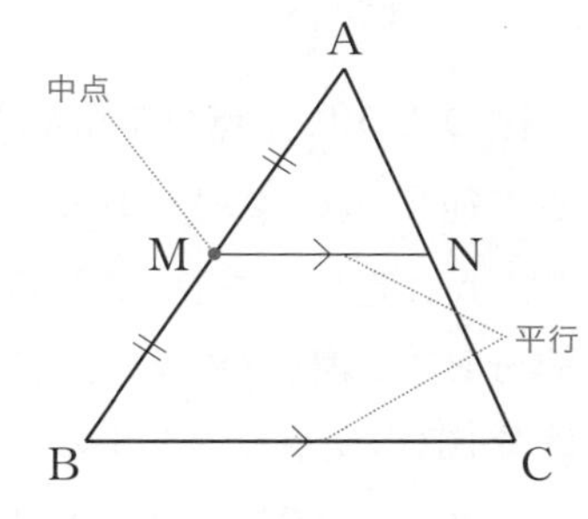

右図で，**Mが辺ABの中点，MN∥BC**ならば

∠ABC＝∠AMN，∠A共通，

だから，2つの角が等しいから，

△ABC∽△AMNとなる。

よってこのとき，AC：AN＝AB：AM＝2：1

だから，点NはACの中点となる。

これを**中点連結定理の逆**という。

▶大事なポイント

2つの中点があれば結んで**中点連結定理**を考える。また1つの中点と平行線があれば**中点連結定理の逆**を考えるといいんだ。

ワザあり

特に円の場合，**円の中心は直径の中点になっている**から使いやすい。

入試問題演習

1 ★☆☆

図の△ABCで，線分MHの長さを求めよ。

〈桐光学園高等学校〉

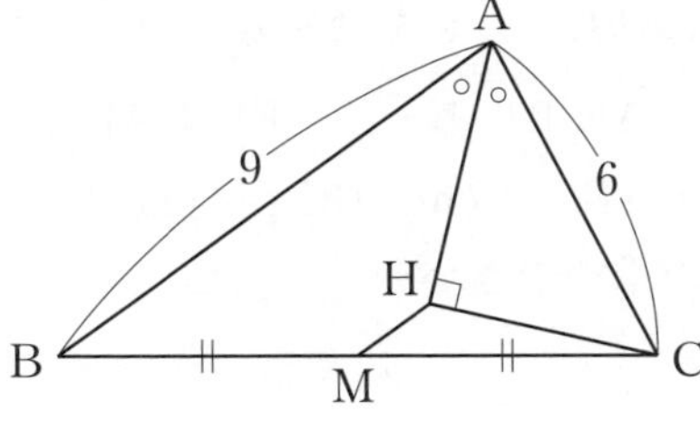

2 ★☆☆

図のように，AD∥BC，AD＝5cm，BC＝8cmの台形ABCDがある。対角線BD，CAの中点をそれぞれP，Qとする。このとき，線分PQの長さを求めよ。

〈成城学園高等学校〉

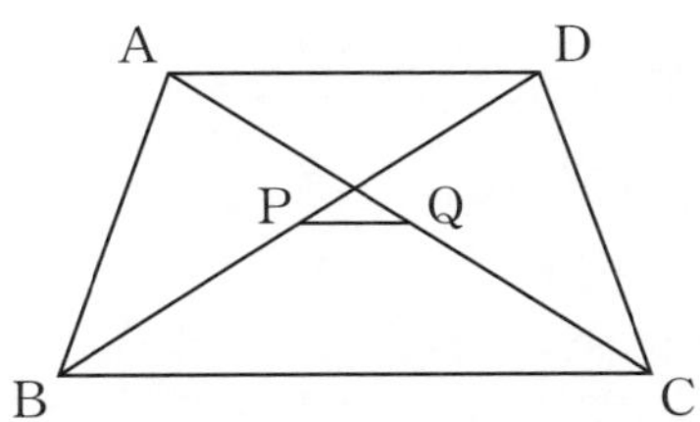

3 ★☆☆

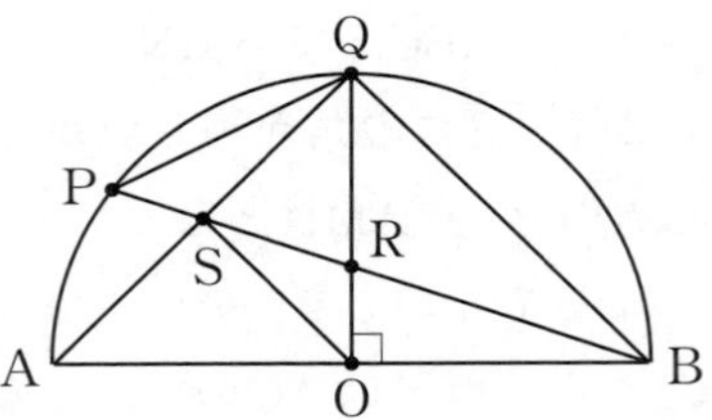

図のように，点Oを中心とし線分ABを直径とする半径3cmの半円がある。$\overset{\frown}{AB}$上に2点P，Qがあり，Aに近い方をP，Bに近い方をQとする。また，線分BPと線分OQの交点をRとする。線分AQと線分BPの交点をSとする。

$\angle QOB = 90°$，OS // BQとなるとき，線分BRの長さを求めなさい。

〈和歌山県・一部略〉

4 ★★☆

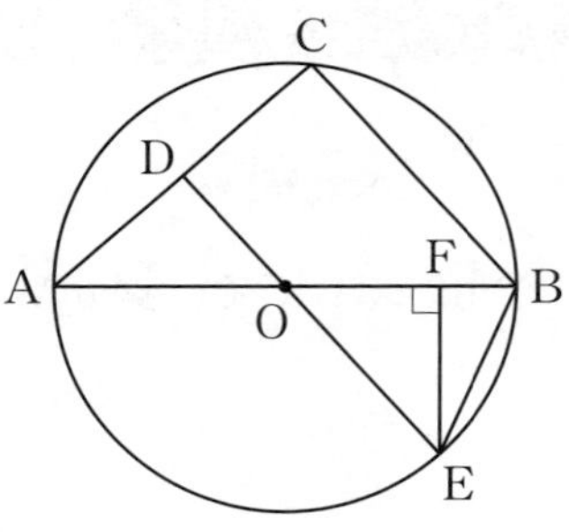

右の図は，点Oを中心とする円で，線分ABは円の直径である。点Cは$\overset{\frown}{AB}$上にあり，点Dは線分AC上にあって，AD = CDである。点Eは線分DOの延長と，Cを含まない$\overset{\frown}{AB}$との交点であり，点FはAB上にあって，EF ⊥ ABである。

AB = 6cm，BC = 4cmのとき，線分BEの長さを求めなさい。

〈熊本県・一部略〉

第3章

関数

テーマ1 座標平面上の図形 92

テーマ2 座標平面上の面積 104

テーマ3 面積を分ける直線と座標 112

テーマ4 等積変形 119

テーマ5 座標平面上の反射と最小 129

第３章

01 座標平面上の図形

▶ここでのテーマ

座標平面上にある図形を，**関数の式や座標を使って**表します。その中でも**線分を分ける点の座標**は図形の性質と切り離せません。

▶合格のための視点

Ⅰ．2点を通る直線の式の求め方には次がある。

① 変化の割合を利用して，まず傾きを求める。

$$a=\frac{7-4}{3-1}=\frac{3}{2}$$

② 連立方程式を使いa，bを求める。

$$\begin{cases}7=3a+b\\4=a+b\end{cases}$$

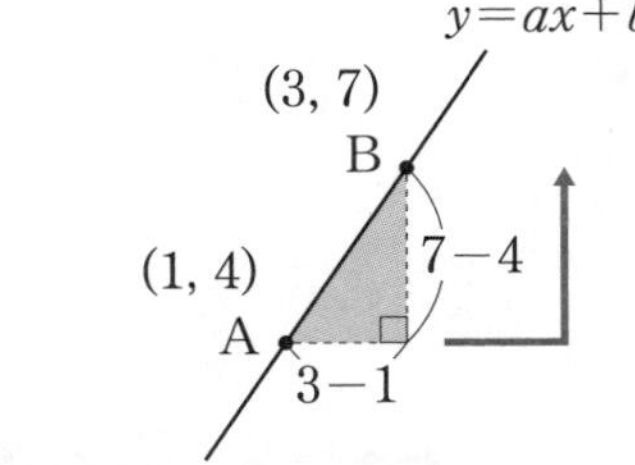

Ⅱ．**点Aを通る放物線の式の求め方**

$y=ax^2$へ$x=2$，$y=3$を代入し，aを求める。

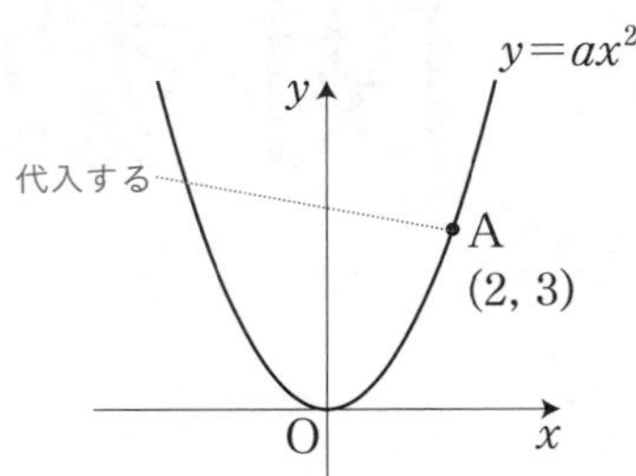

▶大事なポイント

放物線は**y軸について対称**。

また，図のように$y=kx^2$と$y=-kx^2$は**x軸について対称**なんだ。

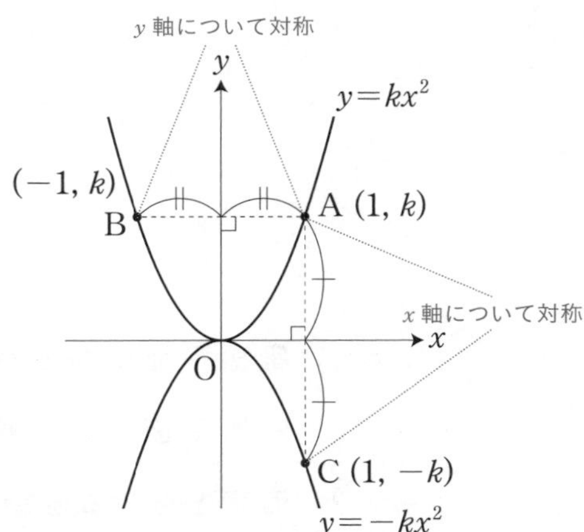

例題 1

次の図で，点Pの座標を求めよ。

(1)

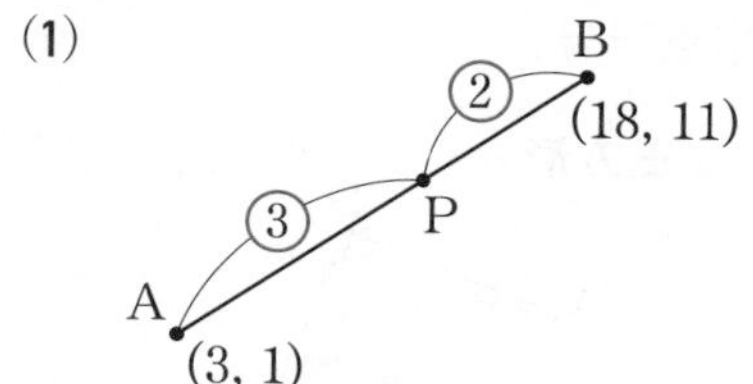

(2)

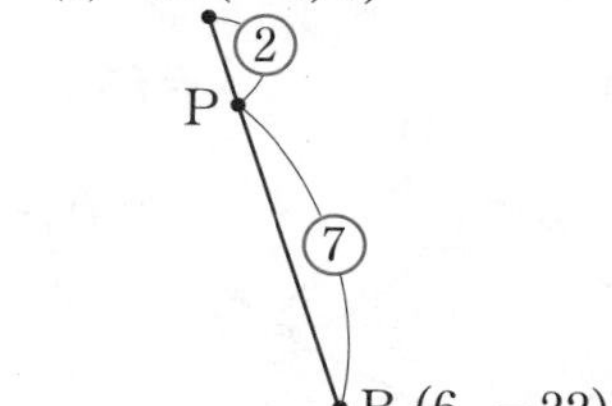

解法

(1) 点Aから点Bまで，

x座標は15増加

y座標は10増加

これらを⑤とみる

	x座標	y座標
÷ 5 ⑤	15	10
①	3	2

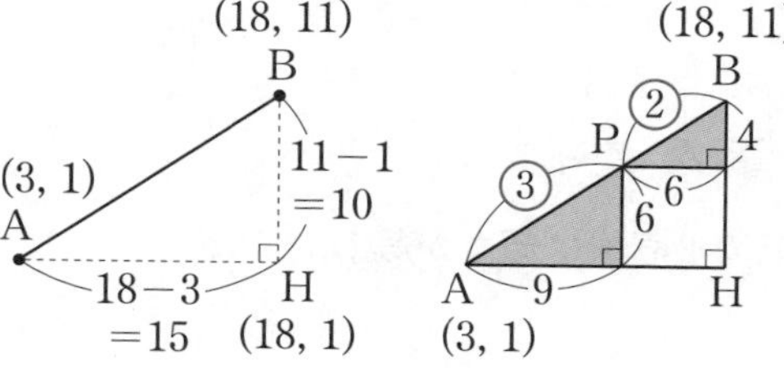

答 P(12, 7)

(2) 点Aから点Bまで，

x座標は9増加

y座標は27減少

これらを⑨とみる

	x座標	y座標
÷ 9 ⑨	9	27
①	1	3

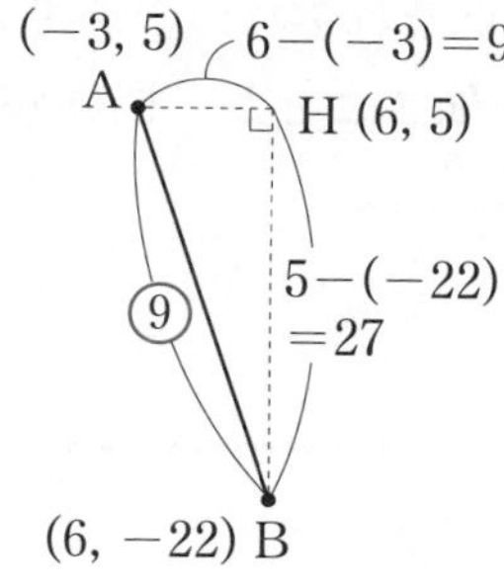

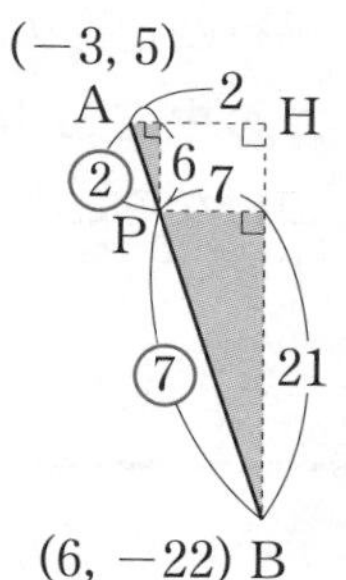

答 P(− 1, − 1)

▶ ワンポイントアドバイス

3点A，B，Cが**一直線上にあるとき**，直線AB，直線BC，直線ACの**傾きはすべて等しくなる**。

右図では，傾きは$\frac{1}{2}$

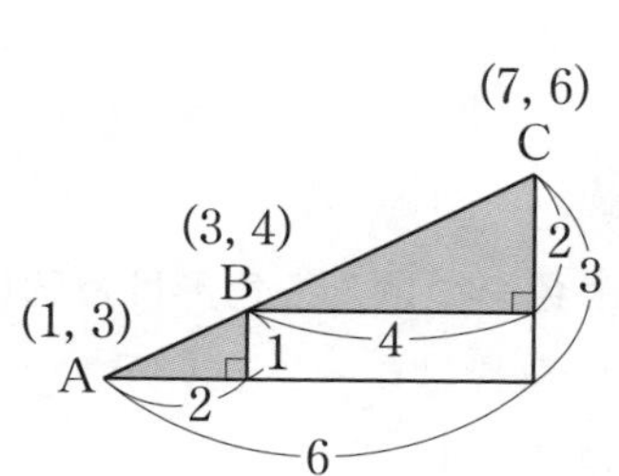

第3章 01 座標平面上の図形

▶ワンポイントアドバイス

座標平面上に次の図形が出てきたら，以下の事柄に気を付けよう。

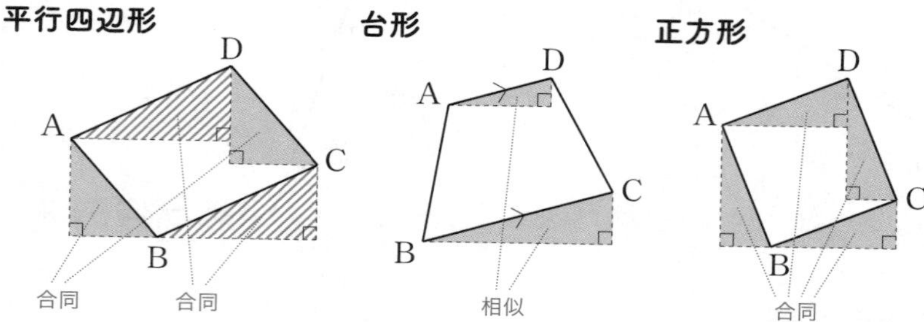

▶大事なポイント

平行な2直線は**傾きが等しい**んだ。

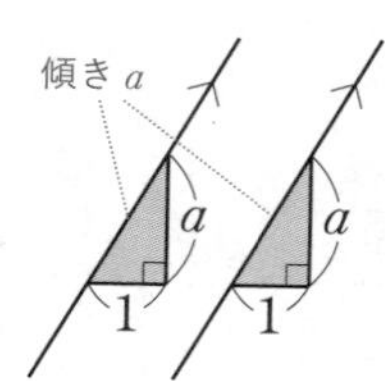

ワザあり

平行四辺形の対角線はそれぞれの中点で交わる。**この中点Mの座標を知ること**が，問題解決の糸口になることがある。

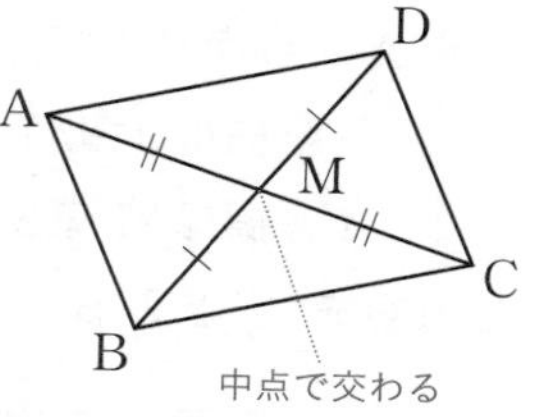

例題 2

右図において，四角形ABCDが平行四辺形になるとき，点Dの座標を求めよ。

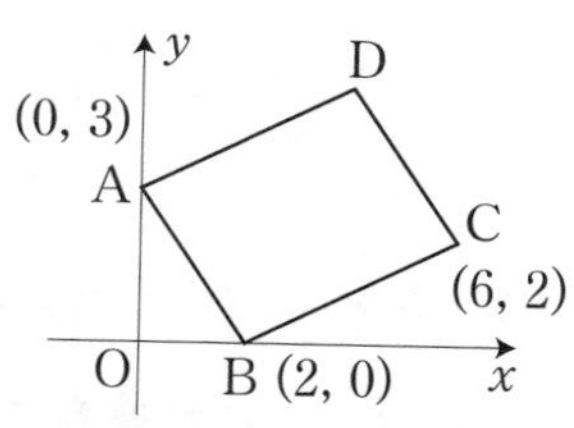

解法

〔解法1〕色をつけた三角形は合同になるから，
点Dのx座標は$6-2=4$
y座標は$2+3=5$

答 D(4, 5)

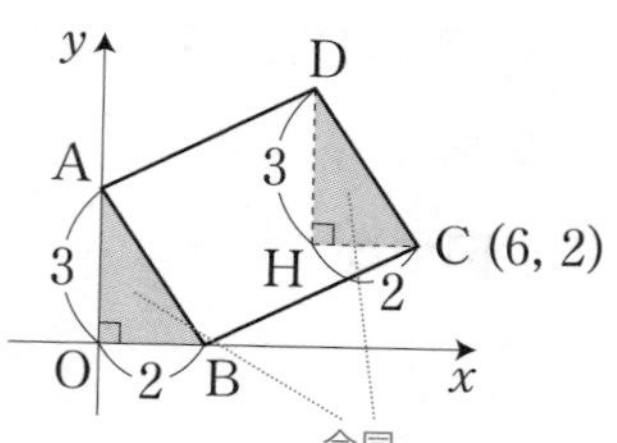

〔解法2〕対角線の交点をMとすると，

点Mは線分ACの中点だから，

$$M\left(\frac{0+6}{2},\ \frac{3+2}{2}\right)=\left(3,\ \frac{5}{2}\right)$$

よって点Dのx座標は$3+1=4$，

y座標は$\frac{5}{2}+\frac{5}{2}=5$

答 D(4, 5)

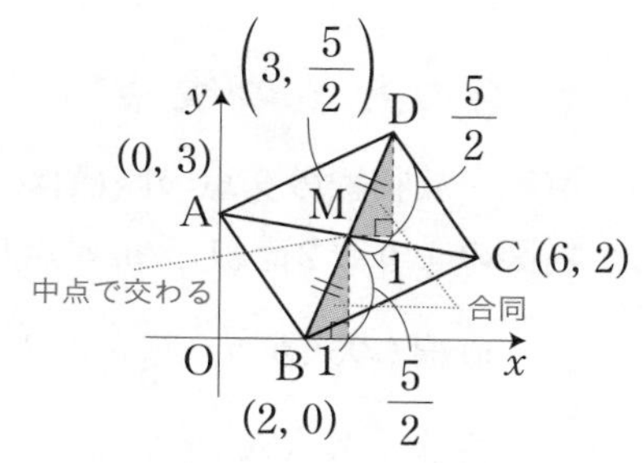

例題 3

右のAC // OBの台形において，

AC : OBを求めよ。

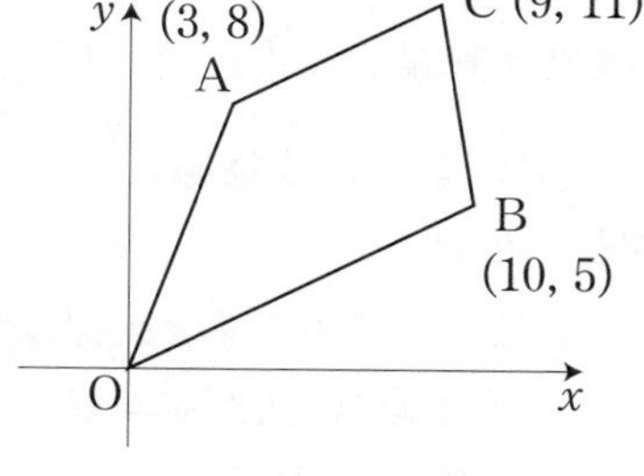

解法

色をつけた2つの三角形は相似で，

その相似比は3 : 5

よって，AC : OB = 3 : 5

答 3 : 5

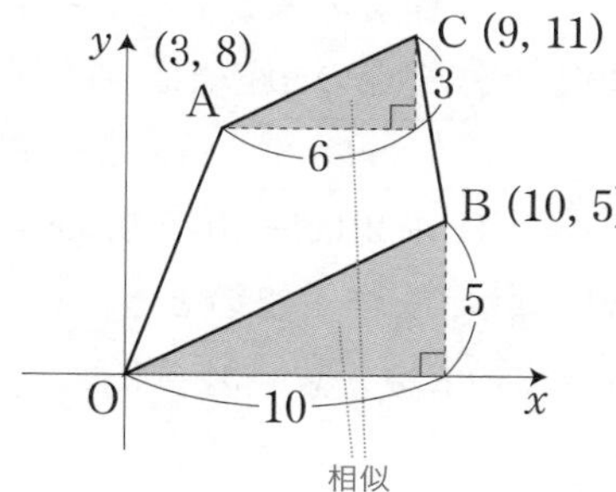

ワザあり

y座標の差をとると**3 : 5**

一方，x座標の差をとっても6 : 10 = **3 : 5**なので，一方の座標だけで線分比がわかる。

▶ 合格のための視点

直線や放物線の交点の座標は，**連立方程式や二次方程式を使い**次のように求める。

右図のように2直線l，mが点Pで交わっている。

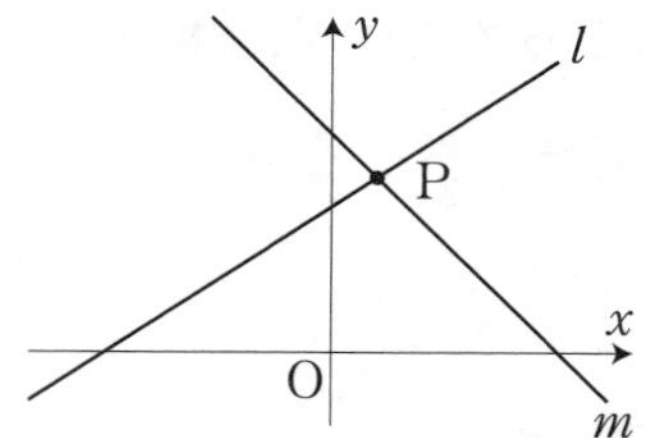

直線lの式が$y=\dfrac{2}{3}x+2$

直線mの式が$y=-x+3$

のとき，交点Pのx座標は，

$\boxed{\dfrac{2}{3}x+2=-x+3}$，$x=\dfrac{3}{5}$　連立方程式の代入法

y座標は直線mの式へ代入し，$y=-\dfrac{3}{5}+3=\dfrac{12}{5}$　　$\mathrm{P}\left(\dfrac{3}{5},\ \dfrac{12}{5}\right)$

右図のように放物線l，直線mが2点P，Qで交わっている。

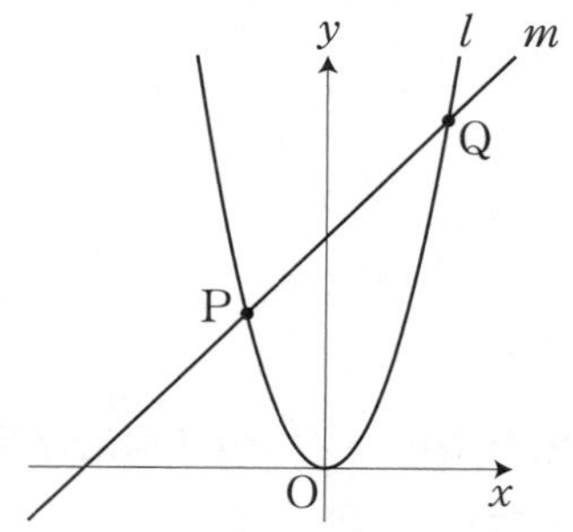

ただし，PよりQのx座標は大きいものとする。

放物線lの式が$y=x^2$

直線mの式が$y=x+6$

のとき，交点のx座標は，

$\boxed{x^2=x+6}$，$x^2-x-6=0$，　二次方程式

$(x+2)(x-3)=0$，$x=-2,\ 3$

y座標は，$x=-2$のとき，$y=(-2)^2=4$

$x=3$のとき，$y=3^2=9$　　P$(-2,\ 4)$，Q$(3,\ 9)$

例題 4

右図において，次の各問に答えよ。

(1) 2点A，Bを通る直線の式を求めよ。

(2) 交点Pの座標を求めよ。

(3) AB：BPを求めよ。

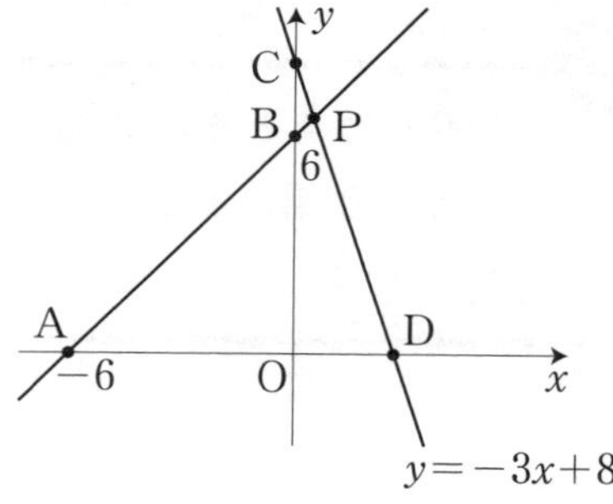

解法

(1) $a=\dfrac{6-0}{0-(-6)}=1$，$b=6$だから，$y=x+6$　　答 $y=x+6$

(2) $\begin{cases} y=-3x+8 \\ y=x+6 \end{cases}$より，

$-3x+8=x+6$，$x=\dfrac{1}{2}$

これを(1)の式へ代入して,

$$y=\frac{1}{2}+6=\frac{13}{2}$$ 答 $P\left(\frac{1}{2},\ \frac{13}{2}\right)$

(3) **x座標の差で比べれば,**

$$AB:BP=\{0-(-6)\}:\left(\frac{1}{2}-0\right)$$

$$=6:\frac{1}{2}$$

$$=12:1$$ 答 12 : 1

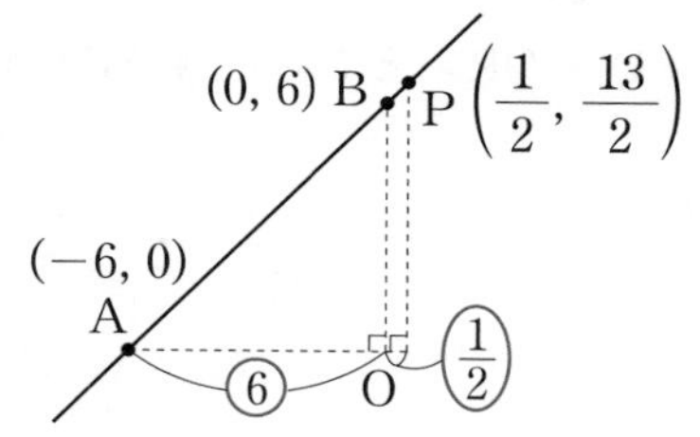

例題 5

右図で，四角形ABCDはAB : AD＝1 : 2の長方形。

点A，Dのx座標がともに2のとき，aの値を求めよ。

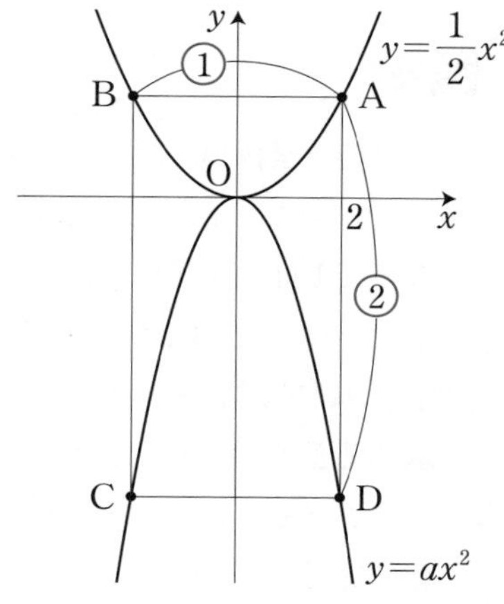

解法

点Aは$y=\frac{1}{2}x^2$上の点だから，A(2, 2)。

$$AD=2AB=2\times4=8$$

よって，点Dの座標はD(2, −6)

これを$y=ax^2$へ代入して,

$$-6=a\times2^2,\ a=-\frac{3}{2}$$

答 $a=-\frac{3}{2}$

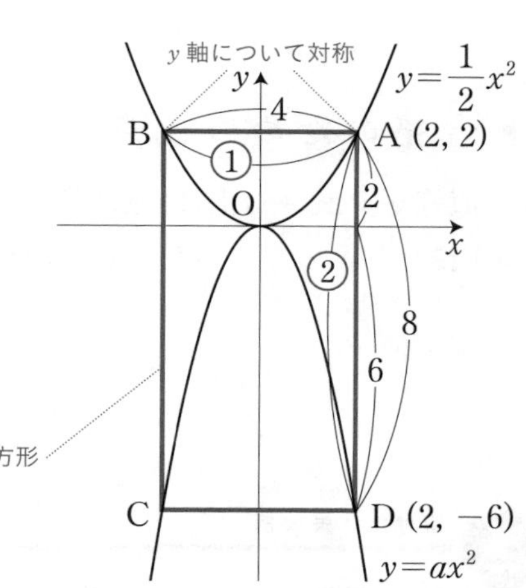

例題 6

右図において，3点P，Q，Rのx座標は1で，△PAQは直角三角形である。

PQ＝QRのとき，直線ABの式を求めよ。

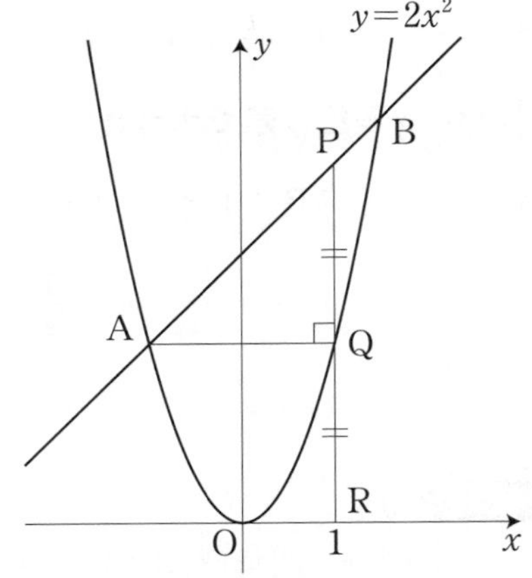

解法

点Qのx座標は1だから，y座標は

$y = 2 \times 1^2 = 2$　Q(1, 2)

よってR(1, 0)だから，P(1, 4)

またAQ∥x軸だから，点AとQはy軸について対称で，A(−1, 2)

求める直線は2点A，Pを通るから，

$y = x + 3$　　答 $y = x + 3$

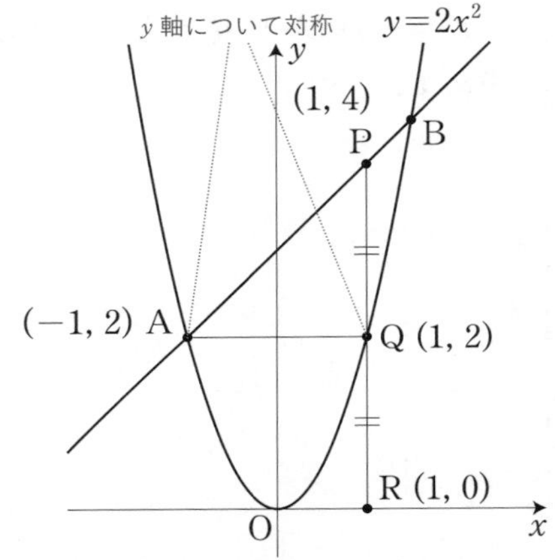

▶ 合格のための視点

直線$y = 2x + 3$上に，x座標がpである点をとれば，y座標は，$y = 2p + 3$だから，P(p, $2p + 3$)と表す。

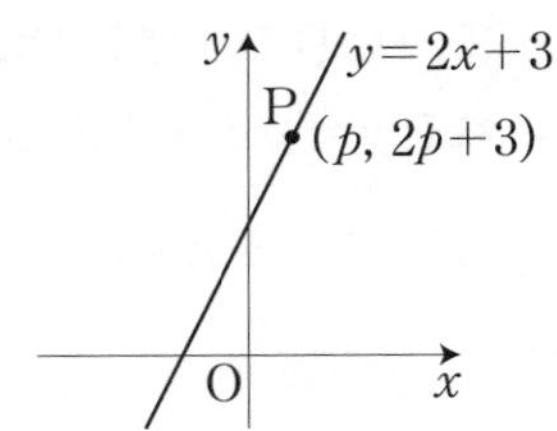

避けたい失敗例

座標が分数になっているとき，暗算でやろうとして失敗した。／

傾きを求める計算で，焦りから分母と分子を取り違えてしまった。／

放物線がy軸について対称であることに気づかなかった。／

2直線が平行なとき，傾きが等しいことを忘れてしまっていた。／

例題 7

右図の四角形ABCDは，点Aと点Bのy座標は等しく，点Aと点Dのx座標は等しい。

この四角形ABCDが正方形となるとき，点Aのx座標を求めよ。

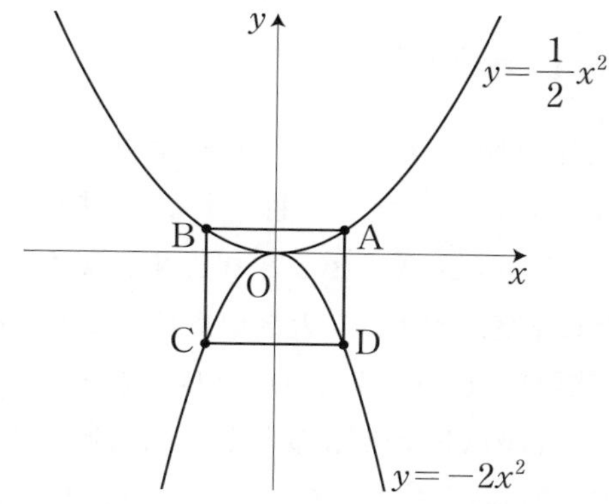

解法

点Aのx座標を$p(p>0)$とおけば，y座標は

$$y=\frac{1}{2}\times p^2=\frac{1}{2}p^2 \quad \mathrm{A}\left(p,\ \frac{1}{2}p^2\right)$$

題意より点Aと点Bはy軸について対称だから，

$$\mathrm{AB}=p\times 2=2p \quad (\cdots①)$$

また点Dのx座標もpだから，y座標は

$$y=(-2)\times p^2=-2p^2$$

よって，

$$\mathrm{AD}=\frac{1}{2}p^2-(-2p^2)=\frac{5}{2}p^2 \quad (\cdots②)$$

y軸について対称

$2p$

$\mathrm{A}\left(p,\ \frac{1}{2}p^2\right)$

$\frac{5}{2}p^2$

$\mathrm{D}\ (p,\ -2p^2)$

正方形だから，横＝たて

四角形ABCDは正方形だから，AB＝ADとなり，①＝②から，

$$2p=\frac{5}{2}p^2,\ 5p^2-4p=0,\ p(5p-4)=0,\ p>0\text{より},\ p=\frac{4}{5}$$

答 $p=\frac{4}{5}$

ワザあり

x座標またはy座標を文字で置き，図形の性質へ持っていく。

入試問題演習

1 ★☆☆

右の図において，曲線は関数$y=ax^2$ $(a>0)$のグラフで，曲線上にx座標が-3, 3である2点A，Bをとります。また，曲線上にx座標が3より大きい点Cをとり，Cとy座標が等しいy軸上の点をDとします。

点Dのy座標が8のとき，四角形ABCDが平行四辺形になりました。このとき，aの値と平行四辺形ABCDの面積を求めなさい。

ただし，座標軸の単位の長さを1cmとします。

〈埼玉県〉

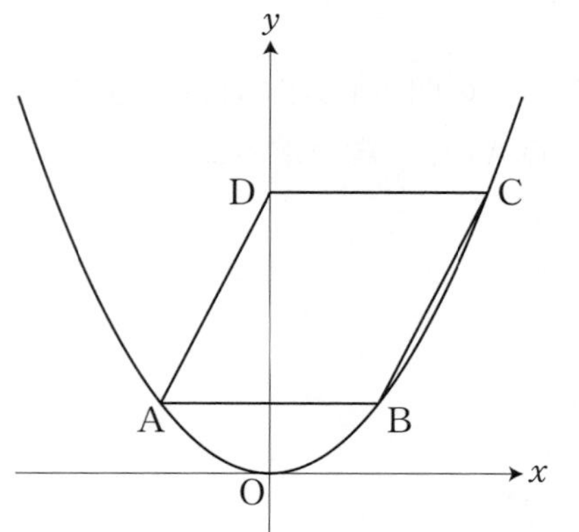

2 ★★☆

図のように，関数$y=x^2$のグラフと直線lが2点A，Bで交わっていて，A，Bのx座標はそれぞれ-2, 4である。また，$y=x^2$のグラフ上に点C，OAの延長上に点Dをとり，四角形OBCDが平行四辺形となるようにした。このとき，次の問いに答えなさい。

(1) 直線OAの式を求めなさい。

(2) 直線lの式を求めなさい。

(3) 点Cの座標を求めなさい。

(4) 直線CDと直線lの交点をEとするとき，BA：AEを最も簡単な整数の比で表しなさい。

〈清風高等学校・一部略〉

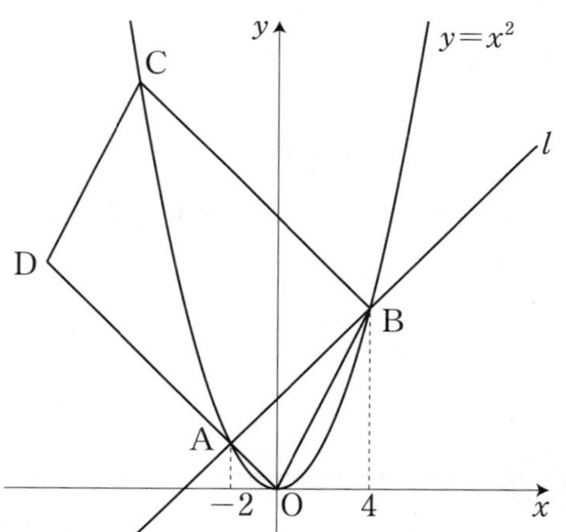

3 ★☆☆

右の図のように，関数$y=x^2$のグラフ上に点Aがある。点Aのx座標が-4であるとき，次の各問いに答えなさい。

(1) 点Aのy座標を求めなさい。

(2) 図の関数$y=x^2$のグラフ上にx座標が正である点Pをとる。直線APとx軸との交点をQとすると，△OPAの面積は△OPQの面積と等しくなった。

このとき，点Pの座標を求めなさい。

〈沖縄県・一部略〉

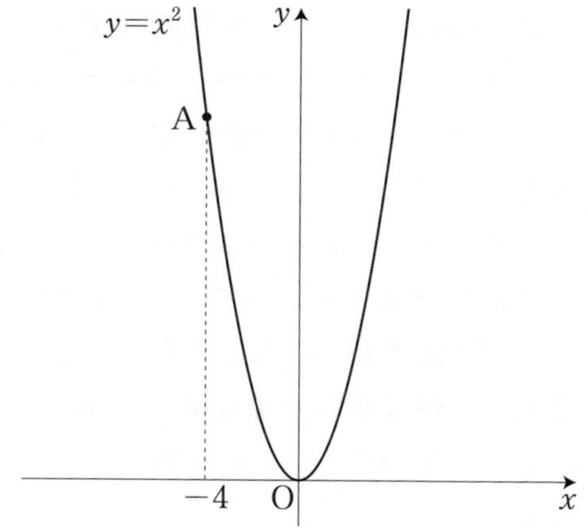

4 ★★☆

2つの関数$y=\frac{1}{2}x^2$，$y=\frac{1}{4}x^2$のグラフがある。$y=\frac{1}{2}x^2$上に点A，B，$y=\frac{1}{4}x^2$上に点C，Dをとり，各辺が座標軸に平行な長方形ABCDをつくる。このとき次の問いに答えなさい。ただし，点Bのx座標は負とする。

(1) 点Aのx座標がaのとき，点Cの座標をaを用いて表せ。

(2) 線分ADの長さをaを用いて表せ。

(3) 長方形ABCDが正方形になるとき点Aの座標を求めよ。

〈城西大学附属城西高等学校〉

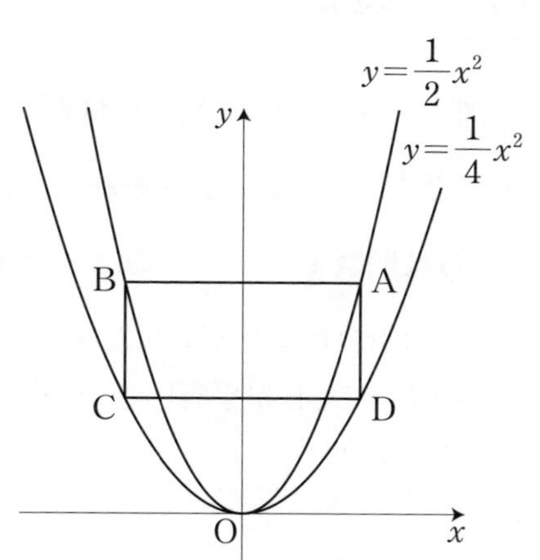

第3章 01 座標平面上の図形

5 ★☆☆

右の図のように，2つの関数$y=x^2$，$y=ax^2$ $(0<a<1)$のグラフがある。$y=x^2$のグラフ上でx座標が2である点をAとし，点Aを通りx軸に平行な直線が$y=x^2$のグラフと交わる点のうち，Aと異なる点をBとする。また，$y=ax^2$のグラフ上でx座標が4である点をCとし，点Cを通りx軸に平行な直線が$y=ax^2$のグラフと交わる点のうち，Cと異なる点をDとする。

直線ACと直線DOが平行になるとき，aの値を求めなさい。

〈栃木県・一部略〉

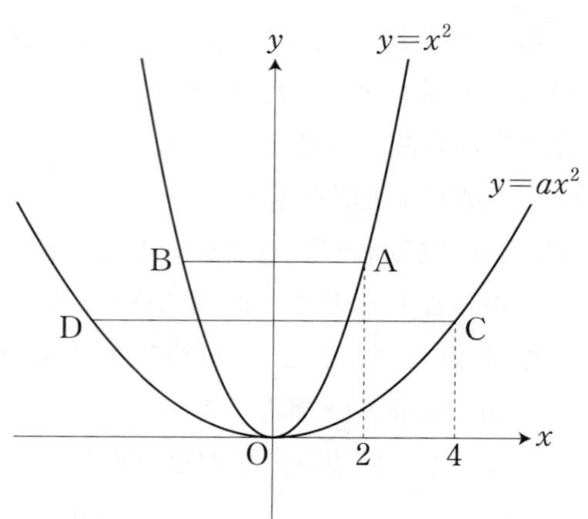

6 ★★★

図で，Oは原点，A，Bは関数$y=\frac{1}{2}x^2$のグラフ上の点で，x座標はそれぞれ-2，4である。また，C，Dは関数$y=-\frac{1}{4}x^2$のグラフ上の点で，点Cのx座標は点Dのx座標より大きい。

四角形ADCBが平行四辺形のとき，点Dのx座標を求めなさい。

〈愛知県〉

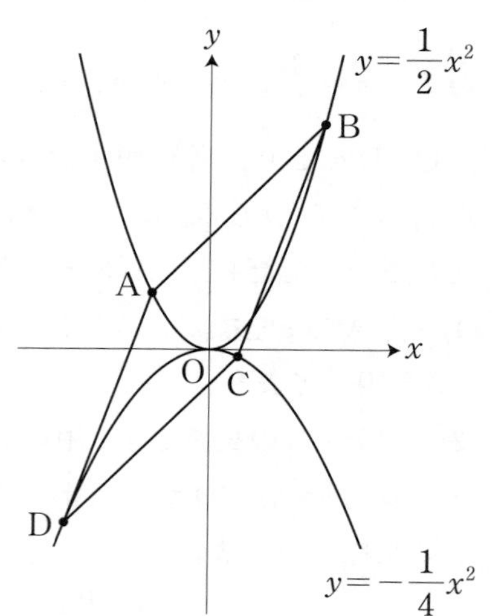

7 ★☆☆

右の図において，㋐は関数$y=x^2$，㋑は関数$y=-\frac{1}{2}x^2$のグラフである。点Aはy軸上の点であり，y座標は3である。点Bは㋐上の点であり，x座標は正である。点Cは㋑上の点であり，x座標は点Bのx座標と等しい。

3点A，B，Cを結んでできる△ABCがAB＝ACの二等辺三角形になるとき，点Bのx座標を求めなさい。

〈秋田県・一部略〉

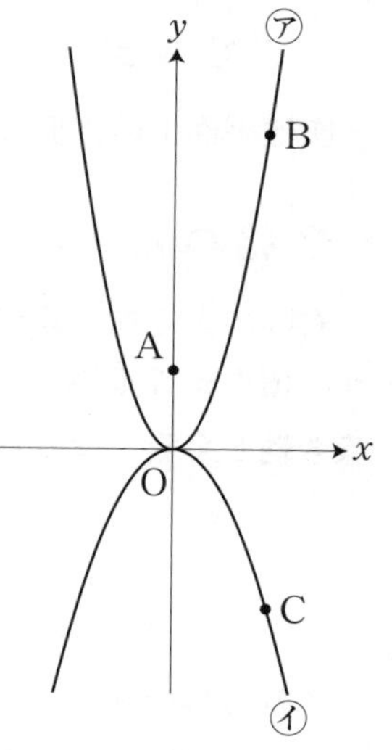

8 ★★☆

右の図のように，関数$y=\frac{1}{4}x^2$ …①のグラフ上に2点A，Bがある。Aのx座標は-2，Bのx座標は正で，Bのy座標はAのy座標より3だけ大きい。また，点Cは直線ABとy軸との交点である。

このとき，次の各問いに答えなさい。

(1) 点Aのy座標を求めなさい。

(2) 点Bの座標を求めなさい。

(3) 直線ABの式を求めなさい。

(4) 線分BC上に2点B，Cとは異なる点Pをとる。また，関数①のグラフ上に点Qを，線分PQがy軸と平行になるようにとり，PQの延長とx軸との交点をRとする。

PQ：QR＝5：1となるときのPの座標を求めなさい。

〈熊本県〉

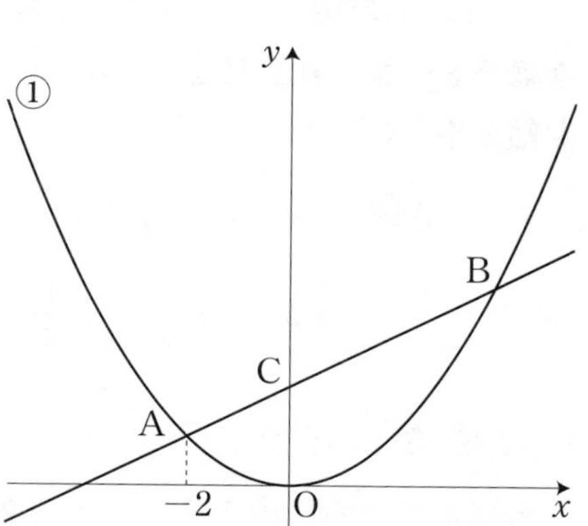

第3章

02 座標平面上の面積

▶ここでのテーマ

座標平面上の図形の面積は**三角形を基本**として，それ以外でも**三角形に分割**します。

▶合格のための視点

右図のように，**辺が軸と平行**ならば，残りの頂点から垂線を下ろす。するとこの**垂線も軸と平行**になるから計算しやすい。

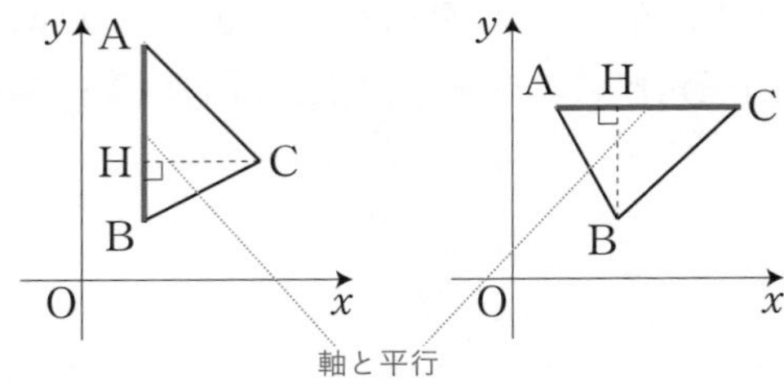

それ以外の図形は，右図のように長方形を考え，周囲の三角形を取り去るとよい。

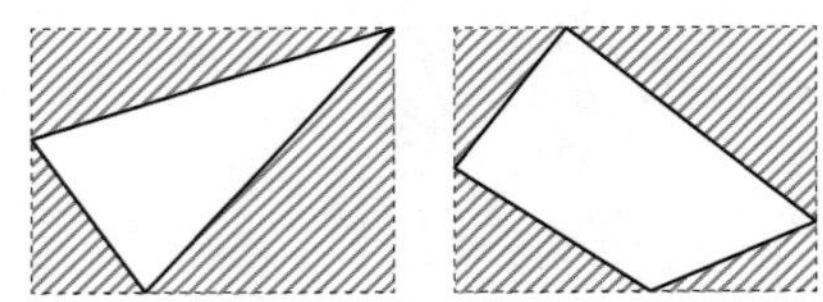

▶ワンポイントアドバイス

△ABCの面積は，図のように**軸と平行な線分を引きこれを底辺**とみなせば，**高さも軸と平行**になる。

$$\triangle \mathrm{ABC} = h \times a \times \frac{1}{2} + h \times b \times \frac{1}{2}$$

$$= h \times (a + b) \times \frac{1}{2}$$

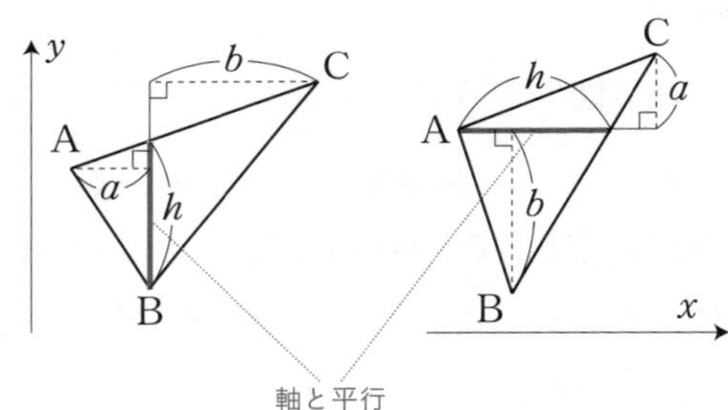

▶大事なポイント

台形なら，右図のように対角線を引き2つの三角形に分けるんだ。

もし㋐の図なら，$20 : S = 5 : 8$ だから，$S = 32$ となり，

台形ABCD $= 20 + 32 = 52$ (…☆)

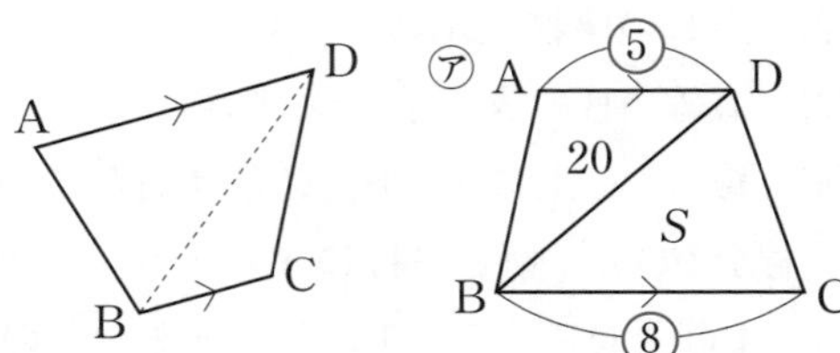

例題 1

右図で四角形ABOCがひし形であるとき，この面積を求めよ。

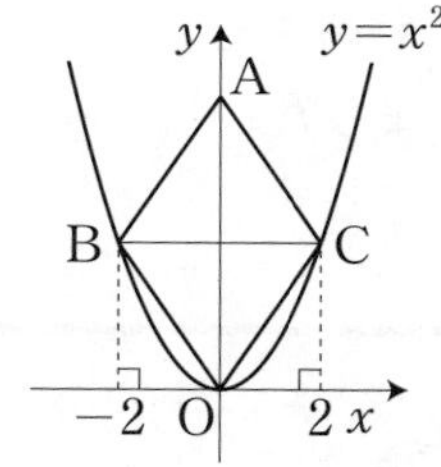

解法

C(2, 4)だから，

$BC = HC \times 2 = 4$,

$AO = HO \times 2 = 8$

ひし形ABOCの面積は，

$4 \times 8 \times \frac{1}{2} = 16$　　答 16

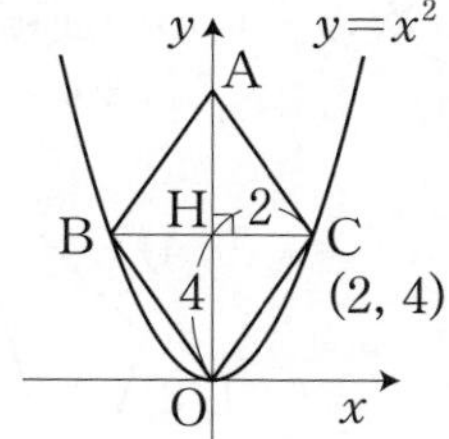

例題 2

右図の四角形ABCDの面積を求めよ。

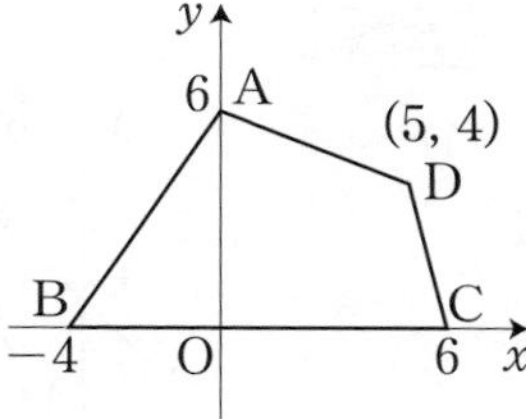

解法

四角形ABCD

$= \triangle ABO + \triangle AOD + \triangle DOC$

$= 4 \times 6 \times \frac{1}{2} + 6 \times 5 \times \frac{1}{2} + 6 \times 4 \times \frac{1}{2}$

$= 12 + 15 + 12$

$= 39$

答 39

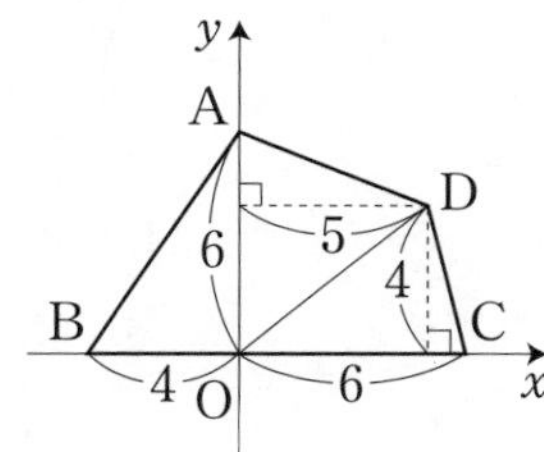

ワザあり

軸をうまく使えるように分割する。

避けたい失敗例

三角形や台形で，軸と平行でない底辺や高さをとり，計算が複雑になってしまった。

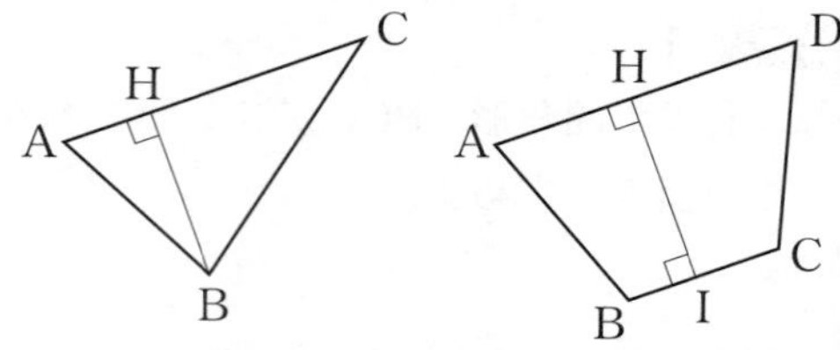

例題 3

次の三角形の面積を求めよ。

(1)

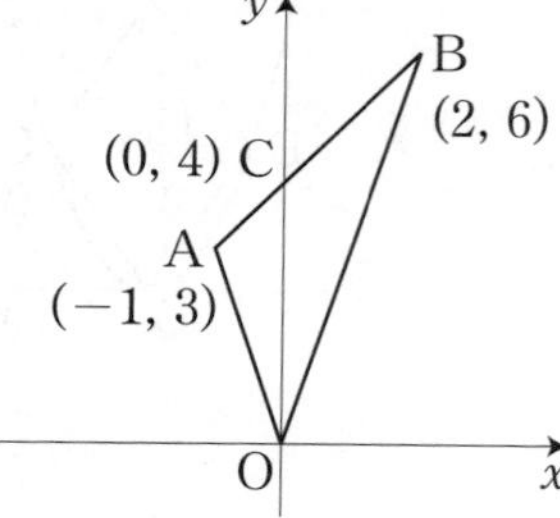

(2)

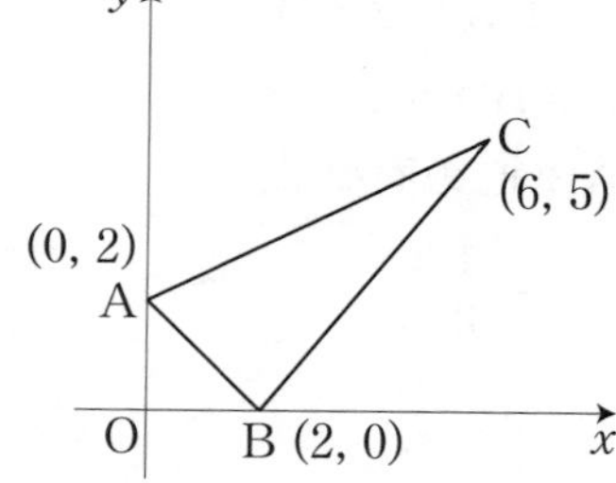

解法

(1)

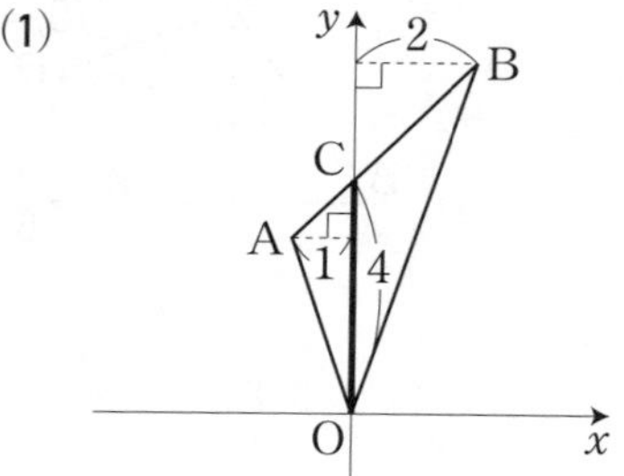

$$4 \times (1 + 2) \times \frac{1}{2} = 6$$

答 6

(2)

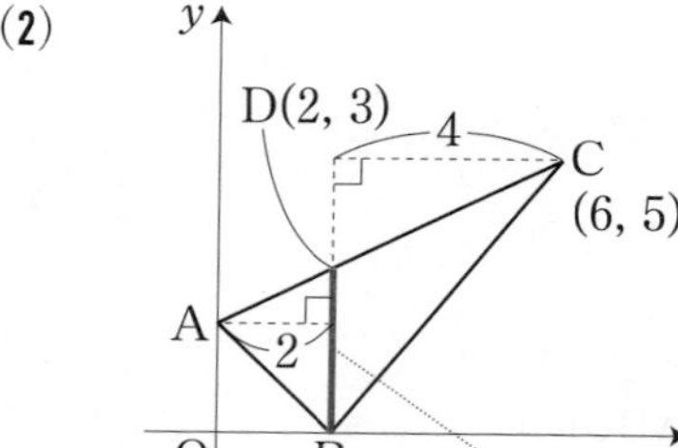

点Bを通りy軸と平行な直線BDを引く。直線ACの式は，$y = \frac{1}{2}x + 2$だから，D(2, 3)

これより，$3 \times (2 + 4) \times \frac{1}{2} = 9$

答 9

ワザあり

(2)では，点Aを通りx軸に平行な直線を引いてもよい。

例題 4

次の四角形の面積を求めよ。

(1)

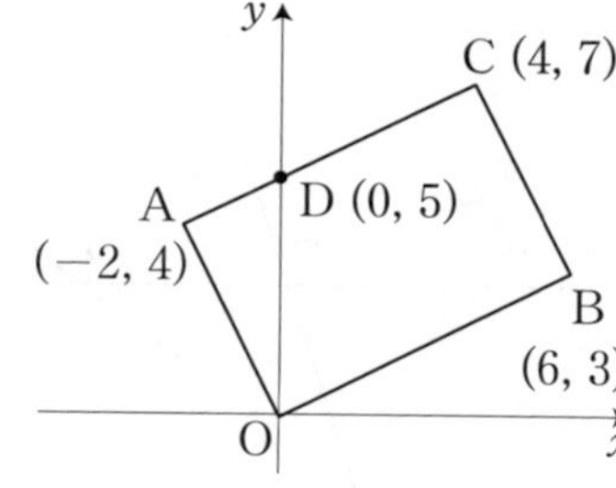

(2)

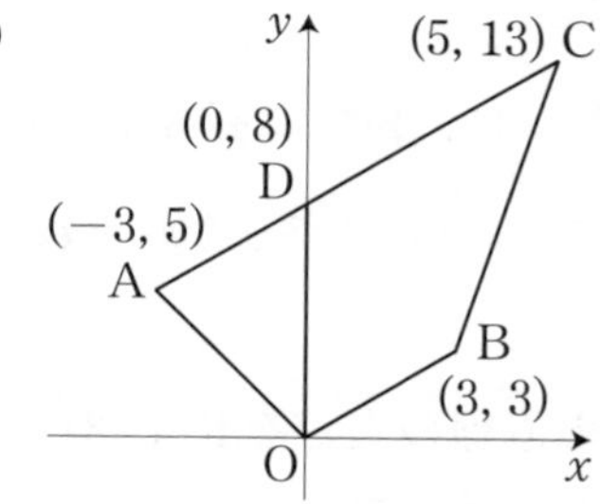

解法

(1) 傾きを利用すると，AO // CB，OB // AC だから，
四角形 AOBC は平行四辺形。

よって，四角形 AOBC = **△AOC × 2** と計算する。

$$\triangle \mathrm{AOC} \times 2 = 5 \times (2 + 4) \times \frac{1}{2} \times 2 = 30$$

答 30

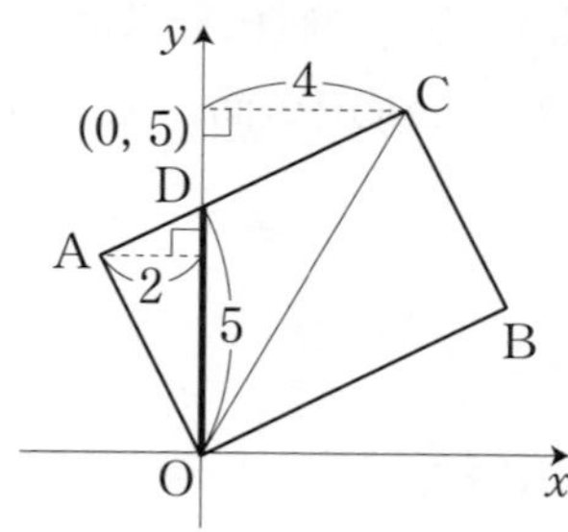

(2) 傾きを利用すると，OB // AC の台形。

☆より，△AOC ： △BOC = AC ： OB = 8 ： 3

これより，$\triangle \mathrm{BOC} = \frac{3}{8} \times \triangle \mathrm{AOC}$

よって，四角形 AOBC = **△AOC + △BOC**

$$= \triangle \mathrm{AOC} + \frac{3}{8}\triangle \mathrm{AOC}$$

$$= \frac{11}{8}\triangle \mathrm{AOC}$$

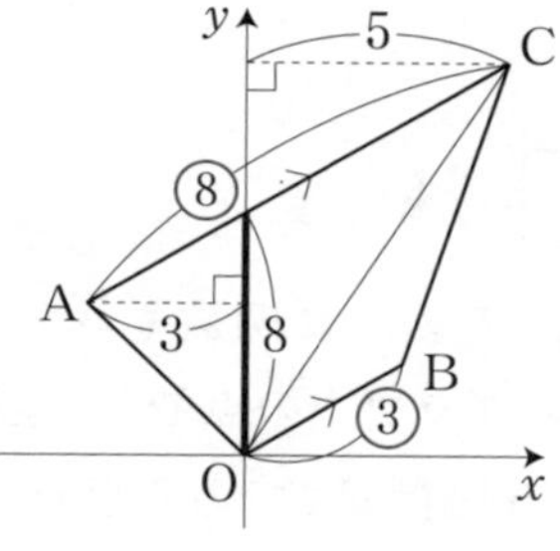

と計算する。

$$\frac{11}{8}\triangle \mathrm{AOC} = \frac{11}{8} \times 8 \times (3 + 5) \times \frac{1}{2} = \frac{11}{8} \times 32 = 44$$

答 44

避けたい失敗例

平行四辺形や台形で，三角形に分割することを思いつかなかった。／
軸と平行に引けばよかったのに，軸を有効に使えず面倒な計算をしてしまった。

入試問題演習

1 ★☆☆

右の図のように，2つの直線$y=ax-9$，$y=\frac{3}{4}x$と直線$y=9$の交点をそれぞれP，Qとする。

また，2つの直線の交点をR(4, 3)とするとき，次の各問いに答えなさい。

(1) aの値を求めなさい。

(2) 点Qの座標を求めなさい。

(3) △PQRの面積を求めなさい。

〈奈良大学附属高等学校〉

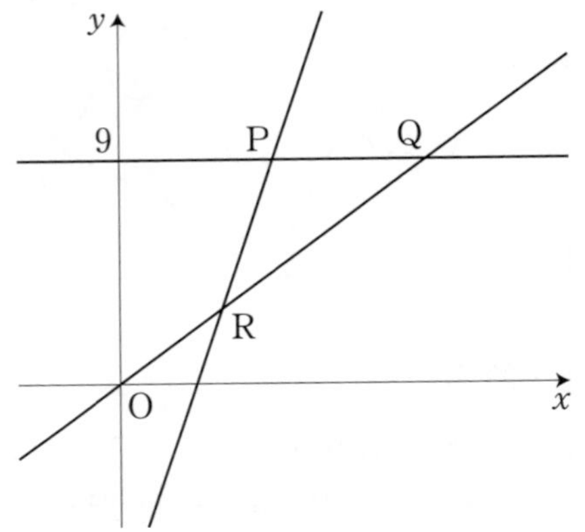

2 ★☆☆

図のように関数$y=-x^2$のグラフがある。このグラフ上の点で，x座標が-1である点をA，x座標が2である点をBとする。このとき，△OABの面積を求めなさい。

ただし，原点Oから点(1, 0)までの距離と原点Oから点(0, 1)までの距離は，それぞれ1cmとする。

〈茨城県〉

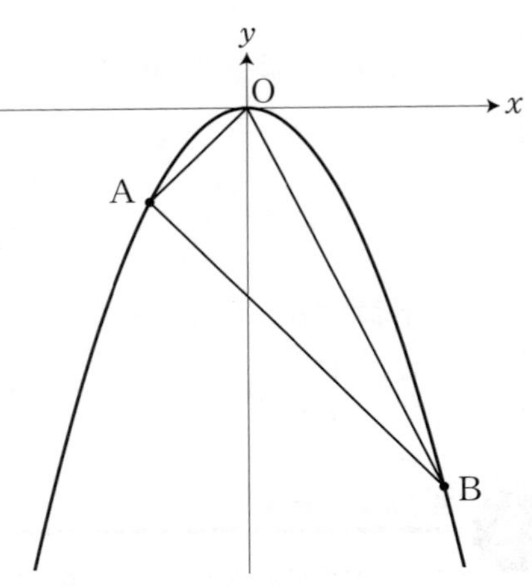

3 ★☆☆

図において，①は関数$y=\dfrac{1}{3}x^2$のグラフであり，点A，B，Cは①上にある。点A，B，Cのx座標はそれぞれ -3，6，9である。

このとき，次の(1)(2)に答えなさい。

(1) 直線ACの式を求めなさい。

(2) △ABCの面積を求めなさい。

〈山梨県・一部略〉

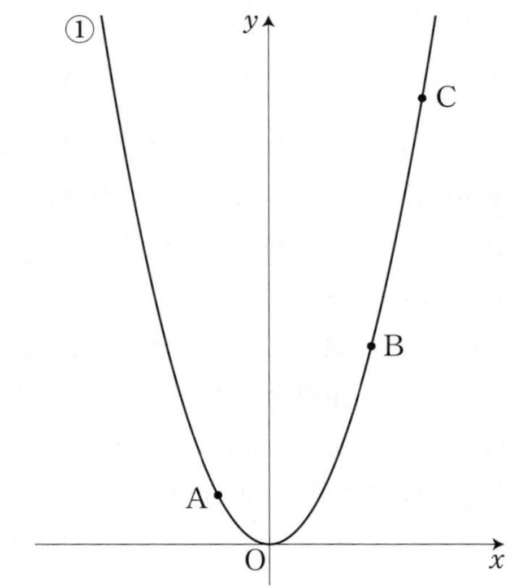

4 ★★★

図のように，$y=ax^2$ $(a>0)$のグラフ上に2点A，Bがあり，$y=-x^2$のグラフ上に点C，Dがあり，直線ACとx軸の交わる点をEとする。点Aと点Cのx座標はともに -1で，AE：EC＝1：2である。

また2点A，Bを通る直線と2点C，Dを通る直線の傾きがともに$\dfrac{2}{3}$である。

このとき，次の問いに答えよ。

(1) aの値を求めよ。

(2) 点Bの座標を求めよ。

(3) △OABと△OCDの面積の比をもっとも簡単な整数の比で表せ。

〈関西大倉高等学校〉

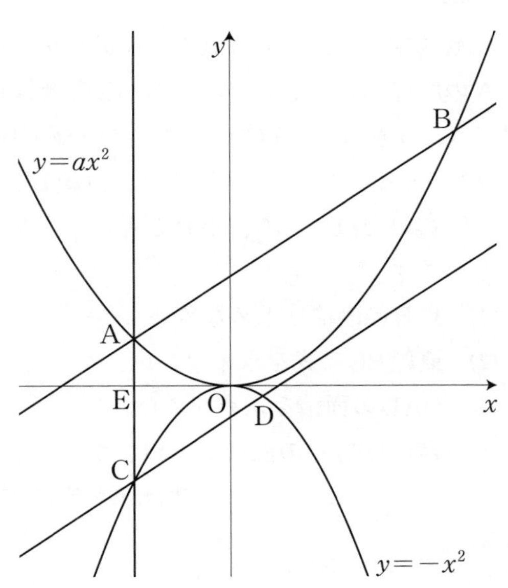

5 ★★☆

図のように，関数 $y=ax^2$ のグラフが関数 $y=\frac{1}{3}x+b$ のグラフと2点A，Bで交わっており，点Bの座標は(3, 3)である。y 軸上の点Cと $y=ax^2$ 上の点Dを，四角形ABCDが平行四辺形になるようにとる。次の問いに答えよ。

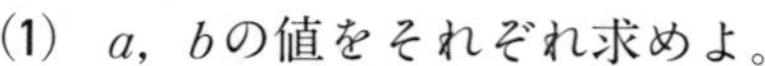

(1)　a，b の値をそれぞれ求めよ。

(2)　点Aの座標を求めよ。

(3)　2点C，Dの座標をそれぞれ求めよ。

(4)　平行四辺形ABCDの面積を求めよ。

〈滝高等学校〉

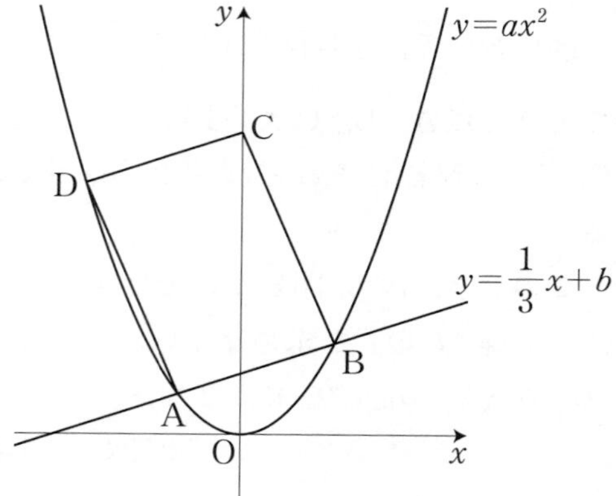

6 ★★☆

放物線 $y=x^2$ 上に2点A，Bがあり，点Aの座標は(－2, 4)で，点Bの x 座標は負です。x 軸上に点Cがあり，OA // CB，OA：CB＝1：4です。また，直線BCと放物線の交点のうち，点Bと異なる点をDとします。

(1)　点Bの座標を求めなさい。

(2)　直線BCの式を求めなさい。

(3)　OADの面積を求めなさい。

(4)　台形OABCの面積を求めなさい。

〈四天王寺高等学校〉

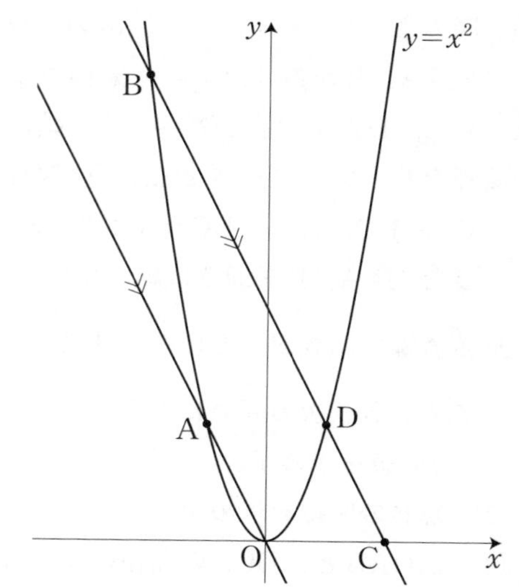

7 ★★★

放物線P：$y=x^2$と直線l：$y=x+6$が図のように2点A，Bで交わっている。放物線P上に点Cを△ABCの面積が10になるようにとる。ただし，Cのx座標は正で，
(Cのx座標)＜(Bのx座標) とする。

このとき，次の問いに答えよ。

(1) 2点A，Bの座標を求めよ。

(2) 点Cの座標を求めよ。

〈昭和学院秀英高等学校・一部略〉

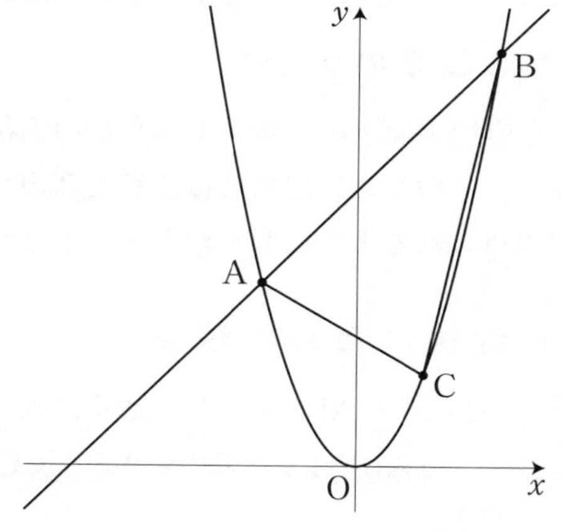

8 ★★★

右の図のように，直線l：$y=-\frac{2}{3}x+6$がある。点Aの座標は(0，-3)，直線lとy軸との交点をB，直線lとx軸との交点をCとする。また，線分BC上にある点をPとする。

点Pを通りy軸に平行な直線と，線分ACとの交点をQとする。△PQCの面積が8となるとき，点Pのx座標を求めよ。

〈関西大倉高等学校・一部略〉

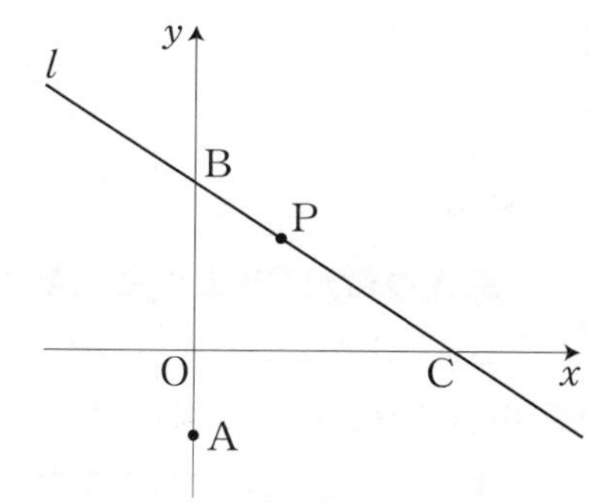

第3章

03 面積を分ける直線と座標

▶ここでのテーマ

座標平面上の三角形や四角形の面積を，与えられた大きさの比に分ける座標を求めます。そのために**三角形の面積を利用する**ので，座標平面上での三角形や四角形の面積を求められるようにしておきましょう。

▶合格のための視点

右図で，$\triangle$ABCを点Bを通る直線lで図のように分けると，

$\triangle$ABP ： $\triangle$CBP ＝ AP ： CP ＝ m ： n

になる。

点Bの対辺ACを分ける点Pの座標に着目する。

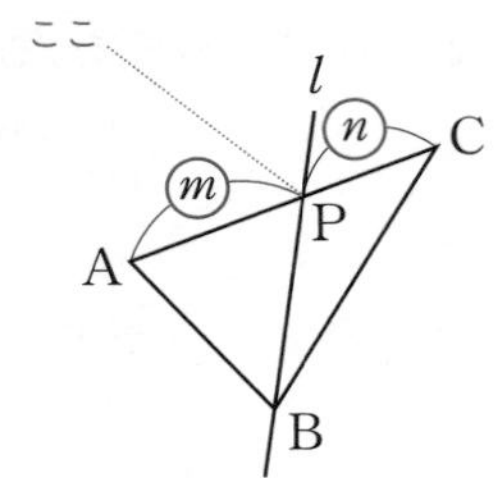

例題 **1**

右図において，点Aを通り$\triangle$AOBの面積を二等分する直線の式を求めよ。

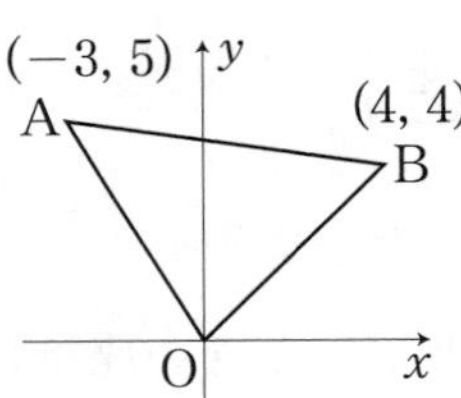

解法

点Aの対辺OB上に点Pをとる。

$\triangle$AOP ： $\triangle$ABP ＝ OP ： BPだから，題意より，

OP ＝ BPとなればよい。

よって点Pは線分OBの中点で，

P(2, 2)

2点A，Pを通る直線の式は，

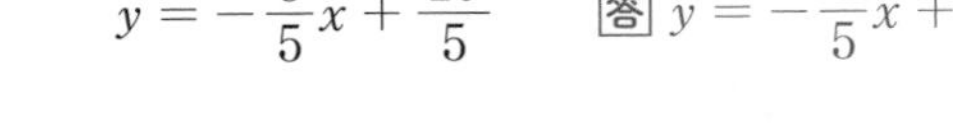

$$y = -\frac{3}{5}x + \frac{16}{5}$$

答 $y = -\frac{3}{5}x + \frac{16}{5}$

▶大事なポイント

ここでは面積の比や線分の比を使ったが，$\triangle$AOBの面積を実際に計算する方法も有効なんだ。それを次に紹介する。

▶ワンポイントアドバイス

下の図は，直線lが三角形や四角形の面積を二等分するように点Pをとったものである。このとき図形全体の面積を出して，**面積Sがその半分に計算されるように点Pをとる**とよい。

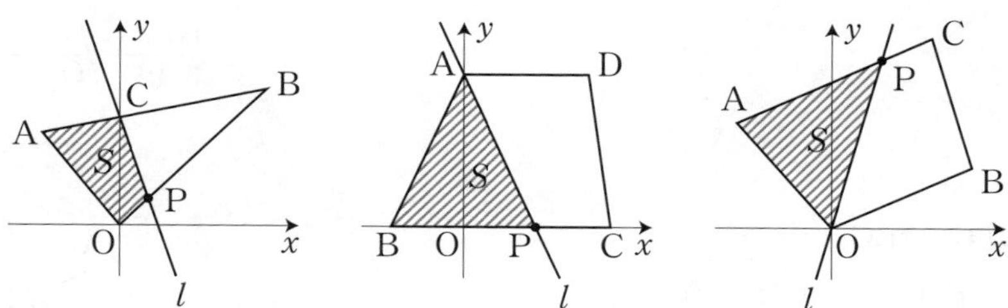

例題 2

右図で点Cを通る直線lが，△AOBの面積を二等分するとき，点Pの座標を求めよ。

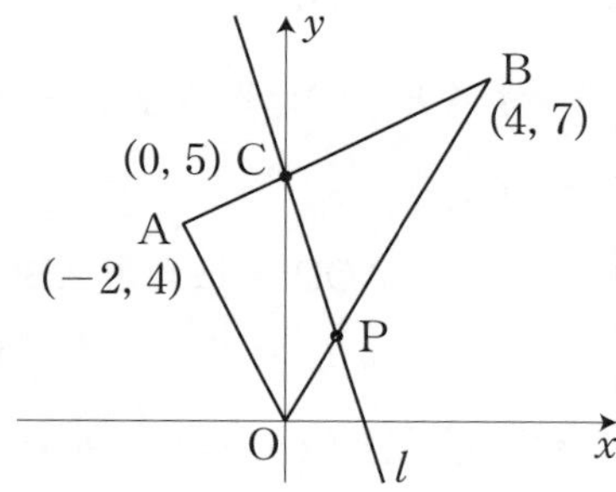

解法

$$\triangle\mathrm{AOB} = 5\times(2+4)\times\frac{1}{2} = 15$$

そこで，$\triangle\mathrm{CPB} = \frac{15}{2}$となる。

よって，$\triangle\mathrm{COP} = \triangle\mathrm{COB} - \triangle\mathrm{CPB}$

$= 5\times4\times\frac{1}{2} - \frac{15}{2} = \frac{5}{2}$となればよい。

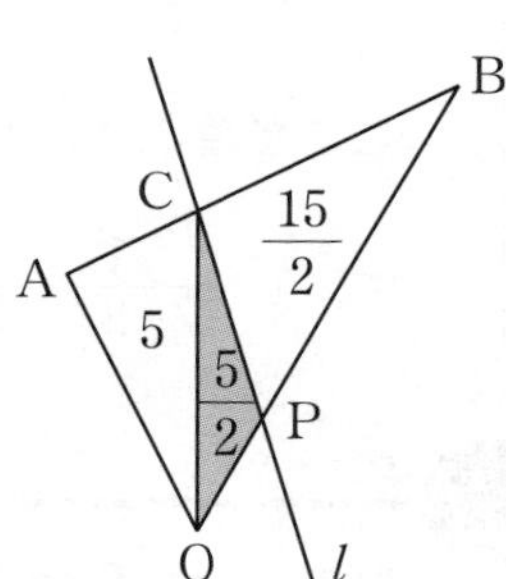

$$\triangle\mathrm{COP} = \mathrm{CO}\times h\times\frac{1}{2}$$

$$5\times h\times\frac{1}{2} = \frac{5}{2},\ h = 1$$

これより点Pのx座標は1

直線OBの式は，$y = \frac{7}{4}x$だから，

$$y = \frac{7}{4}\times1 = \frac{7}{4},\ \mathrm{P}\left(1,\ \frac{7}{4}\right)$$　　**答** $\mathrm{P}\left(1,\ \frac{7}{4}\right)$

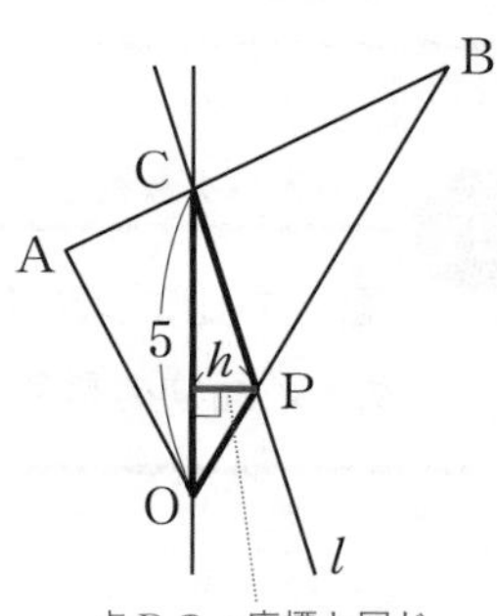

第3章 03 面積を分ける直線と座標

例題 3

右図で原点を通る直線lが，四角形ABCDの面積を二等分するとき，点Pの座標を求めよ。

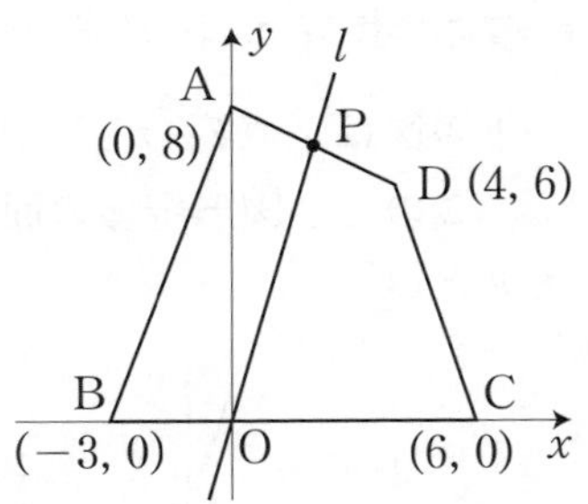

解法

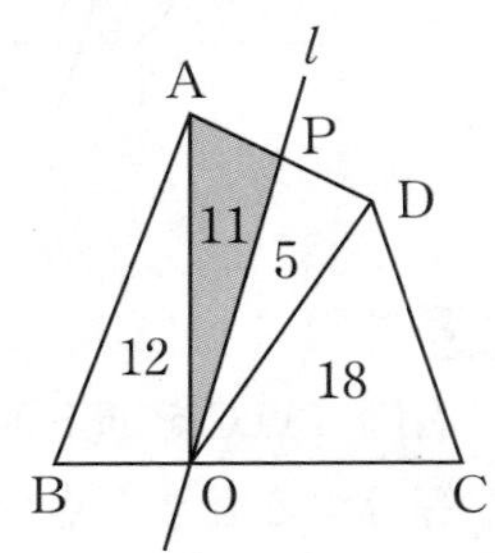

四角形ABCD

$= \triangle ABO + \triangle AOD + \triangle DOC$

$= 3 \times 8 \times \frac{1}{2} + 4 \times 8 \times \frac{1}{2} + 6 \times 6 \times \frac{1}{2}$

$= 12 + 16 + 18 = 46$

すると，四角形ABOP $= 46 \times \frac{1}{2} = 23$ となればよい。

よって，

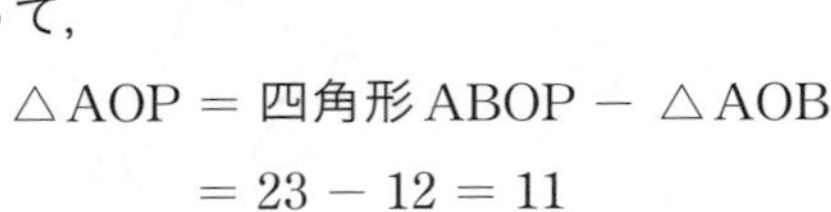

$\triangle AOP =$ 四角形ABOP $- \triangle AOB$

$= 23 - 12 = 11$

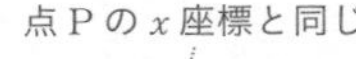

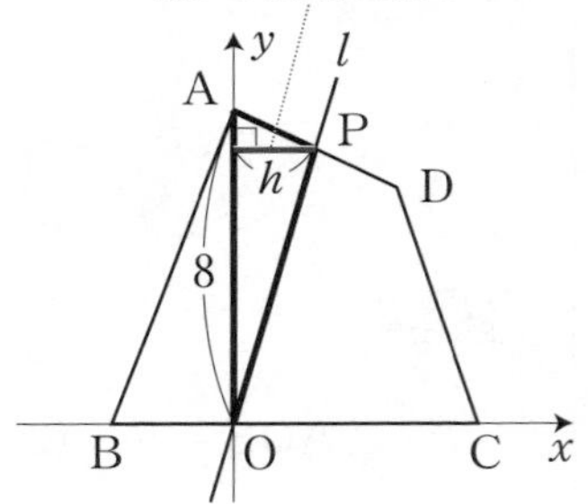

だから，$\triangle AOP = 8 \times h \times \frac{1}{2}$ として，

$8 \times h \times \frac{1}{2} = 11$, $h = \frac{11}{4}$

ここで直線ADの式は，$y = -\frac{1}{2}x + 8$ だから，

$y = -\frac{1}{2} \times \frac{11}{4} + 8 = \frac{53}{8}$, $P\left(\frac{11}{4}, \frac{53}{8}\right)$　　答 $P\left(\frac{11}{4}, \frac{53}{8}\right)$

ワザあり

軸を上手に利用すると面積や座標が出しやすくなる。

避けたい失敗例

面積の比にばかり気をとらわれていて，実際の面積を活かすことを思いつかなかった。／面積の計算が複雑になりやすく，そこで間違ってしまった。

例題 4

右図で原点を通る直線lが，台形AOBCの面積を二等分するとき，点Pの座標を求めよ。

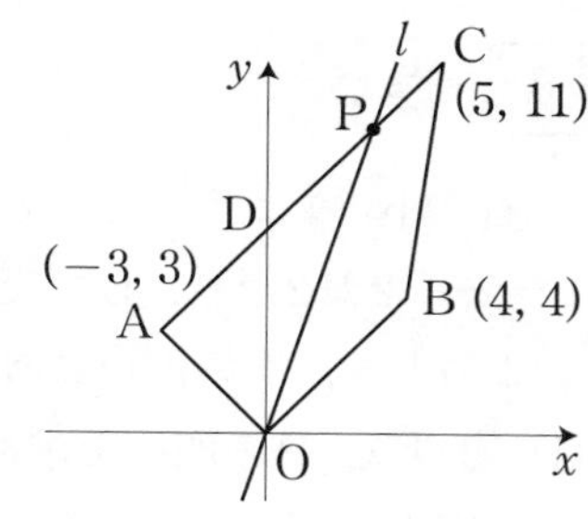

解法

直線ACの式は，$y = x + 6$（…㋐）
だから，D(0, 6)

$$\triangle AOC = 6 \times (3 + 5) \times \frac{1}{2} = 24$$

ここで，

$$\triangle AOC : \triangle BOC = AC : OB = 8 : 4 = 2 : 1$$

よって，$\triangle BOC = \dfrac{1}{2} \times \triangle AOC$

$$台形AOBC = \triangle AOC + \triangle BOC$$

$$= \triangle AOC + \frac{1}{2}\triangle AOC = \frac{3}{2}\triangle AOC = \frac{3}{2} \times 24 = 36$$

つまり，$\triangle AOP = 36 \times \dfrac{1}{2} = 18$

となればよいから，

$$\triangle DOP = \triangle AOP - \triangle AOD$$

$$= 18 - 9 = 9$$

したがって，$\triangle DOP = 6 \times h \times \dfrac{1}{2}$だから，

$$6 \times h \times \frac{1}{2} = 9,\ h = 3$$

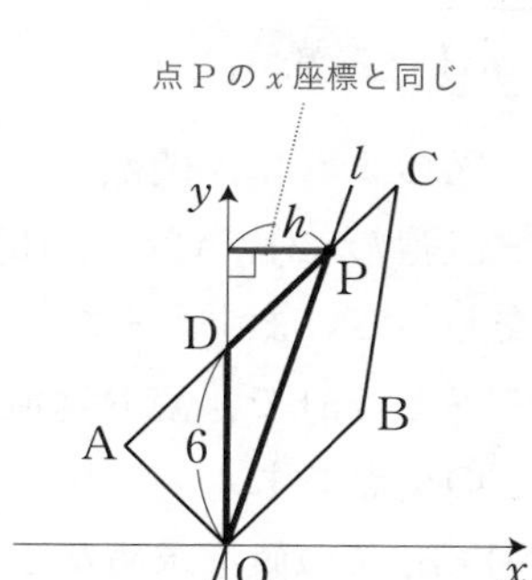

㋐より$y = 3 + 6 = 9$だから，P(3, 9)　　答 P(3, 9)

ワザあり

△AOP ： 台形POBC
= **AP ：(PC + OB)** = 6 ：(2 + 4)
= 1 ： 1

になるように点Pをとればよいことも
この問題からわかる。

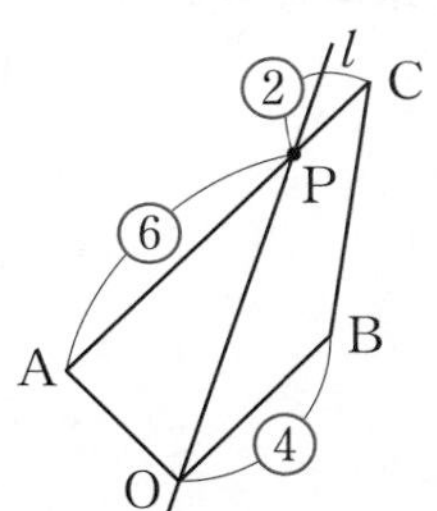

入試問題演習

1 ★☆☆

右の図のように，放物線$y=x^2$と直線$y=x+2$が2点A，Bで交わっている。

このとき，次の問いに答えなさい。

(1) 2点A，Bの座標を求めなさい。

(2) 原点を通り，△OABの面積を二等分する直線の式を求めなさい。

〈トキワ松学園高等学校・一部略〉

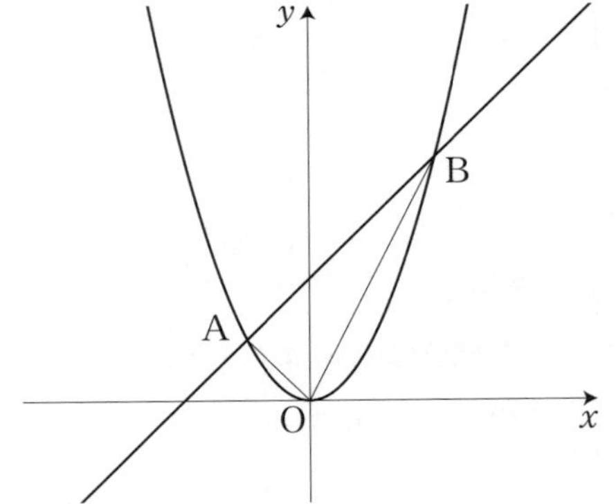

2 ★★☆

図のように，関数$y=ax^2$のグラフと直線lが2点A$(-8,\ 16)$，B$(2,\ b)$で交わっています。また，点Cの座標はC$(-1,\ 25)$で，点Pは直線BCとy軸との交点です。

(1) a，bの値を求めなさい。

(2) 直線lの式を求めなさい。

(3) 点Pを通り，△ABCの面積を2等分する直線と直線lの交点のx座標を求めなさい。

〈四天王寺高等学校〉

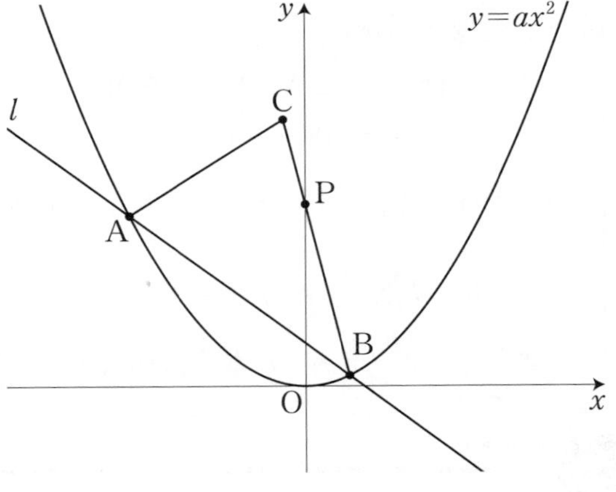

3 ★★☆

右の図で，放物線は関数$y = ax^2$ $(a > 0)$のグラフである。2点A，Bは，放物線上の点であり，そのx座標はそれぞれ-2，4である。原点をOとする。

$a = \dfrac{1}{2}$のとき，直線ABとy軸との交点を通り，△OABの面積を2等分する直線の式を求めよ。

〈奈良県・一部略〉

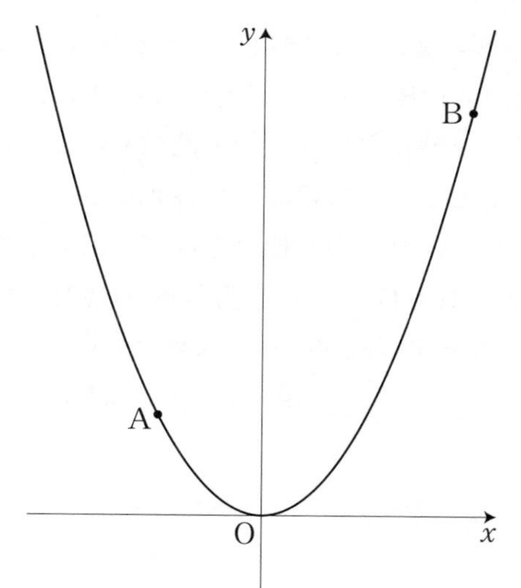

4 ★★☆

関数$y = \dfrac{1}{2}x^2$…①のグラフ上に2点A，Bがあり，そのx座標はそれぞれ-2，4である。

点Aを通りx軸に平行な直線をmとする。

m上にx座標が10である点Pをとり，四角形OABPを考える。辺BP上に点Qをとり，△ABQの面積が四角形OABPの面積の$\dfrac{1}{2}$となるようにしたい。点Qの座標を求めなさい。

〈島根県・一部略〉

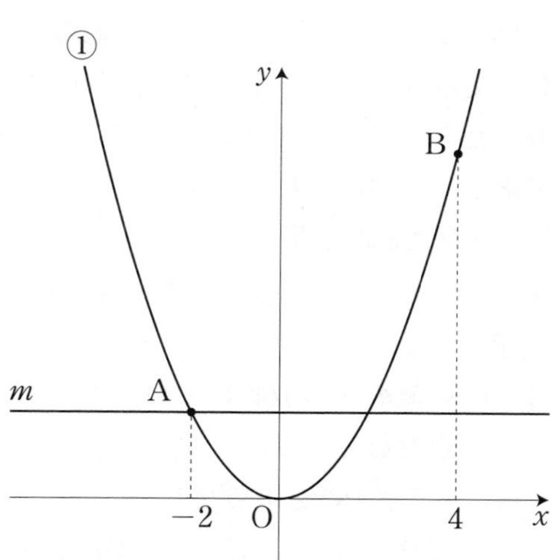

5 ★★★

図のように，関数$y = x^2$と直線$y = x + 2$が2点A，Bで交わっています。また，点Aを通り，x軸に平行な直線と関数$y = x^2$との交点をCとします。次の問いに答えなさい。

(1) 点A，Bの座標をそれぞれ求めなさい。

(2) 原点Oを通り，四角形AOCBの面積を二等分する直線の式を求めなさい。

〈大阪教育大学附属高等学校平野校舎〉

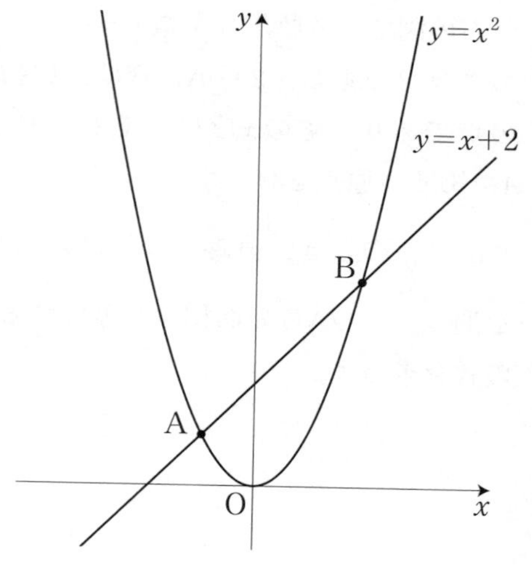

6 ★★★

図のように，放物線$y = ax^2$と直線lが2点A，Bで交わっている。点Aの座標が$(-2, 4)$であり，点B，点Pのx座標がそれぞれ4，-1であるとき，次の問いに答えなさい。

(1) aの値を求めなさい。

(2) 点Pを通り，直線lと平行な直線mの式を求めなさい。

(3) (2)の直線mと放物線との交点のうち，Pでない点をQとする。

① AB：PQを求めなさい。

② 点Pを通り，四角形APQBの面積を2等分する直線の式を求めなさい。

〈國學院大學久我山高等学校〉

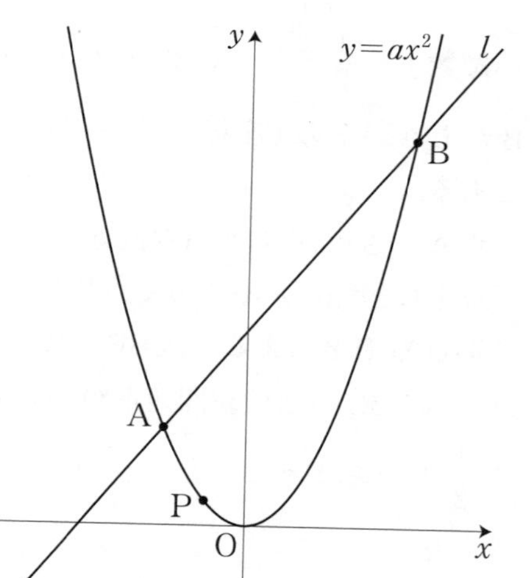

04 等積変形

▶ ここでのテーマ

座標平面上で，面積を求めやすいように図形を変形します。これを**等積変形**といいます。近年の入試では特に多く出題されています。

▶ 合格のための視点

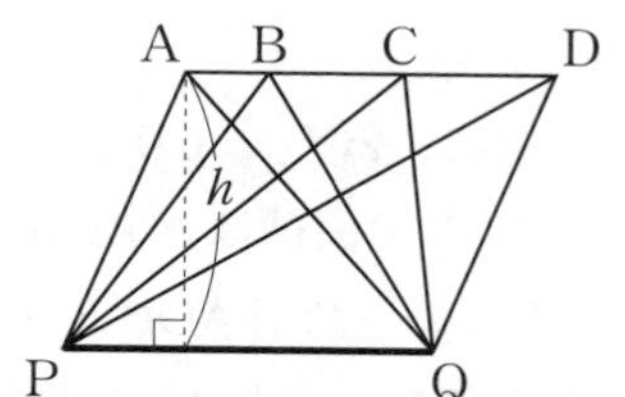

① 右図で，四角形APQDがAD∥PQの台形ならば，△APQ，△BPQ，△CPQ，△DPQの面積は等しい。

② 右図で，△APQと△BPQの面積が等しければ，点BからPQへ下ろした垂線の長さも h になるから，**AB∥PQ**。このように平行線を引けば，面積の等しい三角形を作ることができる。

▶ 大事なポイント

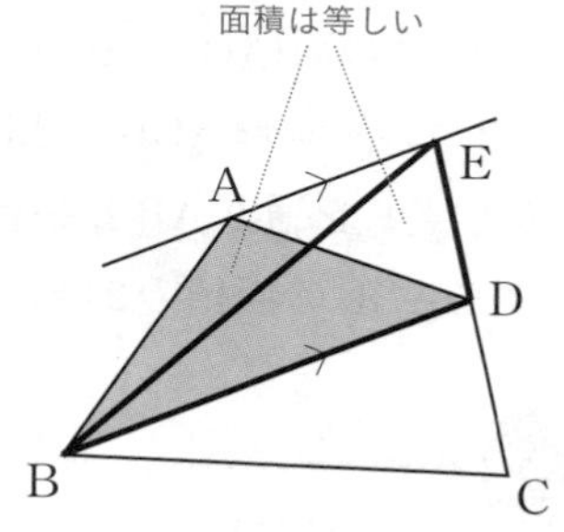

右図のような四角形ABCDがあったとき，CDの延長上に点Eを，BD∥AEとなるようにとれば，△ABDと△EBDの面積は等しいから，**四角形ABCDを△EBCへ**，面積を変えずに変形（**等積変形**）できるんだ。とっても便利。

▶ ワンポイントアドバイス

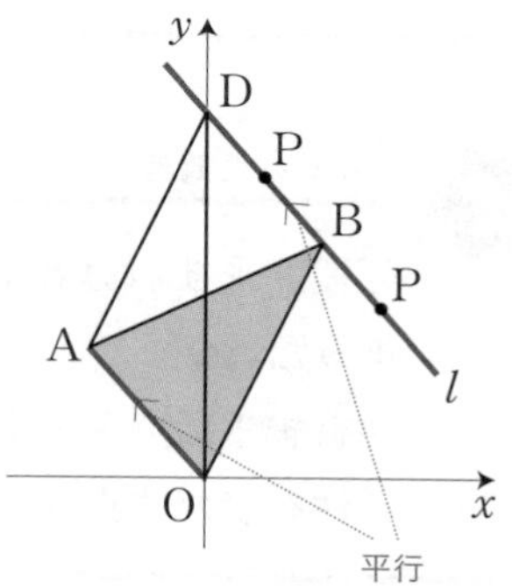

y 軸上に点Dを，△DAOと△BAOの面積が等しくなるようにとる。

2つの三角形DAOとBAOは，**辺AOを共有する**から**点Dを通りAOと平行な直線 l を引き**，点Pをこの直線 l 上にとれば**△BAOと△PAOの面積は等しく**なる。

ワザあり

△BAOと△PAOの2つの三角形で，共有する頂点（点A，O）から共有する辺（辺AO）が分かり，この**共有する辺と平行な直線を引く**（上の図の直線DB）。

2つの三角形AOBとAPBは，**辺ABを共有する**から**点Oを通りABと平行な直線lを引き**，点Pをこの直線l上にとれば，△AOBと△APBの面積は等しくなる。

また，**CO＝CD**となる点Dを**y軸上にとれ**ば，△AOBと△ADBの面積は等しい。2つの三角形AOBとADBは，**辺ABを共有する**から**点Dを通りABと平行な直線mを引き**，点Pをこの直線m上にとれば，△AOBと△APBの面積は等しくなる。

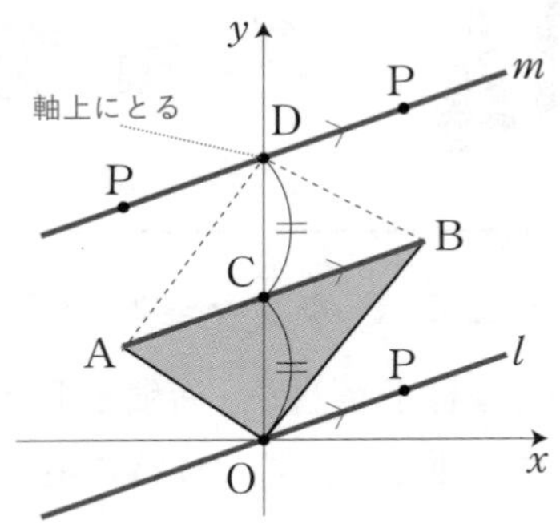

次に，**2CO＝CD**となる点Dを**y軸上にとれ**ば，△ADBの面積は△AOBの面積の2倍になる。

2つの三角形AOBとADBは，**辺ABを共有する**から**点Dを通りABと平行な直線lを引き**，点Pをこの直線l上にとれば△APBの面積は△AOBの面積の2倍になる。

また，**2CO＝CE**となる点Eを**y軸上にとれ**ば，△AEBの面積は△AOBの面積の2倍になる。

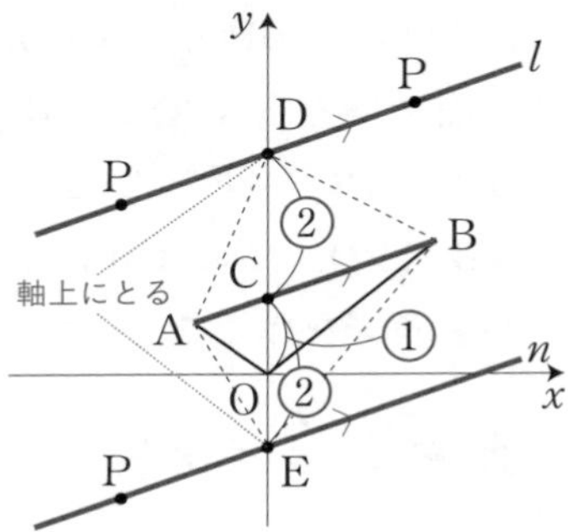

2つの三角形AOBとAEBは，**辺ABを共有する**から**点Eを通りABと平行な直線nを引き**，点Pをこの直線n上にとれば△APBの面積は△AOBの面積の2倍になる。

ワザあり

面積が等しくなるように**頂点を軸上にとり**（上図の点DやE），この図形を等積変形するとよい。

避けたい失敗例

等積変形すれば易しかったのに，座標を文字で置いてわざわざ面積を計算してしまった。／
共有する頂点をよく確認しなかったので，別の平行線を引いて間違ってしまった。／
条件を満たす点がいくつもあったのに，すべてを確認することをしなかった。

例題 1

右図において，y軸上の正の部分に点Dを，△ABCと△DBCの面積が等しくなるようにとる。

このとき，点Dの座標を求めよ。

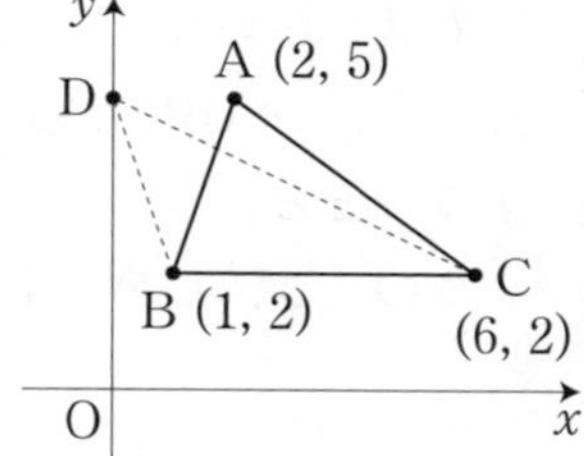

解法

△ABCと△DBCは，辺BCを共有しているから，**点Aを通りBCと平行な直線を引く**。これとy軸との交点がDとなる。

引いた直線は$y = 5$だから，D(0, 5)

答 D(0, 5)

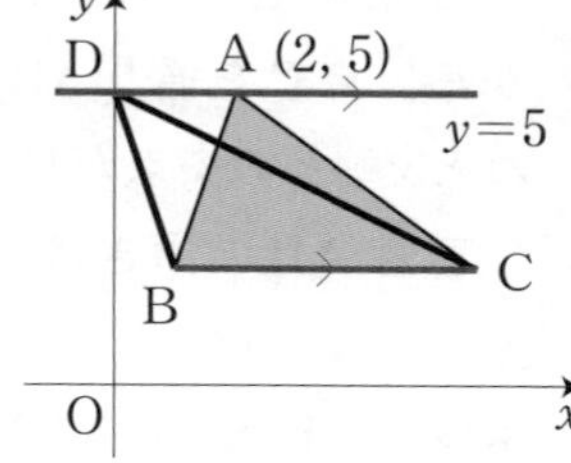

例題 2

右図において，△ABC，△ABD，△ABEの面積が等しくなるように，点D，Eをx軸上にとるとき，点DとEの座標を求めよ。

ただし点Dのx座標は点Eのそれより大きいものとする。

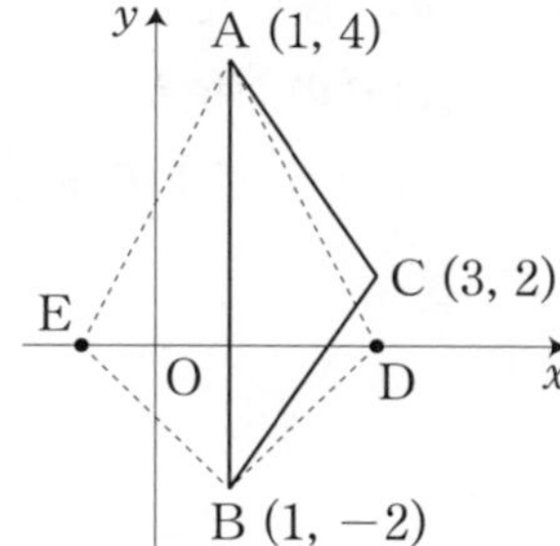

解法

△ABCと△ABDは，辺ABを共有しているから，**点Cを通りABと平行な直線を引く**。この直線は$x = 3$で，これとx軸との交点がD(3, 0)

また，ABとx軸との交点をF(1, 0)とすると，FD = FEとなる点Eを通りABと平行な直線は$x = -1$である。つまり，これとx軸との交点がE(−1, 0)

答 D(3, 0)，E(−1, 0)

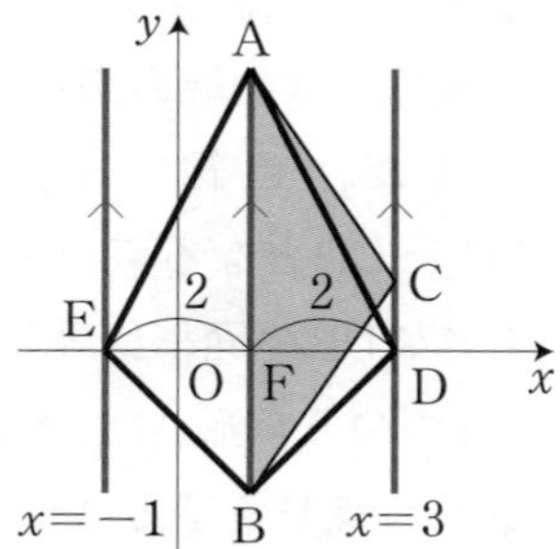

第3章 04 等積変形

例題 3

右図において，x軸上にx座標が正の数である点Pを，△ABCと△ABPの面積が等しくなるようにとる。

このとき，点Pの座標を求めよ。

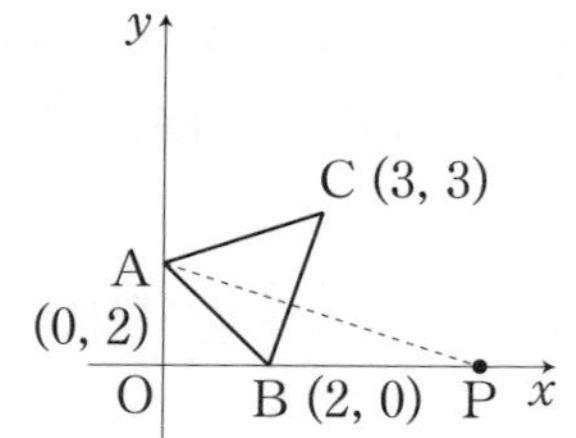

解法

△ABCと△ABPは，辺ABを共有しているから，**点Cを通りABと平行な直線を引く**。これとx軸との交点がPとなる。

直線ABの傾きは -1だから，引いた直線は

$y=-x+6$

よって，P(6, 0)　　答 P(6, 0)

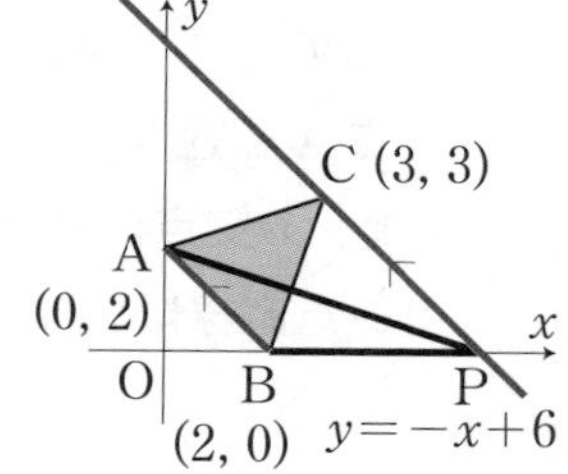

例題 4

図において，放物線上に点Tを△AOBと△ATBの面積が等しくなるようにとる。

このとき点Tの座標をすべて求めよ。

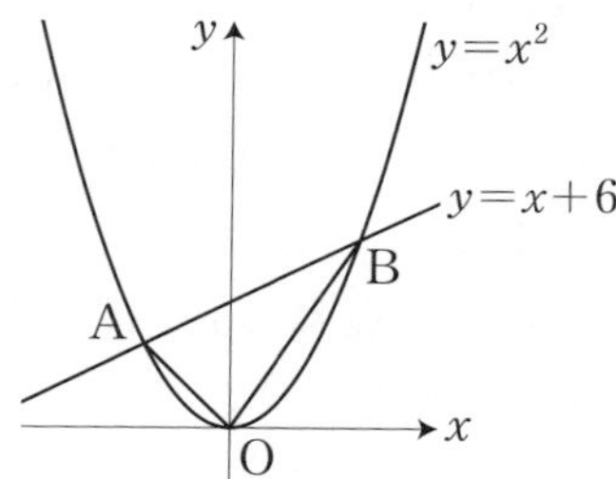

解法

2つの三角形AOBとAPBは，**辺ABを共有するから点Oを通りABと平行な直線を引き**，この直線と放物線の交点をPとする。

また，直線ABとy軸の交点をCとし，CO＝CDとなる点Dをy軸上にとれば，△AOBと△ADBの面積は等しくなる。

2つの三角形AOBとADBは，**辺ABを共有するから点Dを通りABと平行な直線を引き**，この直線と放物線の交点をQ，Rとする。

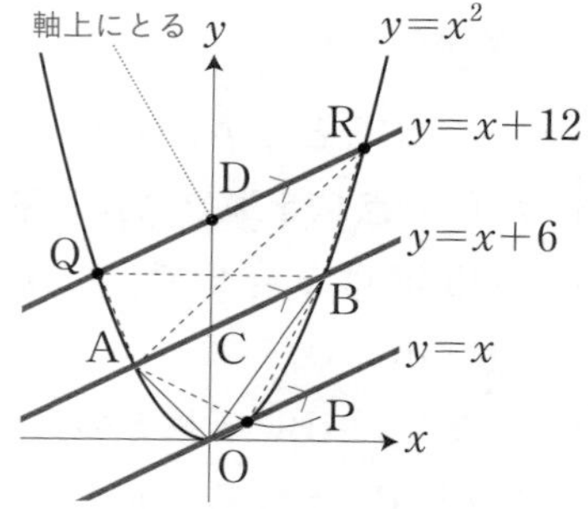

以上より，点Pは$y=x^2$，$y=x$の交点でP(1, 1)。点Q，Rは$y=x^2$，$y=x+12$の交点でQ(−3, 9)，R(4, 16)

これが求める点Tである。　　答 (1, 1)，(−3, 9)，(4, 16)

例題 5

右図において，直線$y=x$上に点Pを，△APBの面積が△AOBの面積の2倍になるようにとる。

このとき，点Pの座標を求めよ。ただし点Pのx座標は正の数とする。

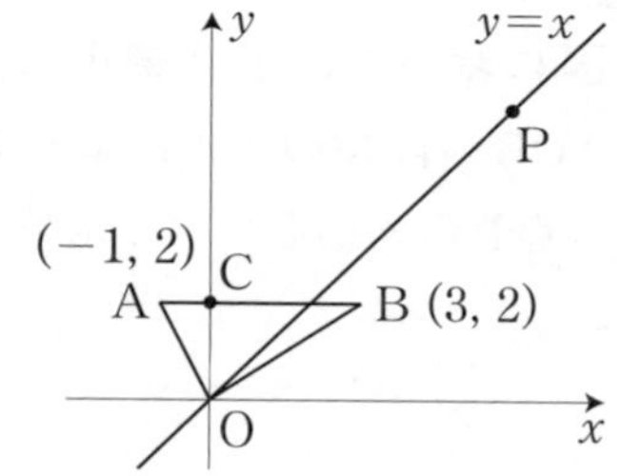

解法

CD = 2COとなる点Dをy軸上にとれば D(0, 6)

これより，△ADBは△AOBの面積の2倍になる。

2つの三角形AOBとADBは，**辺ABを共有する**から，**点Dを通りABと平行な直線を引く**。この直線と$y=x$の交点がPとなる。

直線の式は$y=6$だから，これと$y=x$の交点Pの座標は(6, 6)

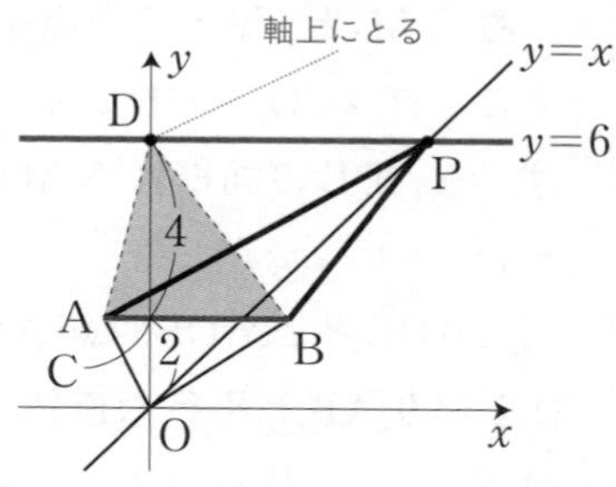

答 P(6, 6)

ワザあり

直線ABについて下側に，2CO = CEとなる点Eをy軸上にとればE(0, −2)。そこで点Eを通りABと平行な直線を引いても，直線$y=x$との交点のx座標は正の数にならない。つまり直線ABの上側だけを考えればよいことになる。

▶ 大事なポイント

右図において，

△AOB：△ACB = m：n

だから，もし△ACBが△AOBの面積の2倍ならば，

$m：n=1：2$

また，△ACBが△AOBの面積の$\frac{2}{3}$ならば，

$m：n=1：\frac{2}{3}=3：2$

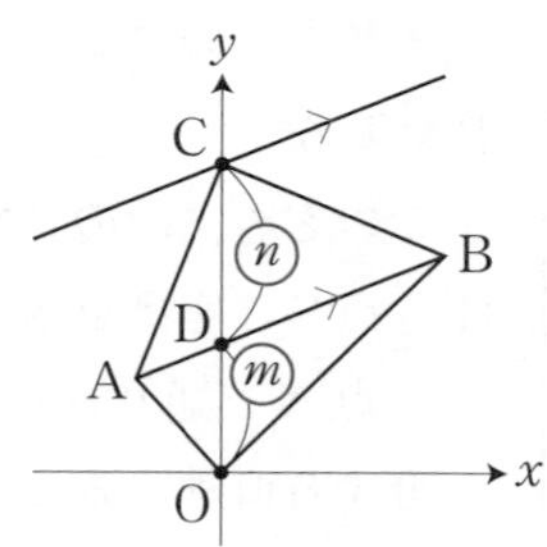

等しい面積でなくても，このことを利用できれば，等積変形の解法がグッと広がるんだ。

例題 6

図において，放物線上に点Pを△APBが△AOBの面積の2倍となるようにとる。このとき点Pの座標をすべて求めよ。

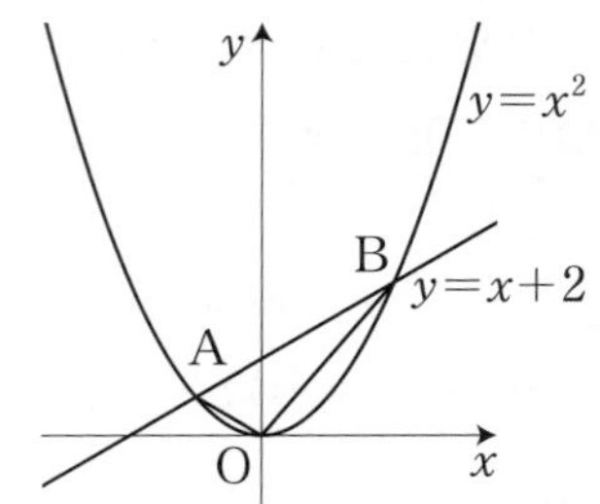

解法

直線ABとy軸との交点をC(0, 2)とする。

ここで2CO ＝ CDとなる点D(0, 6)をとれば，△ADBの面積は△AOBの面積の2倍になる。

△ADBと△AOBは**辺ABを共有する**から**点Dを通りABと平行な直線を引き**，点Pをこの直線上にとればよい。点P_1，P_2は$y = x^2$，$y = x + 6$の交点で$P_1(-2,\ 4)$，$P_2(3,\ 9)$

答 (－2, 4)，(3, 9)

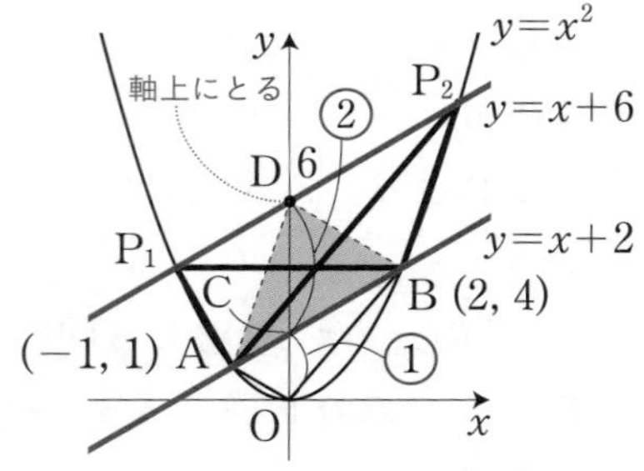

ワザあり

直線ABについて下側に，2CO ＝ CEとなる点Eをy軸上にとればE(0, －2)。そこで点Eを通りABと平行な直線を引いても，この直線と放物線は交点を持たない。つまり直線ABの上側だけを考えればいいことになる。

例題 7

右図において，四角形ABCDと△ABEの面積が等しくなるように，x軸上の正の部分に点Eをとる。

このとき，次の各問に答えよ。

(1) 点Eの座標を求めよ。

(2) 点Aを通り，四角形ABCDの面積を二等分する直線の式を求めよ。

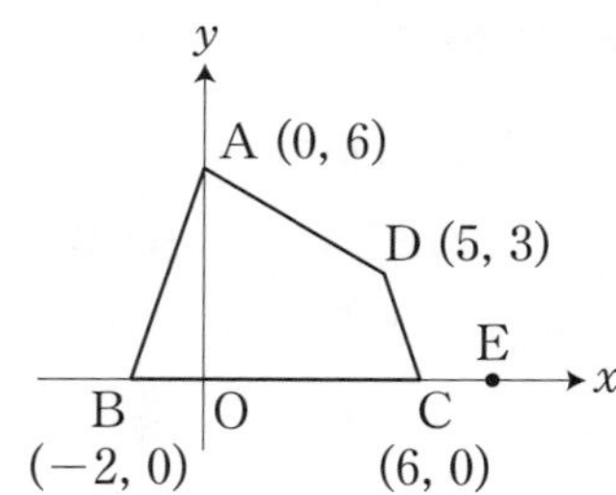

解法

(1) 四角形ABCD

$= \triangle$**ABC** $+ \triangle$ADC

$\triangle$ABE

$= \triangle$**ABC** $+ \triangle$AEC

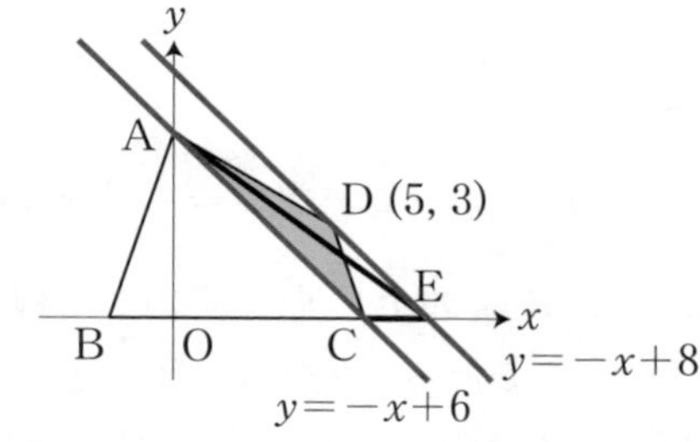

だから，$\triangle$ADCと$\triangle$AECの面積が等しくなればよい。

この2つの三角形は**辺ACを共有**するので，**点Dを通りACと平行な直線を引き**，この直線とx軸との交点がEである。

直線ACの傾きは -1だから，直線DEの式は$y = -x + 8$

よって，E(8, 0)　答 E(8, 0)

(2) 四角形ABCDと$\triangle$ABEは，頂点Aを共有し2つの図形の面積は等しいから，$\triangle$ABEの面積を2等分する直線を考える。

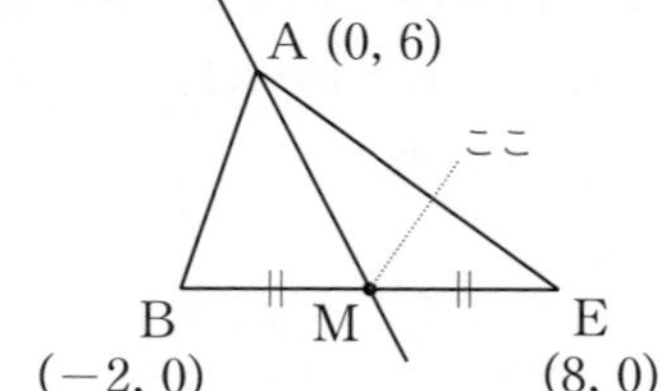

そこで線分BE上に点Mを，

$\triangle$ABM : $\triangle$AEM $=$ BM : ME $= 1 : 1$ となるようにとればよいから，点MはBEの中点より，

$$\mathrm{M}\left(\frac{(-2)+8}{2},\ 0\right) = (3,\ 0)$$

この点Mは線分BC上にあるから正しい。

よって求める直線AMの式は，$y = -2x + 6$　答 $y = -2x + 6$

ワザあり

求めた点Mが線分BCからはみ出た場合，この方法では求められないことに注意する。

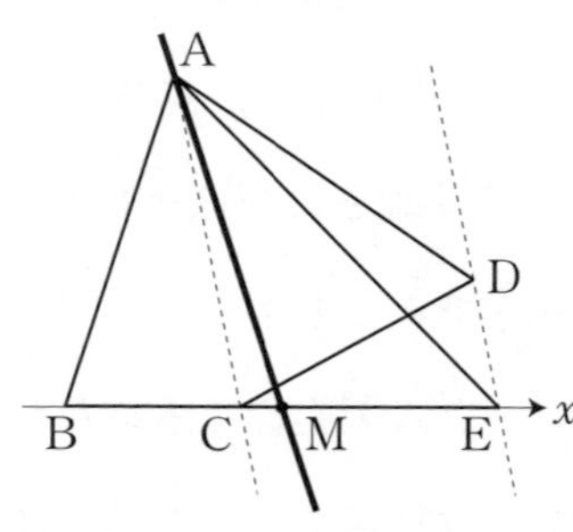

入試問題演習

1 ★☆☆

次の図で，㋐は関数$y=-\frac{1}{4}x^2$のグラフである。点A，Bは㋐上の点であり，x座標はそれぞれ-2，6である。2点A，Bを通る直線を㋑とし，原点Oを通り㋑に平行な直線を㋒とする。㋒上の点Cは㋐上にある。このとき，下の(1)(2)の問いに答えなさい。

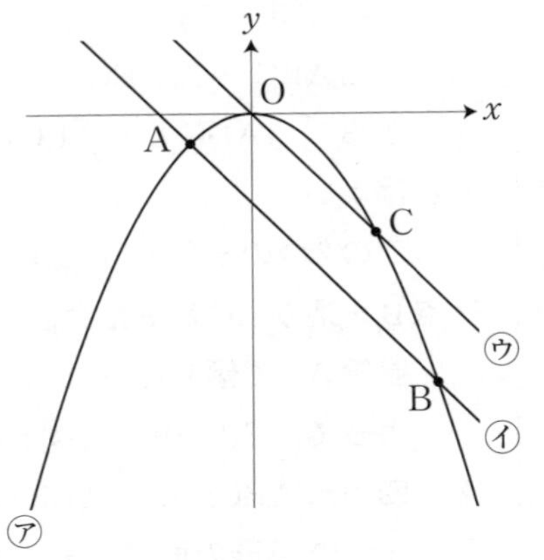

(1) 直線㋑の式を求めなさい。

(2) △ABCの面積を求めなさい。ただし，原点Oから(0, 1)，(1, 0)までの距離を，それぞれ1cmとする。

〈秋田県・一部略〉

2 ★★☆

図のように，放物線$y=-\frac{1}{2}x^2$と直線$y=\frac{3}{2}x-9$との交点のうち，x座標が負であるものをA，正であるものをBとします。放物線$y=-\frac{1}{2}x^2$上に，点Bと異なる点Cをとり，直線BCとx軸との交点をDとします。点Dのx座標が$-\frac{3}{2}$であるとき，次の問いに答えなさい。

(1) 点Aの座標を求めなさい。

(2) 放物線$y=-\frac{1}{2}x^2$上に，点Aとは異なる点Pをとります。△CAB＝△CPBとなるとき，点Pの座標を求めなさい。

〈鎌倉学園高等学校・一部略〉

3 ★★☆

次の図のように，関数 $y=\frac{1}{4}x^2$ …㋐のグラフ上に2点A，Bがあり，点Aのx座標が -2，点Bのx座標が4である。3点O，A，Bを結び△OABをつくる。

このとき，あとの各問い に答えなさい。ただし，原点をOとする。

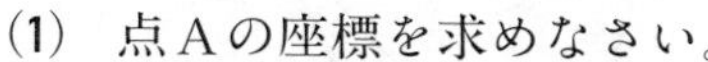

(1) 点Aの座標を求めなさい。

(2) 2点A，Bを通る直線の式を求めなさい。

(3) x軸上の$x>0$の範囲に点Cをとり，△ABCをつくる。△OABの面積と△ABCの面積の比が1：3となるとき，点Cの座標を求めなさい。

〈三重県・一部略〉

4 ★☆☆

右の図のように，2点A(3, 4)，B(0, 3)がある。直線㋐は2点A，Bを通り，直線㋑は関数$y=3x-5$のグラフである。点Cは直線㋑とx軸の交点，点Dは直線㋑とy軸の交点である。

直線㋑上に，x座標が3より大きい点Pをとり，直線OPと直線㋐の交点をQとする。△OBQの面積と△APQの面積が等しくなるとき，点Pのx座標を求めなさい。

〈秋田県・一部略〉

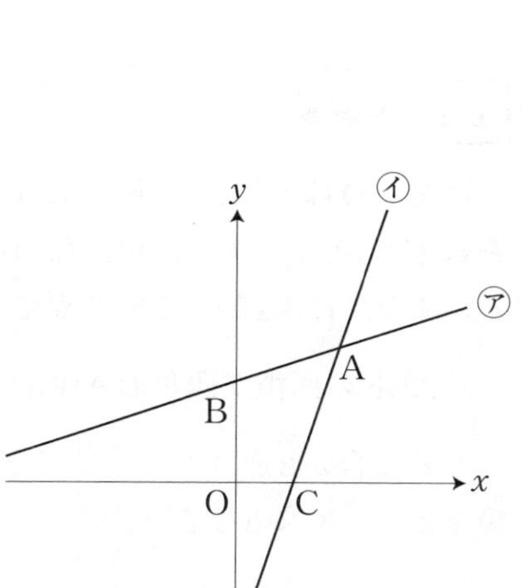

5 ★★★

図のように，放物線$y=\dfrac{1}{4}x^2$上に2点A，Bがあり，点Aのx座標は-2，点Bのx座標は正で，点Bのy座標は点Aのy座標の4倍です。また，点Cの座標は(2, 0)とします。

直線OA上に点Pをとり，△APBの面積と四角形AOCBの面積が等しくなるようにします。点Pの座標を求めなさい。ただし，点Pのx座標は正とします。

〈四天王寺高等学校・一部略〉

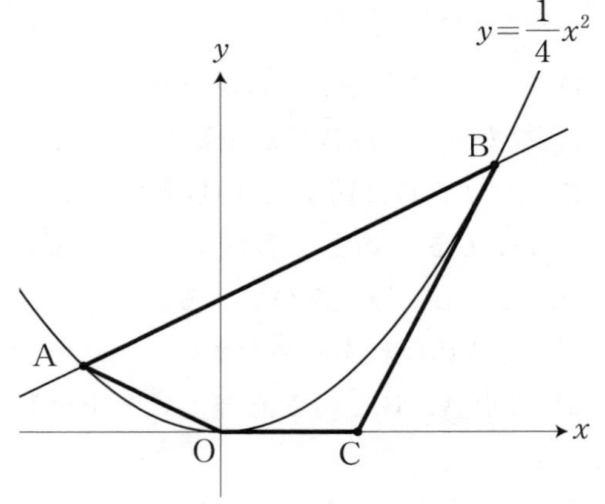

6 ★★★

図で，Oは原点，点A，B，C，Dの座標はそれぞれ(0, 6)，(−3, 0)，(6, 0)，(3, 4)である。また，Eはx軸上を動く点である。

△ABEの面積が四角形ABCDの面積の$\dfrac{1}{2}$倍となる場合が2通りある。このときの点Eの座標を2つとも求めなさい。

〈愛知県〉

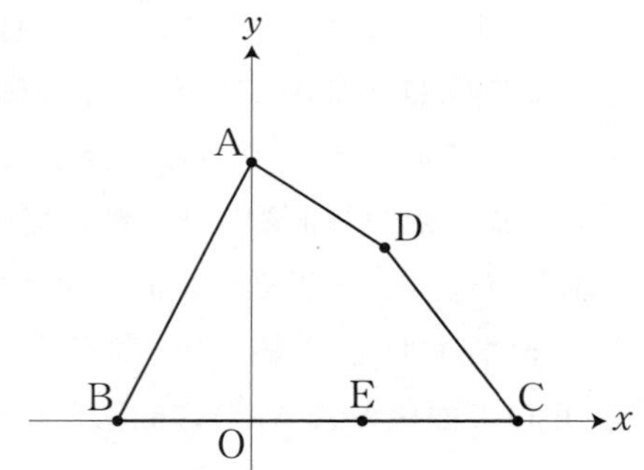

第3章

05 座標平面上の反射と最小

▶ ここでのテーマ

座標平面上の「反射する，跳ね返る，長さの最小」，これらはすべて同じ解法になります。その方法を身に付けましょう。

▶ 合格のための視点

直線l上に点Pをとり，AP + PBの長さの最小を考える。

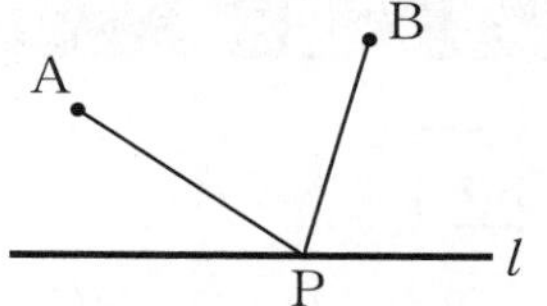

直線lに対し対称に点Bを移した点をB′とし，直線BB′と直線lの交点をHとする。

すると△BPH ≡ △B′PHより，AP + PB = AP + PB′だから**AP + PB′の最小**をとればよい。

このとき右図で，2点A，B′を直線で結んだときのPをP_0とすると，

△AP_1B'において，$AB' < AP_1 + P_1B'$

△AP_2B'において，$AB' < AP_2 + P_2B'$

だから，$AP_0 + P_0B'$が最小とわかる。

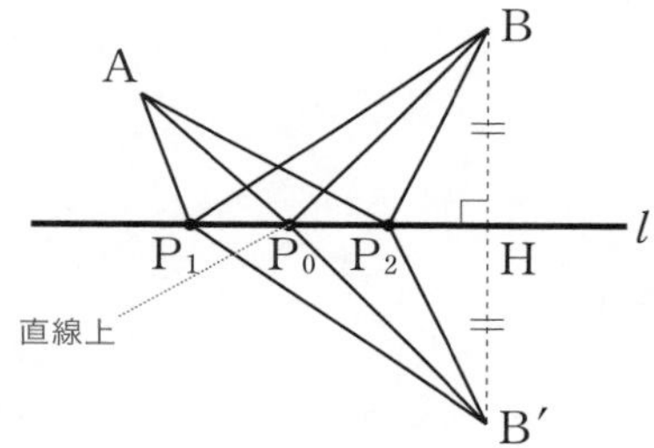

つまり，**2点A，B′を直線で結び点Pをとれば**よい。

例題 1

右図で，点Pがx軸上にある。AP + PBの長さを最小にするとき，次の各問に答えよ。

(1) AP + PBの長さを求めよ。

(2) 点Pの座標を求めよ。

解法

(1) 点Aをx軸について対称移動した点をA′とし，**2点A′，Bを直線で結ぶ。**

三平方の定理より，

$$A'B = \sqrt{A'H^2 + BH^2} = \sqrt{5^2 + 5^2} = 5\sqrt{2}$$

答 $5\sqrt{2}$

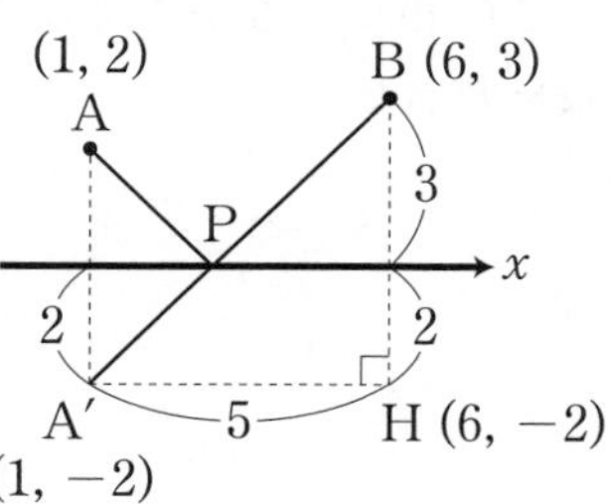

第3章 05 座標平面上の反射と最小

(2) 直線A′Bの式は，$y = x - 3$だから，P(3, 0)　答 P(3, 0)

避けたい失敗例

最小の長さはAP = BPのときと決めつけてしまった。／
∠APB = 90°のときに最小になると思い込んでいた。

入試問題演習

1 ★☆☆

2点A(1, 4)，B(7, 2)があり，点Pはx軸の正の部分にある。三角形APBの周の長さが最小となるとき，点Pの座標を求めよ。

〈駿台甲府高等学校〉

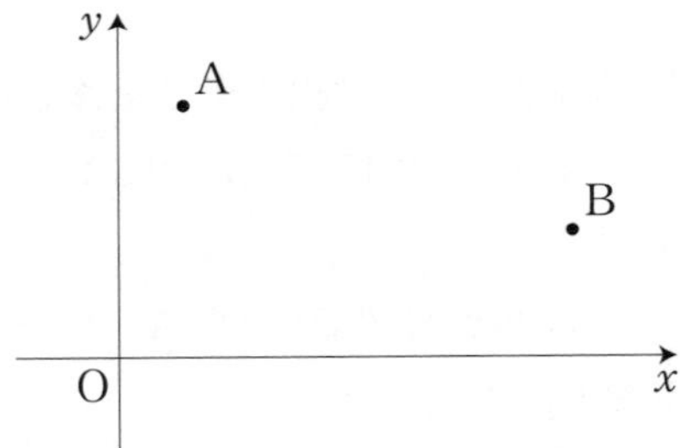

2 ★☆☆

右の図のように，関数$y = x^2$…①のグラフがあります。点Oは原点とします。

①のグラフ上に2点A，Bを，点Aのx座標を2，点Bのx座標を3となるようにとります。y軸上に点Cをとります。線分ACと線分BCの長さの和が最も小さくなるとき，点Cの座標を求めなさい。

〈北海道・一部略〉

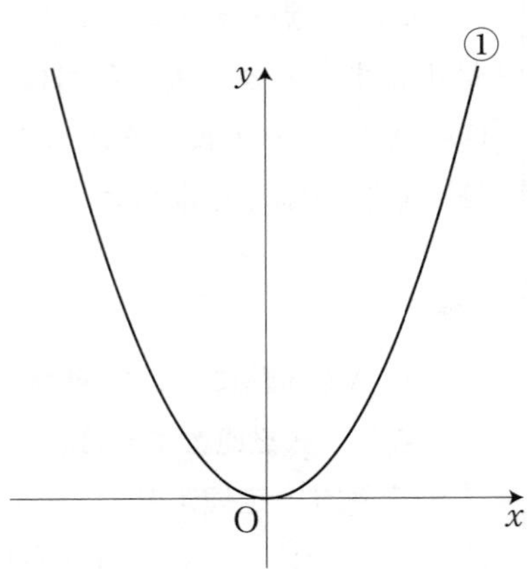

第 4 章

立体図形

テーマ 1	立体図形の長さや面積	132
テーマ 2	すい体の体積	140
テーマ 3	すい体の体積比	147
テーマ 4	空間内の長さや比	152
テーマ 5	円すいや結んだ最短経路	157

第4章

01 立体図形の長さや面積

▶ ここでのテーマ

立体を構成する面の図形の性質を使い，線分の長さや面積を三平方の定理で求めていきます。ここで大きく威力を発揮するのは**対称性**です。

▶ 合格のための視点

下の各図でPQの長さを求めるには，直角を利用して色の濃い三角形で三平方の定理を使う。

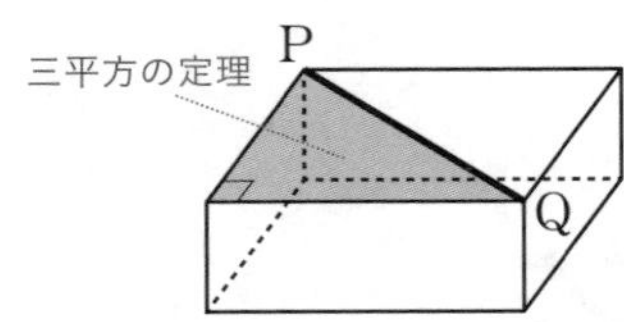

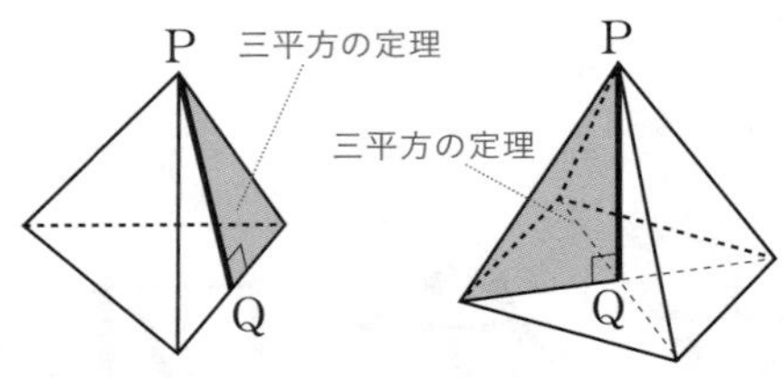

例題 1

(1) 下図の直方体において，AC，AF，CFの長さを求めよ。

(2) 下図の正四面体において，AM，AEの長さを求めよ。

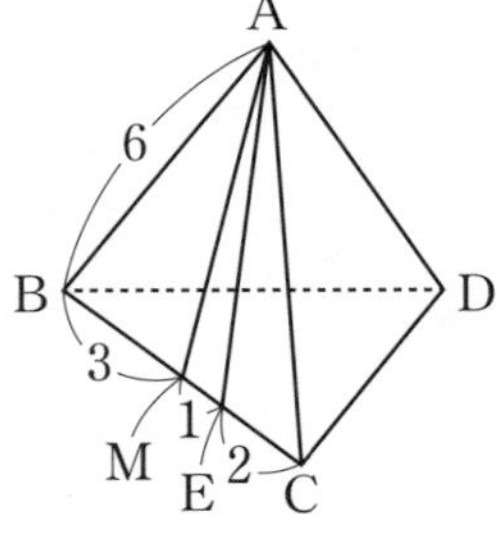

解法

(1) 直方体の各面は長方形だから，直角を利用した三平方の定理を用いる。

$$AC=\sqrt{AB^2+CB^2}$$

$$=\sqrt{2^2+2^2}=2\sqrt{2}$$

$$AF=\sqrt{AB^2+BF^2}=\sqrt{2^2+4^2}=2\sqrt{5}$$

$$CF=\sqrt{CB^2+BF^2}=\sqrt{2^2+4^2}=2\sqrt{5}$$

答 順に$2\sqrt{2}$，$2\sqrt{5}$，$2\sqrt{5}$

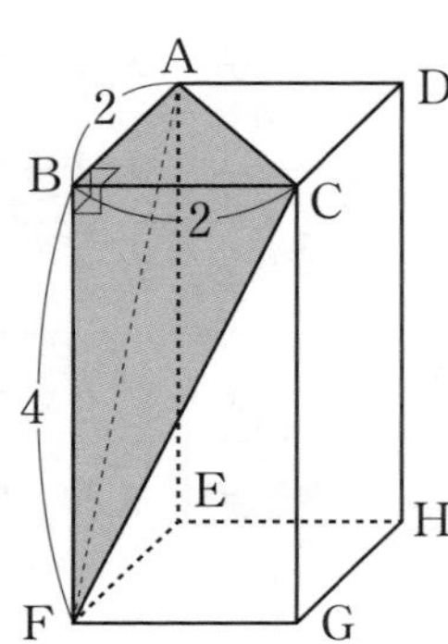

(2)　△ABCは正三角形だから∠B $= 60°$

Mは BCの中点だから∠AMB $= 90°$

△ABMは三角定規の形だから，

$$AM = \sqrt{3}\,BM = 3\sqrt{3}$$

続いて△AEMで三平方の定理より，

$$AE = \sqrt{AM^2 + ME^2} = \sqrt{(3\sqrt{3})^2 + 1^2} = 2\sqrt{7}$$

答 順に$3\sqrt{3}$，$2\sqrt{7}$

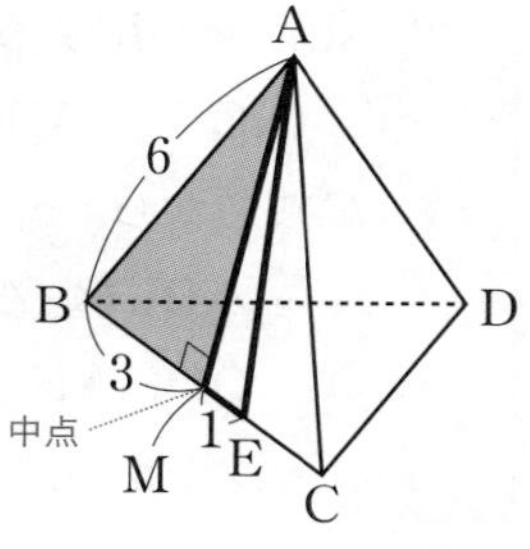

▶ワンポイントアドバイス

右図において次が成り立つ。

①面積を利用して，**BC × AD = AC × BE**

②相似を利用して，**△ACD∽△BCE**

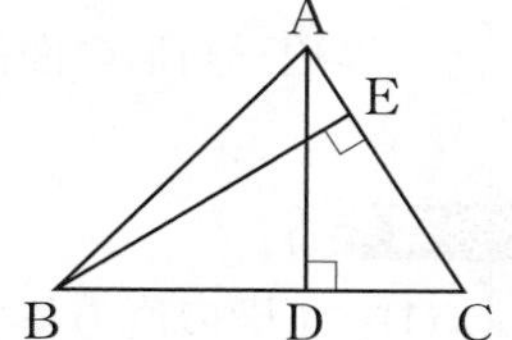

例題 2

右図の正四角すいにおいて，xの値を求めよ。

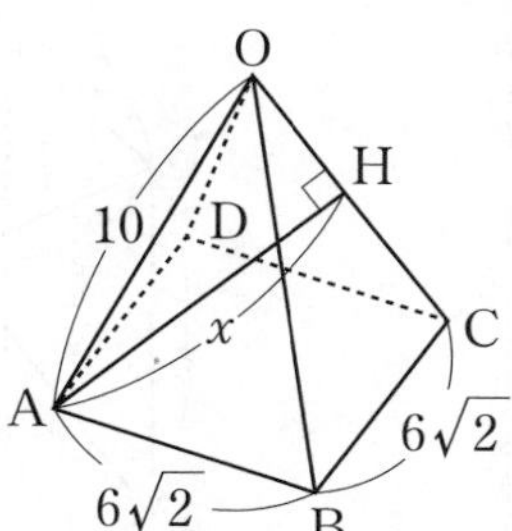

解法

①　面積を利用する。

底面の正方形の対角線の交点をIとする。

△ABCで三平方の定理より，

$$AC = \sqrt{AB^2 + CB^2} = \sqrt{(6\sqrt{2})^2 + (6\sqrt{2})^2} = 12$$

よって$AI = 6$

続いて△OAIで三平方の定理より，

$$OI = \sqrt{OA^2 - AI^2} = \sqrt{10^2 - 6^2} = 8$$

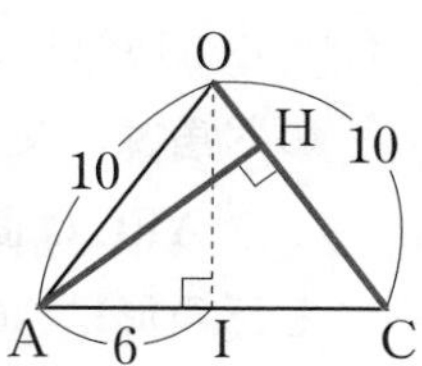

AC × OI = OC × AHだから，$12 \times 8 = 10 \times x$，$x = \dfrac{48}{5}$　　答 $x = \dfrac{48}{5}$

② 相似を利用する。

$\angle OIC = \angle AHC = 90°$,

$\angle C$ 共通から,

△OCI∽△ACH

OI ： AH ＝ OC ： AC,

$8 : x = 10 : 12$,

$10x = 8 \times 12$, $x = \frac{48}{5}$　　答 $x = \frac{48}{5}$

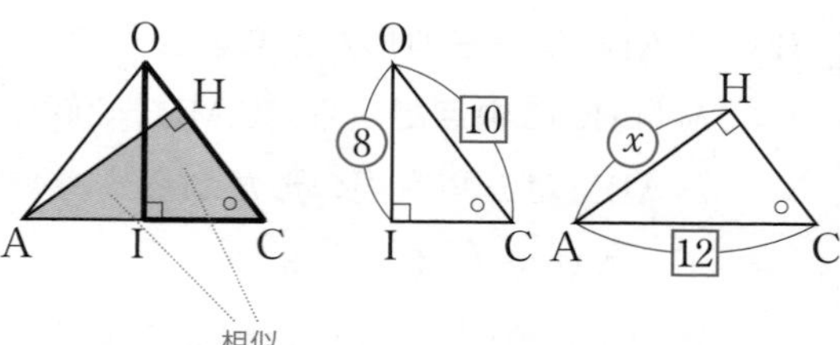

▶ **大事なポイント**

二等辺三角形の面積は，**対称性を利用**して次のように求めることができるんだ。

例題 3

(1) 下図の直方体で，△AFCの面積を求めよ。

(2) 下図の正四面体で，△AMDの面積を求めよ。

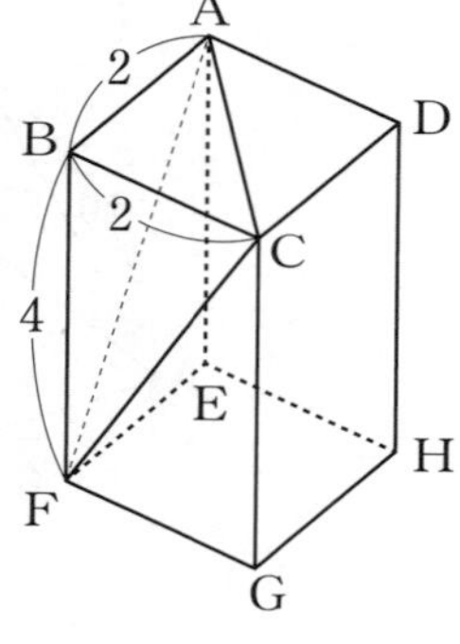

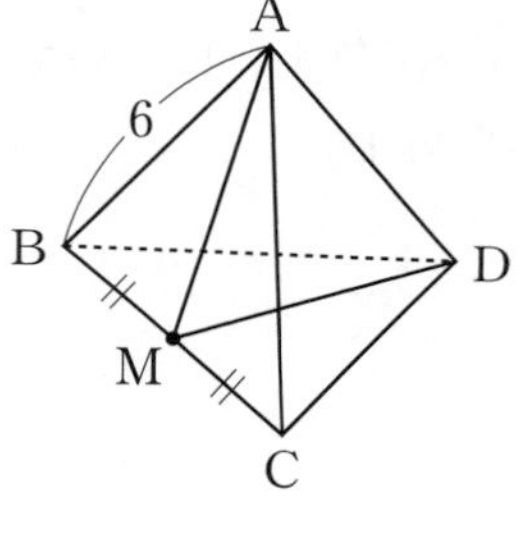

(1) △AFCは二等辺三角形。そこで正方形ABCDの対角線の交点をMとする。

△AFCは面BFHDについて対称だから，求める三角形はACを底辺，MFを高さとみる。

△ABCで三平方の定理より，

$$AC = \sqrt{AB^2 + CB^2} = \sqrt{2^2 + 2^2} = 2\sqrt{2}$$

また，$BM = \frac{1}{2}BD = \frac{1}{2}AC = \frac{1}{2} \times 2\sqrt{2} = \sqrt{2}$

だから，△MBFで三平方の定理より，

$$MF = \sqrt{BM^2 + BF^2} = \sqrt{(\sqrt{2})^2 + 4^2} = 3\sqrt{2}$$

$$\triangle AFC = 2\sqrt{2} \times 3\sqrt{2} \times \frac{1}{2} = 6$$　答 6

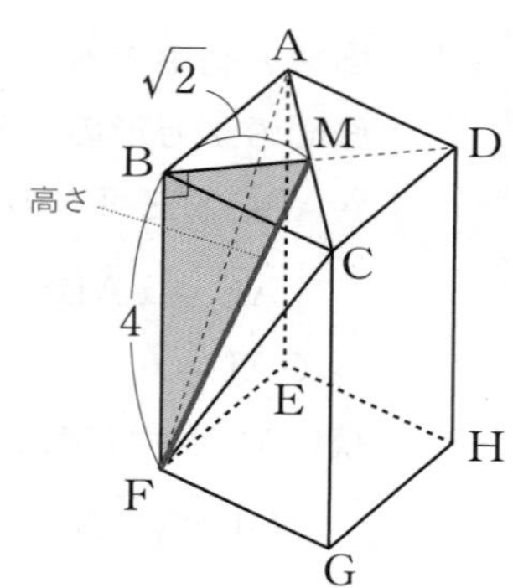

〔**別解**〕MFの長さは以下のようにも求めることもできる。

例題 1 (**1**)より，$AF = 2\sqrt{5}$

$AM = \dfrac{1}{2}AC = \sqrt{2}$ だから，△AMFで三平方の定理より，

$$MF = \sqrt{AF^2 - AM^2} = \sqrt{(2\sqrt{5})^2 - (\sqrt{2})^2} = 3\sqrt{2}$$

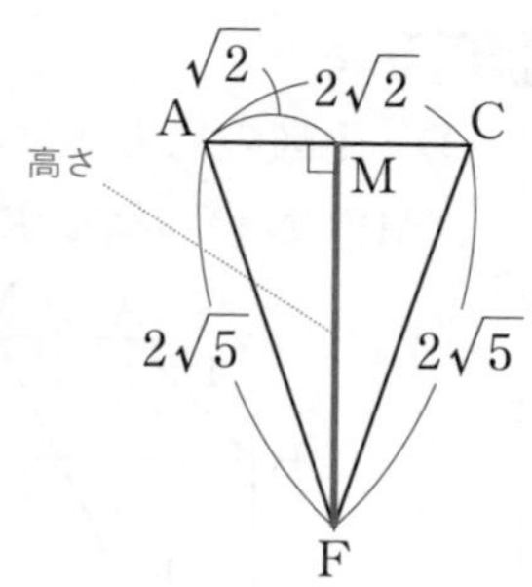

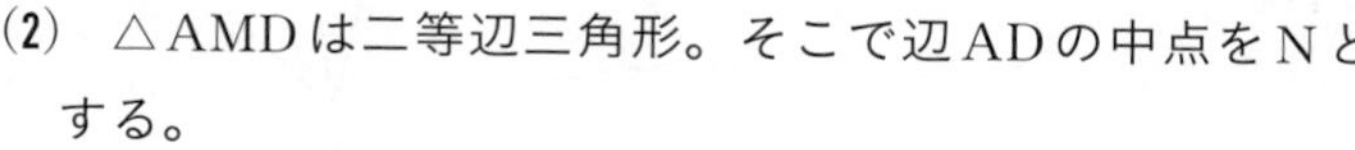

(**2**) △AMDは二等辺三角形。そこで辺ADの中点をNとする。

△AMDはMNについて対称だから，求める三角形はADを底辺，MNを高さとみる。

$$AN = \frac{1}{2}AD = 3$$

△ACNで三平方の定理より，

$$CN = \sqrt{AC^2 - AN^2} = \sqrt{6^2 - 3^2} = 3\sqrt{3}$$

だから，△NMCで三平方の定理より，

$$MN = \sqrt{NC^2 - MC^2} = \sqrt{(3\sqrt{3})^2 - 3^2} = 3\sqrt{2}$$

$$\triangle AMD = 6 \times 3\sqrt{2} \times \frac{1}{2} = 9\sqrt{2}$$ 答 $9\sqrt{2}$

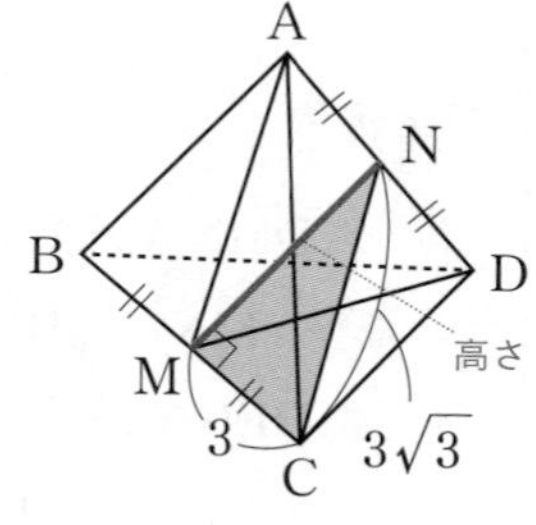

〔**別解**〕MNの長さは以下のようにも求めることもできる。

$AM = 3\sqrt{3}$，$AN = 3$だから，△AMNで三平方の定理より，

$$MN = \sqrt{AM^2 - AN^2} = \sqrt{(3\sqrt{3})^2 - 3^2} = 3\sqrt{2}$$

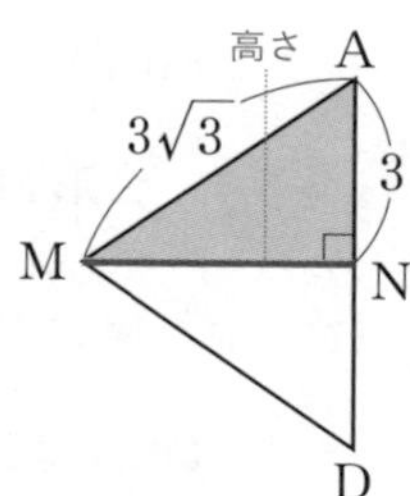

ワザあり

立体図形では**どの平面を抜き出して捉えるか**がコツ。

避けたい失敗例

問題を空間として眺めてしまい，糸口がつかめなかった。／
何度も三平方の定理を使うので，焦って見直しをする度に答が違ってしまった。／
丁寧に1度で処理をすればよかった。

例題 4

(1) 下図の立方体において，台形MEGNの面積を求めよ。

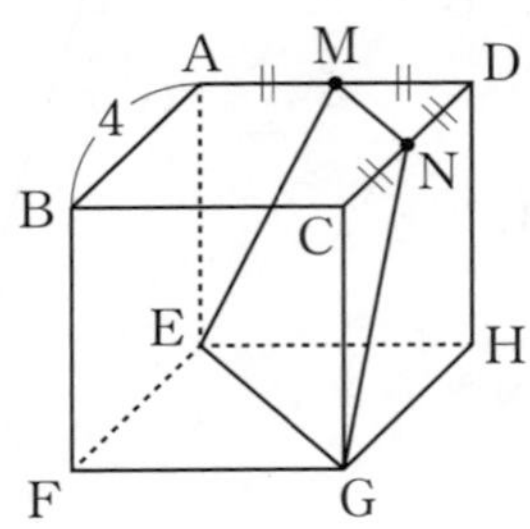

(2) 下図のすべての辺が等しい正四角すいにおいて，台形MBCNの面積を求めよ。

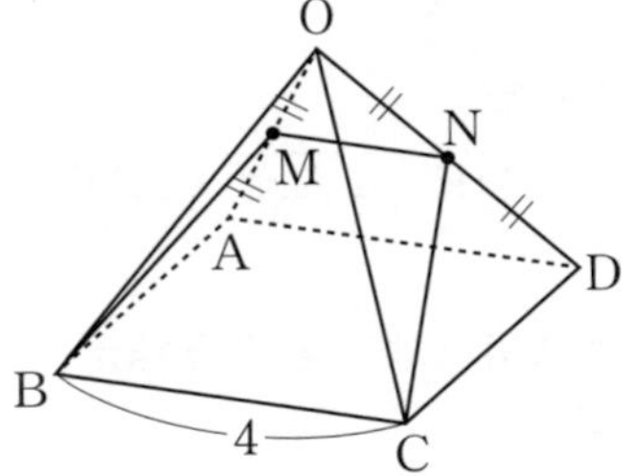

解法

(1) △DMNで三平方の定理より，

$$MN = \sqrt{DM^2 + DN^2} = \sqrt{2^2 + 2^2} = 2\sqrt{2}$$

△HEGで三平方の定理より，

$$EG = \sqrt{HE^2 + HG^2} = \sqrt{4^2 + 4^2} = 4\sqrt{2}$$

△AEMで三平方の定理より，

$$ME = \sqrt{AM^2 + AE^2} = \sqrt{2^2 + 4^2} = 2\sqrt{5}$$

NGもこれと同様だから等脚台形になる。

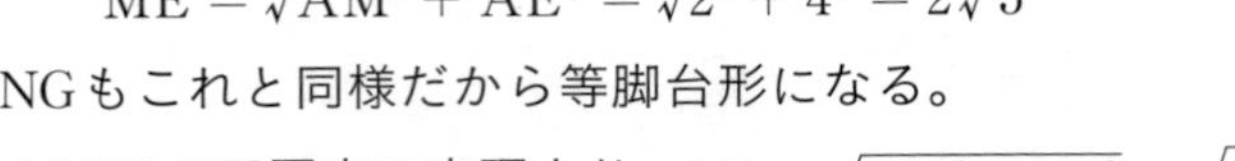

△MEIで三平方の定理より，$MI = \sqrt{ME^2 - EI^2} = \sqrt{(2\sqrt{5})^2 - (\sqrt{2})^2} = 3\sqrt{2}$

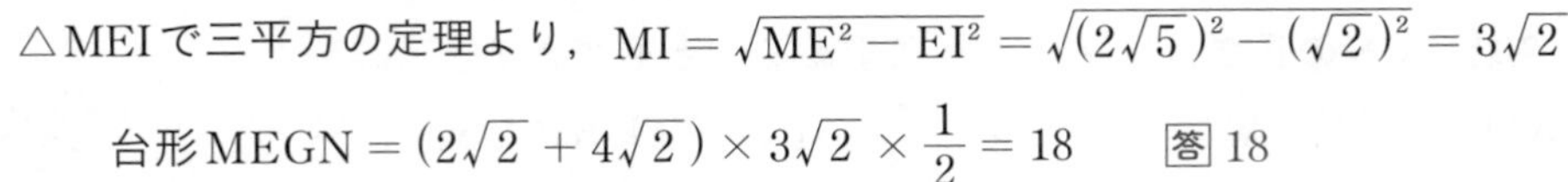

台形MEGN $= (2\sqrt{2} + 4\sqrt{2}) \times 3\sqrt{2} \times \frac{1}{2} = 18$　答 18

(2) 中点連結定理より，$MN = \frac{1}{2}AD = 2$

△OBAは正三角形で，△MBAで三平方の定理より，

$$MB = \sqrt{BA^2 - MA^2} = \sqrt{4^2 - 2^2} = 2\sqrt{3}$$

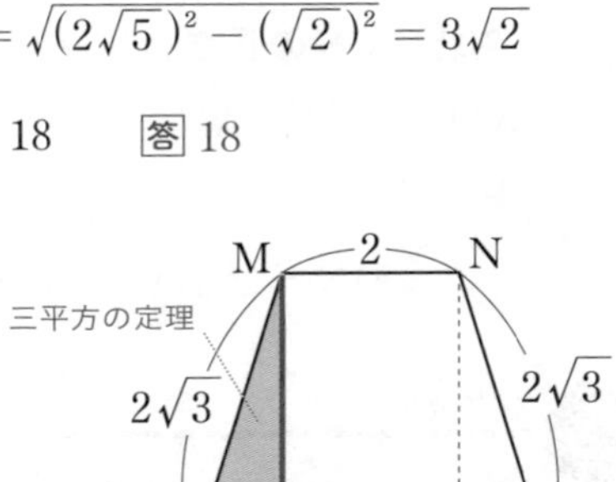

NCもこれと同様だから，等脚台形になる。

△MBEで三平方の定理より，

$$ME = \sqrt{MB^2 - BE^2} = \sqrt{(2\sqrt{3})^2 - 1^2} = \sqrt{11}$$

台形MBCN $= (2 + 4) \times \sqrt{11} \times \frac{1}{2} = 3\sqrt{11}$　答 $3\sqrt{11}$

▶ ワンポイントアドバイス

△ABCの面積が分かっていれば，hの長さは**面積を介して**次のように求めることができる。

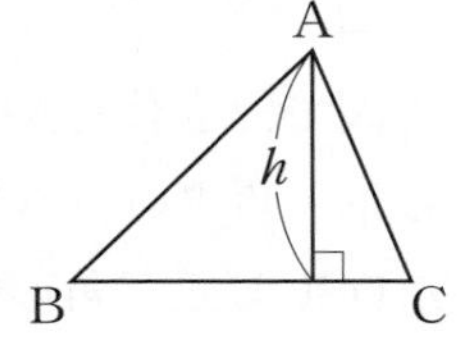

$$\mathbf{BC} \times \boldsymbol{h} \times \frac{1}{2} = \triangle \mathbf{ABC}$$

例題 5

(1) 下図の直方体で，頂点AからCFへ下ろした垂線の長さを求めよ。

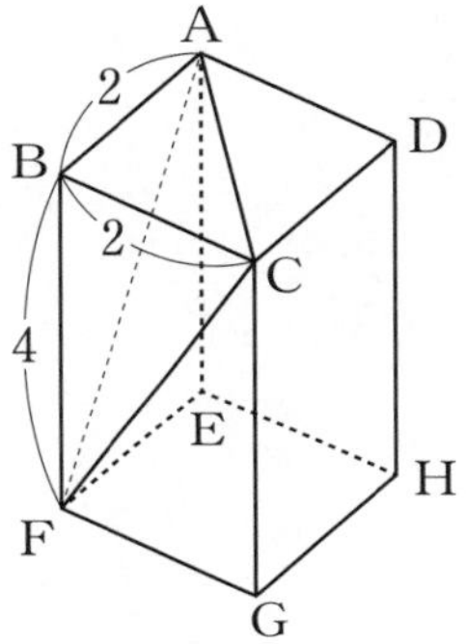

(2) 下図の正四面体で，頂点AからMDへ下ろした垂線の長さを求めよ。

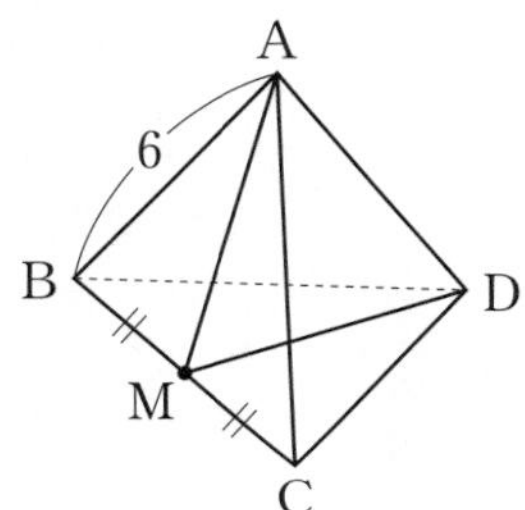

解法

(1) 下ろした垂線をAIとすると，

$$\mathbf{CF} \times \mathbf{AI} \times \frac{1}{2} = \triangle \mathbf{AFC}$$

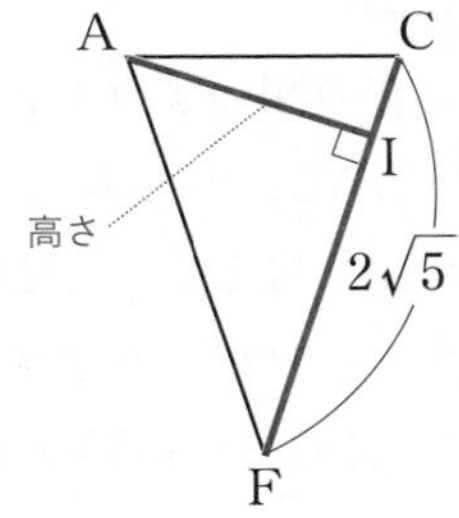

△BFCで三平方の定理より，

$$\mathrm{CF} = \sqrt{\mathrm{CB}^2 + \mathrm{BF}^2} = \sqrt{2^2 + 4^2} = 2\sqrt{5}$$

また 例題 3(1)より，$\triangle \mathrm{AFC} = 6$

よって，$2\sqrt{5} \times \mathrm{AI} \times \frac{1}{2} = 6$，$\mathrm{AI} = \frac{6}{\sqrt{5}} = \frac{6\sqrt{5}}{5}$　　答 $\frac{6\sqrt{5}}{5}$

(2) 下ろした垂線をAHとすると，

$$\mathbf{MD} \times \mathbf{AH} \times \frac{1}{2} = \triangle \mathbf{AMD}$$

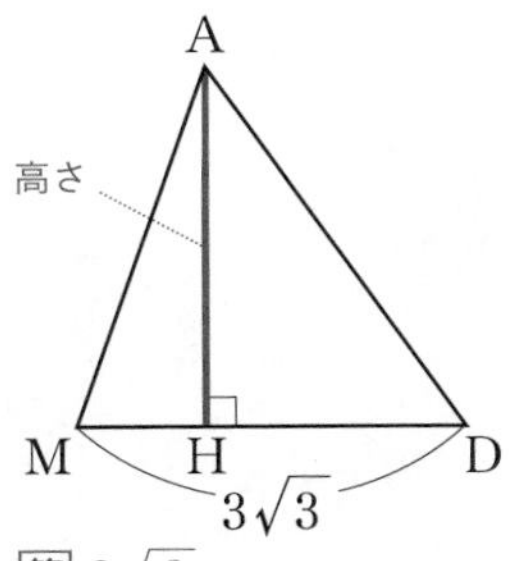

△BMDで三平方の定理より，

$$\mathrm{MD} = \sqrt{\mathrm{BD}^2 - \mathrm{BM}^2} = \sqrt{6^2 - 3^2} = 3\sqrt{3}$$

また 例題 3(2)より，$\triangle \mathrm{AMD} = 9\sqrt{2}$

よって，$3\sqrt{3} \times \mathrm{AH} \times \frac{1}{2} = 9\sqrt{2}$，$\mathrm{AH} = \frac{6\sqrt{2}}{\sqrt{3}} = 2\sqrt{6}$　　答 $2\sqrt{6}$

入試問題演習

1 ★☆☆

図で，立体OABCは△ABCを底面とする正三角すいであり，Dは辺OA上の点で，△DBCは正三角形である。

OA = OB = OC = 6cm，AB = 4cmのとき，線分DAの長さは何cmか，求めなさい。

〈愛知県・一部略〉

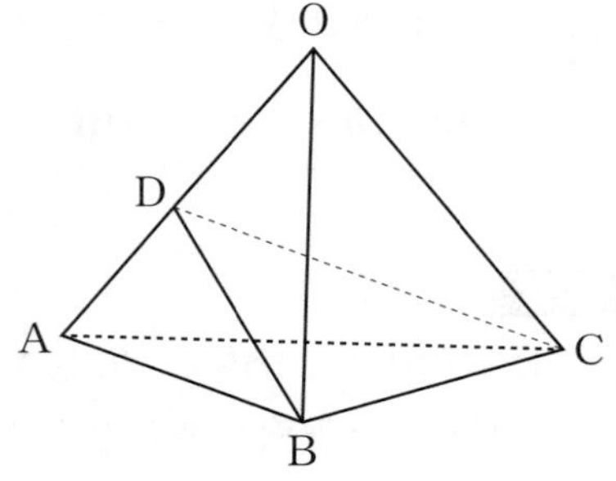

2 ★☆☆

右の図のような，1辺の長さが4の正四面体OABCがある。OA，BCの中点をそれぞれM，Nとし，辺BC上にBP = 3となるように点Pをとります。このとき，OPの長さと△POMの面積をそれぞれ求めなさい。

〈巣鴨高等学校〉

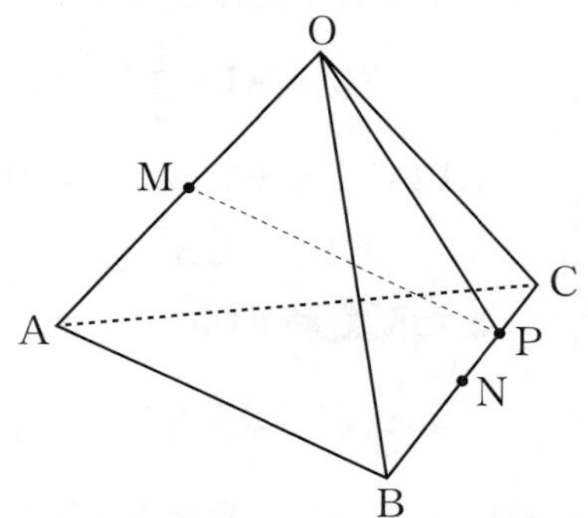

3 ★★☆

図で，立体OABCDは，正方形ABCDを底面とする正四角すいである。

OA = 9cm，AB = 6cmのとき，頂点Aと平面OBCとの距離は何cmか，求めなさい。

〈愛知県・一部略〉

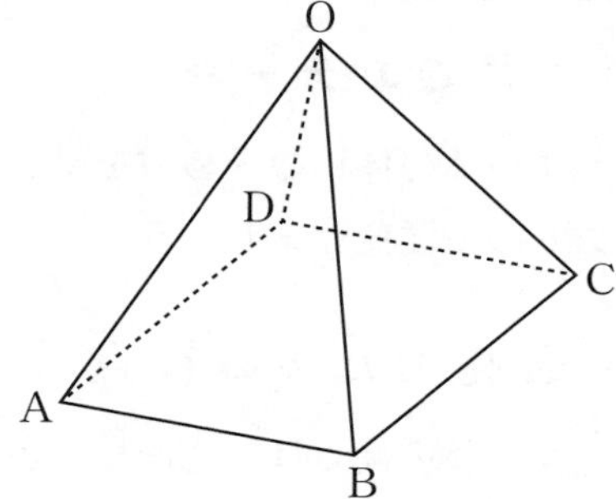

4 ★☆☆

右の図は，AB = 3cm，BC = 4cm，∠ABC = 90°の直角三角形ABCを底面とし，AD = BE = CF = 2cmを高さとする三角柱である。

また，点Gは辺EFの中点である。

この三角柱において，3点B，D，Gを結んでできる三角形の面積はいくつか。

〈神奈川県・一部略〉

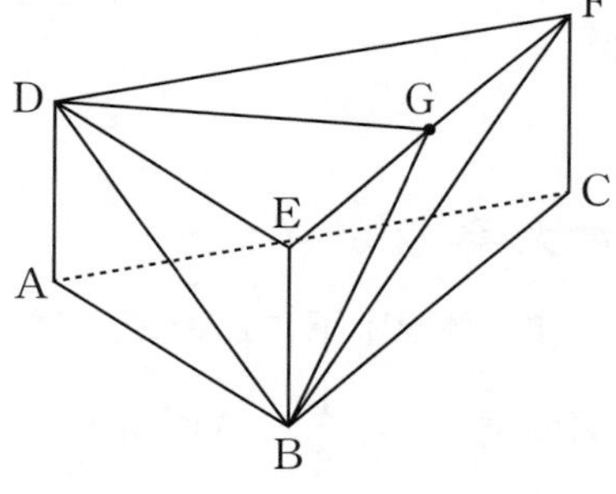

5 ★★★

図のように，1辺がすべて8cmの正四角すいOABCDがあり，辺OBの中点をPとする。この正四角錐を3点A，D，Pを通る平面で切ったとき，切り口の図形の面積は［　　］cm^2である。

〈東海高等学校・一部略〉

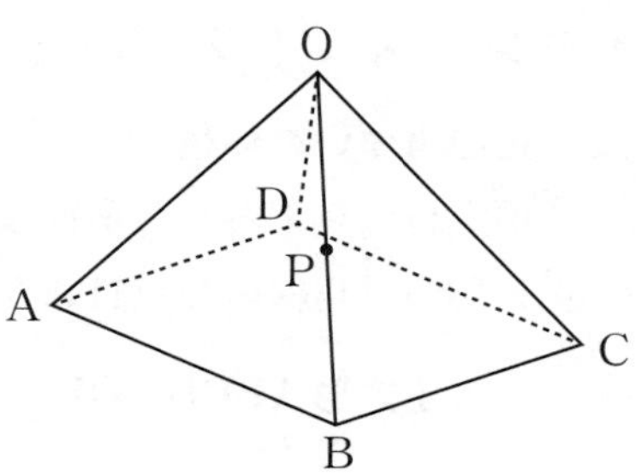

02 すい体の体積

▶ ここでのテーマ

すい体の体積の求め方を学びます。また**体積を介した垂線の長さ**も近年多くの出題があるので注意しましょう。

▶ 合格のための視点

すい体の高さは，底面積（色のついた面）に垂直な線分（図のh）である。

hは図のように底面に対して**2方向に対して直角**でなければならない。

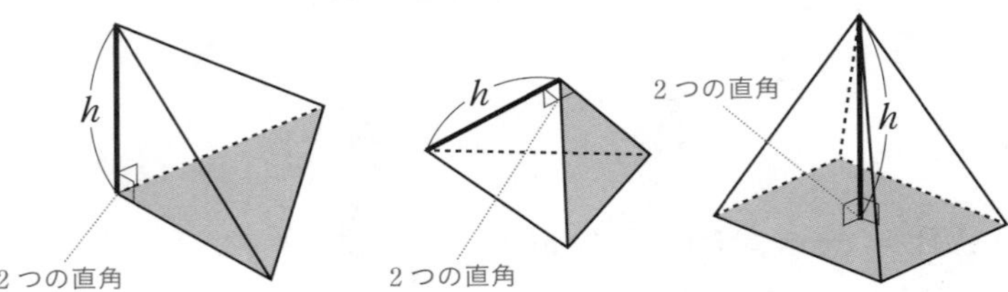

▶ 大事なポイント

すい体を上下に2つつなげたような立体の体積は，

$$底面積 \times a \times \frac{1}{3} + 底面積 \times b \times \frac{1}{3} = 底面積 \times (a+b) \times \frac{1}{3}$$

$$= \boxed{底面積 \times h \times \frac{1}{3}} \ (★)$$

わざわざ上下に分けて計算する必要はないんだ。

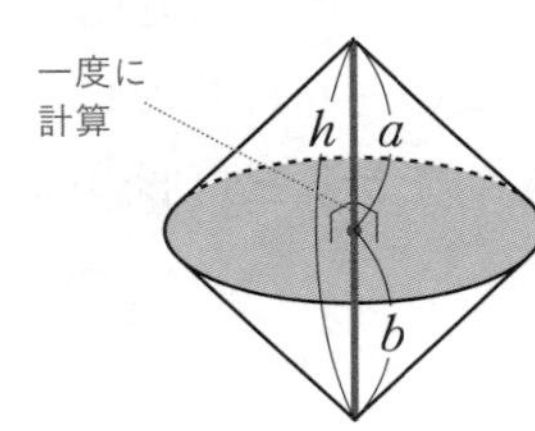

▶ ワンポイントアドバイス

Ⅰ．正四角すいの体積

頂点Oから下ろした垂線は，底面の正方形の対角線の交点Hになる。

正方形ABCD×OH×$\frac{1}{3}$

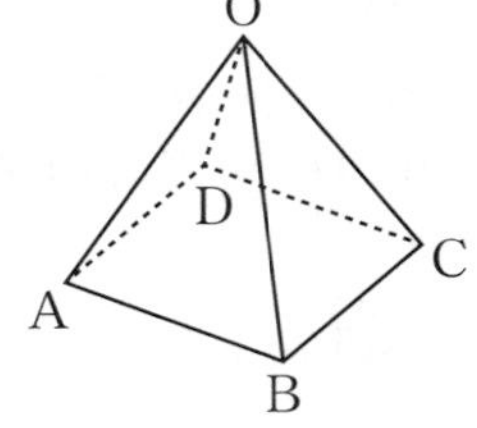

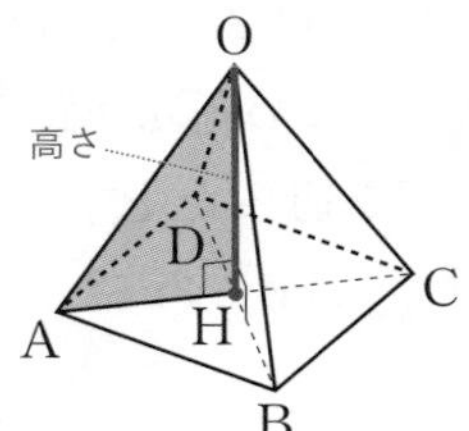

ワザあり

すべての辺が等しい正四角すいは，正八面体の半分とみることができる。
この正八面体にはBCDE，ABFD，AEFCと3つの正方形ができるから，例えば△ABDなどは**直角二等辺三角形**になることに注意する。

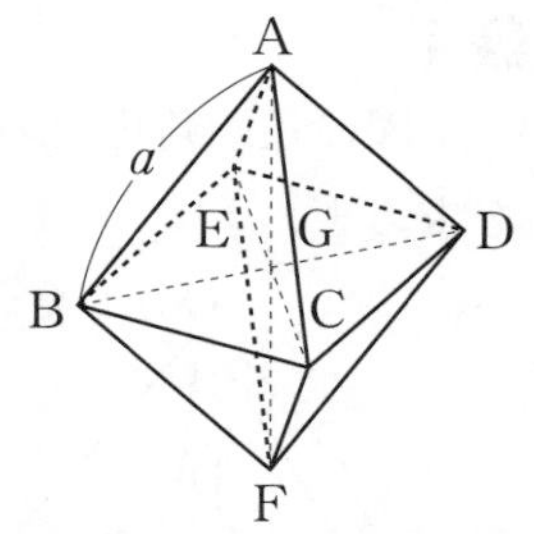

Ⅱ．**正四面体の体積**

正四面体とは，すべての面が合同な正三角形からできる正三角すい。

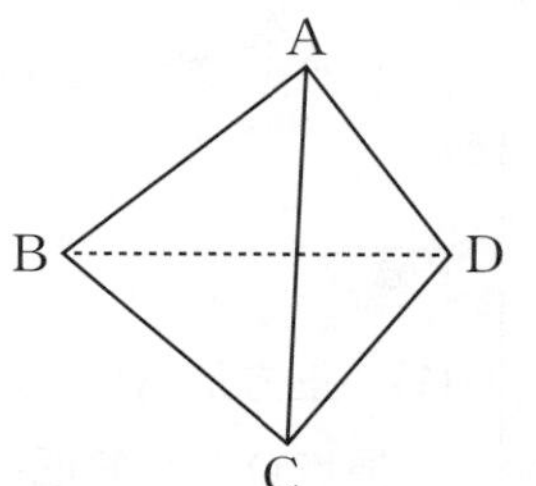

正四面体は右図のように，**立方体から周囲4つの三角すいを取り去って**（※）できる。

※立方体を△BCA，△ACD，△ADB，△BDCで切断する。

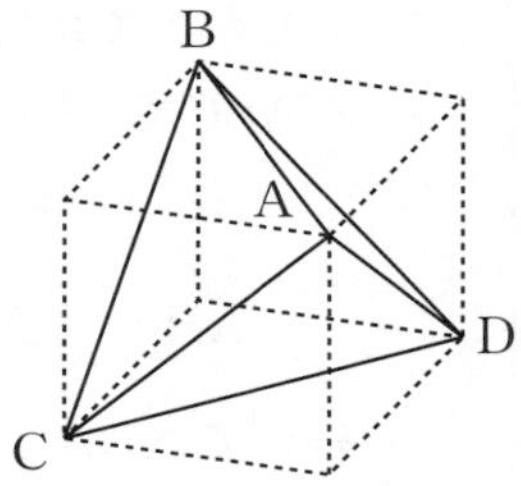

▶ 大事なポイント

正四面体の1辺をaとすれば，立方体の1辺は

$$a \times \frac{1}{\sqrt{2}} = \frac{\sqrt{2}}{2}a$$

したがって正四面体の体積は，

$$\left(\frac{\sqrt{2}}{2}a\right)^3 - \frac{\sqrt{2}}{2}a \times \frac{\sqrt{2}}{2}a \times \frac{1}{2} \times \frac{\sqrt{2}}{2}a \times \frac{1}{3} \times 4$$

$$= \left(\frac{\sqrt{2}}{2}a\right)^3 - \left(\frac{\sqrt{2}}{2}a\right)^3 \times \frac{2}{3}$$

$$= \left(\frac{\sqrt{2}}{2}a\right)^3 \times \frac{1}{3} = \boxed{\frac{\sqrt{2}}{12}a^3}$$

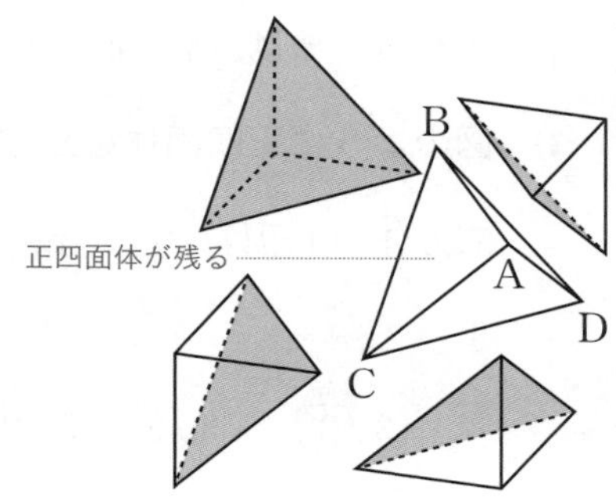

避けたい失敗例

底面と垂直でないところを高さとみて計算してしまった。／正四面体の体積の求め方を忘れてしまった。／正四面体の体積の公式を暗記していたはずなのに試験中に忘れてしまい自分で作れなかった。

例題 1

(1) 下図の正四角すいの体積を求めよ。

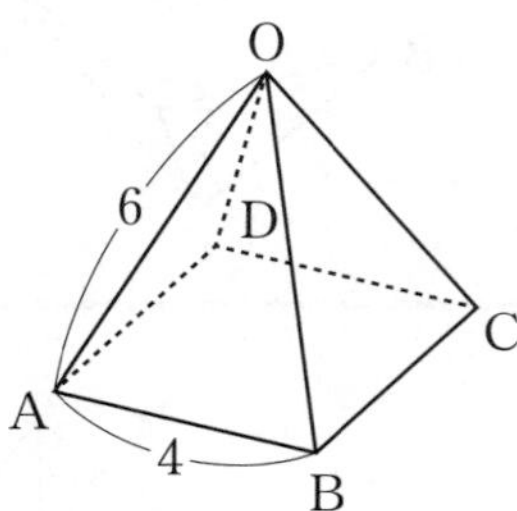

(2) 下図の正四面体の体積を求めよ。

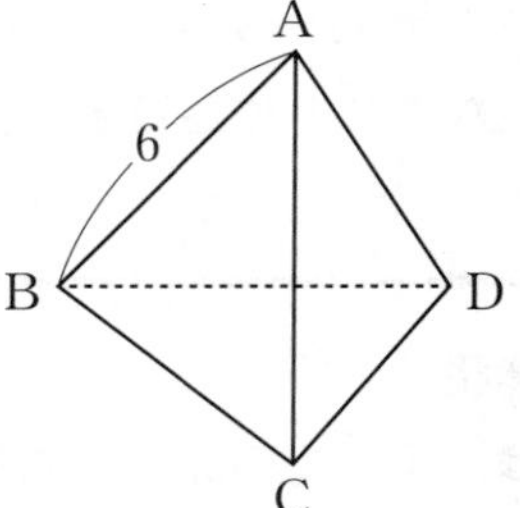

解法

(1) 正方形ABCDの対角線の交点をHとすれば，OHは頂点Oから底面へ下ろした垂線である。

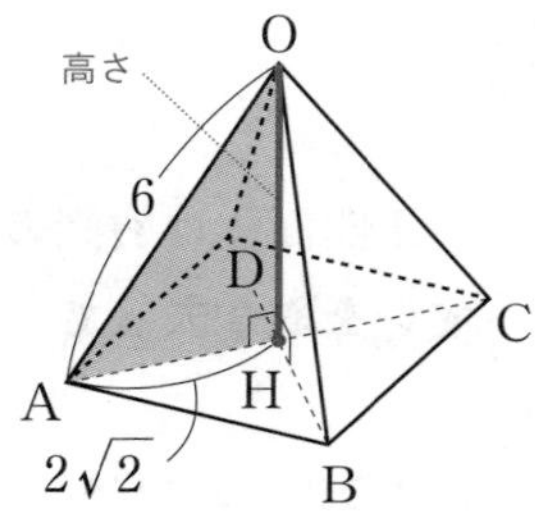

したがって正方形ABCDを底面，OHを高さとする。

△ABCで三平方の定理より，

$$AC = \sqrt{AB^2 + BC^2} = \sqrt{4^2 + 4^2} = 4\sqrt{2}$$

$$AH = \frac{1}{2}AC = \frac{1}{2} \times 4\sqrt{2} = 2\sqrt{2}$$

続いて△OAHで三平方の定理より，

$$OH = \sqrt{OA^2 - AH^2} = \sqrt{6^2 - (2\sqrt{2})^2} = 2\sqrt{7}$$

求める体積は，$4 \times 4 \times 2\sqrt{7} \times \frac{1}{3} = \frac{32\sqrt{7}}{3}$　答 $\frac{32\sqrt{7}}{3}$

(2) 図のように正四面体を立方体に埋め込む。

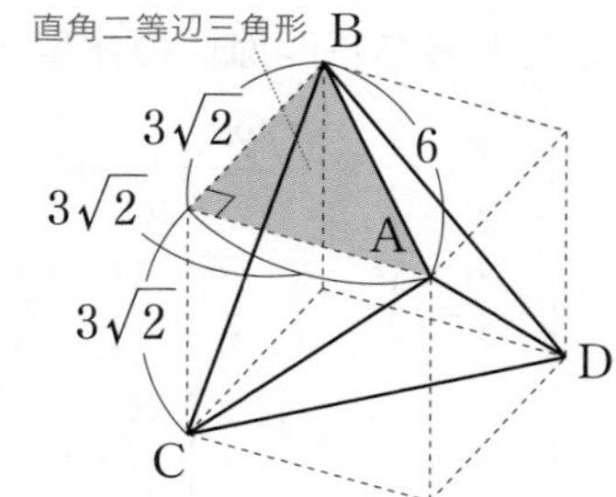

立方体の1辺は，$6 \times \frac{1}{\sqrt{2}} = \frac{6}{\sqrt{2}} = 3\sqrt{2}$

よって，

$$(3\sqrt{2})^3 - 3\sqrt{2} \times 3\sqrt{2} \times \frac{1}{2} \times 3\sqrt{2} \times \frac{1}{3} \times 4$$

$$= 54\sqrt{2} - 36\sqrt{2} = 18\sqrt{2}$$　答 $18\sqrt{2}$

▶ワンポイントアドバイス

正四面体の体積は，★を利用して次のようにこともできる。

$\triangle \mathrm{MCD} \times \mathrm{AB} \times \frac{1}{3}$

$= \mathrm{CD} \times \mathrm{MN} \times \frac{1}{2} \times \mathrm{AB} \times \frac{1}{3}$ （☆）

※**△MCD ⊥ AB**のときに利用できる。

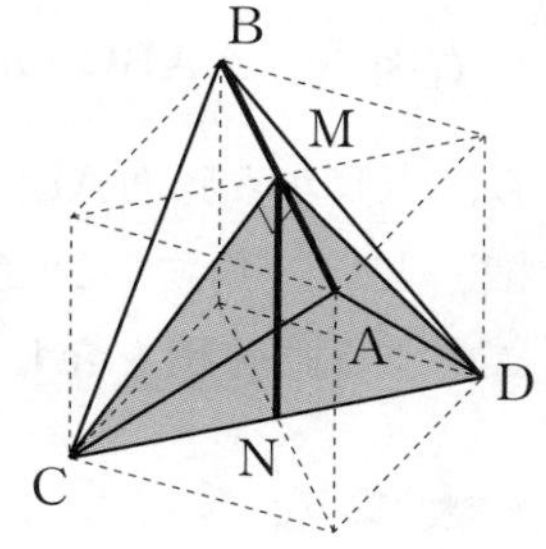

例題 2

右図のような，四面体ADCEの体積を求めよ。

ABの中点をMとすると，△MDE ⊥ ACだから，求める体積は

$\triangle \mathrm{MDE} \times \mathrm{AC} \times \frac{1}{3}$

$= \mathrm{DE} \times \mathrm{MN} \times \frac{1}{2} \times \mathrm{AC} \times \frac{1}{3}$ （…㋐）

三平方の定理より，

$\mathrm{AB} = \sqrt{3^2 + 3^2} = 3\sqrt{2} = \mathrm{DE}$

よって，$\mathrm{AC} = 2\sqrt{2}$

㋐…$3\sqrt{2} \times 4 \times \frac{1}{2} \times 2\sqrt{2} \times \frac{1}{3} = 8$　　答 8

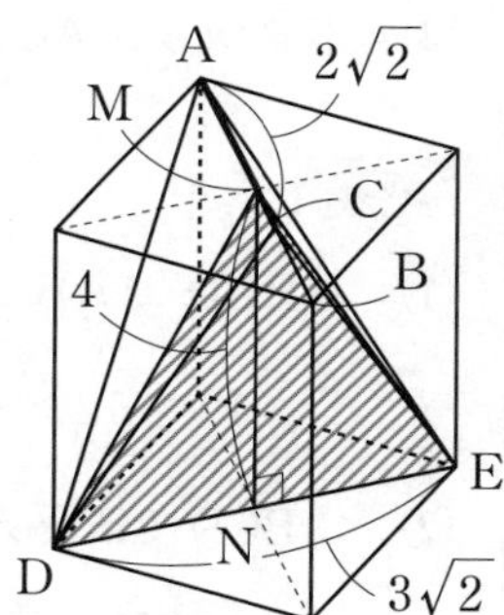

▶ワンポイントアドバイス

右図で，**$\triangle ABC \times h \times \frac{1}{3}$ ＝ 三角すいP–ABC**だから，点Pから底面ABCまでの距離hは，‘△ABCの面積’と‘三角すいP–ABCの体積’から計算できる。このように**体積を介して長さを求める**。

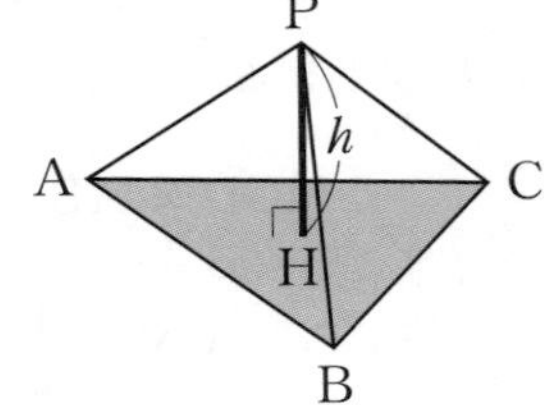

▶大事なポイント

右図で△ABC＝6，三角すいP–ABC＝12とすれば，Pから△ABCへ下ろした垂線PHの長さは，

$$6 \times \mathrm{PH} \times \frac{1}{3} = 12,\ \mathrm{PH} = 6$$

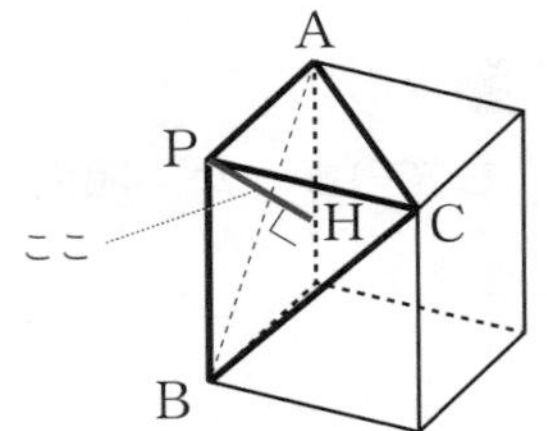

例題 3

右図の立体において，次の問いに答えよ。

(1) 立体A–BCDの体積を求めよ。

(2) △ACDの面積を求めよ。

(3) 点Bから△ACDへ下ろした垂線の長さを求めよ。

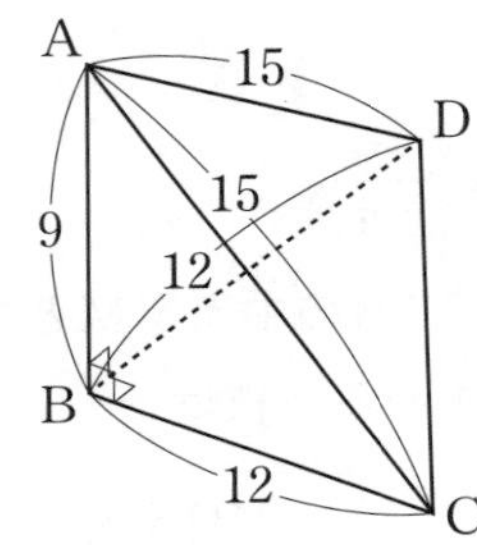

解法

(1) △BCD ⊥ ABだから，

$$12 \times 12 \times \frac{1}{2} \times 9 \times \frac{1}{3} = 216$$ 答 216

(2) △BCDで三平方の定理より，

$$\mathrm{CD} = \sqrt{\mathrm{BC}^2 + \mathrm{BD}^2} = \sqrt{12^2 + 12^2} = 12\sqrt{2}$$

CDの中点をMとすると，△ACDは二等辺三角形だからAM ⊥ CD

ここで△AMDで三平方の定理より，

$$\mathrm{AM} = \sqrt{\mathrm{AD}^2 - \mathrm{MD}^2} = \sqrt{15^2 - (6\sqrt{2})^2} = 3\sqrt{17}$$

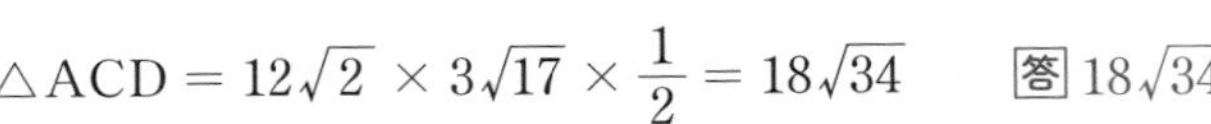

$$\triangle \mathrm{ACD} = 12\sqrt{2} \times 3\sqrt{17} \times \frac{1}{2} = 18\sqrt{34}$$ 答 $18\sqrt{34}$

(3) 求める長さをhとし，**体積を介す**。

$$18\sqrt{34} \times h \times \frac{1}{3} = 216,\ h = \frac{36}{\sqrt{34}} = \frac{18\sqrt{34}}{17}$$ 答 $\frac{18\sqrt{34}}{17}$

入試問題演習

1 ★☆☆

図のように，すべての辺の長さが同じである正四角すいA-BCDEがある。BD＝10であるとき，次の問いに答えよ。

(1) 正四角すいA-BCDEの1辺の長さを求めよ。

(2) 正四角すいA-BCDEの体積を求めよ。

〈洛南高等学校・一部略〉

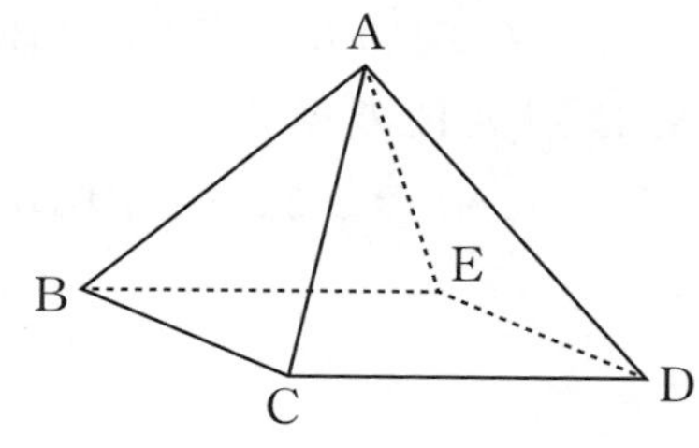

2 ★☆☆

次の図のように，一辺の長さが6である立方体の各面の対角線の交点を，それぞれ点A，B，C，D，E，Fとするとき，この6個の点を頂点とする正八面体ができます。正八面体の体積を求めなさい。

〈山手学院高等学校・一部略〉

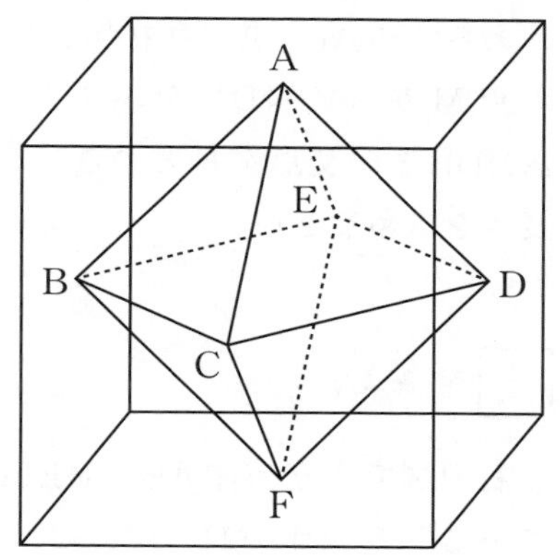

3 ★☆☆

1辺の長さが10の正四面体ABCDの体積を求めよ。

必要であれば，図を利用して求めよ。ただし，図の太線の立体は，各面の対角線が正四面体ABCDの1辺となるような立方体である。

〈巣鴨高等学校〉

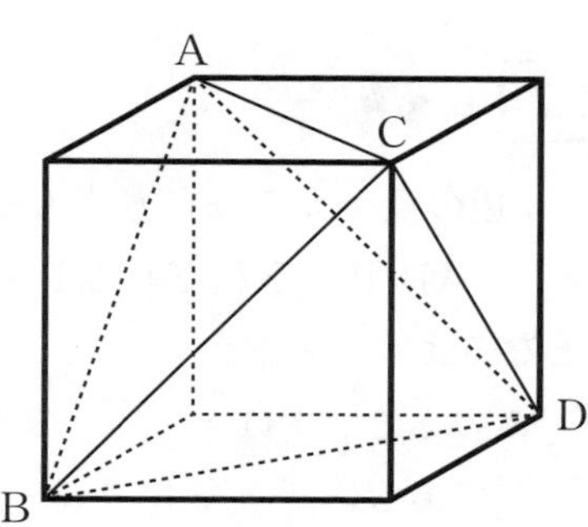

第4章 02 すい体の体積

4 ★★☆

右の図のように，直方体ABCD-EFGHがあり，点Mは辺AEの中点である。AB＝BC＝6cm，AE＝12cmのとき，四面体BDGMの体積を求めなさい。

〈秋田県〉

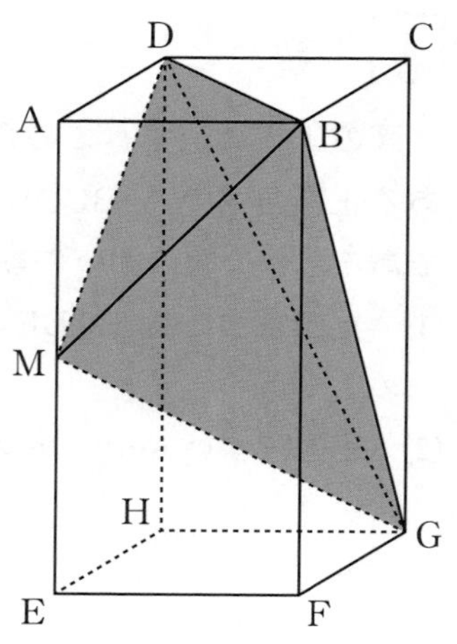

5 ★★☆

右の図のように，点A，B，C，D，E，Fを頂点とし，AD＝DE＝EF＝4cm，∠DEF＝90°の三角柱がある。辺AB，ACの中点をそれぞれM，Nとする。

点Mから△NDEをふくむ平面にひいた垂線と△NDEとの交点をHとする。このとき，線分MHの長さを求めなさい。

〈三重県・一部略〉

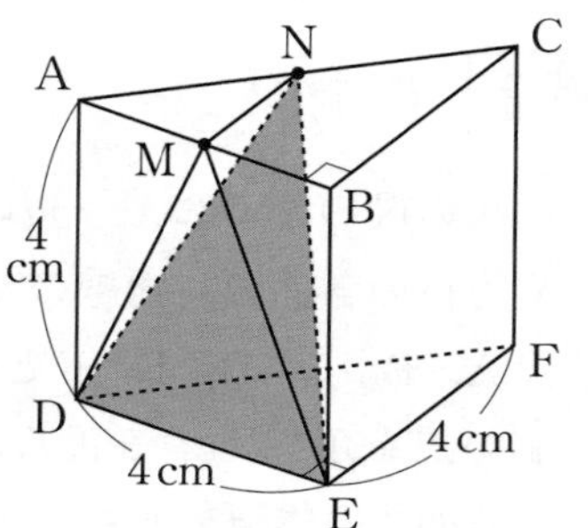

6 ★★☆

右の図で，立方体ABCD-EFGHの体積は1000cm^{3}である。三角すいH-DEGにおいて，△DEGを底面としたときの高さを求めなさい。

〈秋田県〉

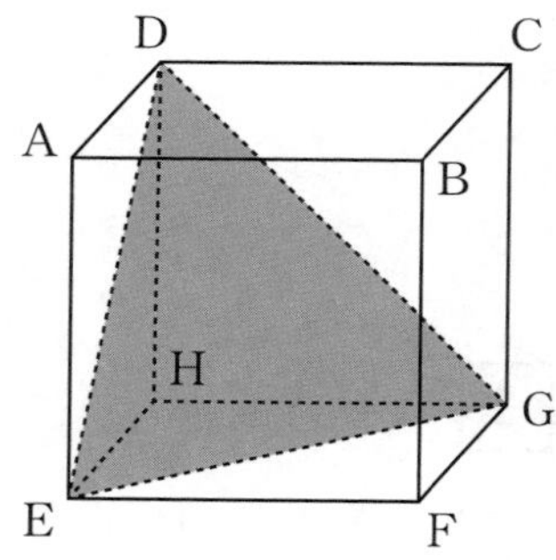

7 ★★☆

1辺の長さが5の立方体ABCD-EFGHがある。辺AB，AD上にそれぞれ点P，QをAP＝2，AQ＝2となるようにとる。

このとき，PQ＝ ☐ であり，△EPQの面積は ☐ である。

また，3点E，P，Qを通る平面をKとしたとき，Kに垂直でAを通る直線とKとの交点をLとすると，AL＝ ☐ である。

〈白陵高等学校・一部略〉

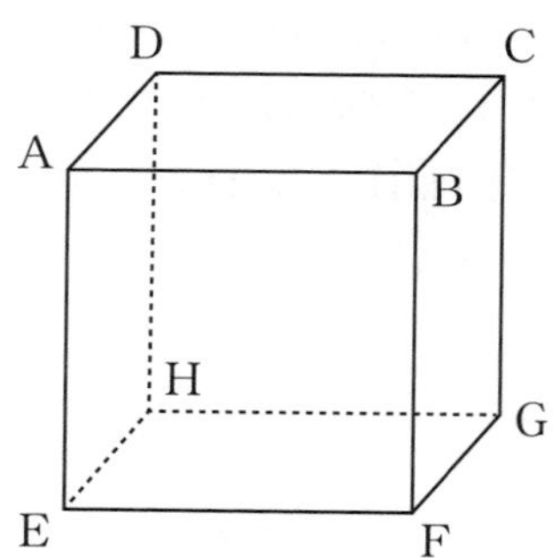

03 すい体の体積比

▶ここでのテーマ

すい体の**体積比**を求めます。体積比は高校受験では必須の考え方のひとつで重要です。

▶合格のための視点

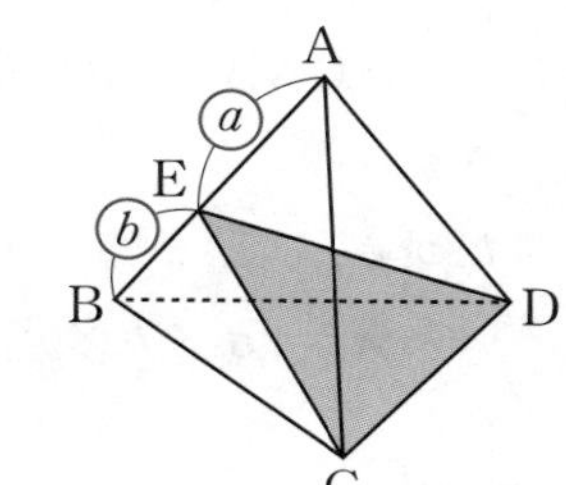

右図で，△ECDを共通の底面とみれば，体積を次のように考えることができる。

立体A-ECD：立体B-ECD

$= \boldsymbol{a : b}$

▶ワンポイントアドバイス

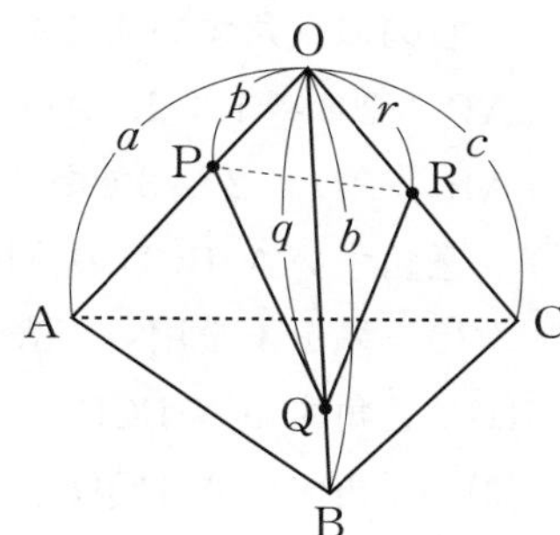

体積の比は次のように表せる。

① 三角すいO-ABC：三角すいO-PQR

$= \boldsymbol{a \times b \times c : p \times q \times r}$

② 三角すいO-PQR

$=$ **三角すいO-ABC** $\boldsymbol{\times \dfrac{p}{a} \times \dfrac{q}{b} \times \dfrac{r}{c}}$

［理由］

㋐ 三角すいO-PBC＝三角すいO-ABC$\times \dfrac{p}{a}$

㋑ 三角すいO-PQC＝［三角すいO-PBC］$\times \dfrac{q}{b}$＝［三角すいO-ABC$\times \dfrac{p}{a}$］$\times \dfrac{q}{b}$

㋒ 三角すいO-PQR＝［三角すいO-PQC］$\times \dfrac{r}{c}$＝［三角すいO-ABC$\times \dfrac{p}{a} \times \dfrac{q}{b}$］$\times \dfrac{r}{c}$

㋐

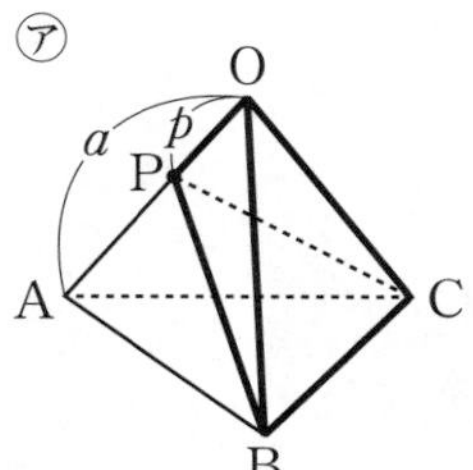

㋑

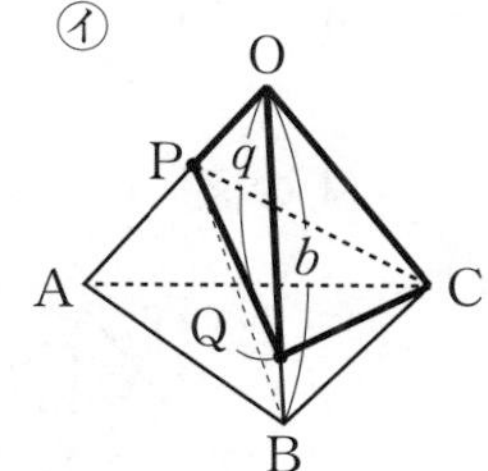

㋒

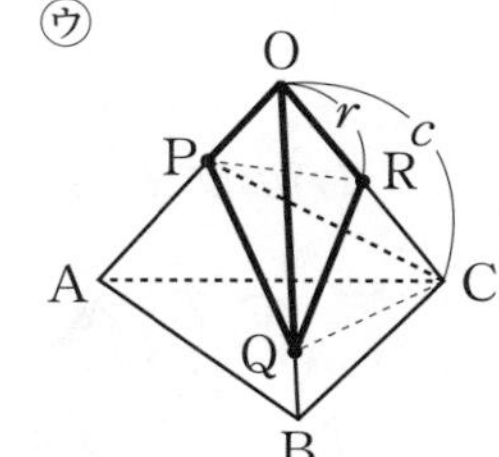

▶ 大事なポイント

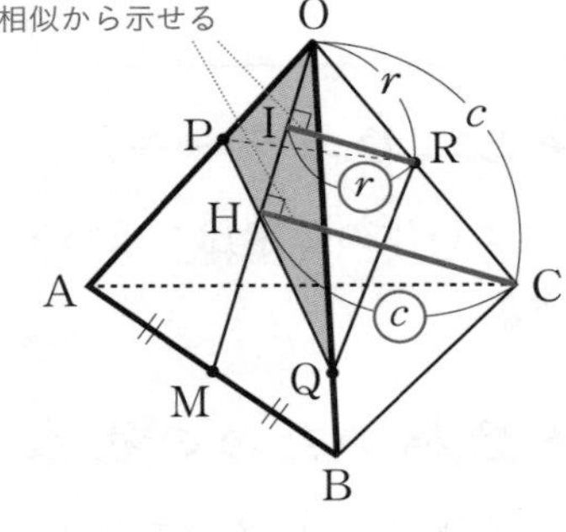

次のように示すこともできる。

三角すいO-ABC：三角すいO-PQR

$= \triangle\mathrm{OAB} \times \mathrm{CH} \times \frac{1}{3} : \triangle\mathrm{OPQ} \times \mathrm{RI} \times \frac{1}{3}$　(…★)

$\triangle\mathrm{OCH} \backsim \triangle\mathrm{ORI}$より，

$\mathrm{CH} : \mathrm{RI} = \mathrm{OC} : \mathrm{OR} = c : r$

$\triangle\mathrm{OAB} : \triangle\mathrm{OPQ} = \mathrm{OA} \times \mathrm{OB} : \mathrm{OP} \times \mathrm{OQ}$

$= a \times b : p \times q$

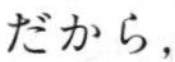

だから，

★ $= \boldsymbol{a \times b \times c : p \times q \times r}$

例題 1

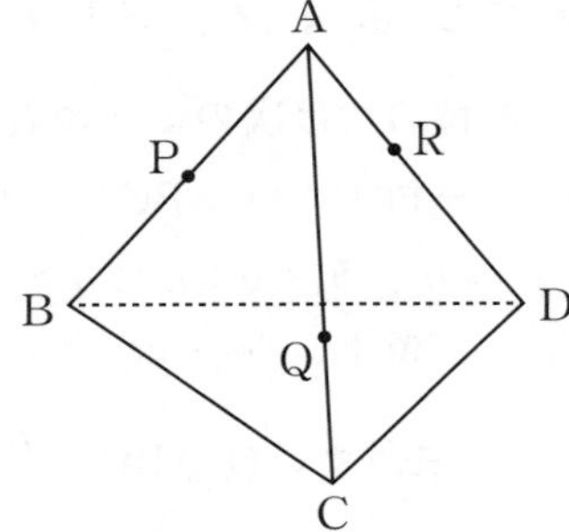

右図の三角すいA-BCDにおいて，
AP：PB＝1：1，AQ：QC＝2：1，
AR：RD＝2：3である。

三角すいA-BCDの体積をVとしたとき，
次の体積をVを用いて表せ。

(1)　三角すいA-PCD

(2)　三角すいA-PQD

(3)　三角すいA-PQR

解法

(1)　$V \times \frac{\mathrm{AP}}{\mathrm{AB}} = V \times \frac{1}{2} = \frac{1}{2}V$　　答 $\frac{1}{2}V$

(2)　$V \times \frac{\mathrm{AP}}{\mathrm{AB}} \times \frac{\mathrm{AQ}}{\mathrm{AC}} = V \times \frac{1}{2} \times \frac{2}{3} = \frac{1}{3}V$　　答 $\frac{1}{3}V$

(3)　$V \times \frac{\mathrm{AP}}{\mathrm{AB}} \times \frac{\mathrm{AQ}}{\mathrm{AC}} \times \frac{\mathrm{AR}}{\mathrm{AD}} = V \times \frac{1}{2} \times \frac{2}{3} \times \frac{2}{5} = \frac{2}{15}V$　　答 $\frac{2}{15}V$

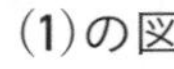

(1)の図

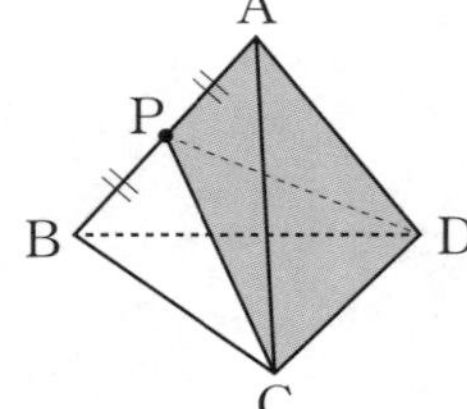

(2)の図

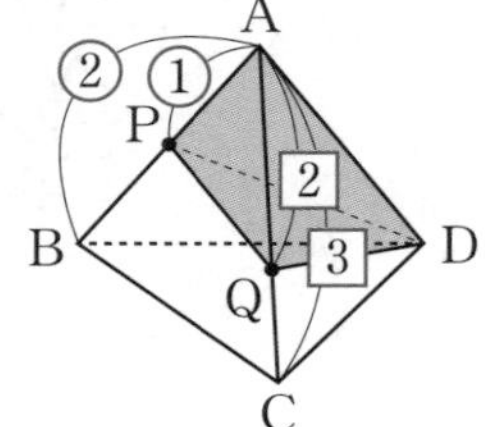

(3)の図

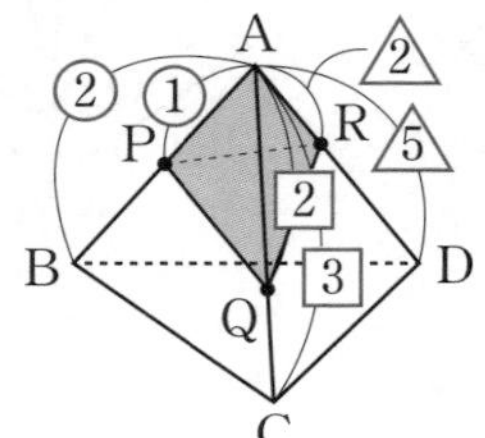

▶ワンポイントアドバイス

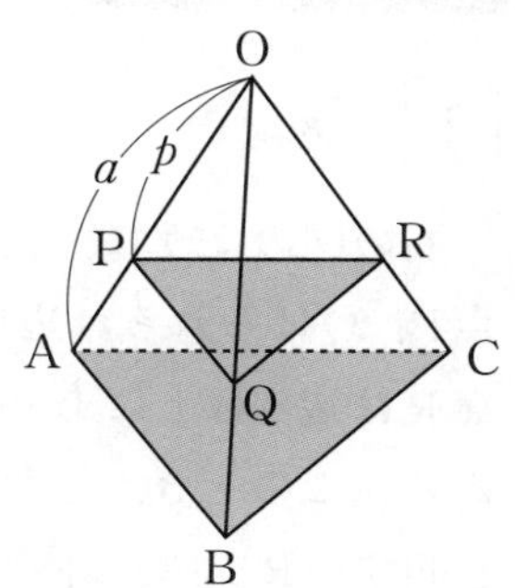

右図で，面ABCと面PQRが平行であるとき，
OA：OP＝OB：OQ＝OC：OR＝a：pだから，

① 三角すいO-ABC：三角すいO-PQR
$= \boldsymbol{a\times a\times a : p\times p\times p = a^3 : p^3}$

② 三角すいO-PQR
＝**三角すいO-ABC**$\times\left(\dfrac{p}{a}\right)^3$

ワザあり

立体図形において，**相似比がa：bならば体積比はa^3：b^3**

例題 2

右図において，体積の比
三角すいO-GHI：立体GHI-DEF：立体DEF-ABC
を求めよ。

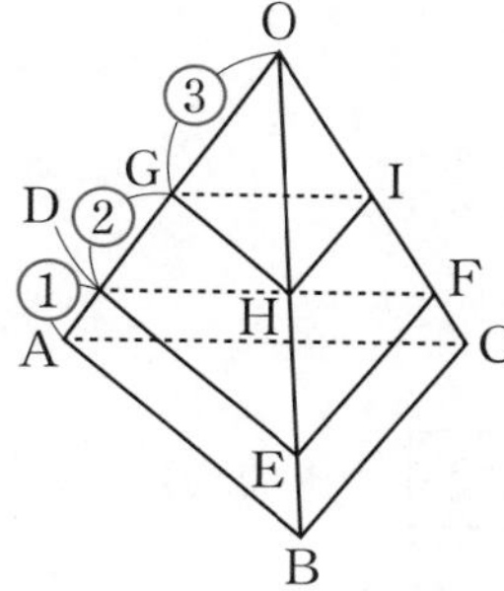

解法

三角すいO-ABC：三角すいO-DEF：三角すいO-GHI
$= \boldsymbol{6^3 : 5^3 : 3^3}$
$= 216 : 125 : 27$

よって，
三角すいO-GHI
：立体GHI-DEF
：立体DEF-ABC
$= 27 : (125-27) : (216-125)$
$= 27 : 98 : 91$ 　答 27：98：91

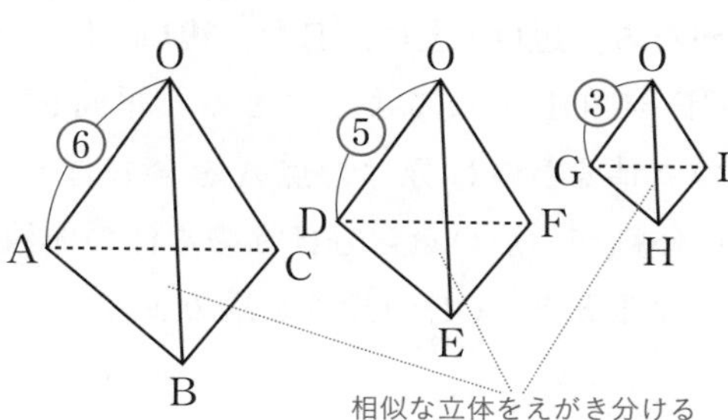

避けたい失敗例

わざわざ体積を求めてしまい遠回りしてしまった。／
高さが出しにくいときは，体積比を使えばよかった。／
比の形と分数の形の両方を使えるようにしておけばよかった。

入試問題演習

1 ★☆☆

右の図のように，三角すいA-BCDがある。点P，Qはそれぞれ辺BC，BDの中点である。点Rは辺AB上にあり，AR：RB＝1：4である。このとき，三角すいA-BCDの体積は，三角すいR-BPQの体積の何倍か，求めなさい。

〈秋田県〉

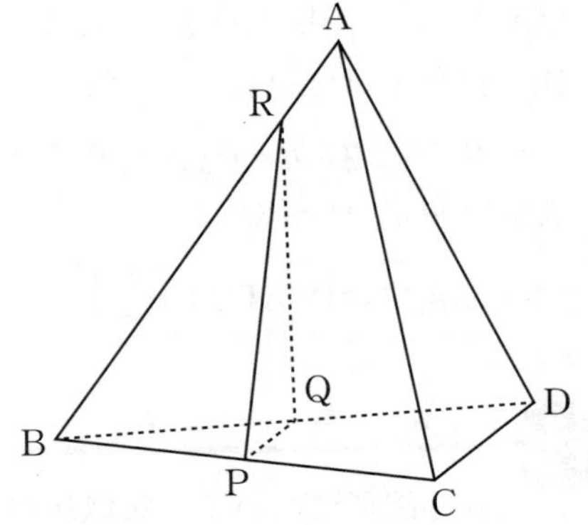

2 ★☆☆

図のように，AB＝BC＝CA＝6cm，OA＝OB＝OC＝8cmの正三角すいOABCがある。辺OA上に点Eを，辺OC上に点Fを，OF＝2OEとなるようにとる。平面EBFでこの立体を2つに分け，点Aを含むほうの立体の体積が，点Oを含むほうの立体の体積の2倍になるとき，OEの長さを求めよ。

〈石川県・一部略〉

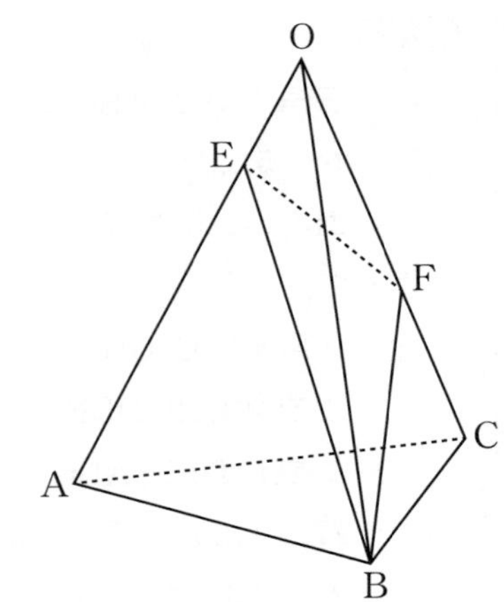

3 ★★☆

右の図のような1辺の長さが8cmの正四面体ABCDがあり，辺AC，ADの中点をそれぞれM，Nとする。また，辺AB上にAE＝2cmとなるような点Eをとり，辺BC上にBF＝3cmとなるような点Fをとる。

5点F，C，D，N，Mを結んでできる四角すいの体積は，三角すいEAMNの体積の何倍か，求めなさい。

〈新潟県・一部略〉

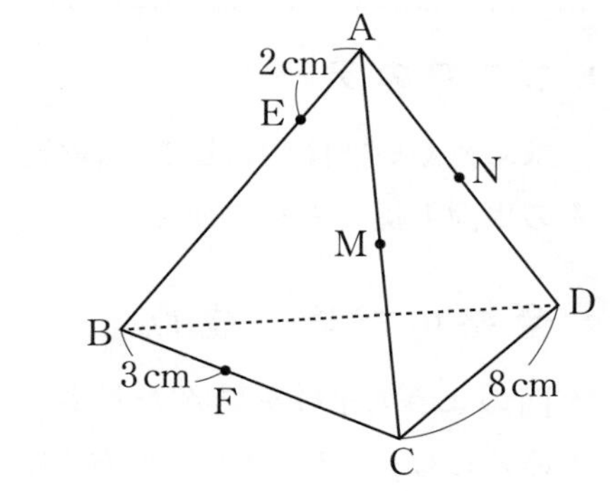

4 ★☆☆

図は，円すいの頂点をAとし，線分AO上に，AB：BO＝3：2となる点Bをとったものです。この円すいを，点Bをふくむ，底面に平行な平面で分けたときにできる2つの立体のうち，円すいの方をP，もう一方の立体をQとします。円錐Pと立体Qの体積の比を求めなさい。

〈宮城県・一部略〉

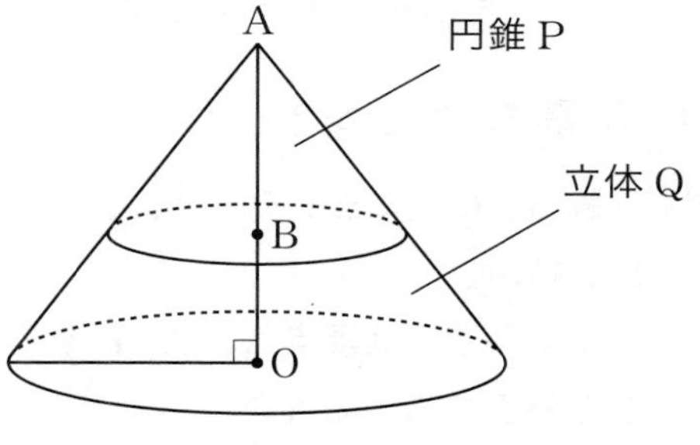

5 ★★☆

図で，円すいを底面に平行な平面で，高さが3等分となるように3つの立体に切り分ける。もとの円すいの体積が108π cm^{3}のとき，真ん中の立体の体積を求めよ。

〈桐光学園高等学校〉

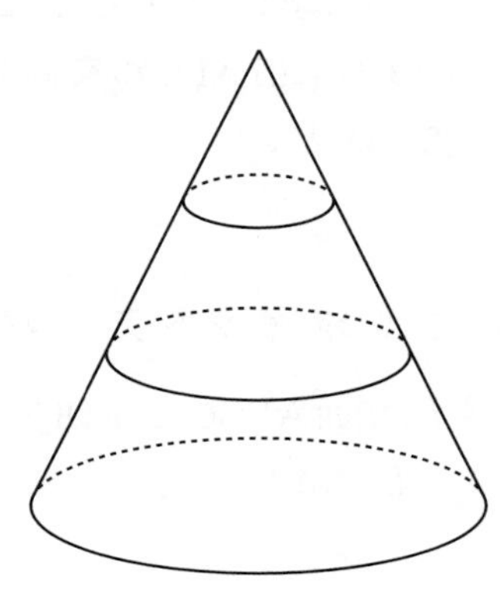

第4章

04 空間内の長さや比

▶ここでのテーマ

求めにくい空間内の長さや線分比は，適切な**平面を抜き出して**計算します。ここではその平面の捉え方を学びます。

▶合格のための視点

図のようなPQを結んだ長さを求めるには，△PHQで三平方の定理を用いる。

$$PH^2 = b^2 + c^2$$

$$PQ = \sqrt{HQ^2 + PH^2}$$

$$= \boxed{\sqrt{\boldsymbol{a}^2 + \boldsymbol{b}^2 + \boldsymbol{c}^2}} \ (★)$$

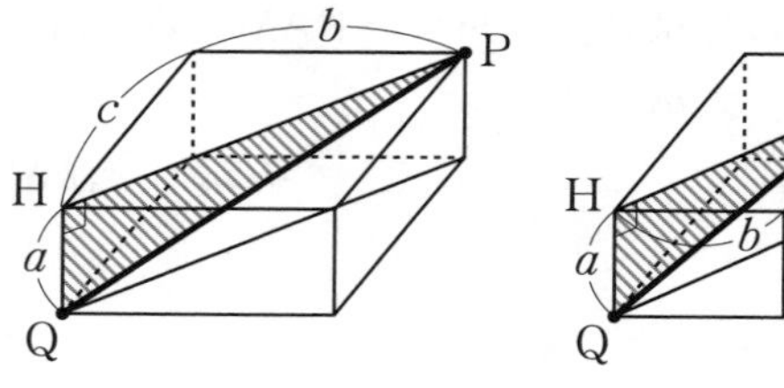

▶大事なポイント

Ⅰ．線分AG上に点Pをとり，PとHを結ぶ。

この場合，**3頂点A，G，Hを含む平面**で考えるんだ。

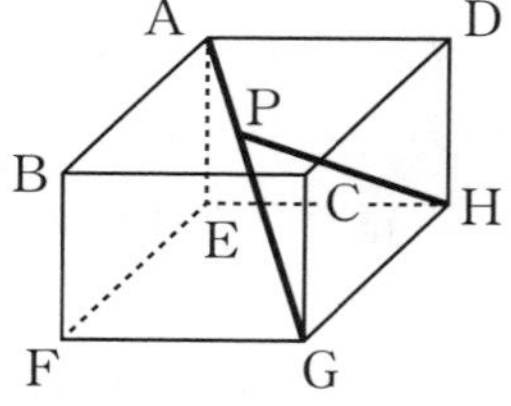

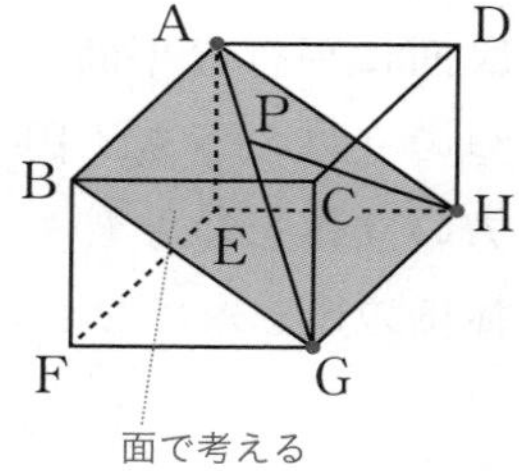

Ⅱ．△AFCとBHの交点をPとする。

この場合，2点B，Hを含む**面BFHDと面AFCの交線MF上に点Pはある**。

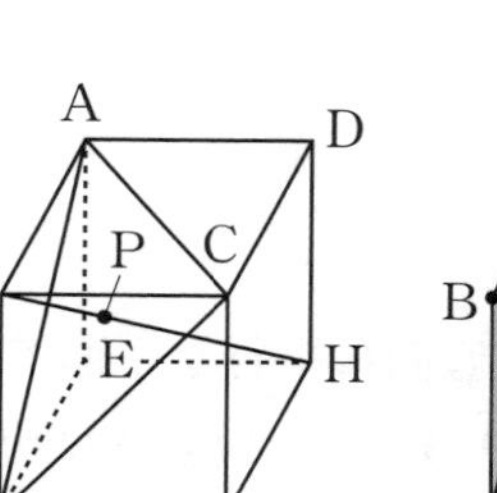

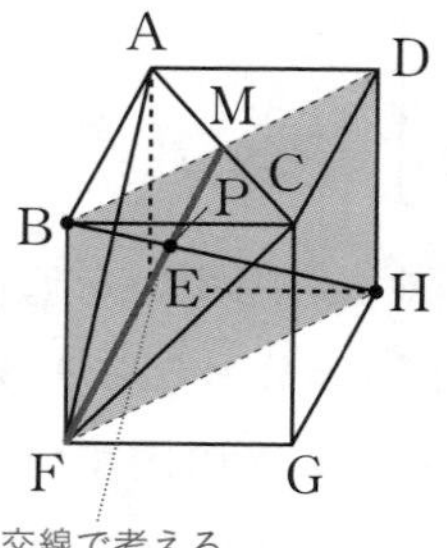

▶ワンポイントアドバイス

Ⅰ．で面AEGCと面DIJHの**交線QR上に点Pがある**ことも利用できる。

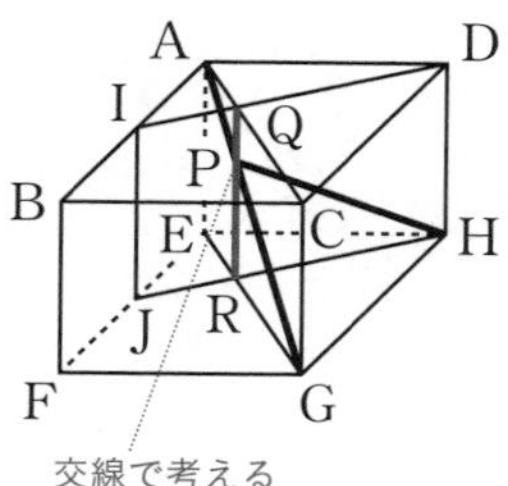

例題 1

右図の直方体において，対角線AGの長さを求めよ。

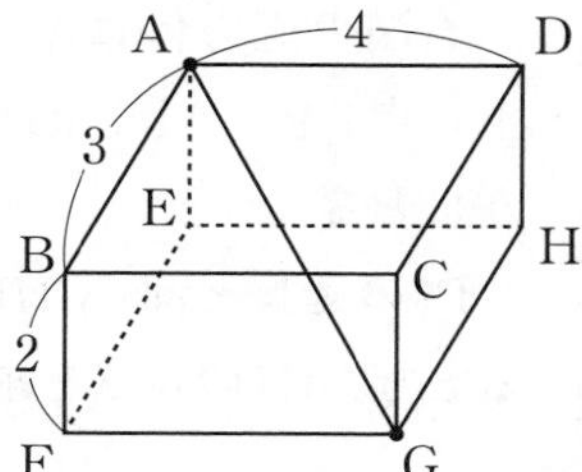

解法

★より，AG $=\sqrt{2^2+3^2+4^2}=\sqrt{29}$　　答 $\sqrt{29}$

例題 2

右図の直方体において，対角線AGへFから垂線FIを引く。

(1)　AGの長さを求めよ。

(2)　xの値を求めよ。

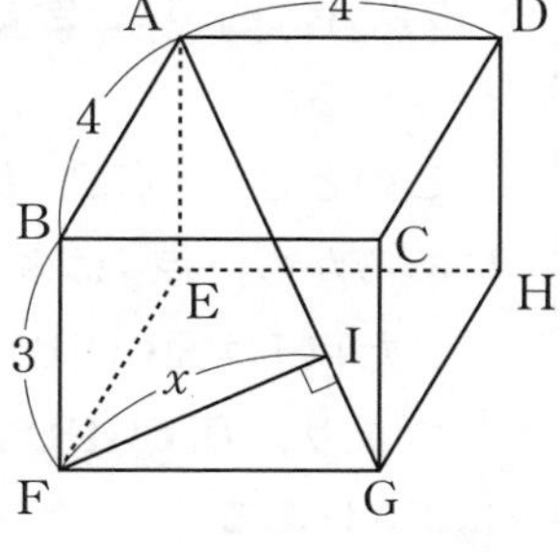

解法

(1)　★より，AG $=\sqrt{4^2+4^2+3^2}=\sqrt{41}$　　答 $\sqrt{41}$

(2)　**3点A，F，Gを含む平面AFGD**で考える。

△ABFで三平方の定理から，

$$\begin{aligned}\mathrm{AF}&=\sqrt{\mathrm{AB}^2+\mathrm{BF}^2}\\&=\sqrt{4^2+3^2}\\&=5\end{aligned}$$

ここで△AFGは∠F $=90^\circ$

だから面積を利用する。

$$\mathrm{AF}\times\mathrm{FG}=\mathrm{AG}\times x$$

$$5\times4=\sqrt{41}\times x$$

$$x=\frac{20}{\sqrt{41}}=\frac{20\sqrt{41}}{41}$$

答 $x=\dfrac{20\sqrt{41}}{41}$

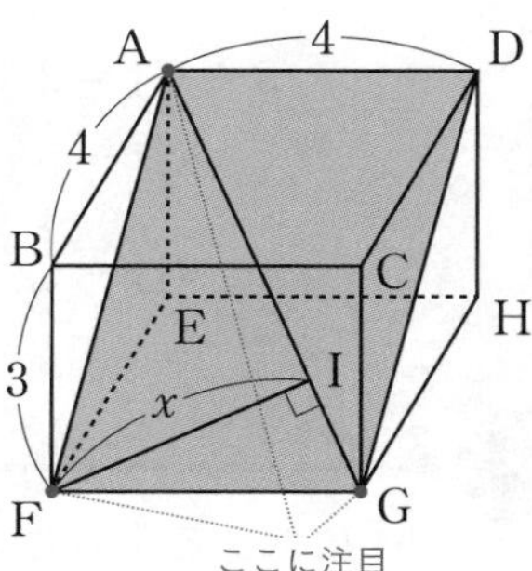

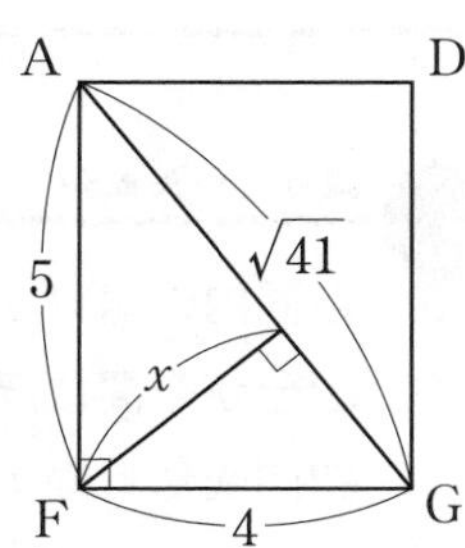

例題 3

右図の直方体において，対角線AG上に点Iを，AI：IG＝2：1となるようにとる。

FIの延長と面CGHDの交点をJとするとき，GJの長さを求めよ。

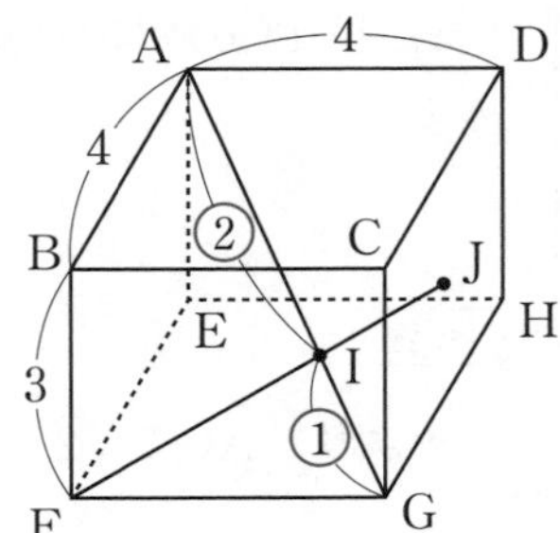

解法

3点A，F，Gを含む平面AFGD(※)を考える。

このとき，3点F，I，Jは同一直線上にあるから，点Jは※上にある。

また点Jは面CGHD上にある。

つまり，**面CGHDと※の交線DG上に点Jはある**。

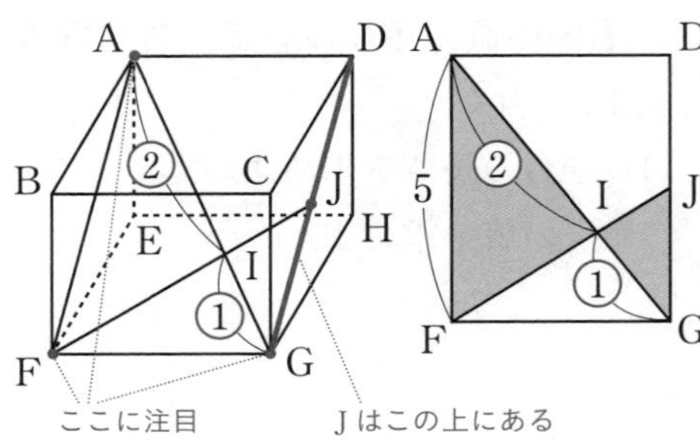

長方形AFGDにおいて，△IAF∽△IGJだから，

AF：GJ＝AI：GI

5：GJ＝2：1

2GJ＝5

GJ＝$\frac{5}{2}$　答 $\frac{5}{2}$

ワザあり

Ⅱ.にもあるように，**2つの面の交線を見つける**ことがとても重要（ここではDG）。

避けたい失敗例

空間内の線分がどのようになっているか想像がつかなかった。／
線分が空間に浮いているので，計算方法がわからなかった。／
空間図形も面で考えることを忘れていた。

入試問題演習

1 ★☆☆

図は，AB = 6 cm，BC = 4 cm，AE = 3 cm の直方体ABCDEFGHを表している。

辺EH上に点IをEI = 1 cm，線分DG上に点JをDJ：JG = 1：2となるようにとり，点Iと点Jを結んだものである。

このとき，線分IJの長さを求めよ。

〈福岡県・一部略〉

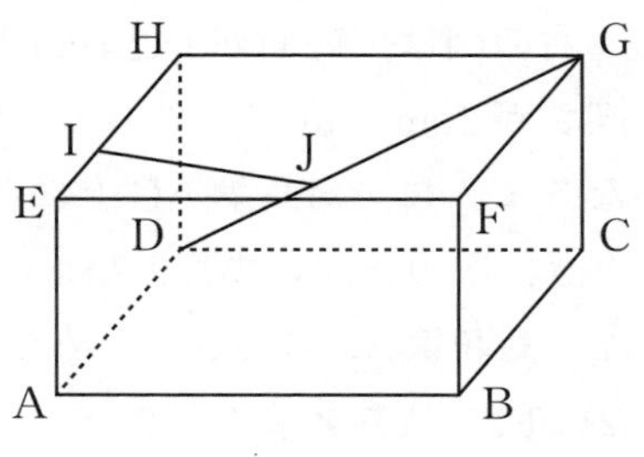

2 ★★☆

図の立体は，点Aを頂点とし，正三角形BCDを底面とする三角すいである。この三角すいにおいて，底面BCDと辺ADは垂直であり，AD = 8 cm，BD = 12 cmである。

この三角すいにおいて，辺AB，AC，BD，CDの中点をそれぞれK，L，M，Nとし，KNとLMの交点をEとする。線分BEの長さを求めなさい。

〈静岡県・一部略〉

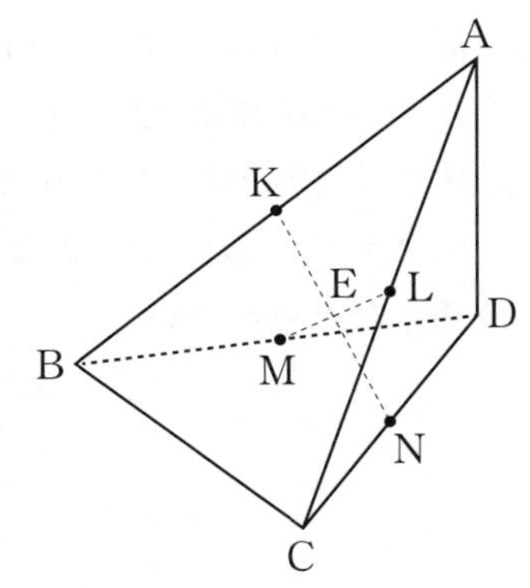

3 ★☆☆

右の図は，底面が1辺4cmの正方形で，高さが2cmの直方体である。FI ⊥ AG となるように，対角線AG上に点Iをとったとき，次の各問いに答えなさい。

(1) 対角線AGの長さを求めなさい。

(2) FIの長さを求めなさい。

〈共立女子第二高等学校〉

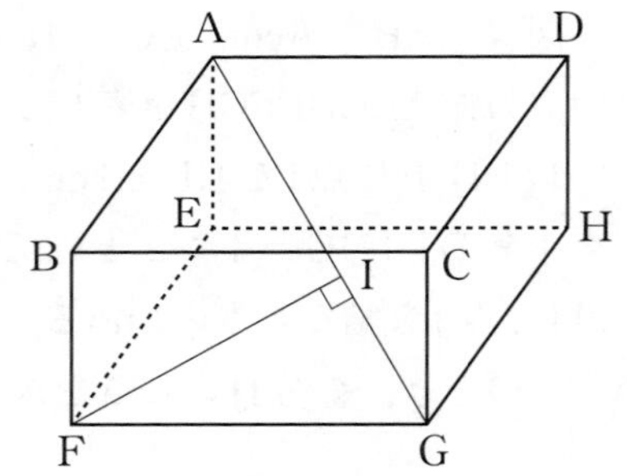

4 ★★★

図のように，AB = 2cm，AD = AE = 1cmの直方体ABCD-EFGHがあり，点Pは対角線AG上にあります。

点Pが平面CHF上にあるとき，線分CPの長さを求めなさい。

〈四天王寺高等学校・一部略〉

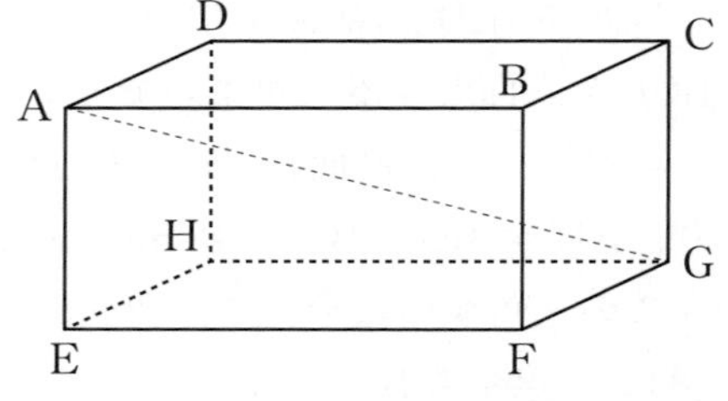

第4章

05 円すいや結んだ最短経路

▶ここでのテーマ

立体の表面を通るように**糸をピンと張るときの最短の長さ**を求める問題を扱います。またその過程で，円すいの**側面のおうぎ形の中心角の求め方**も学びます。

三平方の定理の計算だけでなく，60°の特別角なども出てくるので知識を固めてから臨みましょう。

▶合格のための視点

立体の表面を通るように，PからRまで糸をピンと張るときの最小の長さは，図のように**展開図をえがき直線で結ぶ**。

これがPQ＋QRの最小値になっている（※）。

もし円柱ならば，側面を開いた展開図で同じように直線で結べばよい。

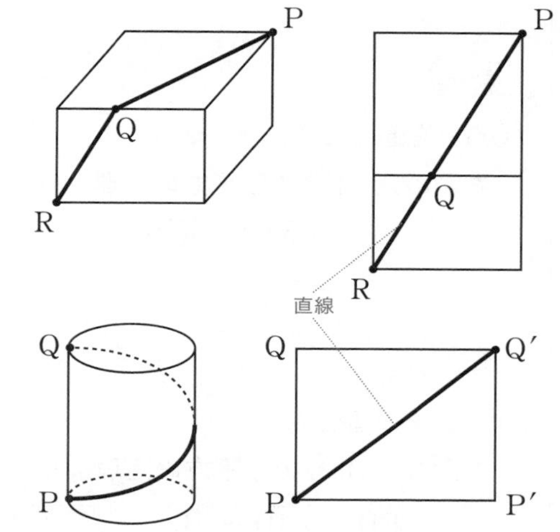

ワザあり

［※の理由］

図で明らかに，

$PQ_1 + Q_1R > PR$

$PQ_2 + Q_2R > PR$

なので，直線で結んだときが最も短いんだ。

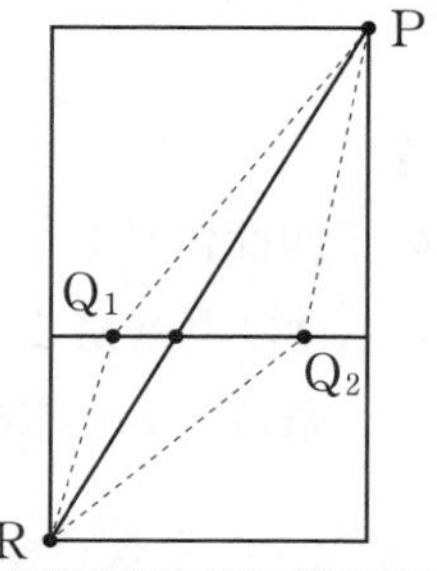

避けたい失敗例

立体の表面を通る最短距離なのに，間違って立体の内部で計算してしまった。／展開図で考えればいいことを忘れてしまった。／誤った展開図をかいてしまった。

▶ 大事なポイント

柱体では交わる辺によって長さが変わってくるから注意が必要なんだ。交わる辺が指定されているのかそうでないか，問題文を慎重に読もう。

例題 1

右図の直方体において，DP ＋ PF と DQ ＋ QF のどちらが短いか答えよ。ただし，DP ＋ PF と DQ ＋ QF はそれぞれ最短の長さになっている。

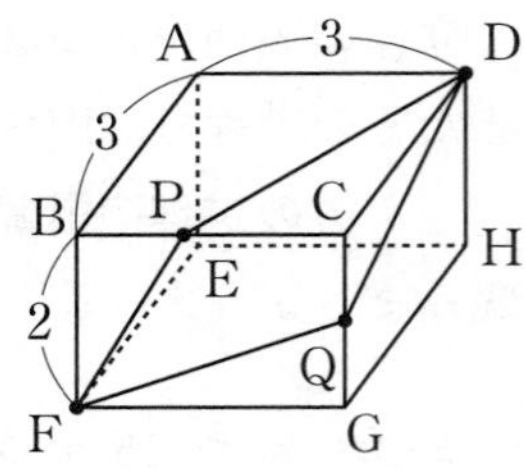

解法

①点Pを通るとき

右図の△AFD で三平方の定理より，

$$FD = \sqrt{AD^2 + AF^2} = \sqrt{3^2 + 5^2} = \sqrt{34}$$

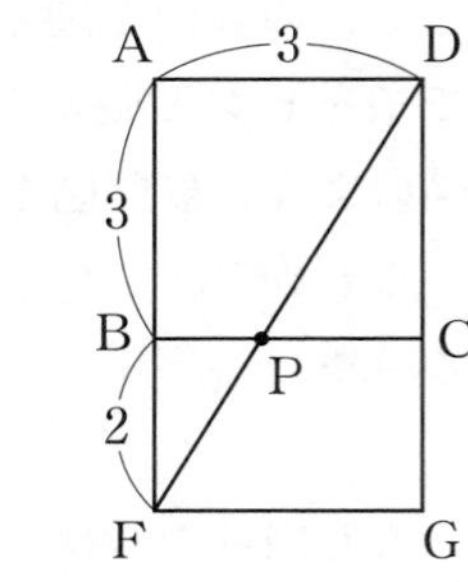

②点Qを通るとき

右図の△BFD で三平方の定理より，

$$FD = \sqrt{BD^2 + BF^2} = \sqrt{6^2 + 2^2} = \sqrt{40}$$

$\sqrt{34} < \sqrt{40}$ より，点Pを通る方が短い。

答 DP ＋ PF

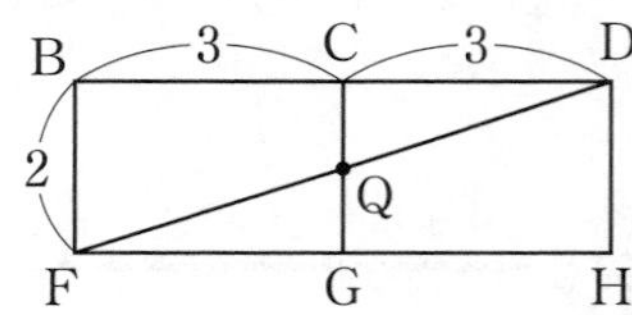

例題 2

図の正四面体において，点Bから辺ACと交わり，辺ADの中点Mまで糸をたるまないように張るとき，糸の長さを求めよ。

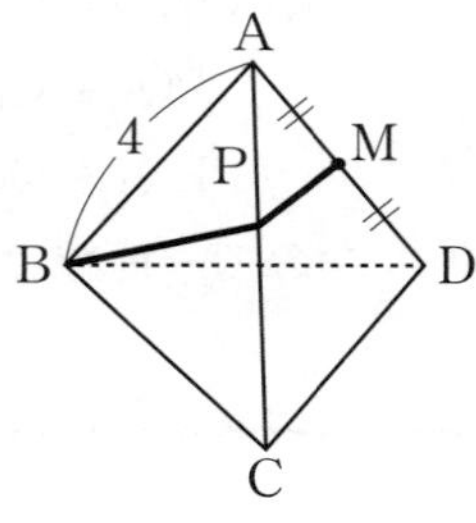

解法

△ABC と△ADC をつなげた展開図をえがく。

ここで∠BAD ＝ 120°だから，右図のように 60°の直角三角形を外側に補う。

$$BM = \sqrt{(2\sqrt{3})^2 + 4^2} = 2\sqrt{7}$$

答 $2\sqrt{7}$

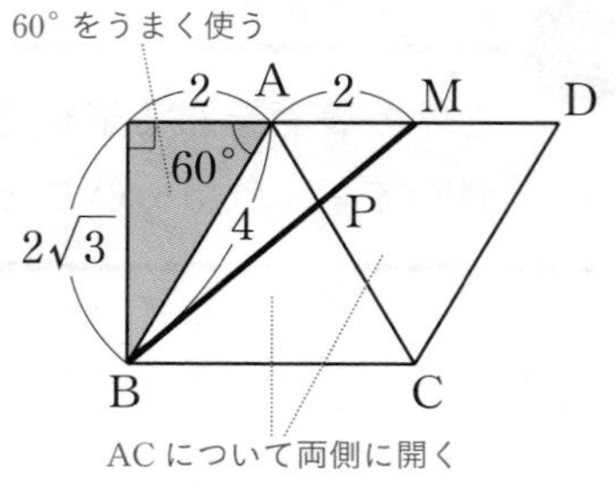

▶ ワンポイントアドバイス

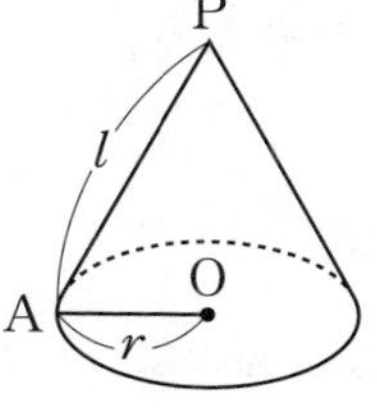

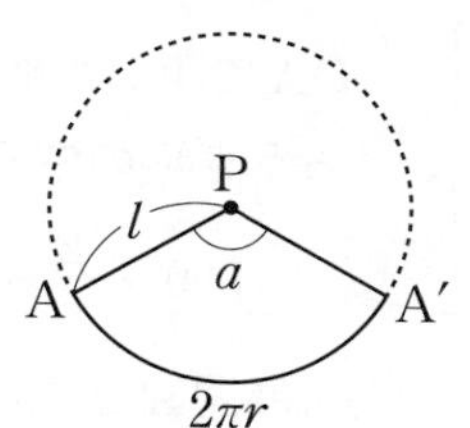

右図の円すいの側面はおうぎ形である。

その中心角は次のように求めることができる。

半径 l の円の周の長さは $2\pi l$

おうぎ形の弧の長さは $2\pi r$

割合で考えている

よって，中心角 $a = 360° \times \boxed{\dfrac{2\pi r}{2\pi l}} = \boxed{360° \times \dfrac{r}{l}}$

ちなみに，おうぎ形の面積は，$\pi l^2 \times \boxed{\dfrac{2\pi r}{2\pi l}} = \pi l^2 \times \dfrac{r}{l} = \boxed{\pi l r}$

例題 3

右図の円すいの側面のおうぎ形の中心角を求めよ。

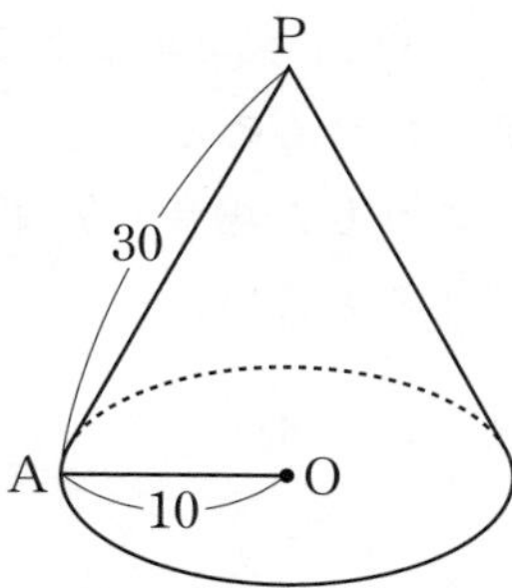

解法

$360° \times \dfrac{10}{30} = 120°$　　答 120°

例題 4

右図の円すいにおいてABは直径である。点Aから出発して再びAに戻るような最短の長さを考える。

このとき，次の問いに答えよ。

(1)　点Aから出発し1周して点Aに再び戻るとき，その長さを求めよ。

(2)　(1)とOBとの交点をPとする。このとき，OPの長さを求めよ。

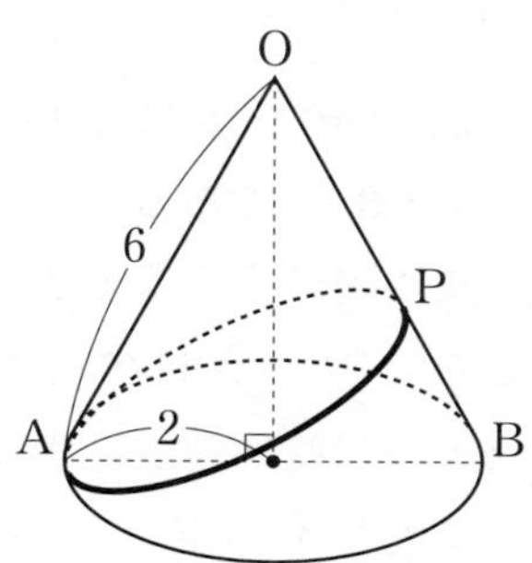

解法

OAで開いた展開図を考える。

おうぎ形の中心角は,

$$360° \times \frac{2}{6} = 120°$$

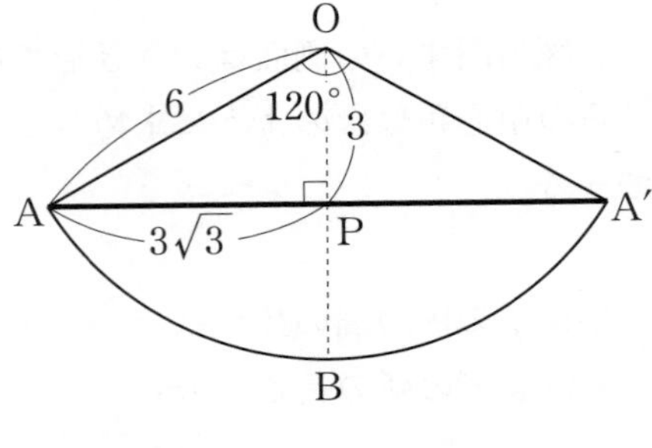

(1) 展開図上に示せば右図のようになる。

よって, $3\sqrt{3} \times 2 = 6\sqrt{3}$

答 $6\sqrt{3}$

(2) 右図のようになるから,

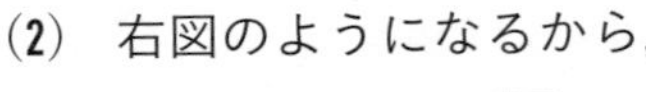

OP = 3　　答 3

▶ ワンポイントアドバイス

右図のように, 点Aから出発して1周半して点Mへ向かうときの最短の長さを考える場合もある。

こうした場合, 展開図を**1枚半つなげて**考えるとよい。

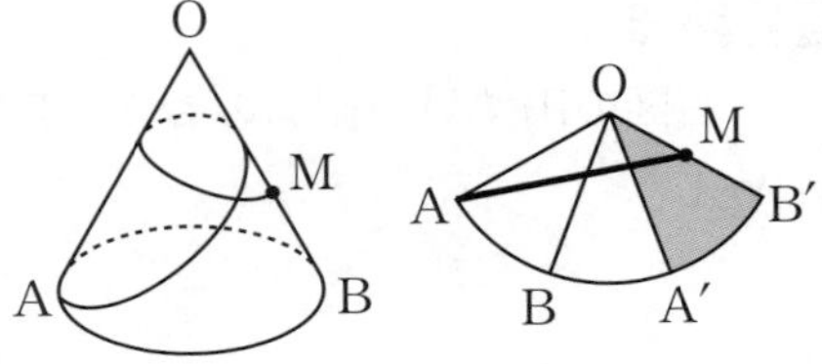

入試問題演習

1 ★☆☆

図の直方体において, AB = 5cm, AD = 8cmである。辺CD上に, BP + PHの長さが最小となるような点Pをとったところ, BP + PHの長さが$5\sqrt{5}$ cmとなった。

このとき, BF = □cmである。

〈桐朋女子高等学校〉

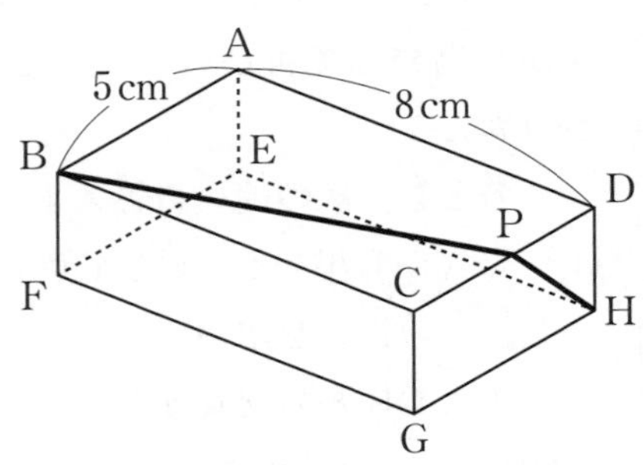

2 ★★★

次の図は，1辺の長さが6の立方体で，点Mは辺ADの中点，点Nは辺EFの中点である。この立方体の表面上を通って点Mから点Nへ行くとき，最短経路の長さを求めよ。

〈岡山白陵高等学校〉

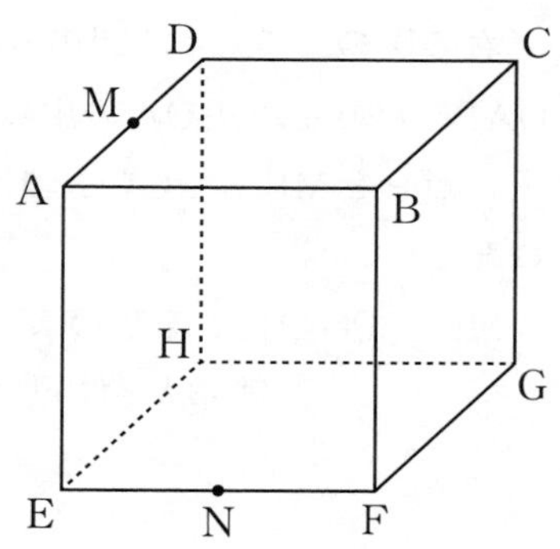

3 ★☆☆

1辺の長さが1cmの正四面体ABCDがあります。辺AB上に点Pをとるとき，線分DPとPCの長さの和が最小になるときの，線分DPとPCの長さの和を求めなさい。

〈大阪教育大学附属高等学校平野校舎・一部略〉

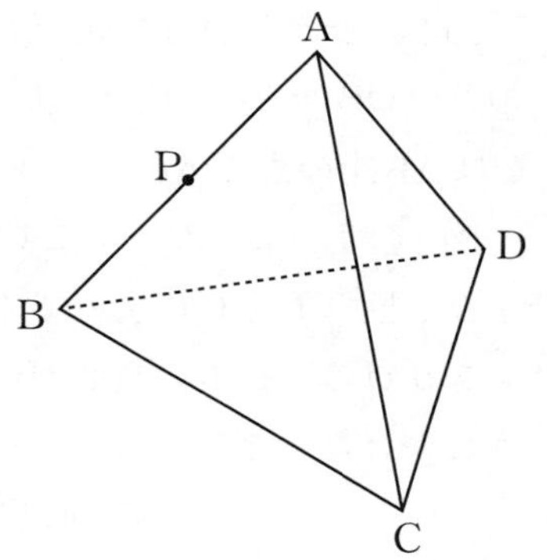

4 ★★☆

右の図は，底面が正三角形で，側面がすべて長方形の三角柱ABC-DEFである。AC = 2cm, AD = $\sqrt{3}$ cmで，辺AB上に点Pがある。

CP + PDの長さが最も短くなるように点Pをとる。このとき，CP + PDの長さを求めなさい。

〈共立女子第二高等学校・一部略〉

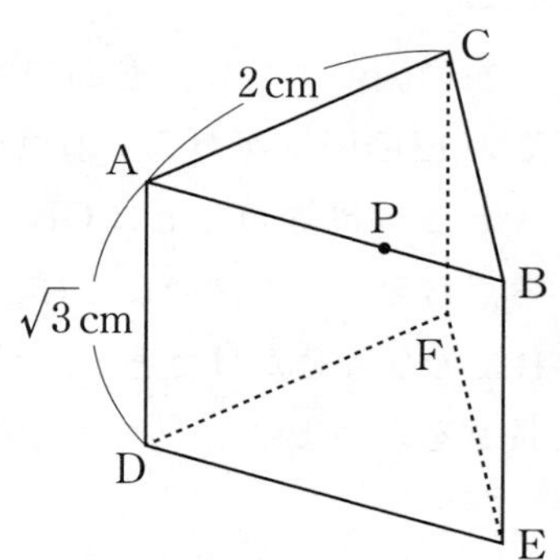

第4章 05 円すいや結んだ最短経路

5 ★★☆

右の図のように，1辺の長さが6の正四面体OABCがある。辺OAの中点をMとし，辺OB上に点PをMP＋PCの長さが最短となるようにとる。

MP＋PCの長さを求めよ。

〈明治大学付属明治高等学校・一部略〉

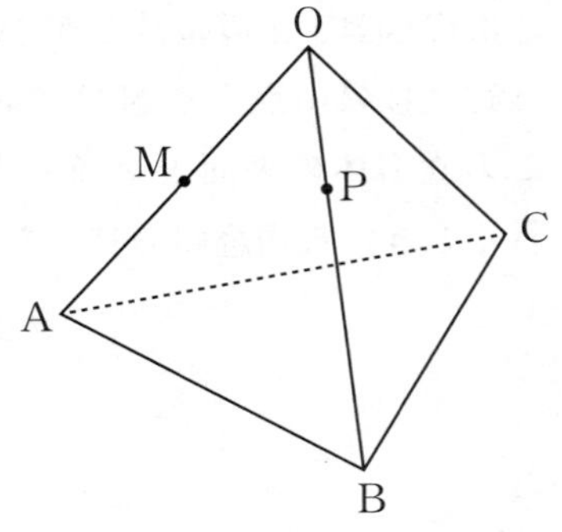

6 ★★☆

図1のような円Oを底面とする円錐があり，OB＝2，AB＝6である。また，CはAB上の点でAC＝$2\sqrt{3}$である。

図2のように，Cからこの円錐の側面をひと回りしてCに戻ってくるようにひもをかける。ひもの長さが最短になるようにかけたときひもの長さを求めよ。

〈成蹊高等学校・一部略〉

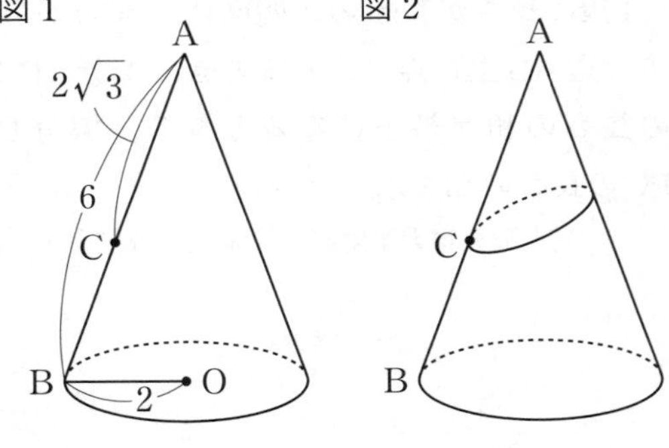

7 ★★★

右の図のように，底面の半径が4，母線の長さが12の円錐がある。頂点をO，底面の1点をAとし，母線OA上にOB：BA＝1：2となる点Bをとる。図のように，側面に点Aから点Bまでひもをかけたとき，最も短くなるひもの長さを求めよ。

〈弘学館高等学校〉

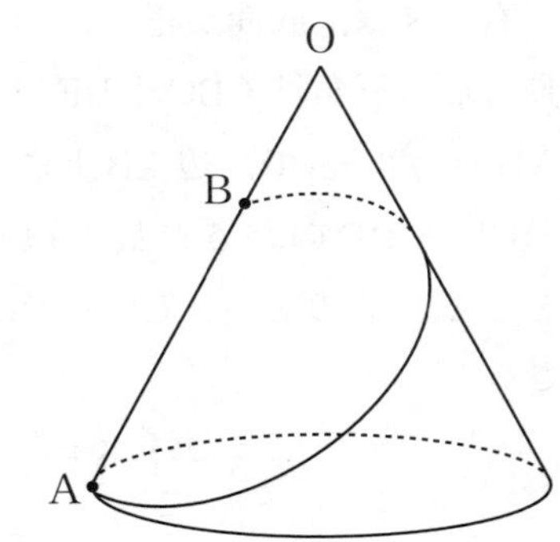

第 5 章

発展内容

テーマ 1 平行線の利用 164

テーマ 2 平行四辺形内に引く補助線 166

テーマ 3 正方形内で直交する線分 168

テーマ 4 不等辺三角形の高さや面積 170

テーマ 5 平行四辺形の面積二等分 172

テーマ 6 すい台の体積 174

第5章

01 平行線の利用

▶ ここでのテーマ

ここでは，**2角が等しい相似** 第2章 01や**平行線の線分比** 第2章 03を組み合わせます。

▶ 合格のための視点

平行線で相似形ができることはもちろんのこと，線分比を他の線分へ移せることにも注意を払う。

例題 1

右図において，xの値を求めよ。

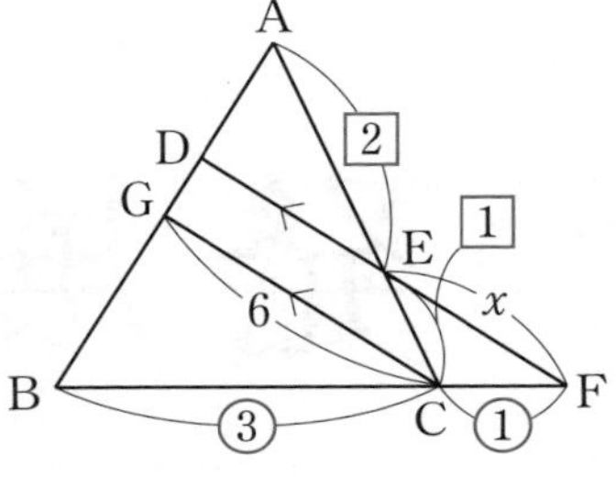

解法

△DBFにおいてDF // GCだから，

△BCG ∽ △BFD

よって，

CG ： FD = BC ： BF = 3 ： 4

GC = $3a$とすればFD = $4a$

また，△AGCにおいてDF // GCだから，

△ADE ∽ △AGC

よって，DE ： GC = AE ： AC = 2 ： 3

GC = $3a$だからDE = $2a$

これよりx = DF − DE = $4a - 2a = 2a$

$3a = 6$だから$a = 2$，$x = 2 \times 2 = 4$　　答 $x = 4$

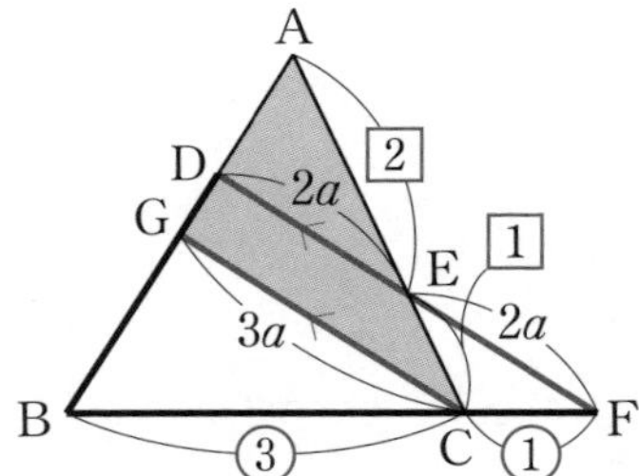

ワザあり

AD ： DG ： GB を求める問題もある。この場合，AD ： DG ： GB = 2 ： 1 ： 3 になる。

避けたい失敗例

△GBCと△ECFを相似とみてしまった。

入試問題演習

1 ★★☆

右の図において，AE：EBを求めよ。

ただし，AB // FGとする。

〈関西大倉高等学校〉

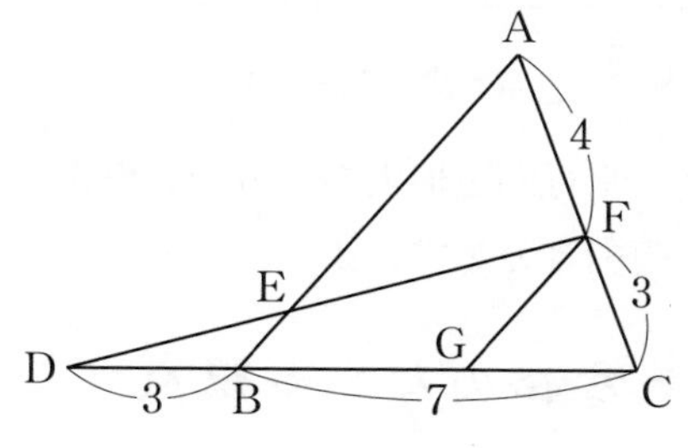

2 ★★☆

図のように，△ABCがあり，辺ABを三等分する点をAに近い方からD，Eとし，辺BCを二等分する点をFとする。線分AFと線分CDの交点をGとするとき，CG：GDを求めよ。

〈桐光学園高等学校〉

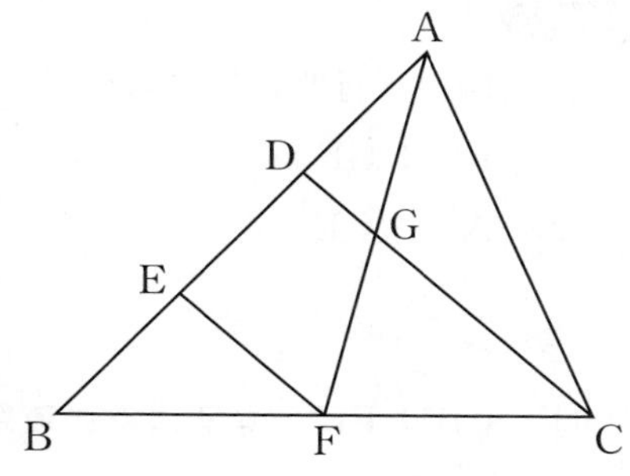

3 ★★★

右の図のように，△ABCがあり，辺ABの中点をD，辺ACを3等分する点をAに近い方から順にE，Fとし，BFとCDの交点をGとする。BG = 8cmのとき，DEの長さを求めよ。

〈修道高等学校〉

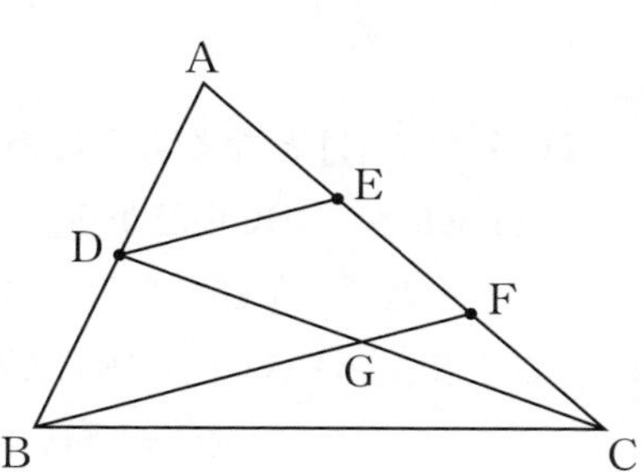

第5章

02 平行四辺形内に引く補助線

▸ ここでのテーマ

平行四辺形内の線分の比を求めるには，**辺の平行線を図形内に引き**ます。ここではこの引き方を学びます。

▸ 合格のための視点

右図のように平行四辺形の内部に，辺と平行な直線を引く。

これにより相似な三角形ができて，対応する辺の線分の比を利用する。

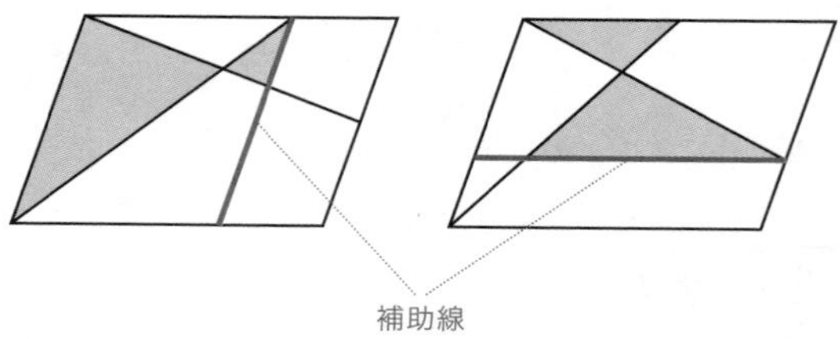

例題 1

右図の平行四辺形において，次の比を求めよ。

(1) BG : GF

(2) AG : GE

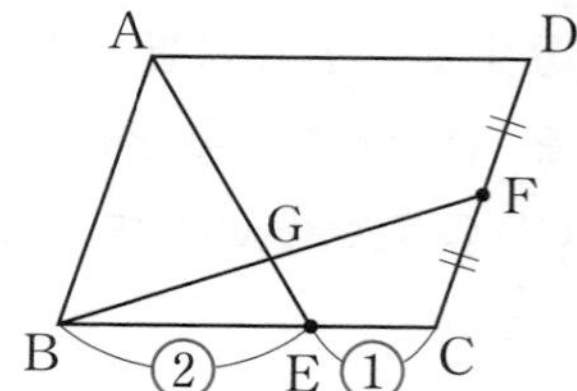

(1) CB ∥ FHとなるように**直線FHを引く**。

△ABEにおいて，Hは辺ABの中点だから，

中点連結定理より，BE : HI = ② : ①

よって，IF = ③ − ① = ②

ここで△IGF ∽ △EGBだから，

BG : GF = BE : FI = ② : ② = 1 : 1

答 1 : 1

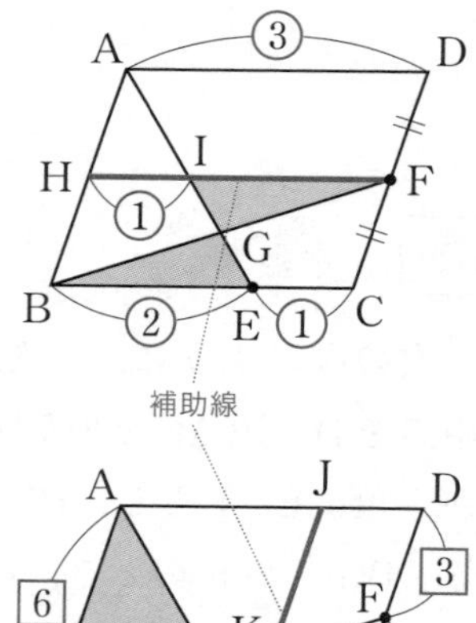

(2) BA ∥ EJとなるように**直線EJを引く**。

△BEK ∽ △BCFだから，

KE : FC = BE : BC = [2] : [3]

ここで△ABG ∽ △EKGだから，

AG : EG = AB : EK = 2FC : EK

= 2 × [3] : [2] = 3 : 1

答 3 : 1

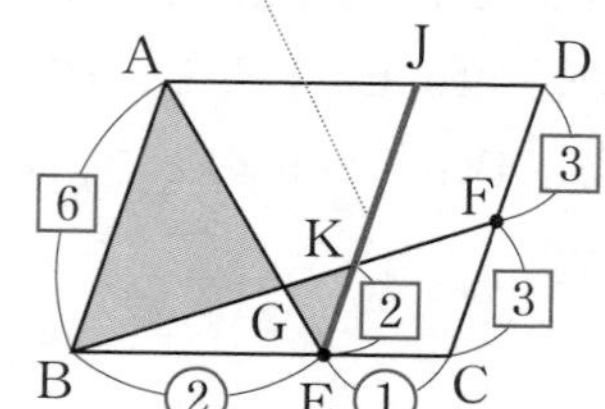

入試問題演習

1 ★★☆

平行四辺形ABCDにおいて，AE：EB＝2：3，BF：FC＝1：2，CG：GD＝2：1である。このとき，線分の比EH：HCを求めよ。ただし，比はできるだけ簡単な整数の比で表すこと。

〈桐光学園高等学校〉

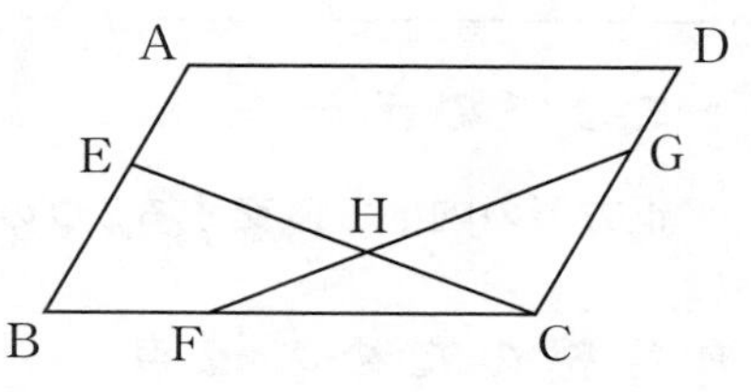

2 ★★☆

図の平行四辺形ABCDにおいて，AE＝5，ED＝3，DG＝$\frac{5}{2}$，GC＝$\frac{3}{2}$である。

BDとEGの交点をFとすると，BF：FD＝［　　　］である。

〈國學院大學久我山高等学校〉

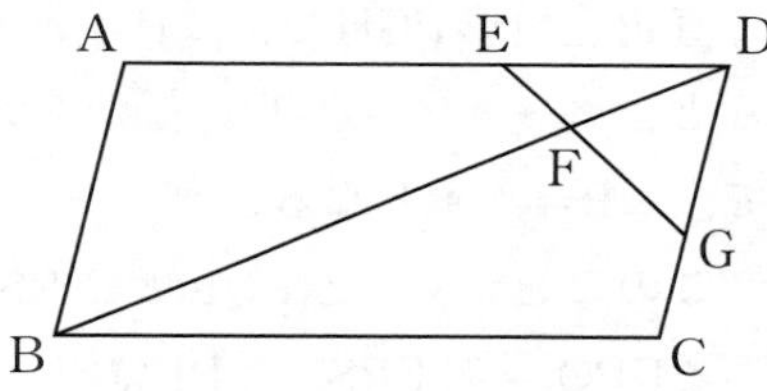

3 ★★★

右の図において，四角形ABCDは平行四辺形であり，点Eは辺ADの中点である。

また，点Fは辺BC上の点で，BF：FC＝3：1であり，点Gは辺CD上の点で，CG：GD＝2：1である。

線分BGと線分EFとの交点をHとするとき，線分BHと線分HGの長さの比を最も簡単な整数の比で表しなさい。

〈神奈川県〉

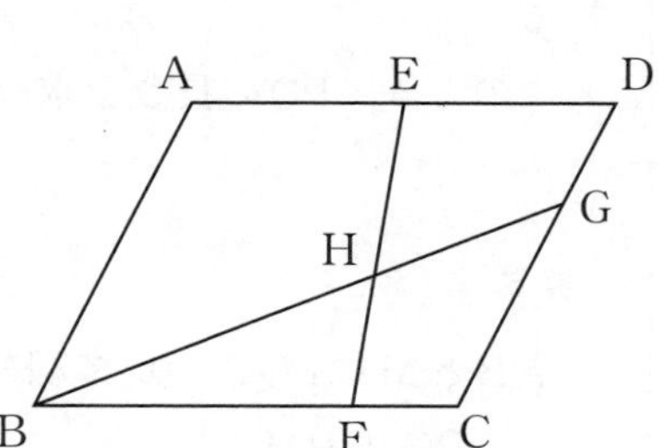

第５章

03 正方形内で直交する線分

▶ここでのテーマ

正方形の内部で**直交する２つの線分の長さは等しく**なります。

▶合格のための視点

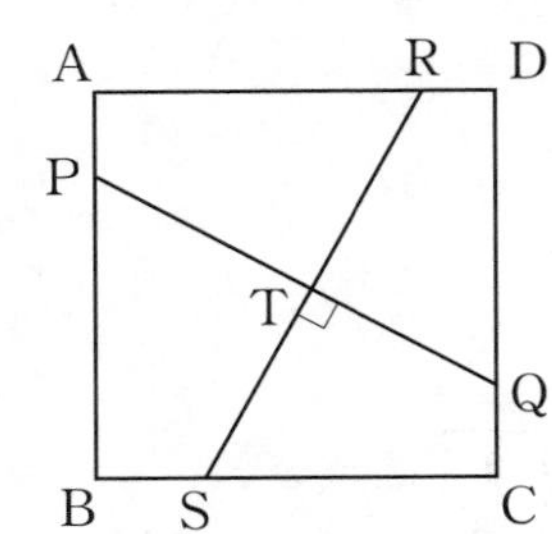

右図の正方形で，

$PQ \perp RS$ ならば $PQ = RS$

となる。

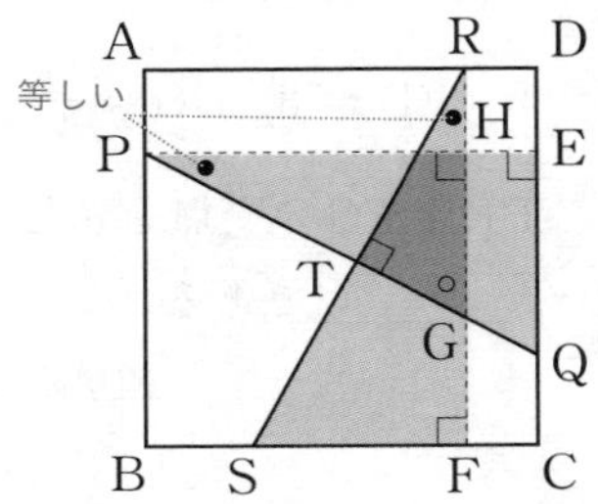

右図のように，$PE \parallel AD$ となる点E，$RF \parallel DC$ となる点Fをとれば，$PE \perp RF$ となる。

直角三角形PGHで，$\angle P = \angle \bullet$，$\angle G = \angle \circ$ とすると，$\angle \bullet + \angle \circ = 90°$ だから，直角三角形RGTで，$\angle R = \angle \bullet$ となる。

このことから，△PQEと△RSFで，

$\angle EPQ = \angle FRS$，$\angle PEQ = \angle RFS$，$PE = RF$

より，**△PQE≡△RSF**(…☆)

よって，**PQ＝RS**(…★) となる。

例題 1

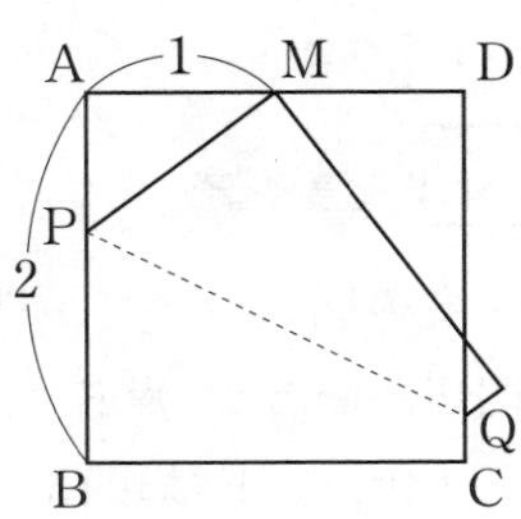

右図の１辺が２の正方形ABCDで，折り目PQにより，頂点Bが辺ADの中点Mに重なるように折る。

このとき，PQの長さを求めよ。

解法

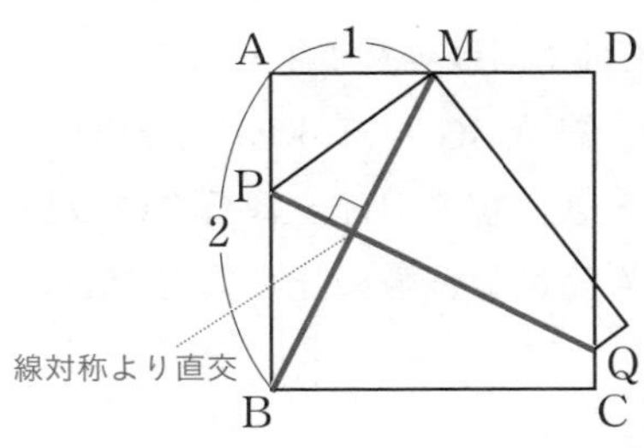

点BとMはPQについて線対称だから，

$PQ \perp BM$

★より，**PQ＝MB**

△ABMで三平方の定理より，

$MB = \sqrt{AM^2 + AB^2} = \sqrt{1^2 + 2^2}$

$= \sqrt{5} = PQ$　　答 $\sqrt{5}$

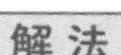 2

右図の1辺が8の正方形ABCDで，折り目PQにより，頂点Bが辺ADの中点Mに重なるように折る。

このとき，QCの長さを求めよ。

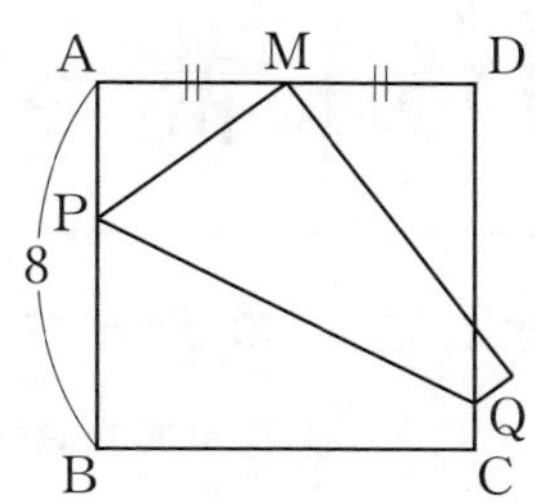

解法

右図のように，QE // CBとなるような点Eを辺AB上にとる。

ここでp.59を利用すれば，AP = 3

☆より，△**ABM** ≡ △**EQP**だから，

PE = MA = 4

QC = EB = AB − AP − PE

= 8 − 3 − 4 = 1　　答 1

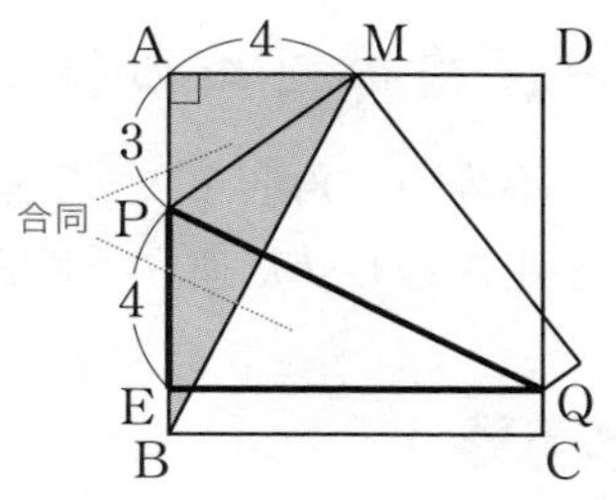

入試問題演習

1 ★★☆

右の図は，1辺の長さが9の正方形ABCDを，頂点Aが辺DC上の点Eに重なるように折り返したもので，PQは折り目の線である。DE = 3であるとき，PQの長さを求めよ。

〈西大和学園高等学校〉

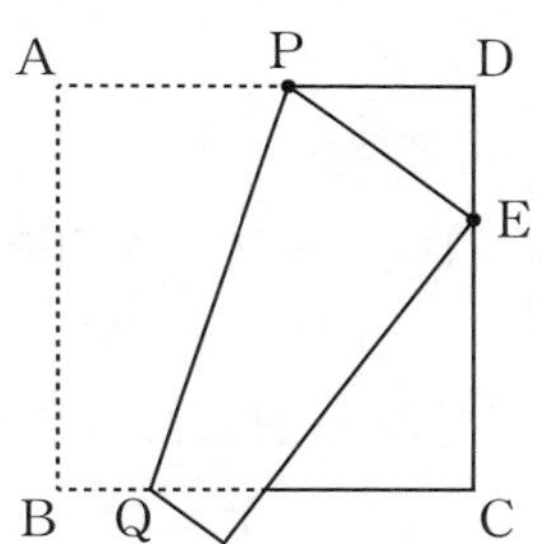

2 ★★☆

右の図のような，正方形ABCDがあり，2点E，Fはそれぞれ辺AB，辺AD上の点である。辺ABをBの方に延長した直線上に点Gをとる。線分FGと線分EC，辺BCとの交点をそれぞれH，Iとする。

∠CHF = 90°，AD = 12cm，BE = 5cm，FH = 9cmであるとき，線分CHの長さは何cmか。

〈香川県〉

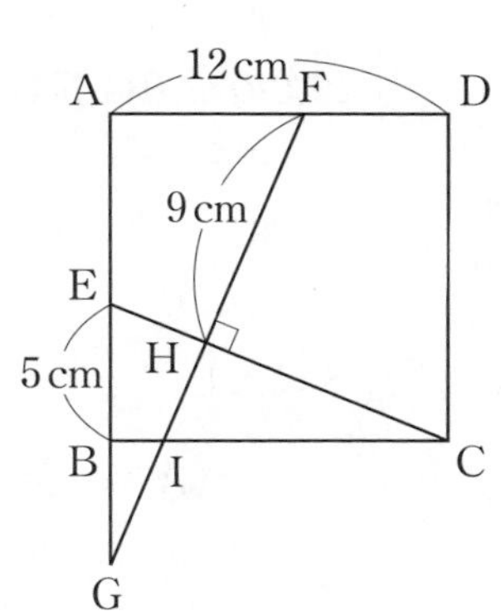

第5章 03 正方形内で直交する線分

第5章

04 不等辺三角形の高さや面積

▶ここでのテーマ

3辺の長さが異なる三角形の高さや面積の求め方です。ここでは**三平方の定理**が大活躍します。

▶合格のための視点

不等辺三角形を2つの直角三角形に分ける。三平方の定理から方程式を作り，これらを組み合わせた連立方程式で解く。

例題 1

次の三角形の面積を求めよ。

(1)

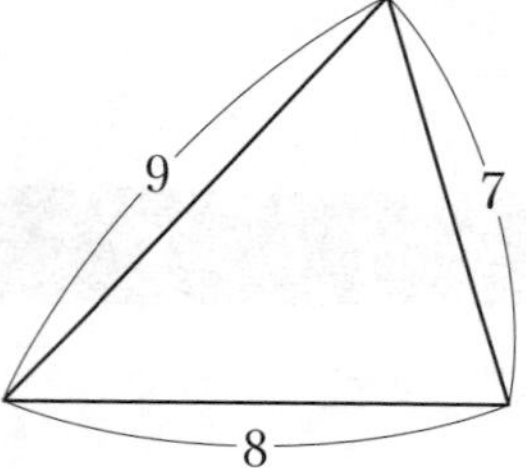

(2)

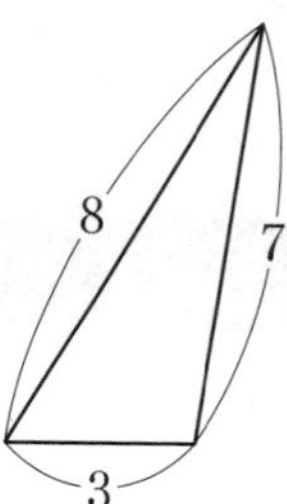

解法

(1) 右図で，底辺をBC，高さをAHとして面積を求める。

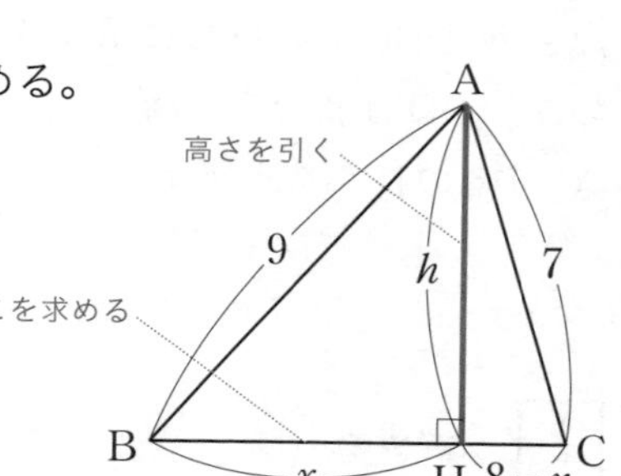

$BH = x$，$AH = h$とする。

△ABHにおいて三平方の定理より，

$h^2 = 9^2 - x^2$　(…①)

△ACHにおいて三平方の定理より，

$h^2 = 7^2 - (8 - x)^2$　(…②)

①と②の右辺は等しいことから，

$9^2 - x^2 = 7^2 - (8 - x)^2$

$81 - x^2 = 49 - (64 - 16x + x^2)$，$81 - x^2 = -15 + 16x - x^2$，$96 = 16x$，

$x = 6$

①へ代入して，$h^2 = 9^2 - 6^2 = 81 - 36 = 45$，$h = 3\sqrt{5}$

$\triangle ABC = \dfrac{1}{2} \times 8 \times 3\sqrt{5} = 12\sqrt{5}$　答 $12\sqrt{5}$

▶ **大事なポイント**

求める三角形の高さではなく，xを先に計算するといいんだ。

解法

(2) 右図で，底辺をBC，高さをAHとして面積を求める。

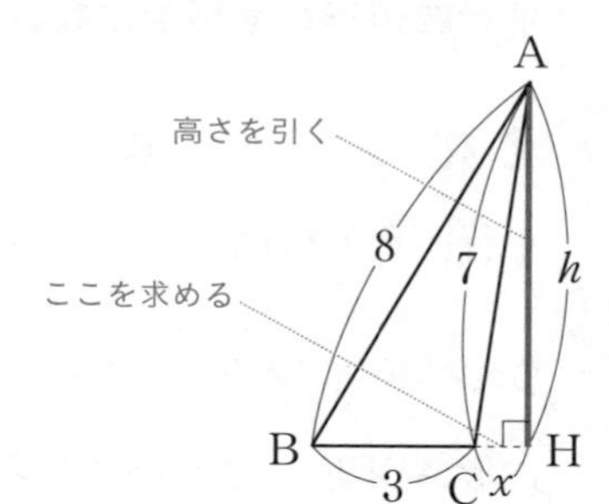

CH $= x$，AH $= h$とする。

△ACHにおいて三平方の定理より，

$h^2 = 7^2 - x^2$ (…①)

△ABHにおいて三平方の定理より，

$h^2 = 8^2 - (3 + x)^2$ (…②)

①と②の右辺は等しいことから，

$7^2 - x^2 = 8^2 - (3 + x)^2$

$49 - x^2 = 64 - (9 + 6x + x^2)$，$49 - x^2 = 55 - 6x - x^2$，$6x = 6$，$x = 1$

①へ代入して，$h^2 = 7^2 - 1^2 = 49 - 1 = 48$，$h = 4\sqrt{3}$

$\triangle ABC = \dfrac{1}{2} \times 3 \times 4\sqrt{3} = 6\sqrt{3}$ 答 $6\sqrt{3}$

入試問題演習

1 ★★☆

△ABCにおいて，AB $= 13$，BC $= 14$，CA $= 15$，∠AHB $= 90°$のとき，線分AHの長さを求めなさい。

〈専修大学附属高等学校〉

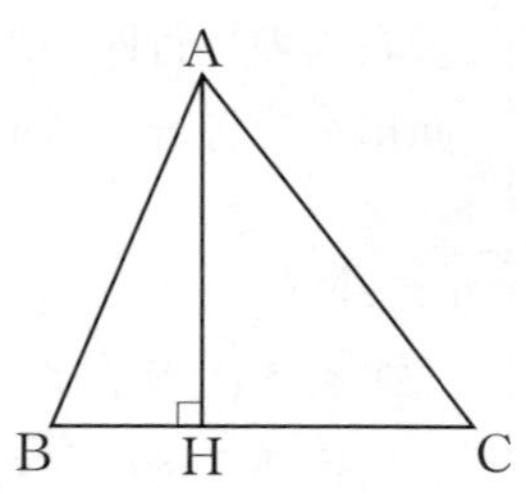

2 ★★☆

図の△ABCで，頂点Aから辺BCに下ろした垂線AHの長さを求めよ。

〈桐光学園高等学校〉

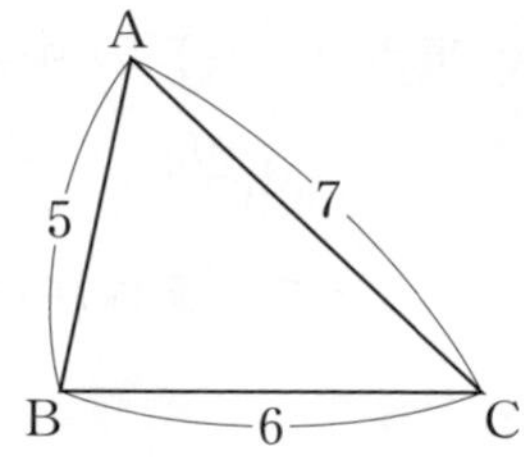

第5章

05 平行四辺形の面積二等分

▶ ここでのテーマ

平行四辺形の面積を二等分する直線の式を求めます。

▶ 合格のための視点

平行四辺形の面積を二等分する直線は，**平行四辺形の対角線の交点を通る**。

▶ ワンポイントアドバイス

台形ABFEと台形DCFEの面積が等しいことを示す。

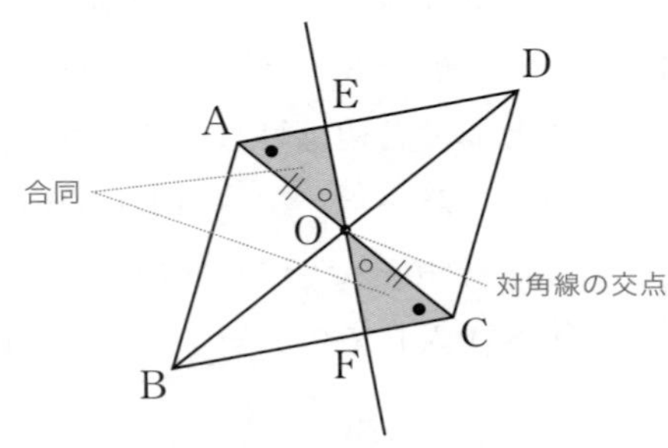

△AOEと△COFは，AE // CFから，

∠EAO = ∠FCO

∠AOE = ∠COF，AO = CO

以上より，△AOE ≡ △COF　(…①)

同様に，△BOF ≡ △DOE　(…②)

また，△AOB ≡ △COD　(…③)

さて，台形ABFE = △AOE + △BOF + △AOB

台形DCFE = △COF + △DOE + △COD

だから，①②③より，台形ABFEと台形DCFEの面積は等しくなる。

例題 1

右図の平行四辺形において，原点を通り面積を二等分する直線 l の式を求めよ。

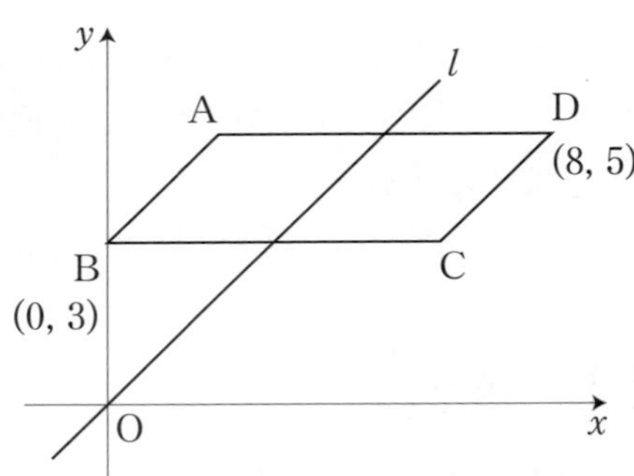

解法

求める直線 l は，**対角線の交点Mを通る**。

平行四辺形の対角線は，それぞれの中点で交わるから，点Mは，頂点B(0, 3) と頂点D(8, 5) の中点。

$$M\left(\frac{0+8}{2}, \frac{3+5}{2}\right) = (4, 4)$$

よって，直線 l の式は，$y = x$　　答 $y = x$

▶ **大事なポイント**

長方形，ひし形，正方形でも，同じようにできるんだ。

入試問題演習

1 ★★☆

図のように，放物線$y=\frac{1}{9}x^2$があります。その放物線上に点A，点C，点Dがあり，y軸上に点Bがあります。点Aのx座標は3，点Dのx座標は-6で，四角形ABCDが平行四辺形であるとき，次の問いに答えなさい。

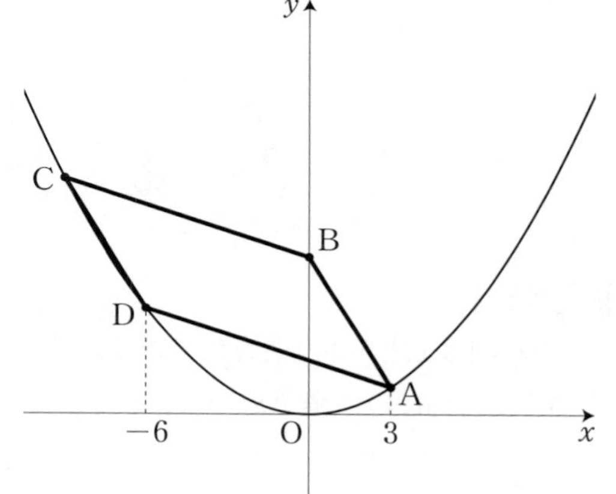

(1) 点Cのx座標を求めなさい。

(2) 点Bのy座標を求めなさい。

(3) 点$(-6,\ 0)$を通る直線が，平行四辺形ABCDの面積を2等分するとき，その直線の方程式を求めなさい。

〈鎌倉学園高等学校〉

2 ★★☆

右の図の3点A，B，Dは，放物線$y=\frac{3}{4}x^2$上の点で，点Cは放物線$y=ax^2$上の点であり，BCはx軸に平行である。点A，Bのx座標はそれぞれ-4，-2で，四角形ABCDが平行四辺形であるとき，次の各問いに答えなさい。

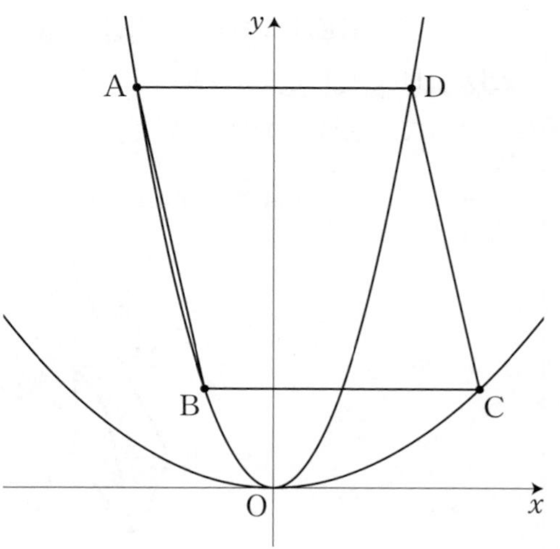

(1) 点Dの座標を求めなさい。

(2) aの値を求めなさい。

(3) 原点Oを通り，平行四辺形ABCDの面積を2等分する直線の方程式を求めなさい。

〈共立女子第二高等学校〉

第5章

06 すい台の体積

▶ここでのテーマ

すい台の体積を求め方を学びます。

▶合格のための視点

図のように，三角すいAから三角すいBを取り除く。2つの三角すいの底面が平行なとき，残った立体を**すい台**（この場合は円すい台）という。

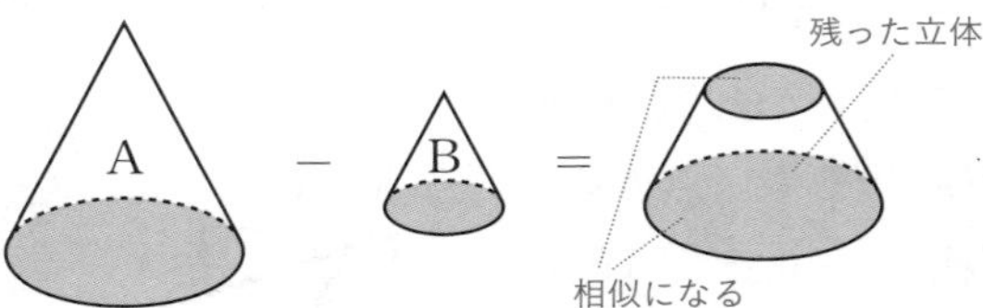

例題 1

右図は1辺が4の立方体である。このとき，立体MND-EGHの体積を求めよ。

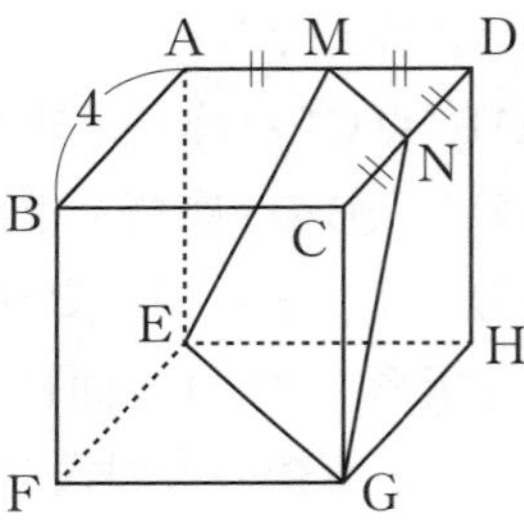

解法

面MNDと面EGHは平行で△DMN∽△HEGだから**三角すい台**（※）。

下図のように，各辺の延長の交点をKとする。（（※）より各辺の延長は1点Kで交わる。）

求める立体は，**三角すいK-EGHから三角すいK-MNDを除いたもの**（★）。

ここで△KEHにおいて，KD：KH＝MD：EH＝2：4＝1：2だから，KD：DH＝1：1（☆）

よって，KD＝DH＝4

$★=\frac{1}{3}\times\frac{1}{2}\times4\times4\times(4+4)-\frac{1}{3}\times\frac{1}{2}\times2\times2\times4=\frac{64}{3}-\frac{8}{3}=\frac{56}{3}$　**答** $\frac{56}{3}$

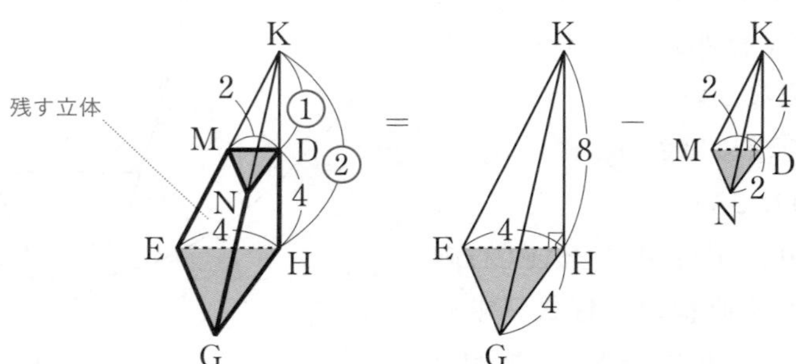

ワザあり

三角すいの高さを求めるには，☆のように**三角形の相似を利用**する。

▶ **大事なポイント**

すい台の体積は★のように，辺を延長して**大きなすい体を作り**，そこから上側にある**余分なすい体を取り除く**といいんだ。

避けたい失敗例

円すい台や三角すい台の体積の求め方が分からなかった。／
辺を延長してすい体を作るまではわかったが，高さを求めることができなかった。

入試問題演習

1 ★★★

右の図は，ACを母線とする，底面の円の中心がP，半径が3cmの円錐である。AC上に$BC=\sqrt{5}$ cmとなる点Bをとり，点Bを通り底面に平行な平面でこの円錐を切って2つの立体に分ける。切り口の半径が2cmの円であるとき，次の問いに答よ。

(1) APの長さを求めよ。

(2) Aを含まないほうの立体の体積を求めよ。

〈成城学園高等学校〉

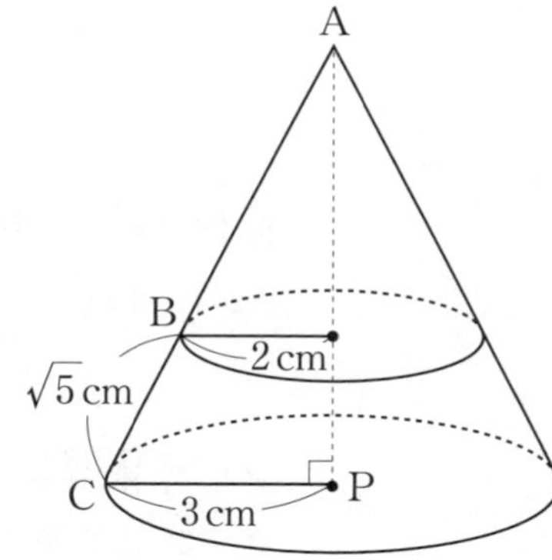

2 ★★★

右の図のような1辺の長さが6cmの立方体があり，辺AB上にAP：PB＝2：1となる点Pをとる。

3点P，F，Hを通る平面で，この立方体を切断したとき，頂点Eを含む方の体積を求めよ。

〈青雲高等学校〉

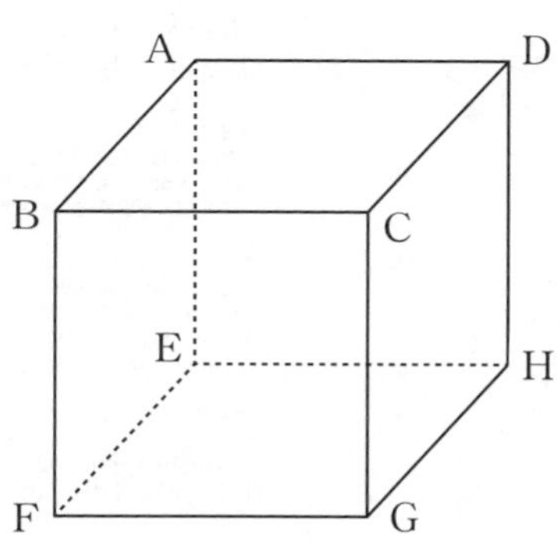

谷津　綱一（やつ　こういち）
SAPIX中学部で30年間にわたり指導を行う。SAPIXが、筑波大学附属駒場高校、開成高校の合格者数日本一を達成した時代の教務部長。その後も本部長として教壇に立ち続け、筑駒や開成を中心に多数の合格者を送り出す。現在は高校入試数学の参考書の執筆などを行う。
月刊誌「高校への数学」への執筆歴は20年以上にわたる。おもな著書に、『高校入試対策問題集 合格のための神技数学』（KADOKAWA）、『入試を勝ち抜く数学ワザ52』『入試を勝ち抜く数学ワザ・ビギナーズ52［改訂版］』『入試を勝ち抜く数学ワザ・サプリ52』（いずれも東京出版）、『絶対に公立トップ校に行きたい人のための 高校入試数学の最強ワザ120』（かんき出版）、『中学入学準備 小学算数スキル57』（文英堂）、『親子で楽しむ 和算の図鑑』（技術評論社）などがある。

高校入試　「解き方」をさずける問題集　数学

2023年８月４日　初版発行

著者／谷津 綱一

発行者／山下 直久

発行／株式会社KADOKAWA
〒102-8177　東京都千代田区富士見2-13-3
電話　0570-002-301（ナビダイヤル）

印刷所／株式会社加藤文明社印刷所
製本所／株式会社加藤文明社印刷所

●お問い合わせ
https://www.kadokawa.co.jp/（「お問い合わせ」へお進みください）
※内容によっては、お答えできない場合があります。
※サポートは日本国内のみとさせていただきます。
※Japanese text only

定価はカバーに表示してあります。

ISBN 978-4-04-605912-3　C6041

この別冊を取り外すときは、本体からていねいに引き抜いてください。
なお、この別冊抜き取りの際に
損傷が生じた場合のお取り替えはお控えください。

KADOKAWA

別冊目次

第1章 計算

テーマ1 共通因数でくくる因数分解 4
テーマ2 工夫する平方根の計算 4
テーマ3 求値計算 5
テーマ4 根号を外し整数にする 6
テーマ5 方程式の未定係数の決定 6

第2章 平面図形

テーマ1 もうひとつに重なる相似な三角形 7
テーマ2 平行線の間にできる向かい合う相似な三角形 9
テーマ3 平行線と線分の比 11
テーマ4 三角形の面積比 12
テーマ5 三平方の定理と相似の融合 15
テーマ6 特別角の利用 19
テーマ7 円と角の大きさの関係 21
テーマ8 円の直径が作る角度に着目 21
テーマ9 円内の回転系合同や回転系相似 25
テーマ10 中点連結定理 27

第3章 関数

テーマ1 座標平面上の図形 29
テーマ2 座標平面上の面積 33
テーマ3 面積を分ける直線と座標 37
テーマ4 等積変形 42
テーマ5 座標平面上の反射と最小 45

第4章 立体図形

テーマ1 立体図形の長さや面積 46
テーマ2 すい体の体積 48
テーマ3 すい体の体積比 51
テーマ4 空間内の長さや比 52
テーマ5 円すいや結んだ最短経路 54

第5章 発展内容

テーマ1 平行線の利用 56
テーマ2 平行四辺形内に引く補助線 57
テーマ3 正方形内で直交する線分 58
テーマ4 不等辺三角形の高さや面積 59
テーマ5 平行四辺形の面積二等分 60
テーマ6 すい台の体積 61

第1章

01 共通因数でくくる因数分解

▶P.11

1

(1) $2(x-4)(x+4)$

(2) $3ac(b-2)(b-3)$

(3) $(x-2)(x+9)$

(4) $(x+y+4)(x+y+3)$

(5) $(y-6)(x+1)$

(6) $(a+b)(a+b+3)$

(7) $(x-3y+2)(x-3y+1)$

解説

(1) $2x^2-32=2(x^2-16)$

$=2(x-4)(x+4)$

(2) $3ab^2c+18ac-15abc$

$=3ac(b^2+6-5b)$

$=3ac(b^2-5b+6)$

$=3ac(b-2)(b-3)$

(3) $(x+6)^2-5(x+6)-24$

$x+6=A$とおけば,

与式 $=A^2-5A-24$

$=(A-8)(A+3)$

Aを戻して,

$\{(x+6)-8\}\{(x+6)+3\}$

$=(x-2)(x+9)$

(4) $(x+y)^2+7(x+y)+12$

$x+y=A$とおけば,

与式 $=A^2+7A+12$

$=(A+4)(A+3)$

Aを戻して,

$\{(x+y)+4\}\{(x+y)+3\}$

$=(x+y+4)(x+y+3)$

(5) $xy-6x+y-6$

$=x(y-6)+(y-6)$

$y-6=A$とおけば,

$xA+A=A(x+1)$

Aを戻して, $(y-6)(x+1)$

(6) $a^2+2ab+b^2+3a+3b$

$=(a+b)^2+3(a+b)$

$a+b=A$とおけば,

$A^2+3A=A(A+3)$

Aを戻して,

$(a+b)\{(a+b)+3\}$

$=(a+b)(a+b+3)$

(7) $x^2-6xy+9y^2+3x-9y+2$

$=(x-3y)^2+3(x-3y)+2$

$x-3y=A$として,

$A^2+3A+2=(A+2)(A+1)$

Aを戻して,

$\{(x-3y)+2\}\{(x-3y)+1\}$

$=(x-3y+2)(x-3y+1)$

第1章

02 工夫する平方根の計算

▶P.14

1

(1) $-2\sqrt{2}$　(2) $5\sqrt{2}$　(3) $\sqrt{2}$

(4) $5\sqrt{2}$　(5) $\sqrt{15}$　(6) -6

(7) $-\sqrt{2}$　(8) -7　(9) $2-3\sqrt{2}$

解説

(1) $\sqrt{18}-\dfrac{10}{\sqrt{2}}=\sqrt{18}-\dfrac{\sqrt{100}}{\sqrt{2}}$

$=\sqrt{18}-\sqrt{50}=3\sqrt{2}-5\sqrt{2}=-2\sqrt{2}$

(2) $\sqrt{32}+2\sqrt{3}\div\sqrt{6}=\sqrt{32}+\dfrac{2\sqrt{3}}{\sqrt{6}}$

$=\sqrt{32}+\dfrac{\sqrt{12}}{\sqrt{6}}=4\sqrt{2}+\sqrt{2}=5\sqrt{2}$

(3) $\dfrac{3}{\sqrt{2}}-\dfrac{2}{\sqrt{8}}=\dfrac{3}{\sqrt{2}}-\dfrac{2}{2\sqrt{2}}$

$=\dfrac{3}{\sqrt{2}}-\dfrac{1}{\sqrt{2}}=\dfrac{2}{\sqrt{2}}=\dfrac{\sqrt{4}}{\sqrt{2}}=\sqrt{2}$

(4) $\sqrt{14}\times\sqrt{7}-\sqrt{8}$

$=\sqrt{2}\times\sqrt{7}\times\sqrt{7}-\sqrt{8}$

$=7\sqrt{2}-2\sqrt{2}=5\sqrt{2}$

(5) $(\sqrt{10}+\sqrt{5})(\sqrt{6}-\sqrt{3})$

$=\sqrt{5}(\sqrt{2}+1)\times\sqrt{3}(\sqrt{2}-1)$

$=\sqrt{15}(\sqrt{2}+1)(\sqrt{2}-1)$

$=\sqrt{15}\times 1=\sqrt{15}$

(6) $\left(\dfrac{6}{\sqrt{3}}-\sqrt{18}\right)\left(\sqrt{12}+\dfrac{6}{\sqrt{2}}\right)$

$=\left(\dfrac{\sqrt{36}}{\sqrt{3}}-\sqrt{18}\right)\left(\sqrt{12}+\dfrac{\sqrt{36}}{\sqrt{2}}\right)$

$=(\sqrt{12}-\sqrt{18})(\sqrt{12}+\sqrt{18})$

$=(\sqrt{12})^2-(\sqrt{18})^2=12-18=-6$

(7) $(\sqrt{24}-2\sqrt{3})\div\sqrt{6}+\sqrt{2}(\sqrt{18}-\sqrt{32})$

$=\dfrac{\sqrt{24}-2\sqrt{3}}{\sqrt{6}}+\sqrt{2}(\sqrt{18}-\sqrt{32})$

$=\dfrac{\sqrt{24}-\sqrt{12}}{\sqrt{6}}+(\sqrt{36}-\sqrt{64})$

$=(2-\sqrt{2})+(6-8)=-\sqrt{2}$

(8) $\dfrac{3\sqrt{8}}{\sqrt{3}}-\dfrac{(\sqrt{12}+\sqrt{2})^2}{2}$

$=\dfrac{\sqrt{72}}{\sqrt{3}}-\dfrac{(\sqrt{12}+\sqrt{2})(\sqrt{12}+\sqrt{2})}{\sqrt{2}\times\sqrt{2}}$

$=\sqrt{24}-(\sqrt{6}+1)^2$

$=2\sqrt{6}-(6+2\sqrt{6}+1)=-7$

(9) $(\sqrt{2}+1)^2-5(\sqrt{2}+1)+4$

$\sqrt{2}+1=A$とおけば,

$A^2-5A+4=(A-1)(A-4)$

$=(\sqrt{2}+1-1)(\sqrt{2}+1-4)$

$=\sqrt{2}(\sqrt{2}-3)=2-3\sqrt{2}$

第1章

03 求値計算

▶P.17

1

(1) 7　(2) −4　(3) 8　(4) 24

(5) 87　(6) 12　(7) $8\sqrt{6}$　(8) 8

解説

(1) 与式 $=7x-3y-2x-5y$

$=5x-8y$

$x=\dfrac{1}{5}$, $y=-\dfrac{3}{4}$を代入し,

$5\times\dfrac{1}{5}-8\times\left(-\dfrac{3}{4}\right)=1+6=7$

(2) 与式 $=2x-y-6+3x+3y+6$

$=5x+2y$

$x=-2$, $y=3$を代入し,

$5\times(-2)+2\times 3=-10+6=-4$

(3) 与式 $=\dfrac{6a^2}{3a}=2a$

$a=4$を代入し, $2\times 4=8$

(4) 与式 $=\dfrac{2a^2b^3}{ab}=2ab^2$

$a=3$, $b=-2$を代入し,

$2\times 3\times(-2)^2=24$

(5) 与式 $=(4a+b)(4a-b)$

$a=11$, $b=43$を代入し,

$(4\times 11+43)(4\times 11-43)$

$=(44+43)(44-43)=87\times 1=87$

(6) 与式 $=(x+y)^2$

$x=\sqrt{3}+1$, $y=\sqrt{3}-1$を代入し,

$\{(\sqrt{3}+1)+(\sqrt{3}-1)\}^2$

$=(2\sqrt{3})^2=12$

(7) 与式 $=(a+b)(a-b)$

$a=2+\sqrt{6}$, $b=2-\sqrt{6}$を代入し,

$\{(2+\sqrt{6})+(2-\sqrt{6})\}$
$\{(2+\sqrt{6})-(2-\sqrt{6})\}$

$=4\times 2\sqrt{6}=8\sqrt{6}$

(8) $3a-b=A$, $a-3b=B$とおけば,

与式 $=A^2-B^2=(A+B)(A-B)$

A, Bを戻して,

$\{(3a-b)+(a-3b)\}$
$\{(3a-b)-(a-3b)\}$

$=(4a-4b)(2a+2b)$

$=8(a-b)(a+b)=8(a^2-b^2)$

$a=\sqrt{2}$, $b=1$を代入し,

$8\{(\sqrt{2})^2-1^2\}=8\times(2-1)=8$

第1章

04 根号を外し整数にする

▶ P.21

1

(1) 76　(2) $n=5$　(3) 2個
(4) $n=15$　(5) 8個　(6) $n=112$

解説

(1)　$\sqrt{171a}=3\sqrt{19a}$ は整数だから，
$3\sqrt{19a}\geqq 0$
aは自然数で，kを自然数として，
$a=19\times k\times k$と考える。
$k=1$のとき$a=19\times 1\times 1=19$
$k=2$のとき$a=19\times 2\times 2=76$

(2)　$\sqrt{126-9n}=3\sqrt{14-n}$ は整数だから，$3\sqrt{14-n}\geqq 0$
nは自然数で，$n=1$から順に代入し，
$n=5$のとき，$3\sqrt{14-5}=3\times 3=9$だから題意を満たす。

(3)　$\sqrt{96-8n}=2\sqrt{2(12-n)}$ は自然数だから，$2\sqrt{2(12-n)}>0$
nは自然数で，kを自然数として，
$12-n=2\times k\times k$，
$n=12-2\times k\times k$と考える。
$k=1$のとき，
$n=12-2\times 1\times 1=10$
$k=2$のとき，
$n=12-2\times 2\times 2=4$
$k=3$のとき，
$n=12-2\times 3\times 3\leqq 0$
だから，これ以降は満たさない。
よって，$n=4$，10の2個

(4)　$\sqrt{\dfrac{540}{n}}=\sqrt{\dfrac{2^2\times 3^2\times 3\times 5}{n}}$
$=6\sqrt{\dfrac{3\times 5}{n}}$ が自然数となるにはnが3×5の倍数であればよい。kを自然数として，$n=3\times 5\times k^2$と考える。
$n=3\times 5\times 1^2=15$のとき，
$6\sqrt{\dfrac{3\times 5}{3\times 5}}=6$

(5)　式を平方して，$16<n<25$
$n=17,\ 18,\ 19,\ 20,\ 21,\ 22,\ 23,\ 24$
$25-16-1=8$

(6)　式を平方して，$100<n<121$。
$\sqrt{7n}$は整数だから$\sqrt{7n}\geqq 0$。kを整数として，$n=7\times k\times k$を，
$100<n<121$の範囲で考える。
$k=3$のとき，$n=7\times 3\times 3$
$=63<100$だから題意を満たさない。
$k=4$のとき，$n=7\times 4\times 4=112$
$k=5$のとき，$n=7\times 5\times 5$
$=175>121$だから題意を満たさない。
よって，$n=112$

第1章

05 方程式の未定係数の決定

P.24

1

(1) $a=-\dfrac{1}{4}$　(2) $a=2,\ b=3$
(3) $a=-2,\ b=4$　(4) $a=11$
(5) $a=-1,\ b=-12$

解説

(1)　$x=2$を代入して，
$3\times 2+2a=5-a\times 2$，
$6+2a=5-2a$，$4a=-1$，$a=-\dfrac{1}{4}$

(2)　$x=1$，$y=1$を代入して
$\begin{cases}a+b=5 & \cdots①\\ b-a=1 & \cdots②\end{cases}$
①＋②より，$2b=6$，$b=3$
これを①に代入し，$a+3=5$，$a=2$

(3)　$\begin{cases}2x-y=1 & \cdots①\\ -3x+2y=3 & \cdots②\end{cases}$ を解いて，
①×2＋②より，$x=5$

これを①に代入して，

$2 \times 5 - y = 1$，$y = 9$

次に $ax + 2y = 8$ に代入すれば，

$a \times 5 + 2 \times 9 = 8$，$5a = -10$，

$a = -2$

$2ax + by = 16$ に代入し，

$2 \times (-2) \times 5 + b \times 9 = 16$，

$-20 + 9b = 16$，$9b = 36$，$b = 4$

(4)　$x = 4 - \sqrt{5}$ を代入して，

$(4 - \sqrt{5})^2 - 8 \times (4 - \sqrt{5}) + a = 0$，

$(16 - 8\sqrt{5} + 5) - 32 + 8\sqrt{5} + a = 0$，

$21 - 8\sqrt{5} - 32 + 8\sqrt{5} + a = 0$，

$-11 + a = 0$，$a = 11$

(5)　$x^2 + 3x - 10 = 0$ を解けば，

$(x + 5)(x - 2) = 0$，$x = -5$，$x = 2$

この解それぞれに2を加えれば，

$x = -3$，$x = 4$

この2つの解を持つ2次方程式は，

$(x + 3)(x - 4) = 0$ だから，整理して，

$x^2 - x - 12 = 0$ となる。$x^2 + ax + b = 0$ と x^2 の係数は同じだから他の項を比較すれば，$a = -1$，$b = -12$

第2章

01　もうひとつに重なる相似な三角形

▶ P.31

1　$\dfrac{25}{6}$ cm　例題 3

解説

∠A共通，∠DBC = ∠ACDより，

△ABC ∽ △ACD

対応する辺の比をとれば，

AB ： AC = AC ： AD

$6 : 5 = 5 : x$，$6 \times x = 5 \times 5$，$x = \dfrac{25}{6}$

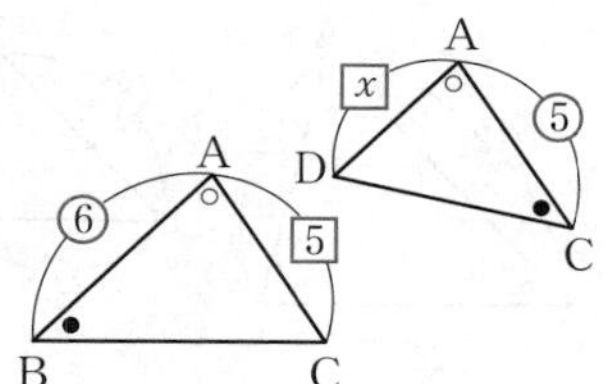

2　$\dfrac{18}{5}$ cm　例題 2

解説

∠Aは共通，∠ABC = ∠ADB = 90°より，△ABC ∽ △ADB

対応する辺の比をとれば，

AC ： AB = AB ： AD

$10 : 6 = 6 : x$，$10 \times x = 6 \times 6$，$x = \dfrac{18}{5}$

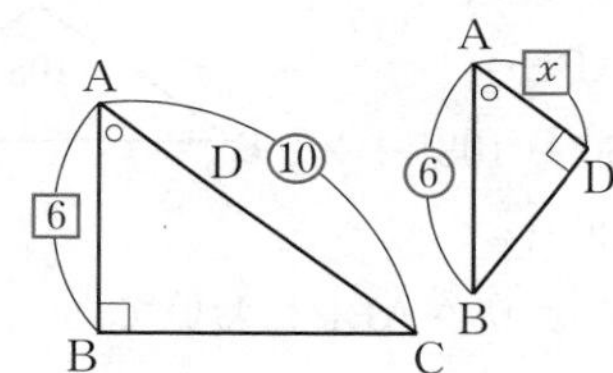

3　$x = 3$　$y = \dfrac{21}{2}$　例題 4

解説

∠Aは共通，DE // BCだから，

∠ABC = ∠ADEより，

△ABC ∽ △ADE

対応する辺の比をとれば，

AB ： AD = AC ： AE

$12 : 8 = (x + 6) : 6$，

$8(x + 6) = 12 \times 6$，$x + 6 = 9$，$x = 3$

また，AB ： AD = BC ： DE

$12 : 8 = y : 7$，$8y = 12 \times 7$，$y = \dfrac{21}{2}$

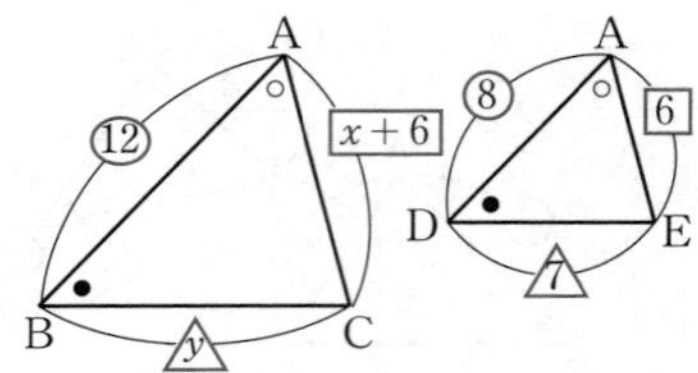

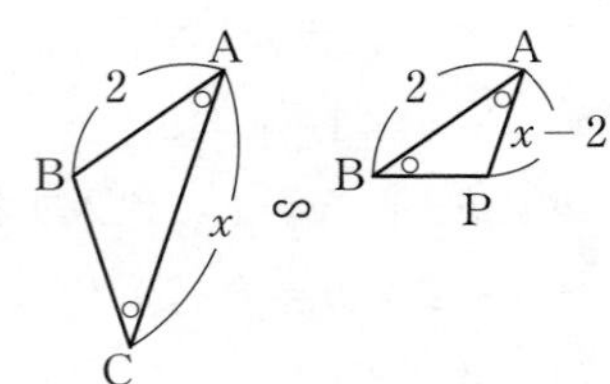

4

(1) 540°　**(2)** 72°

(3) $1+\sqrt{5}$ cm　例題 5

解説

(1)　対角線AC，ADによって3つの三角形に分けられるから，

$180^\circ \times 3 = 540^\circ$

(2)　△ABEは二等辺三角形で，

$\angle BAE = 540 \div 5 = 108^\circ$

よって，

$\angle ABE =$

$(180-108) \div 2$

$= 36^\circ$

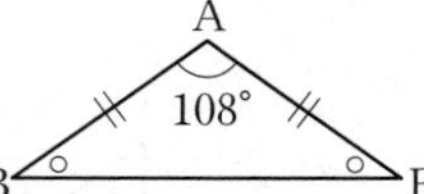

これより△ABPにおいて，

$\angle BAC = \angle ABE = 36^\circ$だから，

$\angle BPC = \angle BAC + \angle ABE$

$= 36^\circ + 36^\circ = 72^\circ$

(3)　正五角形ABCDEの1辺の長さは2cm

△ABC ∽ △APB

ここで四角形PCDEは平行四辺形だから，

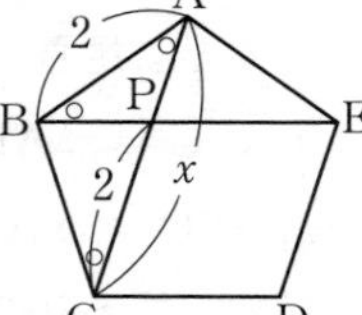

$PC = ED = 2$

$AC = x$とすると，

$AP = AC - PC = x - 2$

対応する辺の比をとって，

AB：AP＝AC：AB

$2:(x-2) = x:2$，整理して，

$x^2 - 2x = 4$，$x > 0$より，$x = 1+\sqrt{5}$

5

(1) 36°　**(2)** $3-\sqrt{5}$　例題 5

解説

(1)　正五角形の1つの内角は108°で，

△BACは二等辺三角形だから，

$\angle BAC = (180-108) \div 2 = 36^\circ$

(2)　△ABE ∽ △FBA

ここで四角形FCDEは平行四辺形だから，

$FE = CD = 2$

$BE = x$として，

$BF = BE - FE = x - 2$

対応する辺の比をとって，

AB：FB＝BE：BA

$2:(x-2) = x:2$，整理して，

$x^2 - 2x = 4$，$x > 0$より，$x = 1+\sqrt{5}$

ここでJE＝FBだから，

$FJ = BE - (BF + JE) = BE - 2BF$

$= x - 2(x-2) = -x + 4$

よって，

$FJ = -(1+\sqrt{5}) + 4 = 3-\sqrt{5}$

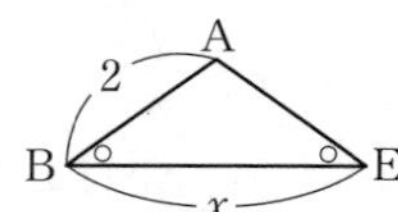

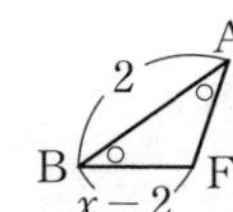

第2章

02 平行線の間にできる向かい合う相似な三角形

▶ P.37

1

$\frac{3}{2}$cm　　例題 2

解説

四角形ABCDはひし形だから，AB // DC。

よって，△AFE ∽ △DFG

対応する辺の比をとれば，

FA ： FD ＝ AE ： DG

Eは中点，AF ＝ 4だから，DG ＝ xとして，

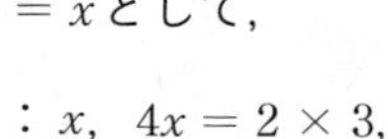

4 ： 2 ＝ 3 ： x，$4x = 2 \times 3$，

$x = \frac{3}{2}$

2

6cm　　例題 1

解説

四角形ABCDは平行四辺形だからAB // CD。よって，△EFB ∽ △CFD

対応する辺の比をとれば，

EF ： CF ＝ EB ： CD (＝ EB ： AB)

＝ 3 ： 5

よって，

$EF = EC \times \frac{3}{8} = 16 \times \frac{3}{8} = 6$

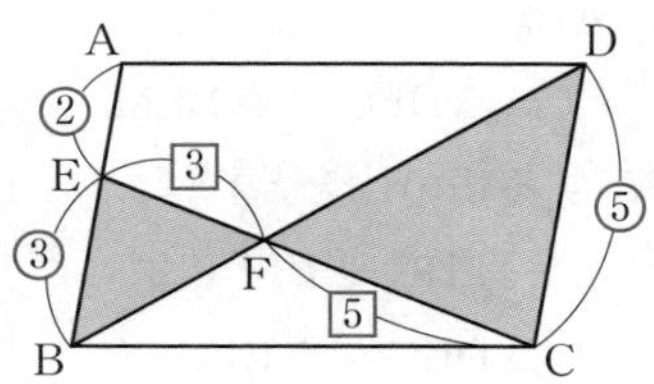

3

(1) 4 ： 1　(2) 12cm　　例題 3

解説

(1)　四角形ABCDは平行四辺形だからAD // BC。よって，∠AEB ＝ ∠CBE

これより△ABEは二等辺三角形だから，AE ＝ AB ＝ 8

よって，

AE ： ED ＝ AE ： (AD － AE)

＝ 8 ： (10 － 8) ＝ 8 ： 2 ＝ 4 ： 1

(2)　AB // DCだから，∠CFB ＝ ∠ABF。よって，図のように△FDEは二等辺三角形だから，

FD ＝ ED ＝ 2

同様に，CH ＝ CG ＝ CB － GB

＝ CB － AB ＝ 10 － 8 ＝ 2

FH ＝ FD ＋ DC ＋ CH ＝ 2 ＋ 8 ＋ 2

＝ 12

4

$\frac{12}{5}$cm　　例題 5

解説

AB // DCだから，△AEB ∽ △CED

対応する辺の比をとれば，

AE ： CE ＝ AB ： CD ＝ 6 ： 4 ＝ 3 ： 2

また，AB // EFだから，

△CAB ∽ △CEF

対応する辺の比をとれば，

AB ： EF ＝ CA ： CE

6 ： x ＝ 5 ： 2，$5x = 6 \times 2$，$x = \frac{12}{5}$

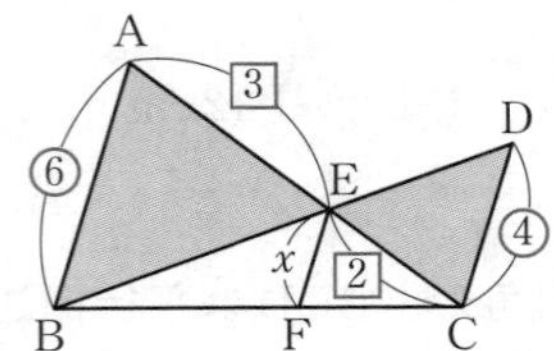

5　$\frac{10}{7}$cm　例題 5

解説

AD // BCだから，△AED ∽ △CEB

対応する辺の比をとれば，

AE：CE＝AD：CB＝2：5

また，AD // EFだから，

△CAD ∽ △CEF

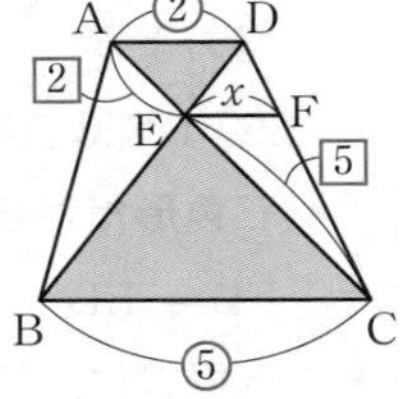

対応する辺の比をとれば，

AD：EF＝CA：CE

2：x＝7：5，$7x = 2 \times 5$，$x = \frac{10}{7}$

6　3：5

解説

四角形ABCDは平行四辺形だから，AD // BC。よって，△AQD ∽ △PQB

対応する辺の比をとれば，

AQ：PQ＝AD：PB＝4：1

また，QR // BCだから，

△AQR ∽ △APC

対応する辺の比をとれば，

QR：PC＝AQ：AP

＝AQ：(AQ＋QP)＝4：5

ここでPC＝$3a$とおけば，BC＝$4a$

また，QR＝$3a \times \frac{4}{5} = \frac{12}{5}a$

よって，QR：BC＝$\frac{12}{5}a$：$4a$＝3：5

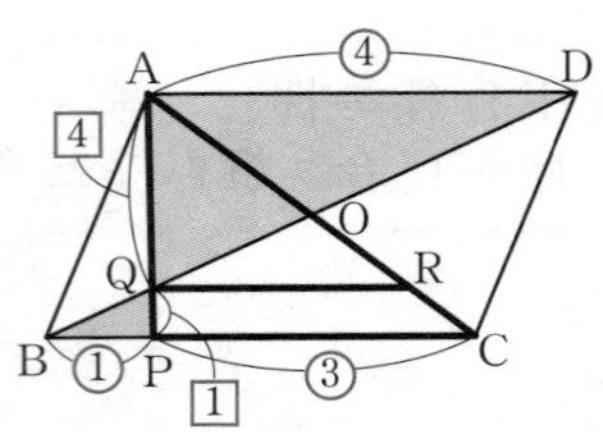

7　7：3　例題 6

解説

BP＝4とおけば，PC＝6

QR // CPだから（…㋐），

△APC ∽ △ARQ（…㋑）

対応する辺の比をとれば，

PC：RQ＝AC：AQ

6：RQ＝2：1

2RQ＝6，RQ＝3

㋐より，

△RSQ ∽ △PSB

対応する辺の比をとれば，

RS：PS＝RQ：PB＝3：4

㋑より，AP：AR＝AC：AQ＝2：1

だから，AR：RP＝1：1＝7：7

つまり，AR：RS＝7：3

8　3：1：2　例題 6

解説

四角形ABCDは平行四辺形だから，

DC // AB。

よって，△DFC ∽ △BFM

対応する辺の比をとれば，

DF：BF＝DC：BM＝2：1（…㋐）

また，△DEC ≡ △BEA

対応する辺の比をとれば，

DE：BE＝1：1（…㋑）

㋐，㋑より，DF ： FB ＝ 4 ： 2，
DE ： EB ＝ 3 ： 3として，
DE ： EF ： FB ＝ 3 ： (4 − 3) ： 2
＝ 3 ： 1 ： 2

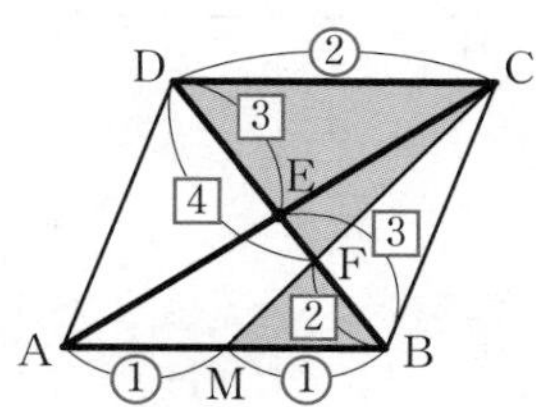

9　15　例題 6

解説

四角形ABCDは正方形だから，
AD // BC。

よって，△ASQ ∽ △CSB

対応する辺の比をとって，
AS ： CS ＝ AQ ： CB ＝ 3 ： 7 （…㋐）

また，AB // DCだから，
△ARB ∽ △CRP

対応する辺の比をとって，
AR ： CR ＝ AB ： CP ＝ 3 ： 2 （…㋑）

㋐，㋑より，AS ： SC ＝ 3 ： 7，
AR：RC ＝ 6：4として，
AS ： SR ： RC ＝ 3 ： (6 − 3) ： 4
＝ 3 ： 3 ： 4

よって，RS ＝ AC × $\frac{3}{10}$ だから，

△BRS ＝ △ABC × $\frac{3}{10}$

＝ 10 × 10 × $\frac{1}{2}$ × $\frac{3}{10}$ ＝ 15

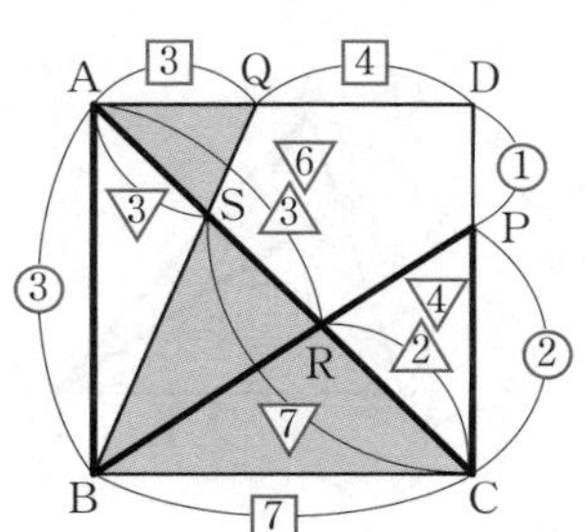

第2章

03　平行線と線分の比

▶ P.43

1　$x = 6$　例題 3

解説

図のように平行線を引けば，
8 ： 4 ＝ x ： 3，
$4x = 8 \times 3$，
$x = 6$

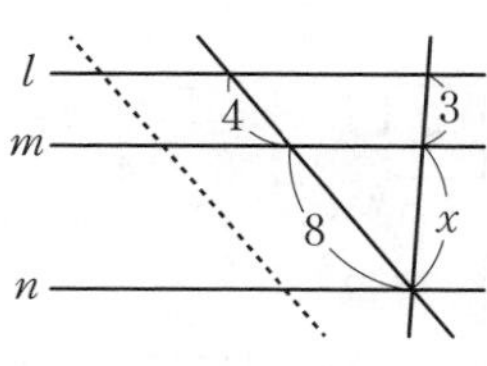

2　$x = \frac{8}{5}$　例題 2

解説

図のように平行線を引けば，
2 ： 5 ＝ x ： 4，
$5x = 2 \times 4$，
$x = \frac{8}{5}$

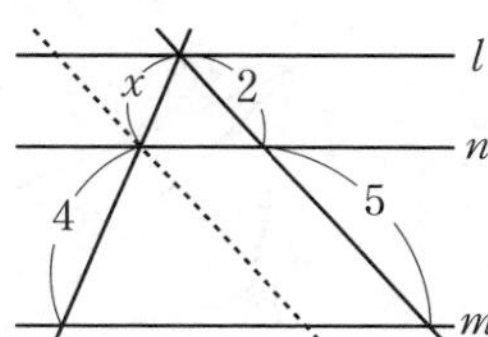

3　$x = \frac{3}{2}$　例題 4

解説

DE // FC （…㋐）だから，
BD ： DF ＝ BE ： EC
＝ 10 ： 5 ＝ 2 ： 1

よって，DF ＝ 12 × $\frac{1}{3}$ ＝ 4

また㋐より，
AG ： GE ＝ AF ： FDだから，
1 ： 4 ＝ x ： 6，$4x = 1 \times 6$，$x = \frac{3}{2}$

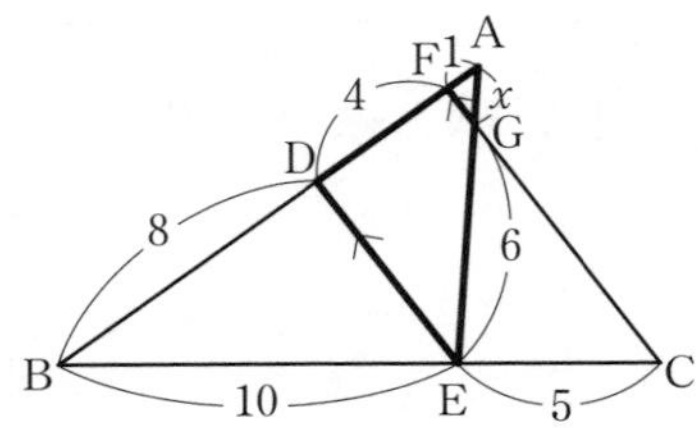

4　9：6：4　例題 4

解説

　△AGDでFE // GDより，

AF：FG＝AE：ED＝3：2（…㋐）

　また，△FBCで

FG：GB＝CD：DB＝3：2（…㋑）

　㋐，㋑より，AF：FG＝9：6，

FG：GB＝6：4とすれば，

AF：FG：GB＝9：6：4

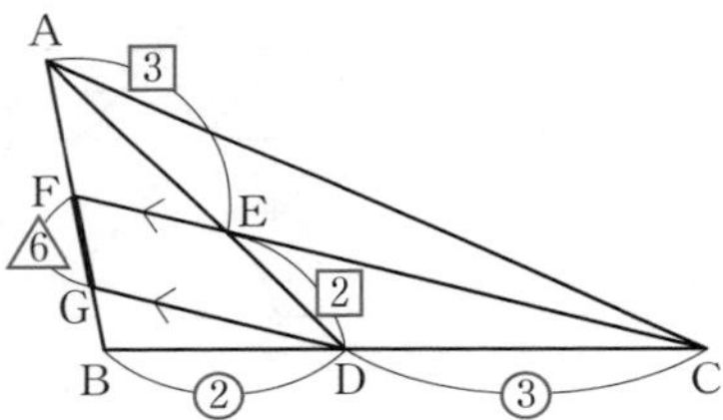

第2章

04　三角形の面積比

▶ P.50

1　22 cm²　例題 1

解説

$\triangle ODE = \triangle ODC \times \frac{8}{11}$

$= $平行四角形ABCD$ \times \frac{1}{4} \times \frac{8}{11}$

　よって，$121 \times \frac{1}{4} \times \frac{8}{11} = 22$

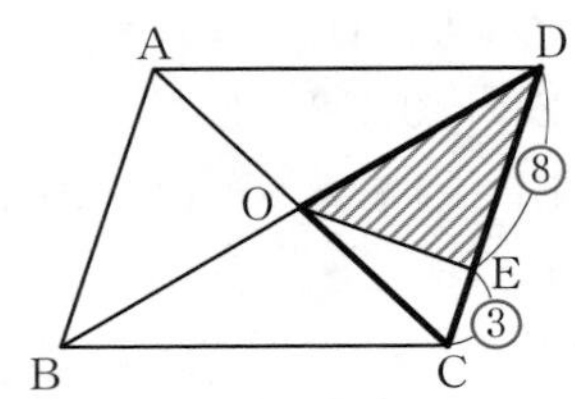

2　$\frac{2}{15}$倍　例題 7

解説

$\triangle FED \backsim \triangle FAB$

DF：BF＝DE：BA＝2：3

　よって図のようになる。△DBCと

△DFEは，∠Dが共通な三角形だから，

$\triangle DFE = \triangle DBC \times \frac{DF}{DB} \times \frac{DE}{DC}$

$= $平行四辺形ABCD$ \times \frac{1}{2} \times \frac{2}{5} \times \frac{2}{3}$

$= $平行四辺形ABCD$ \times \frac{2}{15}$

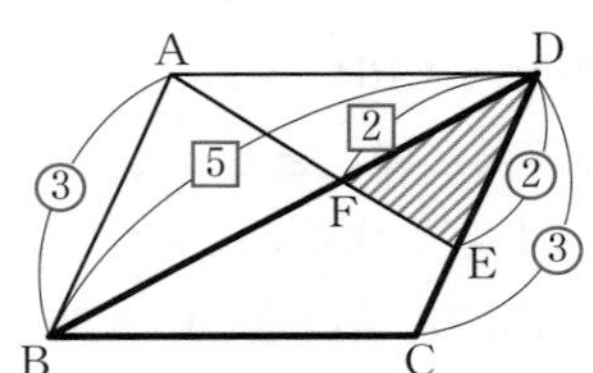

3　6：1　例題 2

解説

$\triangle AEC = \triangle ADC \times \frac{1}{2}$

$= \triangle ABC \times \frac{1}{3} \times \frac{1}{2} = \triangle ABC \times \frac{1}{6}$

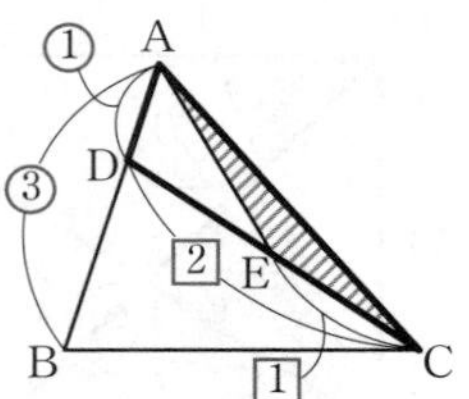

4 $\frac{9}{5}$倍

解説

平行四辺形ABCDの面積を$10S$とおけば，$\triangle DBC = 10S \times \frac{1}{2} = 5S$

ここで$\triangle FBC \backsim \triangle FDE$

FB：FD＝BC：DE＝3：2

$\triangle BCF = 5S \times \frac{3}{5} = 3S$

一方，

$\triangle ABE = \triangle ABD \times \frac{1}{3}$

$= 10S \times \frac{1}{2} \times \frac{1}{3} = \frac{5}{3}S$

よって，

$\triangle BCF : \triangle ABE = 3S : \frac{5}{3}S$

$= 9 : 5 = \frac{9}{5} : 1$

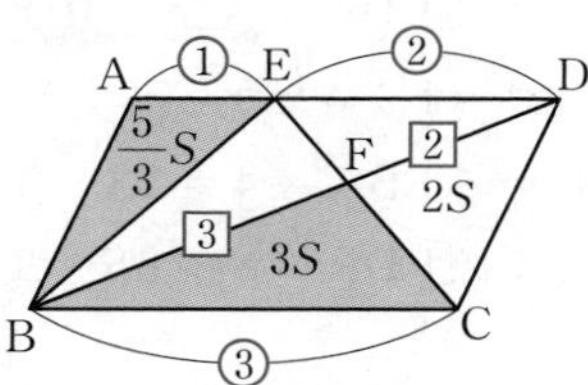

5 3：7　例題 3

解説

△ABCと△ADEは，∠Aが共通な三角形だから，

$\triangle ADE = \triangle ABC \times \frac{AD}{AB} \times \frac{AE}{AC}$

$= \triangle ABC \times \frac{3}{4} \times \frac{2}{5} = \triangle ABC \times \frac{3}{10}$

四角形BCED＝△ABC－△ADE

$= \triangle ABC - \triangle ABC \times \frac{3}{10}$

$= \triangle ABC \times \left(1 - \frac{3}{10}\right) = \triangle ABC \times \frac{7}{10}$

△ADE：四角形BCED

$= \triangle ABC \times \frac{3}{10} : \triangle ABC \times \frac{7}{10} = 3 : 7$

6 12：7

解説

△CABと△CDEは，∠Cが等しい三角形だから，

△CAB：△CDE

$= CA \times CB : CE \times CD$

$= 16 \times 18 : 14 \times 12 = 12 : 7$

7 9：2

解説

△ABCの面積をSとすると，

㋐$\triangle APR = \triangle ABC \times \frac{AP}{AB} \times \frac{AR}{AC}$

$= \triangle ABC \times \frac{2}{3} \times \frac{1}{3} = \frac{2}{9}S$

㋑$\triangle BQP = \triangle ABC \times \frac{BP}{BA} \times \frac{BQ}{BC}$

$= \triangle ABC \times \frac{1}{3} \times \frac{1}{3} = \frac{1}{9}S$

㋒$\triangle CRQ = \triangle ABC \times \frac{CQ}{CB} \times \frac{CR}{CA}$

$= \triangle ABC \times \frac{2}{3} \times \frac{2}{3} = \frac{4}{9}S$

以上より，

△PQR＝△ABC－(㋐＋㋑＋㋒)

$= S - \left(\frac{2}{9}S + \frac{1}{9}S + \frac{4}{9}S\right)$

$= S - \frac{7}{9}S = \frac{2}{9}S$

よって，

$\triangle ABC : \triangle PQR = S : \frac{2}{9}S = 9 : 2$

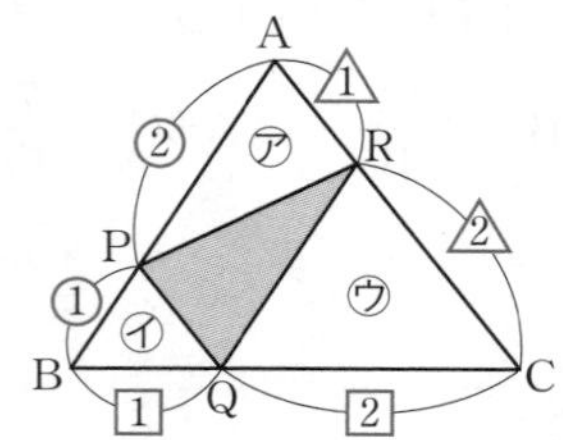

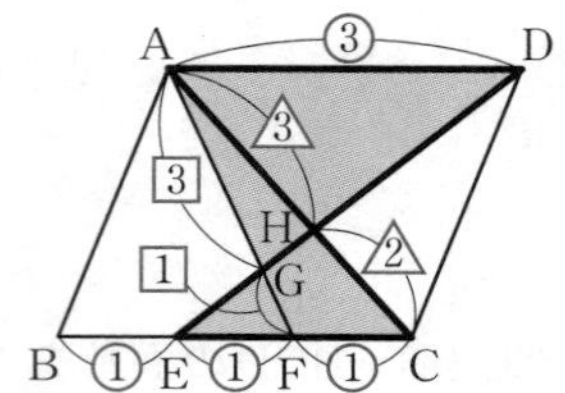

8　(1) 3 ： 1　(2) 80 cm²　例題 7

解説

(1)　△AGD ∽ △FGEより，対応する辺の比をとり，

AG ： FG ＝ AD ： FE ＝ 3 ： 1

(2)　△AHD ∽ △CHEより，対応する辺の比をとり，

AH ： CH ＝ AD ： CE ＝ 3 ： 2

ここで平行四辺形ABCDの面積をSとすれば，

$\triangle AFC = \triangle ABC \times \frac{1}{3}$

$=$ 平行四辺形ABCD $\times \frac{1}{2} \times \frac{1}{3}$

$= S \times \frac{1}{2} \times \frac{1}{3} = \frac{1}{6}S$

また，

$\triangle AGH = \triangle AFC \times \frac{3}{4} \times \frac{3}{5}$

$= \frac{1}{6}S \times \frac{3}{4} \times \frac{3}{5} = \frac{3}{40}S$

よって，

△AGH ： 平行四辺形ABCD

$= \frac{3}{40}S : S = 6 : 80$

となるから，△AGHの面積が6 cm²のとき，平行四辺形ABCDの面積は80 cm²

9　1 ： 8　例題 6

解説

△APD ∽ △QPBより，対応する辺の比をとり，

AP ： QP ＝ AD ： QB ＝ 2 ： 1

ここで，△APB ＝ $2S$とおけば，

△QPB ＝ Sとなる。

△ABQ ≡ △RCQだから，対応する辺をとり，AB ＝ RC

よって，AB ： DR ＝ 1 ： 2となる。

ここで，△PBA ∽ △PDRだから，

△PBA ： △PDR ＝ $AB^2 : RD^2$

$= 1^2 : 2^2 = 1 : 4$だから，

△PDR ＝ △PBA × 4 ＝ $2S \times 4 = 8S$

△PBQ ： △PDR ＝ $S : 8S = 1 : 8$

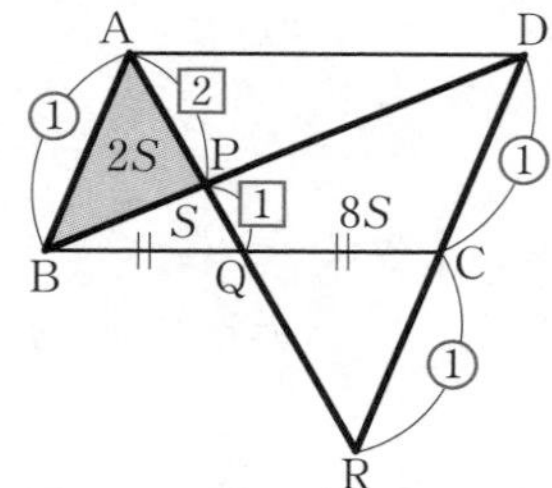

10　35 ： 4　例題 6

解説

△GEF ∽ △GDBだから，

△GEF ： △GDB ＝ $GF^2 : GB^2$

$= 2^2 : 5^2 = 4 : 25$

だから，

$\triangle GEF = 4U$とおけば,

$\triangle GDB = 25U$

また,

$\triangle GEF : \triangle GEB = GF : GB = 2 : 5$

だから, $\triangle GEB = 10U$

$\triangle ABE : \triangle GEF$

$= \triangle DBE : \triangle GEF$

$= (25U + 10U) : 4U = 35U : 4U$

$= 35 : 4$

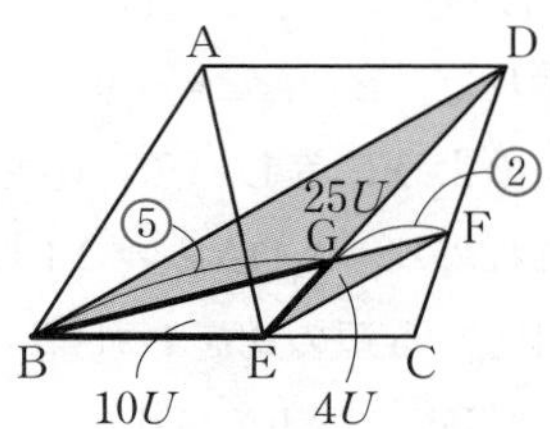

11

16 : 3

解説

$\triangle GEB \backsim \triangle GAD$より, 対応する辺の比をとり, $GB : GD = BE : DA = 1 : 3$

$\triangle HAB \backsim \triangle HFD$より, 対応する辺の比をとり, $HB : HD = AB : FD = 5 : 3$

以上より, $GB : GD = 2 : 6$とすれば,

$BG : GH : HD = 2 : (5 - 2) : 3$

$= 2 : 3 : 3$

$\triangle AGH = \triangle ABD \times \frac{3}{8}$

$=$ 平行四辺形ABCD $\times \frac{1}{2} \times \frac{3}{8}$

$=$ 平行四辺形ABCD $\times \frac{3}{16}$

よって,

平行四辺形ABCD $: \triangle AGH = 1 : \frac{3}{16}$

$= 16 : 3$

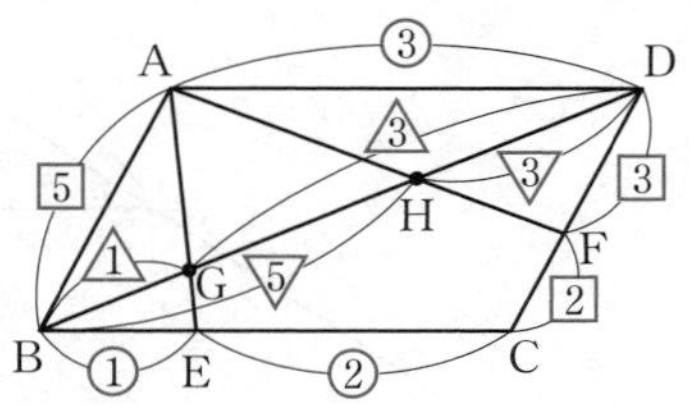

第2章

05 三平方の定理と相似の融合

▶ P.60

1

(1) 9　(2) $2\sqrt{13}$

解説

直角三角形ADEにおいて,

三平方の定理より,

$AE = \sqrt{AD^2 - DE^2} = \sqrt{(\sqrt{13})^2 - 3^2}$

$= \sqrt{13 - 9} = 2$

(1)　$\angle A$共通, $\angle ACB = \angle AED$

$= 90°$より, $\triangle ABC \backsim \triangle ADE$

対応する辺の比をとれば,

$BC : DE = AC : AE$

$BC : 3 = (2 + 4) : 2$,

$2 \times BC = 3 \times 6$, $BC = 9$

(2)　点Dから辺BCへ垂線DHを引くと,

$\angle DHB = \angle AED = 90°$

また, $BC \parallel DE$より$\angle DBH = \angle ADE$

だから,

$\triangle DBH \backsim \triangle ADE$

対応する辺の比をとれば,

$BD : DA = DH : AE$

$BD : DA = EC : AE$

$BD : \sqrt{13} = 4 : 2$,

$2 \times BD = \sqrt{13} \times 4$, $BD = 2\sqrt{13}$

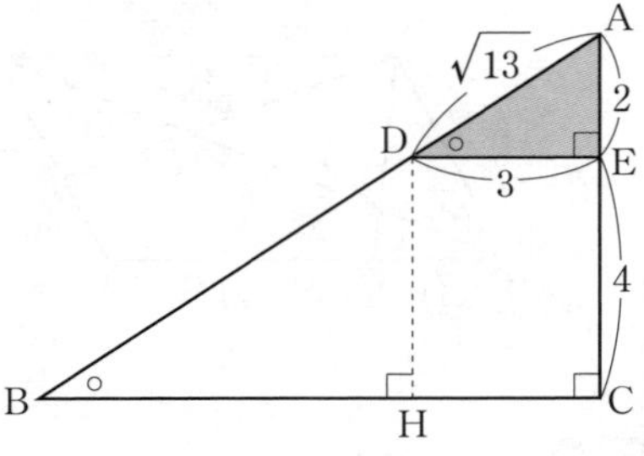

2

4, 90

例題 3

解説

△ABDで三平方の定理より,

$BD=\sqrt{AB^2+AD^2}=\sqrt{12^2+16^2}=20$

$BE=BD-DE=BD-DA=20-16$

$=4$

$\angle ADB=\angle EBK$

$\angle DAB=\angle BEK=90°$

だから, △ADB ∽ △EBKより,

AD : EB = AB : EK, 16 : 4 = 12 : EK,

$16\times EK=4\times 12$, EK = 3

四角形EKCD

= △DBC − △EBK

= △BDA − △EBK

$=\frac{1}{2}\times 16\times 12-\frac{1}{2}\times 4\times 3=96-6$

$=90$

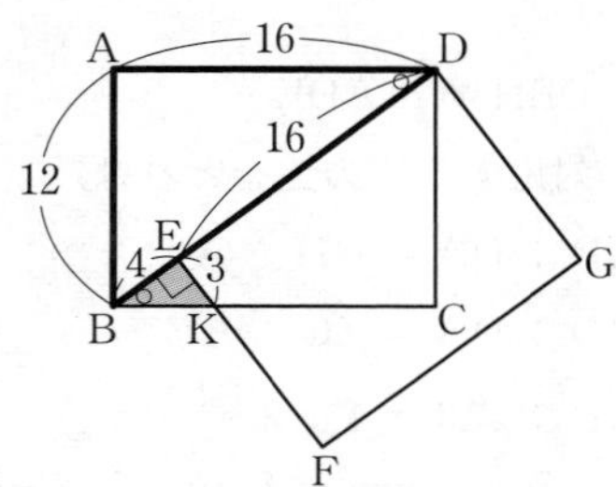

3

(1) 4 (2) $\frac{15}{4}$ (3) $\frac{21}{16}$ (4) $\frac{45}{16}$

例題 3

解説

(1) 直角三角形DAEにおいて,

三平方の定理より,

$AE=\sqrt{AD^2-DE^2}=\sqrt{5^2-3^2}=4$

(2) ∠DAE = ∠○, ∠ADE = ∠●

とすれば, ∠○ + ∠● = 90°

図のように等しい角に印をつける。

これより, △DAE ∽ △FDE (…㋐)

対応する辺の比をとれば,

AD : DF = AE : DE

5 : DF = 4 : 3, $4\times DF=5\times 3$,

$DF=\frac{15}{4}$

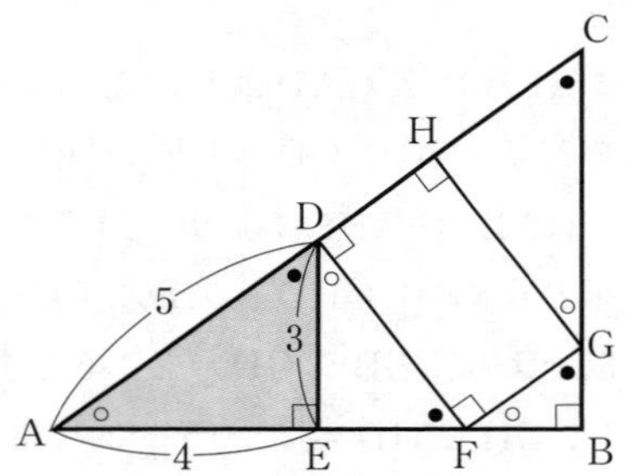

(3) ㋐より, 対応する辺の比をとれば,

DE : FE = AE : DE,

3 : FE = 4 : 3, $4\times FE=3\times 3$,

$FE=\frac{9}{4}$

FB = AB − (AE + EF)

$=8-\left(4+\frac{9}{4}\right)=8-\frac{25}{4}=\frac{7}{4}$

△DAE ∽ △GFBだから, 対応する辺の比をとれば,

ED : BG = AE : FB

3 : BG = 4 : $\frac{7}{4}$, $4\times BG=3\times\frac{7}{4}$,

$BG = \dfrac{21}{16}$

(4) 四角形DFGHは長方形だから，

$HG = DF = \dfrac{15}{4}$

$\triangle DAE \backsim \triangle CGH$だから，対応する辺の比をとれば，

$ED : HC = EA : HG$

$3 : HC = 4 : \dfrac{15}{4}$,

$4 \times HC = 3 \times \dfrac{15}{4}$, $HC = \dfrac{45}{16}$

4

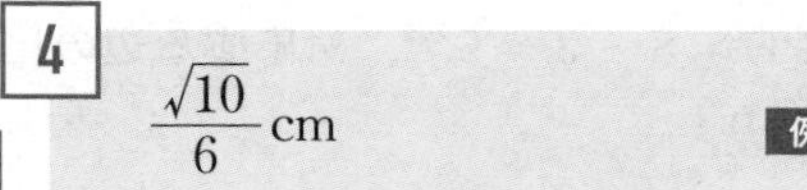

解説

$\triangle DHG$と$\triangle DAE$において，$\angle D$は共通，

$\angle GHD = \angle EAD = 90°$

よって，$\triangle DHG \backsim \triangle DAE$（…㋐）

これより，$\angle HGD = \angle AED$（…㋑）

また，$\angle HGD = \angle GFB$でもあるから，これと㋑より，$\angle AED = \angle GFB$（…㋒）

ここで図のように，GからBCへ垂線GIをひく。

$\triangle DAE$と$\triangle GIF$において，

$\angle DAE = \angle GIF = 90°$

これと㋒より，$\triangle DAE \backsim \triangle GIF$

対応する辺の比をとれば，

$DA : GI = AE : IF$, $3 : 2 = 1 : IF$,

$3 \times IF = 2 \times 1$, $IF = \dfrac{2}{3}$

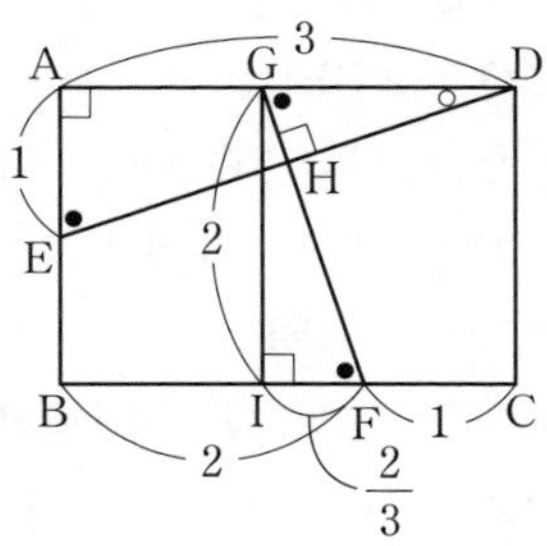

よって，$DG = CF + FI = 1 + \dfrac{2}{3} = \dfrac{5}{3}$

ここで，$\triangle DAE$で三平方の定理より，

$DE = \sqrt{AD^2 + AE^2} = \sqrt{3^2 + 1^2} = \sqrt{10}$

㋐より，対応する辺の比をとれば，

$GH : EA = DG : DE$,

$GH : 1 = \dfrac{5}{3} : \sqrt{10}$, $\sqrt{10} \times GH = 1 \times \dfrac{5}{3}$,

$GH = \dfrac{\sqrt{10}}{6}$

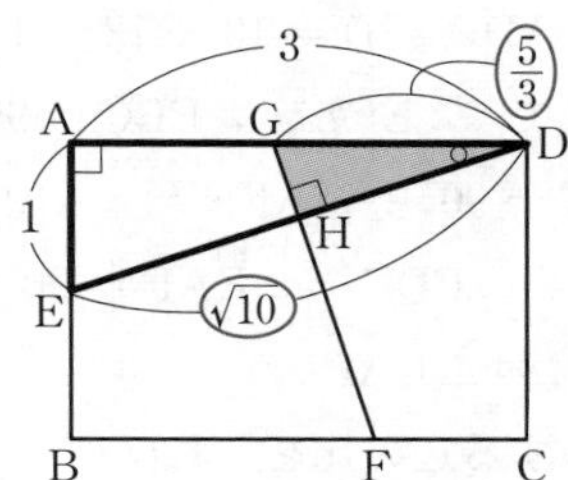

5

解説

折り返した図形だから，$AD = MD$となる。

$DB = x$とすると，

$DM = DA = AB - DB = 6 - x$

また$BM = 3$だから，$\triangle DBM$で三平方の定理より，

$DM^2 = DB^2 + BM^2$

$(6 - x)^2 = x^2 + 3^2$

$36 - 12x + x^2 = x^2 + 9$, $12x = 27$,

$x = \dfrac{9}{4}$

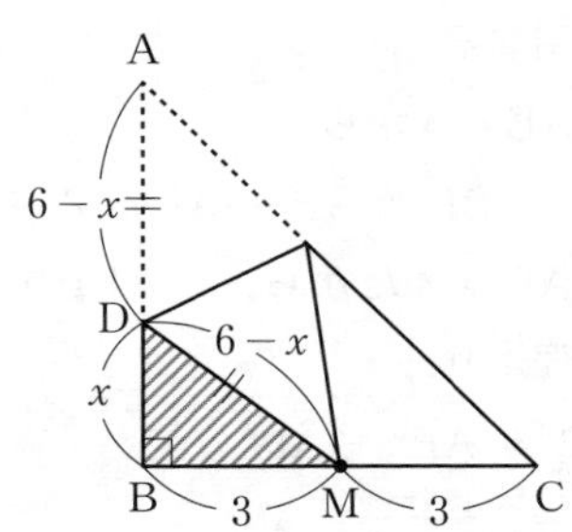

6 $\dfrac{12}{5}$ 例題 5

解説

折り返した図形だから，

FC = BC = 13

△FCDで三平方の定理より，

$FD = \sqrt{FC^2 - DC^2} = \sqrt{13^2 - 5^2} = 12$

よって，

AF = AD − FD = 13 − 12 = 1

ここで，∠EFC = ∠EBC = 90°だから，

∠DFC = 90° − ∠AFE = ∠AEF

なのと，∠FDC = ∠EAF = 90°から，

△FDC ∽ △EAF

対応する辺の比をとれば，

DF ： AE = DC ： AF,

12 ： AE = 5 ： 1, 5 × AE = 12 × 1,

$AE = \dfrac{12}{5}$

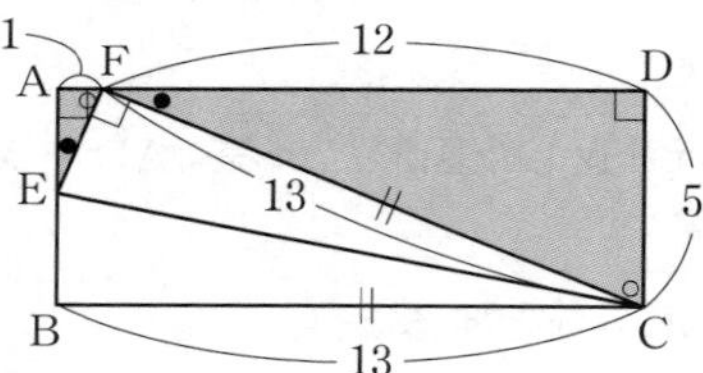

7 (1) $x = 3$ (2) 1 cm

(3) $\dfrac{2}{5}$ cm² 例題 5

解説

(1) 折り返した図形だから，PE = BEを利用する。

AE = xから，

PE = BE = AB − AE = $8 - x$

AP = 4だから，△AEPで三平方の定理より，

$EP^2 = AE^2 + AP^2$

$(8 - x)^2 = x^2 + 4^2$

$64 - 16x + x^2 = x^2 + 16$, $16x = 48$,

$x = 3$

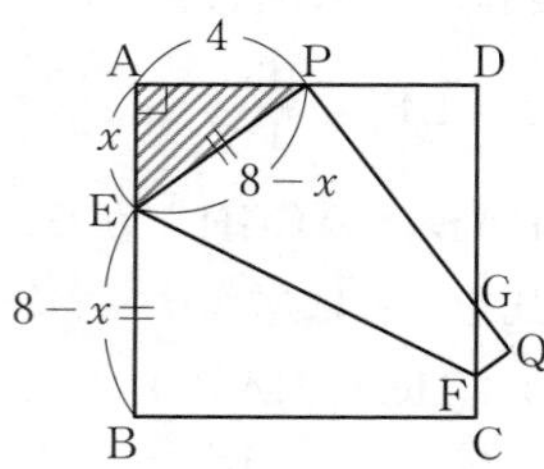

(2) ∠EPQ = ∠EBC = 90°より，

∠APE = 90° − ∠DPG = ∠DGP

これと∠PAE = ∠GDP = 90°より，

△PAE ∽ △GDP (…㋐)

PE = 8 − 3 = 5で，対応する辺の比をとり，

AE ： DP = PE ： GP

3 ： 4 = 5 ： GP, 3 × GP = 4 × 5,

$GP = \dfrac{20}{3}$

これより，QG = QP − GP

$= CB - GP = 8 - \dfrac{20}{3} = \dfrac{4}{3}$

ここで∠DGP = ∠QGF，∠GDP = ∠GQF = 90°だから，

△GDP ∽ △GQF (…㋑)

㋐，㋑から，△PAE ∽ △GQF

対応する辺の比をとり，

EA ： FQ = PA ： GQ,

$3 : FQ = 4 : \dfrac{4}{3}$, $4 \times FQ = 3 \times \dfrac{4}{3}$,

FQ = 1

(3) △CFQと△BEPにおいて，AB // DC，PE // QFより，

∠CFQ = ∠BEP

また，FC = FQ，EB = EPだから，

FC：FQ = EB：EPより，

△CFQ ∽ △BEP

よって，△CFQ ： △BEP

$= FQ^2 : EP^2 = 1^2 : 5^2 = 1 : 25$

$= \frac{1}{25} : 1$

$\triangle CFQ = \triangle BEP \times \frac{1}{25} = AP \times EB$

$\times \frac{1}{2} \times \frac{1}{25} = 4 \times 5 \times \frac{1}{2} \times \frac{1}{25} = \frac{2}{5}$

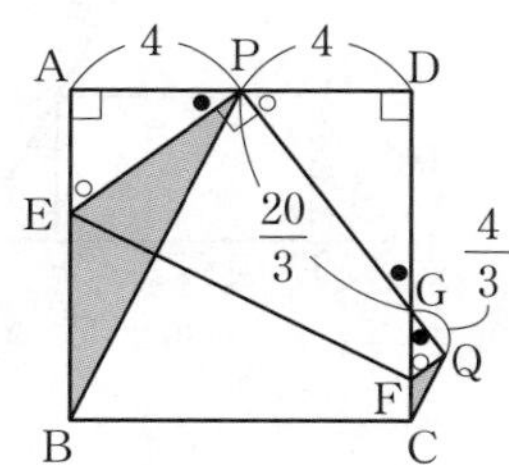

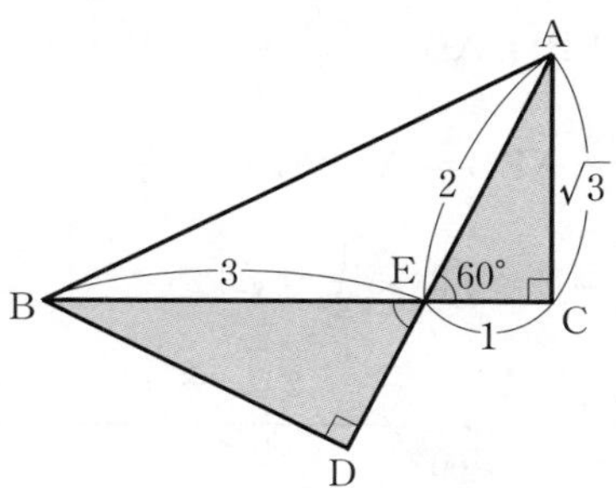

第2章

06 特別角の利用

▶P.67

1

(1) 2　(2) $\frac{3\sqrt{3}}{2}$　(3) $\frac{7}{2}$　例題 1

解説

(1)　$\angle AEC = 60°$より,

$\triangle AEC$は三角定規の形（…㋐）

AE：EC＝2：1だから,

AE＝2

(2)　㋐より，EC：AC＝1：$\sqrt{3}$

よってAC＝$\sqrt{3}$

$BE = BC - EC = 4 - 1 = 3$

$\triangle ABE = BE \times AC \times \frac{1}{2}$

$= 3 \times \sqrt{3} \times \frac{1}{2} = \frac{3\sqrt{3}}{2}$

(3)　$\angle BED = \angle AEC = 60°$

だから，△BEDも三角定規の形。

BE：ED＝2：1だから,

$ED = 3 \times \frac{1}{2} = \frac{3}{2}$

$AD = AE + ED = 2 + \frac{3}{2} = \frac{7}{2}$

2

$5\sqrt{3}$　例題 1

解説

図のように，BCの延長線上へ，点Aから垂線AHを引く。

$\angle ACH = 60°$から，△ACHは三角定規の形。

$AH = AC \times \frac{\sqrt{3}}{2} = 4 \times \frac{\sqrt{3}}{2} = 2\sqrt{3}$

$\triangle ABC = BC \times AH \times \frac{1}{2}$

$= 5 \times 2\sqrt{3} \times \frac{1}{2} = 5\sqrt{3}$

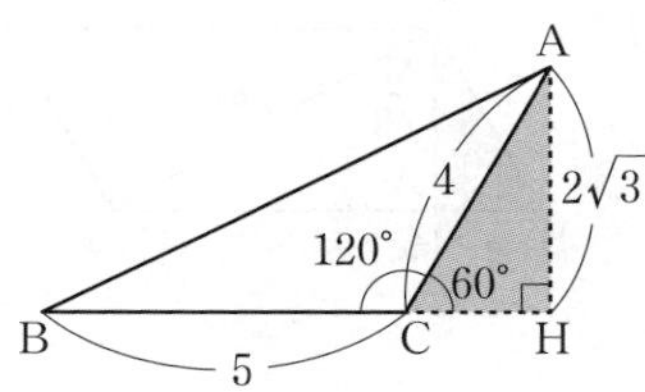

3

(1) 30°　(2) $\sqrt{3}$　(3) $2\sqrt{3}$

例題 1

解説

(1)　$\angle AEB = \angle EBC = 30°$

(2)　DAの延長線上に点Bから垂線BFを引く。

$\angle FAB = \angle AEB + \angle ABE$

$= 30° + 30° = 60°$

よって，△FABは三角定規の形。

$FB = AB \times \frac{\sqrt{3}}{2} = 2 \times \frac{\sqrt{3}}{2} = \sqrt{3}$

$\triangle AEB = AE \times FB \times \frac{1}{2}$

$= 2 \times \sqrt{3} \times \frac{1}{2} = \sqrt{3}$

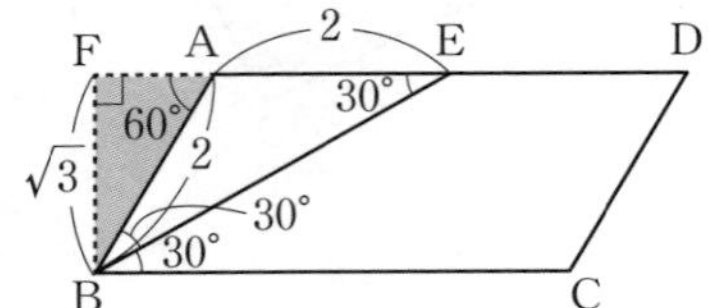

(3)　図のように，点Aから辺BCへ垂線AHを引く。

$\angle ABH = 30° + 30° = 60°$だから，$\triangle ABH$は三角定規の形。

$AH = FB = \sqrt{3}$

$BH = AB \times \frac{1}{2} = 2 \times \frac{1}{2} = 1$

$HC = BC - BH = 4 - 1 = 3$

$\triangle AHC$で三平方の定理より，

$AC = \sqrt{AH^2 + HC^2} = \sqrt{(\sqrt{3})^2 + 3^2}$
$= 2\sqrt{3}$

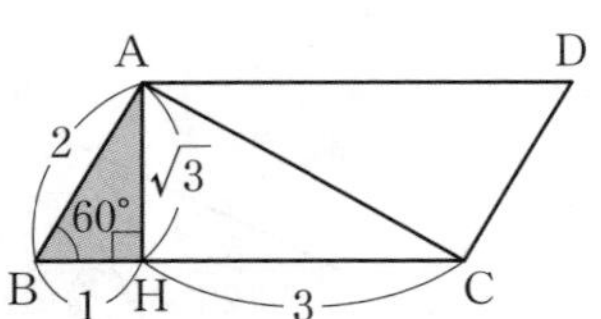

4　$6\sqrt{3}$　例題 2

解説

$\angle ABC = \angle ACB = 60°$だから，$\triangle DBE$と$\triangle GCF$は三角定規の形。

$DE = x$とすると，

$BE = DE \times \frac{1}{\sqrt{3}} = x \times \frac{\sqrt{3}}{3} = \frac{\sqrt{3}}{3}x$

FCも同様。

$EF = DE \times \sqrt{3} = x \times \sqrt{3} = \sqrt{3}\,x$

ここで，$BE + EF + FC = BC$だから，

$\frac{\sqrt{3}}{3}x + \sqrt{3}\,x + \frac{\sqrt{3}}{3}x = 30,\ \frac{5\sqrt{3}}{3}x = 30$

$x = 6\sqrt{3}$

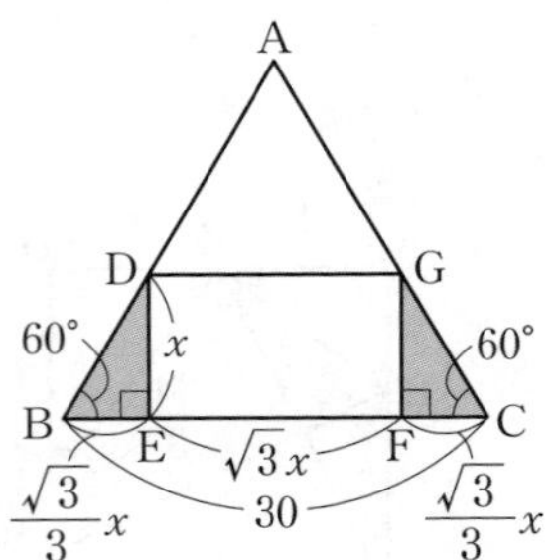

5　π cm　例題 3

解説

求めるのは弧ACの3倍の長さ。

$1 \times 2 \times \pi \times \frac{60°}{360°} \times 3$

$= 1 \times 2 \times \pi \times \frac{1}{6} \times 3 = \pi$

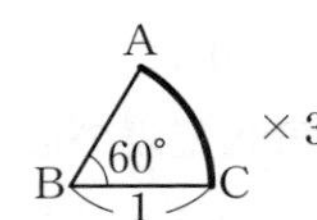

6　$2\pi - 3\sqrt{3}$　例題 3

解説

図の斜線の弓形の12個分を考える。

$\left(1 \times 1 \times \pi \times \frac{60°}{360°} - \frac{\sqrt{3}}{4} \times 1^2\right) \times 12$

$= \left(1 \times 1 \times \pi \times \frac{1}{6} - \frac{\sqrt{3}}{4}\right) \times 12$

$= \left(\frac{1}{6}\pi - \frac{\sqrt{3}}{4}\right) \times 12 = 2\pi - 3\sqrt{3}$

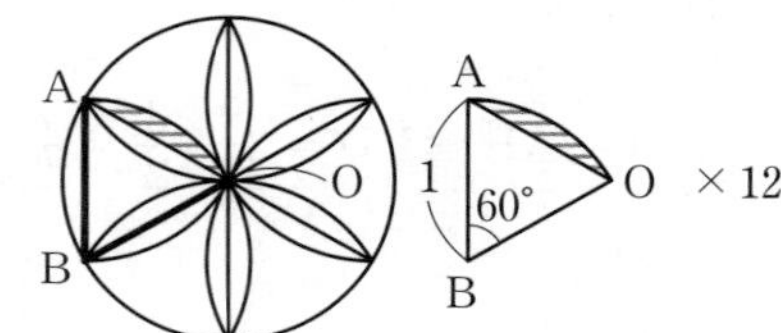

第２章

07 円と角の大きさの関係

▶ P.73

1 115°　例題 2

解説

$AB = BC$ より $\overset{\frown}{AB} = \overset{\frown}{BC}$

同様に，$\overset{\frown}{CD} = \overset{\frown}{DE}$

$\angle ACE$ は $\overset{\frown}{AE}$ に対する円周角だから，中心角はOを中心として $\angle AOE = 100^\circ$

これより，

$2\angle\bullet + 2\angle\circ = 360^\circ - 100^\circ = 260^\circ$

よって，$\angle\bullet + \angle\circ = 130^\circ$

だから，$\overset{\frown}{BAD}$ に対する中心角

$\angle BOD = 100^\circ + 130^\circ = 230^\circ$

よって，$\angle BCD = 230^\circ \times \dfrac{1}{2} = 115^\circ$

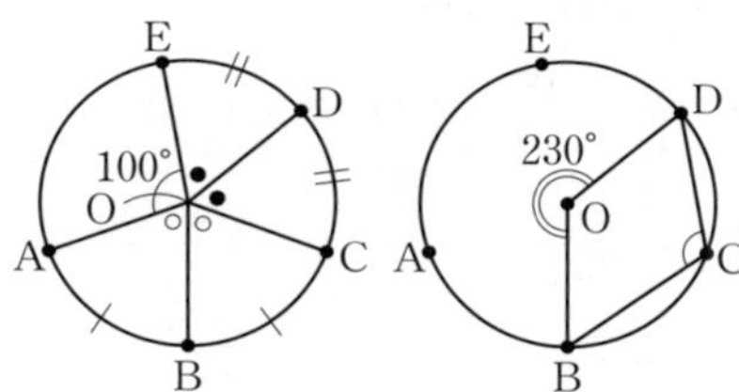

2 (1) 108°　(2) 36°　例題 1

解説

円周が10等分されるから，弧1つ分に対する中心角は，

$360^\circ \times \dfrac{1}{10} = 36^\circ$

だから，円周角は

$36^\circ \times \dfrac{1}{2} = 18^\circ$

(1)　$\angle BCF$ はCを含まない $\overset{\frown}{BF}$ に対する円周角だから，

$18^\circ \times 6 = 108^\circ$

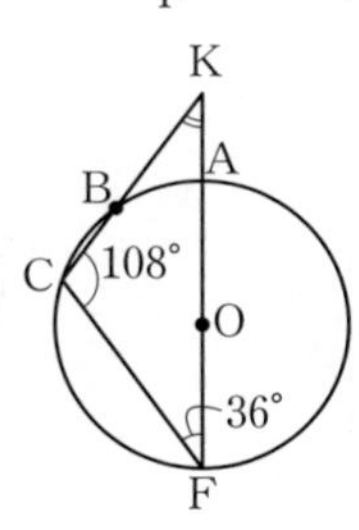

(2)　$\overset{\frown}{ABC}$ に対する円周角は，

$18^\circ \times 2 = 36^\circ$

$\triangle KCF$ の内角の和を利用して，

$\angle AKB = 180^\circ - (108^\circ + 36^\circ) = 36^\circ$

3 $x = 60^\circ$　例題 3

解説

円周が12等分されるから，弧1つ分に対する中心角は，$360^\circ \times \dfrac{1}{12} = 30^\circ$

円周角は，$30^\circ \times \dfrac{1}{2} = 15^\circ$

図のようにとれば，

$x = \angle CAD + \angle ADB = 30^\circ + 30^\circ = 60^\circ$

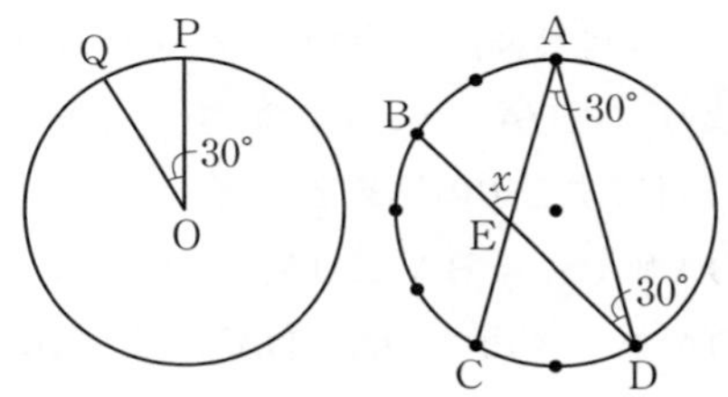

第２章

08 円の直径が作る角度に着目

▶ P.81

1 $2\sqrt{3}$ cm，$\sqrt{3}$ cm

解説

まず $BC = 3 \times 2 = 6$

CDは円の接線だから，

$\angle BCD = 90^\circ$

また，BCは円の直径だから，

$\angle BAC = 90^\circ$

ここで $\angle ACD = 30^\circ$ だから，

$\angle ADC = 90^\circ - 30^\circ = 60^\circ$

これより $\triangle DBC$ において，

$CD = BC \times \dfrac{1}{\sqrt{3}} = 6 \times \dfrac{1}{\sqrt{3}} = 2\sqrt{3}$

$\triangle DAC$ において，

$AD = CD \times \frac{1}{2} = 2\sqrt{3} \times \frac{1}{2} = \sqrt{3}$

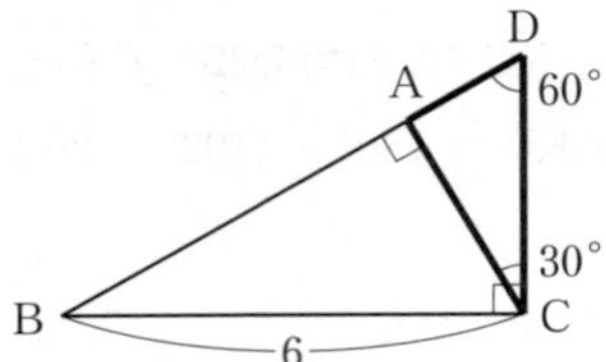

2 $2\sqrt{15}$ cm 例題 4

解説

直径は$5 \times 2 = 10$だから,

$AC = 6$, $CB = 4$

ABは円の直径だから$\angle ADB = 90°$

また$AB \perp DE$

$\angle A$は共通, $\angle ADB = \angle ACD = 90°$

より, $\triangle DAB \backsim \triangle CAD$

対応する辺の比をとり,

$DA : CA = BA : DA$,

$DA : 6 = 10 : DA$, $DA^2 = 6 \times 10$

$DA > 0$より, $DA = 2\sqrt{15}$

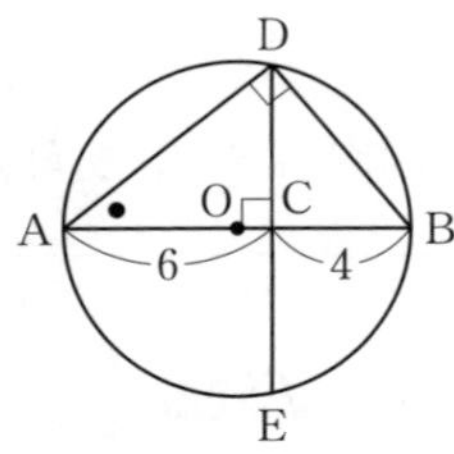

3 $\frac{42}{25}$ cm^2 例題 5

解説

ABは直径だから$\angle ACB = 90°$

CからABへ垂線CHを引く。

$\angle A$は共通, $\angle ACB = \angle AHC = 90°$

以上より, $\triangle BAC \backsim \triangle CAH$

対応する辺の比をとり,

$AC : AH = AB : AC$

$3 : AH = 5 : 3$, $5 \times AH = 3 \times 3$,

$AH = \frac{9}{5}$

$AC = CD$より, HはADの中点だから,

$AD = \frac{9}{5} \times 2 = \frac{18}{5}$

$BD = BA - DA = 5 - \frac{18}{5} = \frac{7}{5}$

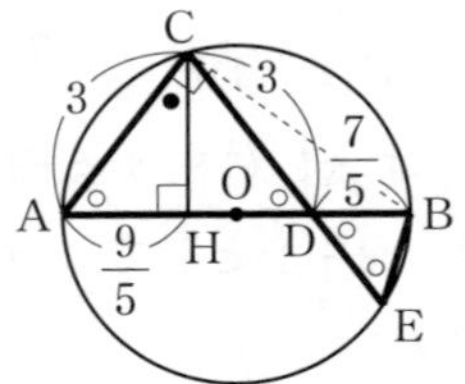

ここで$\overset{\frown}{CB}$の円周角より

$\angle CAB = \angle CEB$,

また$\angle CDA = \angle BDE$から,

$\triangle ACD \backsim \triangle EBD$

対応する辺の比をとり,

$CD : BD = AD : ED$

$3 : \frac{7}{5} = \frac{18}{5} : ED$, $3 \times ED = \frac{7}{5} \times \frac{18}{5}$,

$ED = \frac{42}{25}$

ここで,

$\triangle BCA : \triangle BEA = CD : DE$ (★)

$= 3 : \frac{42}{25} = 25 : 14$

$\triangle CAB$で三平方の定理より,

$CB = \sqrt{AB^2 - CA^2} = \sqrt{5^2 - 3^2} = 4$

よって, ★は,

$3 \times 4 \times \frac{1}{2} : \triangle BEA = 25 : 14$

$25 \times \triangle BEA = 6 \times 14$, $\triangle BEA = \frac{84}{25}$,

$\triangle OEB = \triangle BEA \times \frac{1}{2} = \frac{84}{25} \times \frac{1}{2} = \frac{42}{25}$

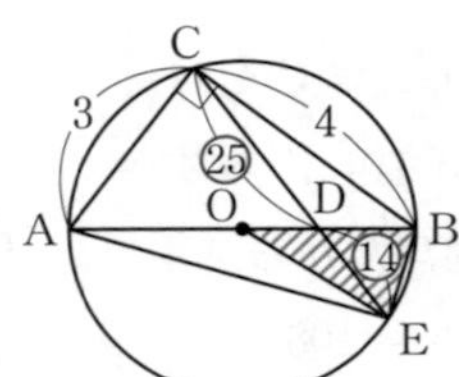

4

(1) $6\sqrt{2}$ cm　(2) $\dfrac{27}{4}$倍　例題 5

解説

(1)　ABは直径だから，$\angle ACB = 90°$

$\angle CAB = 45°$なので，

$$AC = AB \times \frac{1}{\sqrt{2}} = 12 \times \frac{1}{\sqrt{2}} = 6\sqrt{2}$$

(2)　$\triangle CAB$はCA ＝ CBの二等辺三角形だから$CO \perp AB$。

$\triangle CAO$において，

CO ＝ AO ＝ 6だから，

$\triangle COD$で三平方の定理より，

$$CD = \sqrt{CO^2 + OD^2} = \sqrt{6^2 + 2^2} = 2\sqrt{10}$$

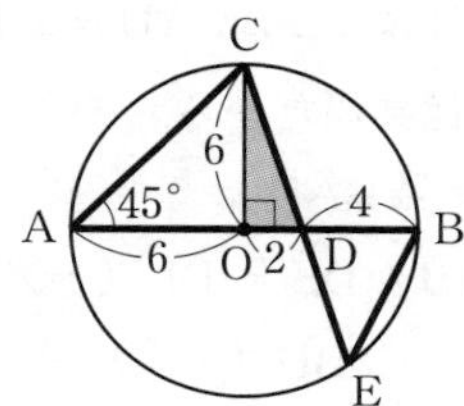

ここで$\overset{\frown}{CB}$の円周角より

$\angle CAB = \angle CEB$，$\angle CDA = \angle BDE$から，

$\triangle CAD \backsim \triangle BED$

対応する辺の比をとり，

AD ： ED ＝ CD ： BD,

$8 : ED = 2\sqrt{10} : 4$,

$2\sqrt{10} \times ED = 8 \times 4$，$ED = \dfrac{8\sqrt{10}}{5}$

これより，

$$CD : DE = 2\sqrt{10} : \frac{8\sqrt{10}}{5} = 5 : 4$$

よって，$\triangle BDE = 4S$とおけば，

$\triangle BDC = 5S$

AD ： DB ＝ 8 ： 4だから$\triangle ADE = 8S$,

同様に$\triangle ADC = 10S$

ゆえに，

四角形AEBCの面積 ： 三角形DEBの面積

$= (10S + 8S + 4S + 5S) : 4S$

$= 27S : 4S = \dfrac{27}{4} : 1$

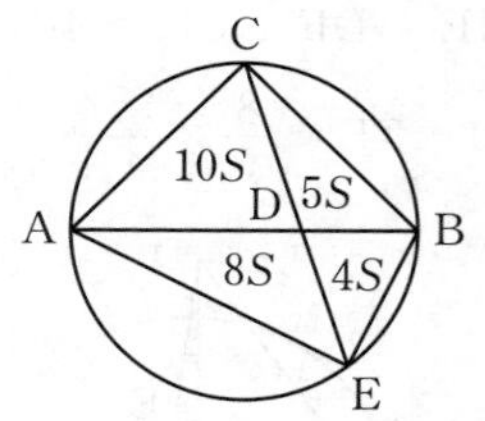

5

$\dfrac{32}{35}$ cm

解説

題意より，$\angle DAC = 90°$,

DA ＝ CA ＝ 8

またABは直径だから$\angle ACB = 90°$

$\angle ABC = 90° - \angle BAC = \angle DAB$

これと$\angle DFA = 90°$から，

$\triangle BAC \backsim \triangle ADF$ (…㋐)

対応する辺の比をとり，

AB ： DA ＝ CB ： FA,

10 ： 8 ＝ 6 ： AF，$10 \times AF = 8 \times 6$,

$AF = \dfrac{24}{5}$

点CからABへ垂線CHを下ろす。

$\angle B$は共通，$\angle ACB = \angle CHB = 90°$だから，$\triangle BAC \backsim \triangle BCH$ (…㋑)

対応する辺の比をとり，

AB ： CB ＝ CB ： HB, 10 ： 6 ＝ 6 ： HB,

$10 \times HB = 6 \times 6$，$HB = \dfrac{18}{5}$

よって，$FH = AB - (AF + HB)$

$= 10 - \left(\dfrac{24}{5} + \dfrac{18}{5}\right) = 10 - \dfrac{42}{5} = \dfrac{8}{5}$

㋐，㋑より，$\triangle ADF \backsim \triangle BCH$だから，

対応する辺の比をとれば，

$DF : CH = AF : BH = \dfrac{24}{5} : \dfrac{18}{5}$

$= 4 : 3$

ここで$\angle DEF = \angle CEH$だから，

$\triangle DEF \backsim \triangle CEH$

対応する辺の比をとれば，

FE：HE＝DF：CH＝4：3

つまり，$FE=\frac{8}{5}\times\frac{4}{4+3}=\frac{32}{35}$

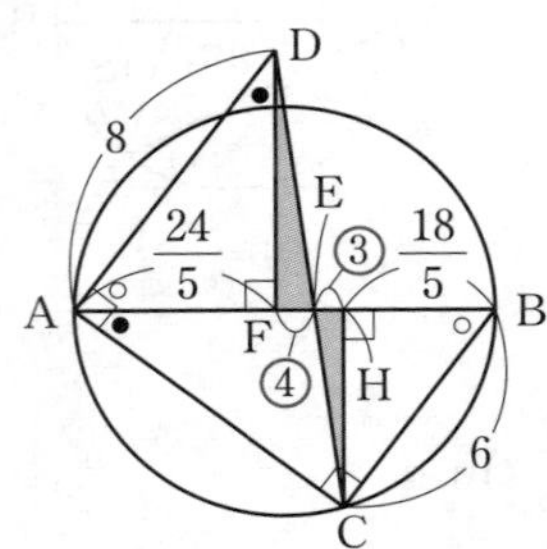

6 $\frac{\sqrt{7}}{4}$cm²　例題 6

解説

ABは円の直径だから

∠ACB＝90°（…①）

$\overset{\frown}{BC}=\overset{\frown}{CD}$より，

∠BAC＝∠DAC（…②）

辺ACは共通（…③）

①②③より，

△BAC≡△QAC（…㋐）

よって，∠ABC＝∠AQC（…㋑）

さて，$\overset{\frown}{BC}=\overset{\frown}{CD}$よりBC＝CD，

㋐よりCB＝CQだから，CQ＝CD

△CQDにおいて，

∠CQD＝∠CDQ（…㋒）

よって，㋑，㋒より，△QAB∽△QCD

△CABで三平方の定理より，

$CB=\sqrt{AB^2-CA^2}=\sqrt{4^2-(\sqrt{14})^2}=\sqrt{2}$，

$QC=CB=\sqrt{2}$

これより，

△QAB：△QCD＝AB²：CD²

＝AB²：CQ²

＝4²：$(\sqrt{2})^2$＝8：1

$△CQD=△AQB\times\frac{1}{8}$

$=QB\times AC\times\frac{1}{2}\times\frac{1}{8}$

$=2\sqrt{2}\times\sqrt{14}\times\frac{1}{2}\times\frac{1}{8}=\frac{\sqrt{7}}{4}$

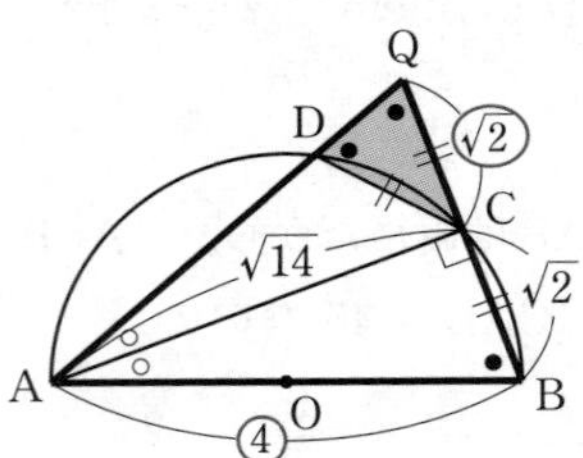

7 $\frac{125}{61}$cm　例題 7

解説

ABは円の直径だから∠ADB＝90°

$\overset{\frown}{CD}=\overset{\frown}{DB}$より，∠CAD＝∠BAD

辺ADは共通だから，

△EAD≡△BAD

これより，DE＝DB（…㋐），

∠AED＝∠ABD（…㋑）

また$\overset{\frown}{CD}=\overset{\frown}{DB}$だから，

CD＝DB（…㋒）

㋐，㋒より，DE＝DC（…㋓）

だから，

△CDEは二等辺三角形となり，

∠DEC＝∠DCE（…㋔）

㋑，㋔より，

△EAB∽△EDC

対応する辺の比をとり，

AB：DC＝EB：EC，

AB：ED＝EB：EC，

㋐よりDE＝5だから

12：5＝10：EC，12×EC＝5×10，

$EC=\frac{25}{6}$

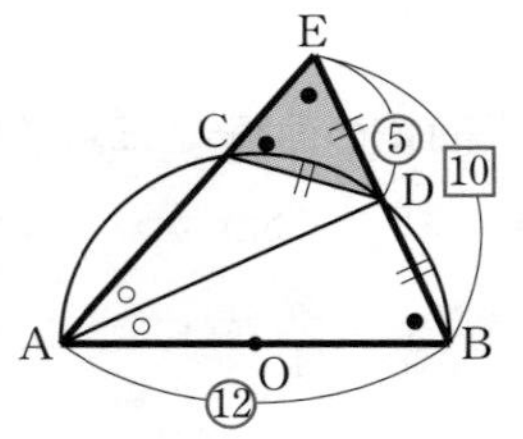

ここで△EABにおいて，AO = OBと㋐から，中点連結定理（p.88）より，

AE ∥ OD（…㋕），

$OD = \frac{1}{2}AE = \frac{1}{2} \times 12 = 6$

㋕より，△FCE ∽ △FDO

対応する辺の比をとれば，

$CF : DF = CE : DO = \frac{25}{6} : 6$

$= 25 : 36$

ここで，㋓よりDC = 5だから，

$CF = 5 \times \frac{25}{25+36} = \frac{125}{61}$

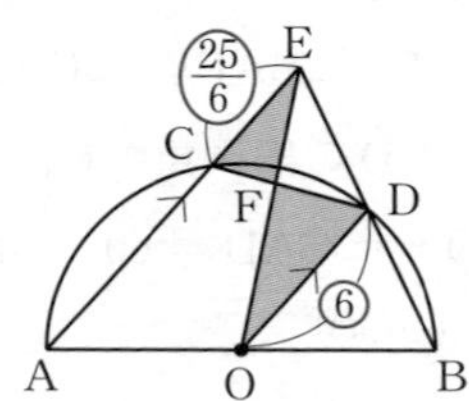

第2章 09 円内の回転系合同や回転系相似

▶ P.86

1

$\frac{28}{5}$cm　例題 1

解説

△ABGと△ACDにおいて，

$\overset{\frown}{AD}$の円周角から，

∠ABD = ∠ACD（…①）

AB = AC（…②）

$\overset{\frown}{BF}$の円周角から，

∠BAF = ∠BCF（…㋐）

$\overset{\frown}{CD}$の円周角から，

∠DAC = ∠DBC（…㋑）

BD ∥ FCより，

∠BCF = ∠DBC（…㋒）

㋐，㋑，㋒より，

∠BAF = ∠DAC（…③）

①②③より，△ABG ≡ △ACD

よって，AG = AD = 3

△AFCにおいて，BD ∥ FCより，

AE : EC = AG : GF = 3 : 7

AC = AB = 8だから，

$EC = AC \times \frac{7}{3+7} = 8 \times \frac{7}{10} = \frac{28}{5}$

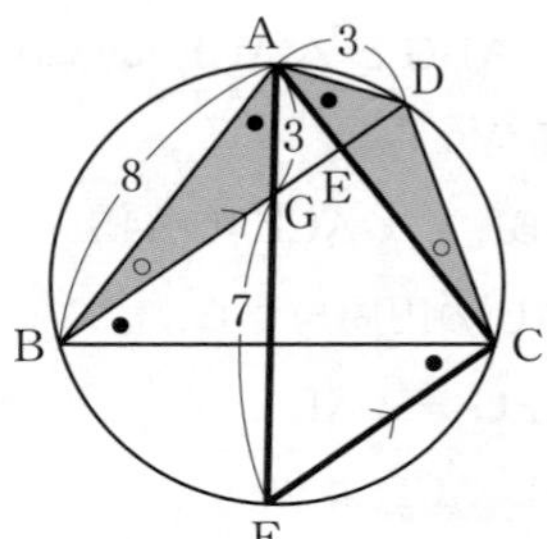

2

(1) $\frac{24}{7}$cm　(2) 28 : 27　例題 1

解説

(1)　△ABCと△AGEにおいて，$\overset{\frown}{AB}$の円周角から，

∠ACB = ∠AEB（…①）

AC = AE（…②）

$\overset{\frown}{BC}$の円周角から，

∠BAC = ∠BEC（…㋐）

$\overset{\frown}{DE}$の円周角から，

∠DAE = ∠DCE（…㋑）

$\overset{\frown}{BC} = \overset{\frown}{DE}$から，

∠BEC = ∠DCE（…㋒）

㋐，㋑，㋒より，

∠BAC = ∠DAE（…③）

①②③より，△ABC ≡ △AGE

よって，AG = AB = 4

△ACDにおいて，㋒よりBE ∥ CDより，AF : FC = AG : GD = 4 : 3

AC = AE = 6だから，

$AF = AC \times \frac{4}{4+3} = 6 \times \frac{4}{7} = \frac{24}{7}$

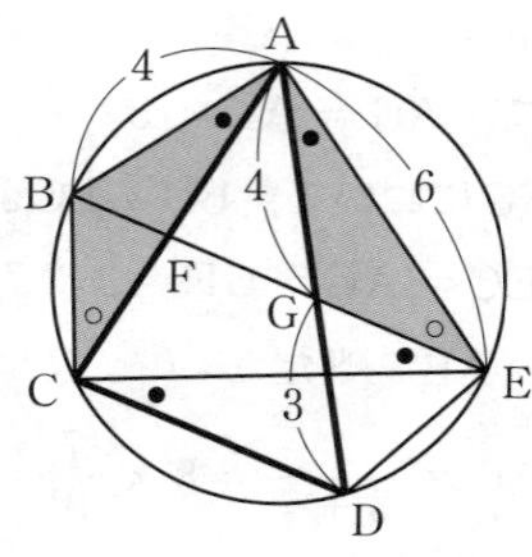

(2)　△ABGと△ACEにおいて，$\overset{\frown}{AE}$の円周角から，

∠ABE＝∠ACE（…④）

$\overset{\frown}{AC}$の円周角から，

∠AEC＝∠ADC

BE // CDより，

∠ADC＝∠AGB

よって，∠AGB＝∠AEC（…⑤）

④⑤より，△ABG ∽ △ACE

よって，

△ABG：△ACE＝AB^2：AC^2

＝4^2：6^2＝16：36＝4：9

ここで△ABG＝4S，△ACE＝9Sとする。

$\triangle CEF = \triangle ACE \times \dfrac{FC}{AC}$

$= 9S \times \dfrac{3}{4+3} = \dfrac{27}{7}S$

つまり，

$\triangle ABG : \triangle CEF = 4S : \dfrac{27}{7}S$

＝28：27

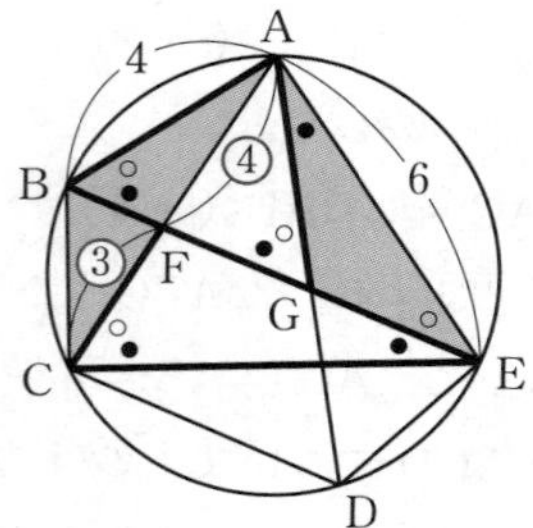

3

(1) $3\sqrt{2}$ cm　(2) $9-3\sqrt{3}$ cm^2

例題 2

解説

(1)　△ABHは∠B＝45°の直角三角形。

$AH = AB \times \dfrac{1}{\sqrt{2}} = 6 \times \dfrac{1}{\sqrt{2}} = 3\sqrt{2}$

(2)　△ABEと△ACDにおいて，$\overset{\frown}{AD}$の円周角から，

∠ABD＝∠ACD（…①）

BE＝CD（…②），AB＝AC（…③）

①②③より，△ABE ≡ △ACD

よって，∠BAE＝∠CAD（…㋐）

また$\overset{\frown}{CD}$の円周角から，

∠CBD＝∠CAD＝60°−45°

＝15°（…㋑）

㋐，㋑より，∠BAE＝15°だから，

∠AED＝∠BAE＋∠ABE

＝15°＋45°＝60°

これより△AEHにおいて，

$EH = AH \times \dfrac{1}{\sqrt{3}} = 3\sqrt{2} \times \dfrac{1}{\sqrt{3}} = \sqrt{6}$

またBH＝AH＝$3\sqrt{2}$

$\triangle ABE = BE \times AH \times \dfrac{1}{2}$

$= (BH - EH) \times AH \times \dfrac{1}{2}$

$= (3\sqrt{2} - \sqrt{6}) \times 3\sqrt{2} \times \dfrac{1}{2}$

$= 9 - 3\sqrt{3}$

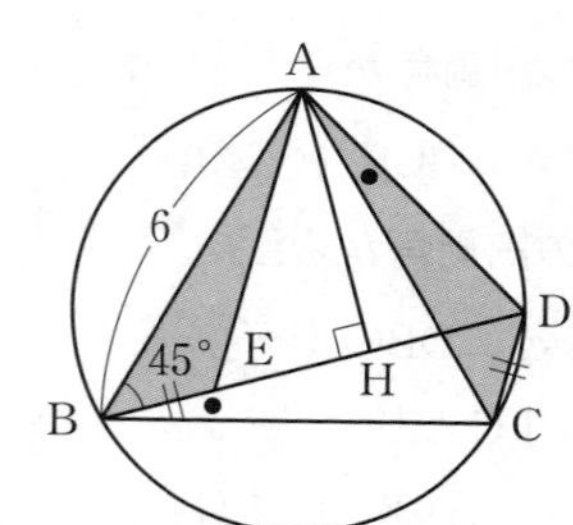

4

(1) 28 cm　(2) $\dfrac{27\sqrt{3}}{28}$ cm²

例題 2

解説

(1)　PC = PD,

$\overset{\frown}{AC}$の円周角から,

∠APC = ∠ABC = 60°

だから，△DPCは正三角形（…㋐）

△BPCと△ADCにおいて,

BC = AC（…①),

㋐よりPC = DC（…②）

∠BCP = ∠DCP − ∠DCB

= 60° − ∠DCB

= ∠ACB − ∠DCB

= ∠ACD（…③）

①②③より，△BPC ≡ △ADC

よって,

AB + BP + PC + CA

= AB + AD + DC + CA

= AB + AD + PD + CA

= 9 + 10 + 9 = 28

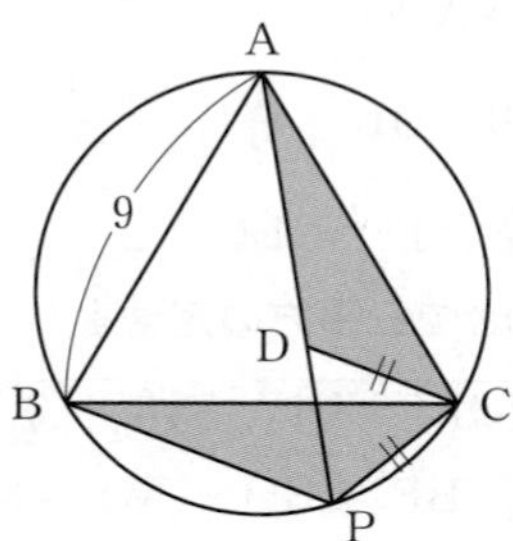

(2)　BP = ⑥，PC = ③とおく,

㋐より，DC = ③

ここで，∠BPQ = ∠CDP = 60°

これと∠BQP = ∠CQDから,

△BPQ ∽ △CDQ

PQ : DQ = PB : DC = 2 : 1

DP = ③だから，DQ = ①

よって，AD : DQ = 6 : 1

$\triangle CDQ = \triangle CAQ \times \dfrac{1}{7}$（★）

また，BQ : CQ = PB : DC = 2 : 1 より

$★ = \triangle ABC \times \dfrac{1}{3} \times \dfrac{1}{7}$

$= \dfrac{\sqrt{3}}{4} \times 9^2 \times \dfrac{1}{3} \times \dfrac{1}{7} = \dfrac{27\sqrt{3}}{28}$

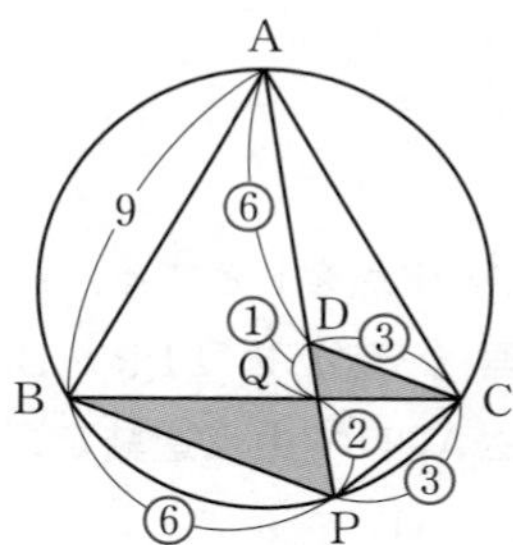

第2章

10　中点連結定理

▶ P.89

1

$\dfrac{3}{2}$

解説

CHの延長と，ABの交点を図のようにDとする。

∠CAH = ∠DAH

∠AHC = ∠AHD = 90°

辺AHは共通だから,

△AHC ≡ △AHD（…㋐）

よって，AD = AC = 6だから,

DB = AB − AD = 9 − 6 = 3

△CDBにおいて，㋐よりCH = HD，またCM = MB

これより中点連結定理から,

$HM = \dfrac{1}{2}DB = \dfrac{1}{2} \times 3 = \dfrac{3}{2}$

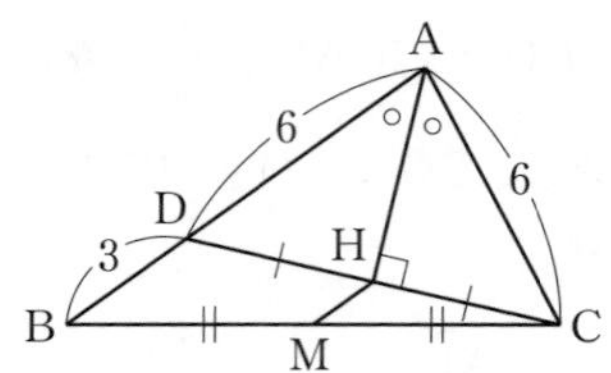

2 $\frac{3}{2}$cm

解説

辺DCの中点をRとする。△DBCで中点連結定理（…㋐）よりPR∥BC

また△ACDで中点連結定理（…㋑）より，QR∥AD

ここでAD∥BCだから，3点P，Q，Rは同一直線上にある。

㋐より，$PR=\frac{1}{2}BC=4$

㋑より，$QR=\frac{1}{2}AD=\frac{5}{2}$

$PQ=PR-QR=4-\frac{5}{2}=\frac{3}{2}$

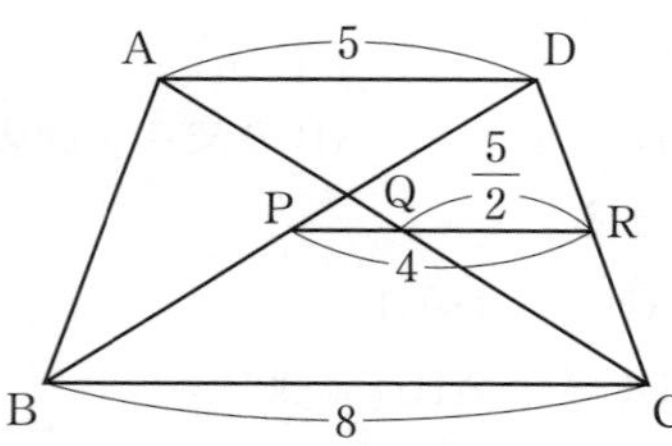

3 $\sqrt{10}$cm

解説

OS∥BQより，△SRO∽△BRQ

対応する辺の比をとれば，

OR：QR＝OS：QB（…㋐）

ここで△ABQにおいて，AO＝OB，OS∥BQより，中点連結定理の逆が成り立ち，$SO=\frac{1}{2}QB$だから，㋐は，

OR：QR＝1：2となる。

これより，

$OR=OQ\times\frac{1}{1+2}=3\times\frac{1}{3}=1$

△ROBで三平方の定理より，

$BR=\sqrt{RO^2+OB^2}=\sqrt{1^2+3^2}=\sqrt{10}$

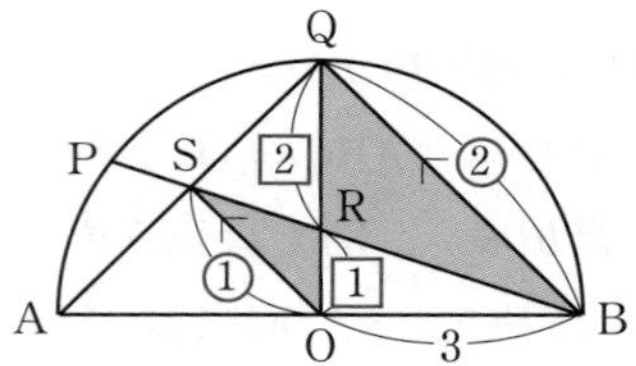

4 $\sqrt{6}$ cm

解説

ABは円の直径だから，∠ACB＝90°

△CABにおいて，AO＝OB，AD＝DCだから，中点連結定理（…㋐）より，DO∥CBとなるから，

∠ADO＝90°

ここで∠DOA＝∠FOE，

AO＝EO，∠ADO＝∠EFO＝90°

より，△ADO≡△EFO

㋐より，$OD=\frac{1}{2}BC=\frac{1}{2}\times4=2$

すると，FO＝DO＝2

△FOEで三平方の定理より，

$FE=\sqrt{OE^2-OF^2}=\sqrt{3^2-2^2}=\sqrt{5}$

また，BF＝BO－FO＝3－2＝1だから，△FBEで三平方の定理より，

$BE=\sqrt{FE^2+FB^2}=\sqrt{(\sqrt{5})^2+1^2}=\sqrt{6}$

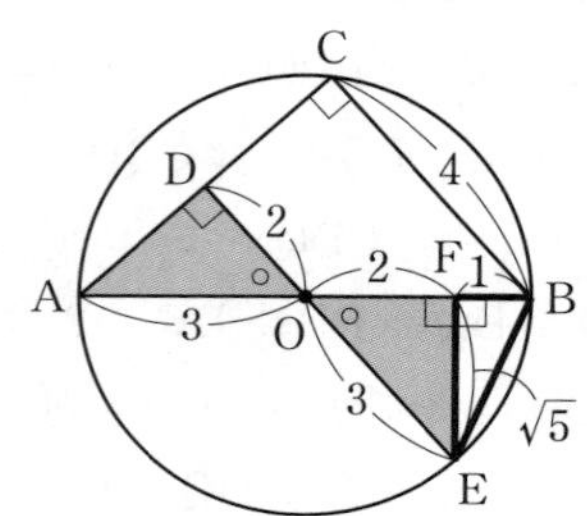

第3章

01 座標平面上の図形

▶ P.100

1

$a = \frac{2}{9}$，$36\,\text{cm}^2$　例題 2

解説

AB // CD，AB = CDだから，点Cのx座標は，$3 - (-3) = 6$

点Dのy座標は8だから，C(6，8)

点Cは関数$y = ax^2$上にあるから代入して，$8 = a \times 6^2$，$36a = 8$，$a = \frac{2}{9}$

よって，$y = \frac{2}{9}x^2$とわかる。

したがって点Aのy座標は，

$y = \frac{2}{9} \times (-3)^2 = 2$

だから，A(−3，2)

平行四辺形ABCDの面積は，

$6 \times (8 - 2) = 36$

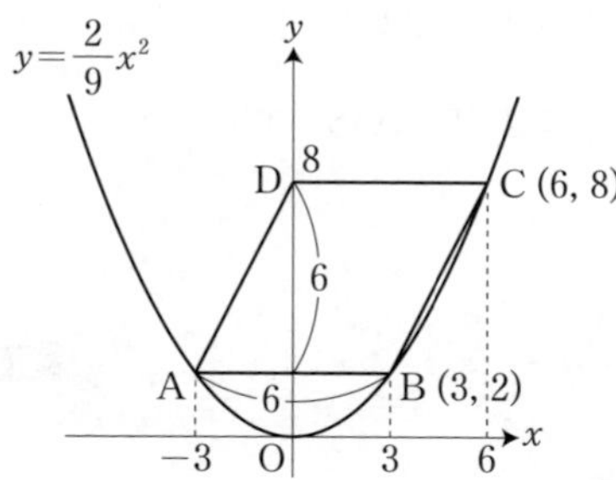

2

(1) $y = -2x$　(2) $y = 2x + 8$

(3) C(−6，36)　(4) 1 : 4

例題 1，2

解説

(1)　点Aのx座標は −2だから，$y = x^2$へ代入して，$y = (-2)^2 = 4$

A(−2，4)

直線OAはこれと原点Oを通るから，

$y = -2x$

(2)　同様にして，B(4，16)とわかる。

直線lは2点A，Bを通るから，

$y = 2x + 8$

(3)　CB // AOだから，2点C，Bを通る直線の傾きは−2

これがB(4，16)を通るから，直線CBの式は，$y = -2x + 24$

これと$y = x^2$の交点の座標は，

$x^2 = -2x + 24$，$x^2 + 2x - 24 = 0$，

$(x + 6)(x - 4) = 0$，$x = -6$，4

よって，点Cのx座標は−6とわかるから$y = x^2$へ代入して，$y = (-6)^2 = 36$

C(−6，36)

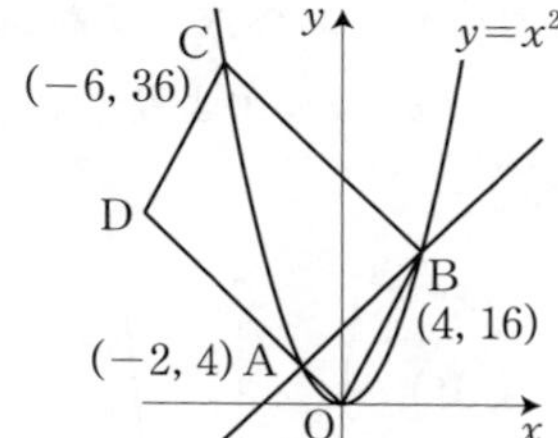

(4)　CD // BOで，直線BOの傾きは4だから，CDの傾きも4になる。

これがC(−6，36)を通るから，直線CDの式は，$y = 4x + 60$

点Eはこれと直線lの交点だから，

$4x + 60 = 2x + 8$，$2x = -52$，

$x = -26$

これよりx座標の差をとって比べれば，

BA : AE

$= \{4 - (-2)\} : \{(-2) - (-26)\}$

$= 6 : 24 = 1 : 4$

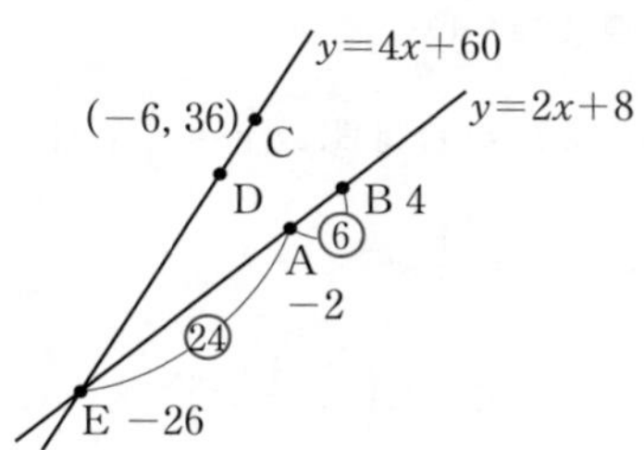

3

(1) 16　(2) P$(2\sqrt{2},\ 8)$　例題 1

解説

(1)　点Aのx座標は-4で，関数$y=x^2$上にあるから，

$y=(-4)^2=16$

よって，A$(-4,\ 16)$

(2)　△OPA：△OPQ＝AP：PQ

＝1：1

となるから，点Pは2点A，Qの中点である。

よって点Pのy座標は

$\dfrac{16+0}{2}=8$

これを$y=x^2$へ代入すれば，$x^2=8$，

$x=\pm2\sqrt{2}$，$x>0$より，$x=2\sqrt{2}$

P$(2\sqrt{2},\ 8)$

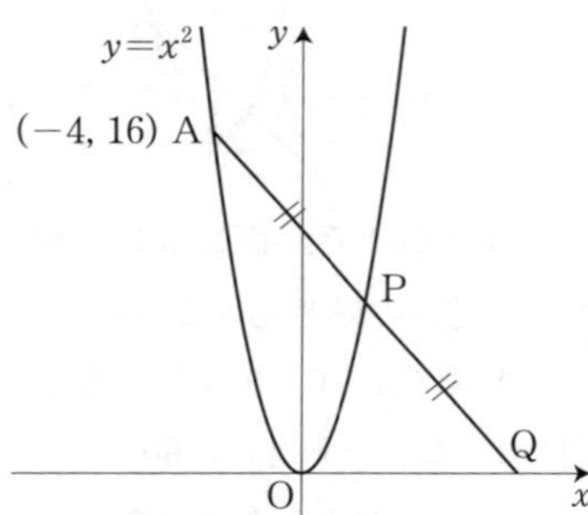

4

(1) C$\left(-a,\ \dfrac{1}{4}a^2\right)$　(2) $\dfrac{1}{4}a^2$

(3) A(8, 32)　例題 5

解説

(1)　AD // y軸だから，点Aと点Dのx座標は等しい。

また点Dは関数$y=\dfrac{1}{4}x^2$上の点だから，$y=\dfrac{1}{4}a^2$

よって，D$\left(a,\ \dfrac{1}{4}a^2\right)$

ここで点CとDはy軸について対称だから，C$\left(-a,\ \dfrac{1}{4}a^2\right)$

(2)　点Aは関数$y=\dfrac{1}{2}x^2$上の点だから，

$y=\dfrac{1}{2}a^2$

よってAD$=\dfrac{1}{2}a^2-\dfrac{1}{4}a^2=\dfrac{1}{4}a^2$

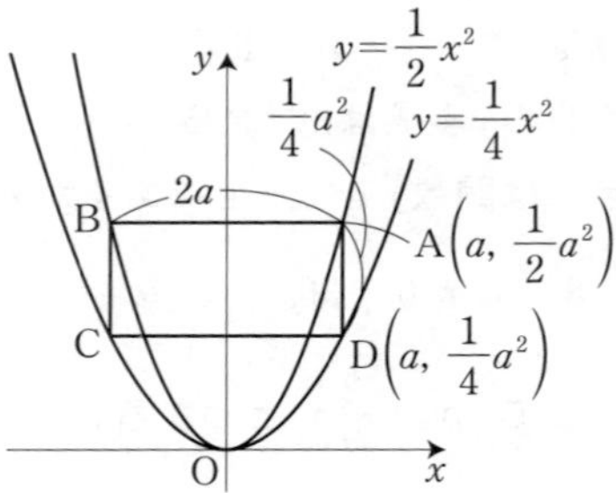

(3)　AB$=2a$で，AD＝ABとなることから，$\dfrac{1}{4}a^2=2a$，$a^2=8a$，

$a(a-8)=0$，$a>0$より，$a=8$

よって，点Aのy座標は，

$\dfrac{1}{2}\times8^2=32$

つまり，A(8, 32)

5

$a=\dfrac{1}{6}$　例題 3

解説

x座標が2である点Aは，関数$y=x^2$上にあるから，$y=2^2=4$

よって，A(2, 4)

また，x座標が4である点Cは，関数$y=ax^2$上にあるから，

$y=4^2\times a=16a$

よって，C$(4,\ 16a)$

点C，Dはy軸について対称だから，

D$(-4,\ 16a)$

ここでAC // DOだから，図で

$\triangle AHC \backsim \triangle DIO$

対応する辺の比をとれば，

$AH : DI = HC : IO$

$(4-16a) : (16a-0)$

$= (4-2) : \{0-(-4)\}$,

$(4-16a) : 16a = 2 : 4$,

$16a \times 2 = (4-16a) \times 4$,

$32a = 16-64a$, $96a = 16$, $a = \dfrac{1}{6}$

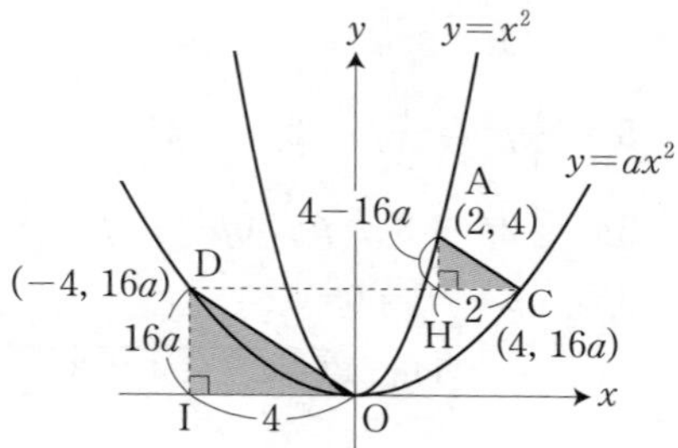

6　-5　例題 2

解説

点Aは関数 $y=\dfrac{1}{2}x^2$ 上にあって，x 座標は -2 だから，$y=\dfrac{1}{2}\times(-2)^2=2$

A$(-2,\ 2)$

点Bの x 座標は4で同様に考えて，

$y=\dfrac{1}{2}\times 4^2=8$

B$(4,\ 8)$

ここで点Dの x 座標を $-d$ とおけば，点Dは関数 $y=-\dfrac{1}{4}x^2$ 上にあるから，

$y=-\dfrac{1}{4}\times(-d)^2=-\dfrac{1}{4}d^2$

D$\left(-d,\ -\dfrac{1}{4}d^2\right)$

四角形ABCDは平行四辺形なので，

$\triangle DCI \equiv \triangle ABH$

対応する辺をとり，

$DI = AH = 4-(-2) = 6$

$CI = BH = 8-2 = 6$

だから，点Cの座標は

$\left(-d+6,\ -\dfrac{1}{4}d^2+6\right)$

点Cは $y=-\dfrac{1}{4}x^2$ 上にあるから代入して，

$-\dfrac{1}{4}d^2+6=-\dfrac{1}{4}\times(-d+6)^2$,

$-d^2+24=-(-d+6)^2$,

$-d^2+24=-d^2+12d-36$,

$-12d=-60$, $d=5$

点Dの x 座標は $-d$ とおいたから -5

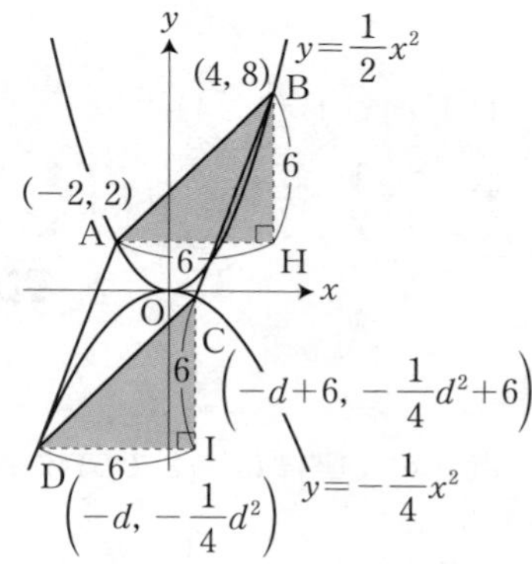

7　$2\sqrt{3}$　例題 7

解説

点Bの x 座標を p とおけば，点Bは関数 $y=x^2$ 上の点だから，$y=p^2$

よって，B$(p,\ p^2)$

また点Cの x 座標も p で，点Cは関数 $y=-\dfrac{1}{2}x^2$ 上の点だから，$y=-\dfrac{1}{2}p^2$

よって，C$\left(p,\ -\dfrac{1}{2}p^2\right)$

ここで△BACはAB = ACの二等辺三角形だから，点AからBCへ垂線AHを引けば，HはBCの中点（…㋐）。またAH // x 軸だから，点AとHの y 座標は等しく3になる。

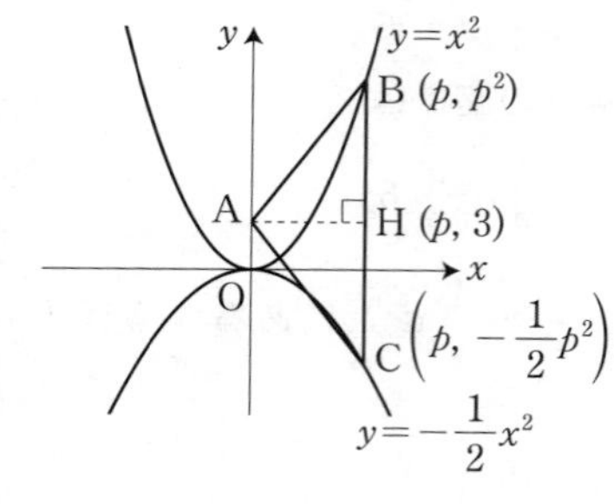

㋐より，$\frac{1}{2}\left\{p^2+\left(-\frac{1}{2}p^2\right)\right\}=3$,

$\frac{1}{4}p^2=3$, $p^2=12$, $p=\pm 2\sqrt{3}$,

$p>0$より，$p=2\sqrt{3}$

8

(1) 1　**(2)** B(4, 4)

(3) $y=\frac{1}{2}x+2$　**(4)** P$\left(\frac{4}{3}, \frac{8}{3}\right)$

例題 6

解説

(1)　点Aのx座標は-2で関数$y=\frac{1}{4}x^2$上にあるから，$y=\frac{1}{4}\times(-2)^2=1$

(2)　点Bのy座標は，$1+3=4$

点Bは$y=\frac{1}{4}x^2$上にあるから，

$4=\frac{1}{4}x^2$, $x^2=16$, $x=\pm 4$,

$x>0$より，$x=4$

よって，B(4, 4)

(3)　2点A$(-2, 1)$，B$(4, 4)$を通るから，$y=\frac{1}{2}x+2$

(4)　点Pのx座標をpとする。点Pは直線AB上にあるから，y座標は，

$y=\frac{1}{2}p+2$

P$\left(p, \frac{1}{2}p+2\right)$

点Qはx座標がpで，$y=\frac{1}{4}x^2$上にあるから，y座標は，$y=\frac{1}{4}p^2$となり，

Q$\left(p, \frac{1}{4}p^2\right)$

また点Rはx軸上の点だから，

R$(p, 0)$

PQはy軸と平行だから，

PQ：QR

$=\left\{\left(\frac{1}{2}p+2\right)-\frac{1}{4}p^2\right\}:\left(\frac{1}{4}p^2-0\right)$

$=5:1$

$5\times\frac{1}{4}p^2=\frac{1}{2}p+2-\frac{1}{4}p^2$,

$5p^2=2p+8-p^2$, $6p^2-2p-8=0$,

$3p^2-p-4=0$,

$p=\frac{-(-1)\pm\sqrt{(-1)^2-4\times 3\times(-4)}}{2\times 3}$

$=\frac{1\pm 7}{6}$, $p=-1$, $\frac{4}{3}$

点Pは線分BC上にあるから

$0\leqq p\leqq 4$より，$p=\frac{4}{3}$

y座標は，$\frac{1}{2}\times\frac{4}{3}+2=\frac{8}{3}$

P$\left(\frac{4}{3}, \frac{8}{3}\right)$

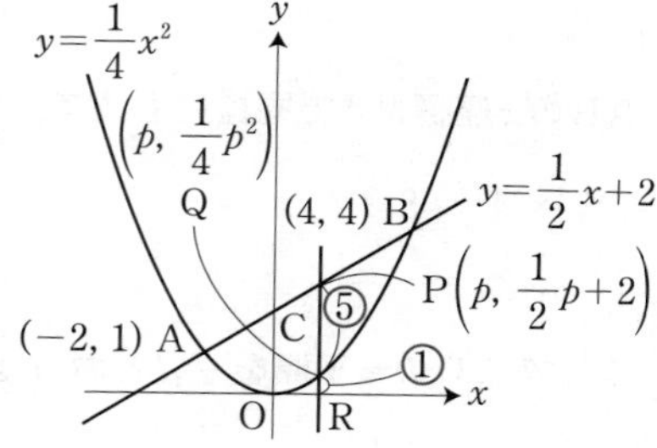

第3章

02 座標平面上の面積

P.108

1

(1) $a = 3$ (2) Q(12, 9) (3) 18

解説

(1) 直線$y = ax - 9$は，R(4, 3)を通るから，これらの座標を代入し，

$3 = a \times 4 - 9$, $12 = 4a$, $a = 3$

(2) 点Qは$y = \frac{3}{4}x$と直線$y = 9$の交点だから，代入して，

$9 = \frac{3}{4}x$, $x = 12$

よって，Q(12, 9)

(3) 図のように点H(4, 9)をとれば，

HR $= 9 - 3 = 6$

また，QPを通る直線はx軸と平行だから，

QP $= 12 - 6 = 6$

$\triangle PQR = PQ \times HR \times \frac{1}{2}$

$= 6 \times 6 \times \frac{1}{2} = 18$

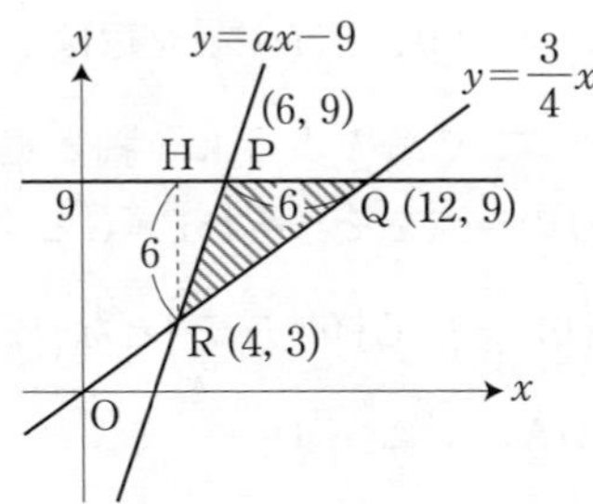

2

3cm^2 例題 3

解説

点Aは関数$y = -x^2$上にあるから，

$x = -1$を代入すれば，

$y = -(-1)^2 = -1$

よって，

A(−1, −1)

点Bも同様に考えて，

B(2, −4)

そこで直線ABの式は，$y = -x - 2$

となる。

これとy軸との交点をCとすると

C(0, −2)

よって

$\triangle OAB = OC \times (AH + BI) \times \frac{1}{2}$

$= 2 \times (1 + 2) \times \frac{1}{2} = 3$

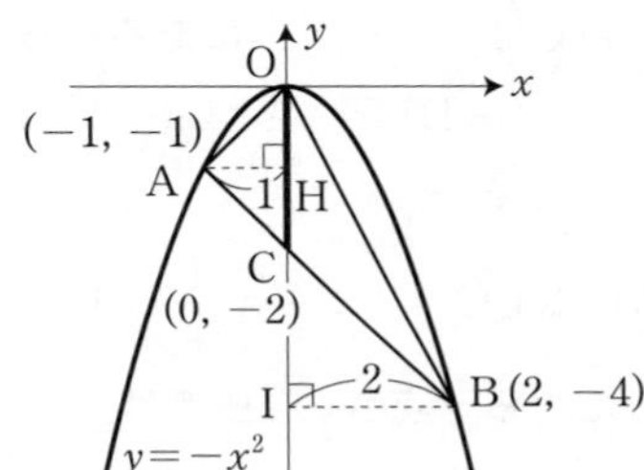

3

(1) $y = 2x + 9$ (2) 54 例題 3

解説

3点A，B，Cは関数$y = \frac{1}{3}x^2$上の点だから，それぞれのx座標を代入して，

A(−3, 3)，B(6, 12)，C(9, 27)

(1) 2点A，Cを通るから，

$y = 2x + 9$

(2) 図のように点Bを通りy軸と平行な直線をひき，直線ACとの交点をDとする。するとBとDのx座標は同じだから，

$y = 2 \times 6 + 9 = 21$, D(6, 21)

$\triangle ABC = DB \times (AH + CI) \times \frac{1}{2}$

$= 9 \times (9 + 3) \times \frac{1}{2} = 54$

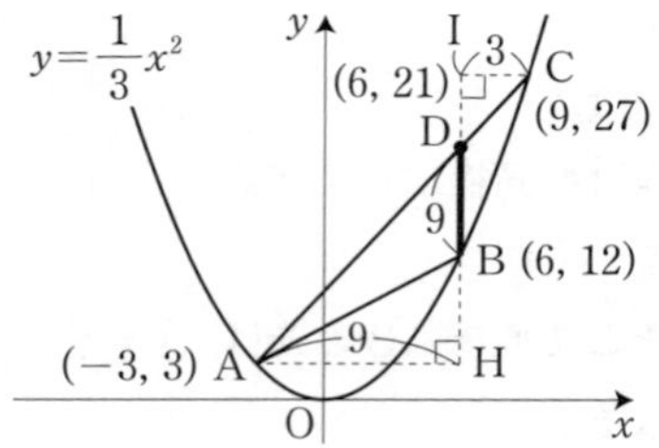

4

(1) $a=\frac{1}{2}$　(2) $B\left(\frac{7}{3},\ \frac{49}{18}\right)$

(3) 35 ： 4　　例題 3

解説

(1)　点Cは$y=-x^2$上にあるから,

$y=-(-1)^2=-1$　$C(-1,\ -1)$

ここで

$AE : EC = 1 : 2 = \frac{1}{2} : 1$

だから，点Aのy座標は,

$1\times\frac{1}{2}=\frac{1}{2}$

また点Aのx座標は-1だから,

$A\left(-1,\ \frac{1}{2}\right)$

この点は$y=ax^2$上にあるから代入して,

$\frac{1}{2}=a\times(-1)^2$, $a=\frac{1}{2}$

(2)　2点A，Bを通る直線の傾きは$\frac{2}{3}$だから，この直線を$y=\frac{2}{3}x+b$とおき，点Aの座標を代入すれば,

$\frac{1}{2}=\frac{2}{3}\times(-1)+b$, $b=\frac{7}{6}$

よってこの直線の式は$y=\frac{2}{3}x+\frac{7}{6}$となる。

点Bはこれと$y=\frac{1}{2}x^2$の交点だから,

$\frac{1}{2}x^2=\frac{2}{3}x+\frac{7}{6}$, $3x^2-4x-7=0$

この二次方程式を解けば,

$x=\frac{-(-4)\pm\sqrt{(-4)^2-4\times3\times(-7)}}{2\times3}$

$=\frac{4\pm10}{6}$, $x=-1,\ \frac{7}{3}$

よって，点Bのx座標は$\frac{7}{3}$だから，y座標は,

$y=\frac{1}{2}\times\left(\frac{7}{3}\right)^2=\frac{49}{18}$

$B\left(\frac{7}{3},\ \frac{49}{18}\right)$

(3)　2点C，Dを通る直線の傾きは$\frac{2}{3}$で，これが点$C(-1,\ -1)$を通るから，直線CDの式は,

$y=\frac{2}{3}x-\frac{1}{3}$

点Dはこれと$y=-x^2$の交点だから,

$\frac{2}{3}x-\frac{1}{3}=-x^2$, $3x^2+2x-1=0$

これを解けば,

$x=\frac{-2\pm\sqrt{2^2-4\times3\times(-1)}}{2\times3}$

$=\frac{-2\pm4}{6}$, $x=-1,\ \frac{1}{3}$

これより，点Dのx座標は$\frac{1}{3}$

ここで図のようにy軸と直線AB，CDの交点をそれぞれF，Gとすれば,

$F\left(0,\ \frac{7}{6}\right)$, $G\left(0,\ -\frac{1}{3}\right)$となり,

△OAB ： △OCD

$=\left\{\frac{7}{3}-(-1)\right\}\times\frac{7}{6}\times\frac{1}{2}$ ：

$\left\{\frac{1}{3}-(-1)\right\}\times\frac{1}{3}\times\frac{1}{2}$

$=\frac{10}{3}\times\frac{7}{6} : \frac{4}{3}\times\frac{1}{3}=35 : 4$

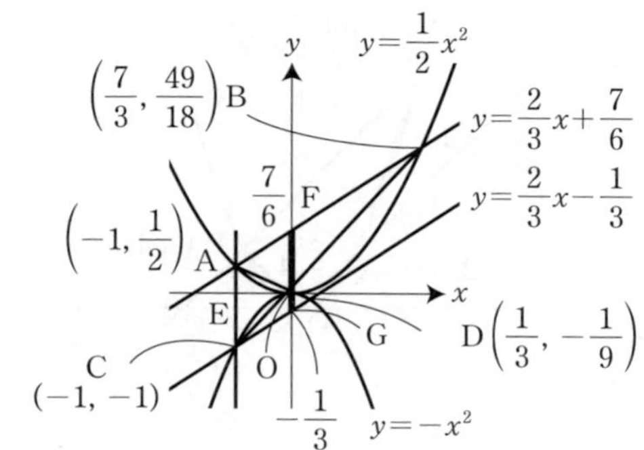

5

(1) $a=\frac{1}{3}$, $b=2$　(2) A$\left(-2, \frac{4}{3}\right)$

(3) C(0, 10), D$\left(-5, \frac{25}{3}\right)$

(4) 40　例題 4

解説

(1)　点B(3, 3)は関数$y=ax^2$上にあるから，代入して，

$3=a\times 3^2$, $a=\frac{1}{3}$

また，$y=\frac{1}{3}x+b$上の点でもあるので，代入して，

$3=\frac{1}{3}\times 3+b$, $b=2$

(2)　点Aは$y=\frac{1}{3}x^2$と$y=\frac{1}{3}x+2$の交点だから，

$\frac{1}{3}x^2=\frac{1}{3}x+2$, $x^2-x-6=0$,

$(x-3)(x+2)=0$,

$x=3$, -2

よって点Aのx座標は-2なので，

$y=\frac{1}{3}x^2$へ代入し，

$y=\frac{1}{3}\times(-2)^2=\frac{4}{3}$

A$\left(-2, \frac{4}{3}\right)$

(3)　四角形ABCDは平行四辺形だから，

AB = CD, AB // CD

2点A，Bのx座標の差は，

$3-(-2)=5$だから，2点C，Dについても同様。

点Cはy軸上にあるから，点Dのx座標は-5

点Dは$y=\frac{1}{3}x^2$上の点だから，代入し，

$y=\frac{1}{3}\times(-5)^2=\frac{25}{3}$

よって，D$\left(-5, \frac{25}{3}\right)$

同様に，2点A，Bのy座標の差と，2点C，Dのy座標の差は等しい。

2点A，Bのy座標の差は，

$3-\frac{4}{3}=\frac{5}{3}$

よって点Cのy座標は，

$\frac{25}{3}+\frac{5}{3}=10$だから，

C(0, 10)

(4)　y軸と直線ABの交点を図のようにEとすると，E(0, 2)

平行四辺形ABCD = △CAB × 2

$=\{3-(-2)\}\times$ CE $\times\frac{1}{2}\times 2$

$=5\times(10-2)\times\frac{1}{2}\times 2=40$

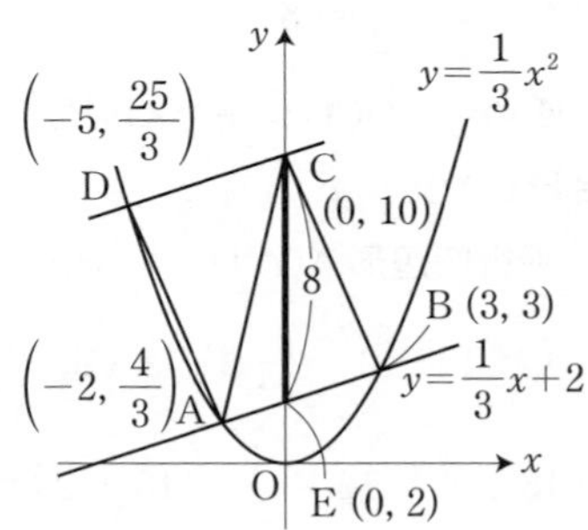

6

(1) B$(-4,\ 16)$　**(2)** $y=-2x+8$
(3) 8　**(4)** 40

解説

(1)　OA // CB，OA：CB = 1：4で，点Aのy座標は4だから，点Bのy座標は，
$4\times4=16$
　点Bは放物線$y=x^2$上にあるから，
$16=x^2$，$x<0$より，$x=-4$
　以上より，B$(-4,\ 16)$

(2)　直線OAの傾きは-2だから，直線BCの式を$y=-2x+b$とおく。
　点Bの座標を代入すれば，
$16=(-2)\times(-4)+b$，$b=8$
　よって，$y=-2x+8$

(3)　点Dは$y=x^2$と$y=-2x+8$の交点だから，
$x^2=-2x+8$，
$x^2+2x-8=0$，
$(x+4)(x-2)=0$，
$x=-4$，2だから，点Dのx座標は2
　これを$y=x^2$へ代入して，$y=2^2=4$
D$(2,\ 4)$
　つまり，AD // x軸だから，図より，
$\triangle\mathrm{OAD}=\{2-(-2)\}\times(4-0)\times\frac{1}{2}$
$=4\times4\times\frac{1}{2}=8$

(4)　四角形AOCDは平行四辺形。
台形OABC
= 平行四辺形AOCD + △BAD
$=4\times4+\{2-(-2)\}\times(16-4)\times\frac{1}{2}$
$=16+4\times12\times\frac{1}{2}=16+24=40$

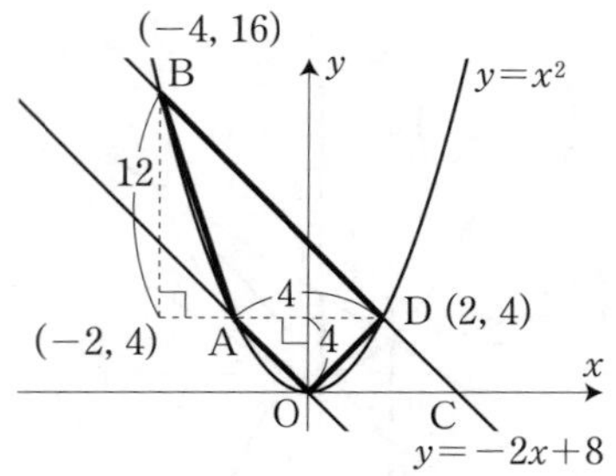

7

(1) A$(-2,\ 4)$，B$(3,\ 9)$
(2) C$(2,\ 4)$　例題 3

解説

(1)　放物線$y=x^2$と直線$y=x+6$の交点は，$x^2=x+6$，$x^2-x-6=0$，
$(x-3)(x+2)=0$，$x=3$，-2
　ここで，$y=x^2$へ代入して，
$x=3$のとき，$y=3^2=9$
$x=-2$のとき，$y=(-2)^2=4$
　点Bのx座標の方が大きいから，
A$(-2,\ 4)$，B$(3,\ 9)$

(2)　点Cのx座標をpとすると，点Cは$y=x^2$上にあるから，$y=p^2$
C$(p,\ p^2)$
　ここで図のように，点Cを通りy軸と平行な直線と直線lの交点をDとすると，点Dのy座標は，$y=p+6$
D$(p,\ p+6)$
　△ABC = 10だから，
$\{3-(-2)\}\times\mathrm{DC}\times\frac{1}{2}=10$，
$5\times(p+6-p^2)\times\frac{1}{2}=10$，
$p+6-p^2=4$，$p^2-p-2=0$，
$(p-2)(p+1)=0$，$p=2$，-1
　点Cのx座標は正だから，$p=2$
　よって，C$(2,\ 4)$

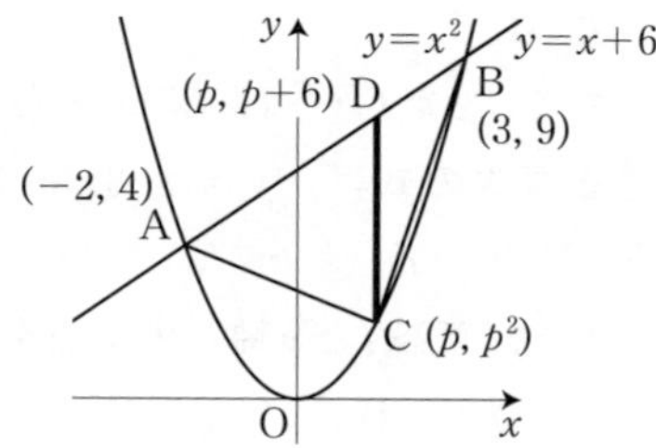

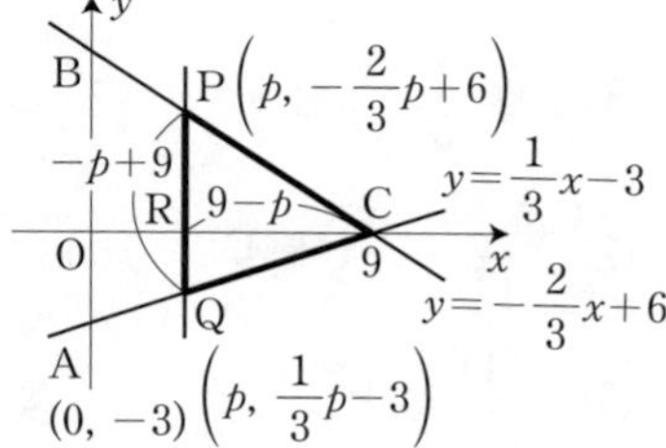

8 5

解説

点Cは直線lとx軸の交点だから,

$0=-\frac{2}{3}x+6$, $\frac{2}{3}x=6$, $x=9$

よって, C(9, 0)

直線ACの式は, 点Cと点A(0, −3)を通るから, $y=\frac{1}{3}x-3$

ここで点Pのx座標をpとすれば,

$P\left(p, -\frac{2}{3}p+6\right)$

点Qもx座標は同じだから,

$Q\left(p, \frac{1}{3}p-3\right)$

また, 直線PQとx軸との交点をRとすると, R(p, 0)

$\triangle PQC=RC\times PQ\times\frac{1}{2}$

$=(9-p)\times\left\{\left(-\frac{2}{3}p+6\right)-\left(\frac{1}{3}p-3\right)\right\}\times\frac{1}{2}$

$=(9-p)\times(-p+9)\times\frac{1}{2}$

$=(9-p)^2\times\frac{1}{2}$

$\triangle PQC=8$だから,

$(9-p)^2\times\frac{1}{2}=8$, $(9-p)^2=16$

$9-p=\pm4$, $-p=\pm4-9$,

$p=\pm4+9$, $p=13$, 5

点Pは線分BC上にあるから,

$0<p<9$, $p=5$

第3章

03 面積を分ける直線と座標

▶P.116

1 (1) A(−1, 1), B(2, 4)

(2) $y=5x$ 例題 1

解説

(1) 放物線$y=x^2$と直線$y=x+2$の交点は,

$x^2=x+2$, $x^2-x-2=0$,

$(x-2)(x+1)=0$, $x=2$, -1

$x=2$のとき, $y=2+2=4$

$x=-1$のとき, $y=-1+2=1$

点Bのx座標の方が大きいから,

A(−1, 1), B(2, 4)

(2) 求める直線は, 線分ABの中点を通る。

$M\left(\frac{-1+2}{2}, \frac{1+4}{2}\right)=\left(\frac{1}{2}, \frac{5}{2}\right)$

求める直線の式を$y=ax$として, 点Mのx, y座標を代入すれば,

$\frac{5}{2}=a\times\frac{1}{2}$, $a=5$だから, $y=5x$

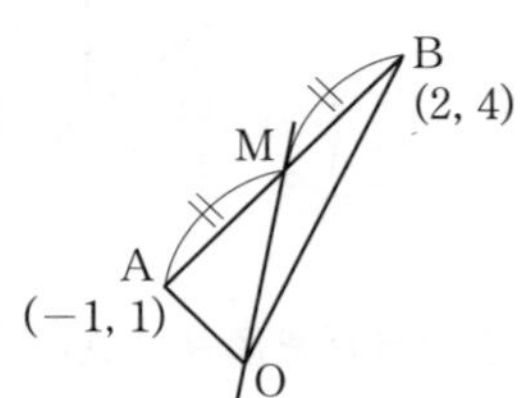

2

(1) $a=\dfrac{1}{4}$, $b=1$

(2) $y=-\dfrac{3}{2}x+4$

(3) $-\dfrac{11}{2}$

例題 2

解説

(1) 点Aは関数$y=ax^2$上にあるから，代入して，

$16=a\times(-8)^2$, $16=64a$, $a=\dfrac{1}{4}$

点B(2, b)は$y=\dfrac{1}{4}x^2$上にあるから，

$b=\dfrac{1}{4}\times2^2=1$

(2) 2点A(−8, 16)，B(2, 1)を通るから，$y=-\dfrac{3}{2}x+4$

(3) 図のように，点Cを通りy軸と平行な直線と直線lとの交点をDとすると，点Dのx座標は−1だから，y座標は，

$y=-\dfrac{3}{2}\times(-1)+4=\dfrac{11}{2}$

よって

$\triangle ABC=\{2-(-8)\}\times\left(25-\dfrac{11}{2}\right)\times\dfrac{1}{2}$

$=10\times\dfrac{39}{2}\times\dfrac{1}{2}=\dfrac{195}{2}$

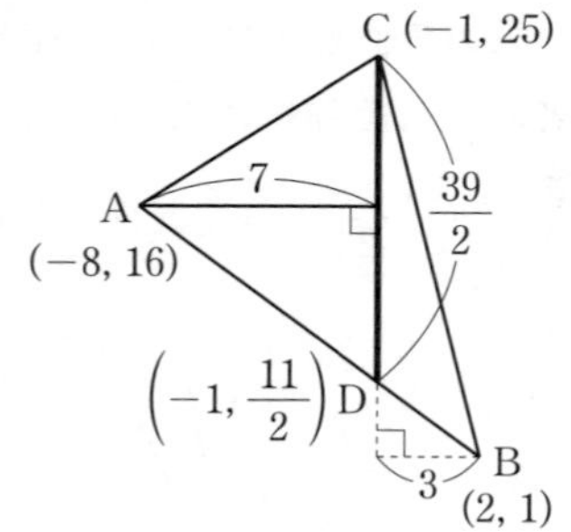

ここで点Pを通り△ABCの面積を二等分する直線と直線lとの交点Rとすると，$\triangle PRB=\dfrac{195}{2}\times\dfrac{1}{2}=\dfrac{195}{4}$となればよい。

さて，2点C(−1, 25)，B(2, 1)を通る直線の式は，$y=-8x+17$だから，P(0, 17)

また，直線lとy軸との交点をQとすると，Q(0, 4)

これより

$\triangle PQB=(17-4)\times2\times\dfrac{1}{2}=13$

よって，

$\triangle PRQ=\triangle PRB-\triangle PQB$

$=\dfrac{195}{4}-13=\dfrac{143}{4}$

つまり次の図において，

$\triangle PRQ=PQ\times RH\times\dfrac{1}{2}=\dfrac{143}{4}$

となればよいから，

$13\times RH\times\dfrac{1}{2}=\dfrac{143}{4}$, $RH=\dfrac{11}{2}$

これより，求める点のx座標は，

$-\dfrac{11}{2}$

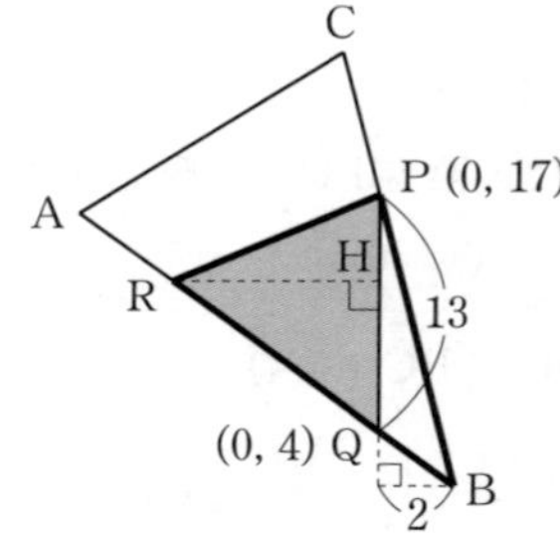

3

$y=-2x+4$

例題 2

解説

点Aは関数$y=\dfrac{1}{2}x^2$上にあるから，

$x=-2$を代入して，$y=\dfrac{1}{2}\times(-2)^2=2$

A(−2, 2)

同じく点Bは，$y=\dfrac{1}{2}\times4^2=8$

B (4, 8)

したがって直線ABの式は，$y = x + 4$

これとy軸との交点をCとすれば，

C (0, 4)

すると

$\triangle AOB = \{4 - (-2)\} \times 4 \times \frac{1}{2}$

$= 6 \times 4 \times \frac{1}{2} = 12$

ここで$\triangle CAO < \triangle CBO$だから，求める直線は線分OBと交わり，この点をPとする。

すると

四角形$AOPC = \triangle AOB \times \frac{1}{2}$

$= 12 \times \frac{1}{2} = 6$

となればよい。

そこで，

$\triangle CAO = 4 \times 2 \times \frac{1}{2} = 4$

だから，

$\triangle CPO =$ 四角形$AOPC - \triangle CAO$

$= 6 - 4 = 2$

$\triangle CPO = 4 \times PH \times \frac{1}{2} = 2$より，$PH = 1$

よって点Pのx座標は1となり，直線OBの式は$y = 2x$なので，代入して，

$y = 2 \times 1 = 2$

これより，C (0, 4)，P (1, 2)の2点を通る直線の式は，$y = -2x + 4$

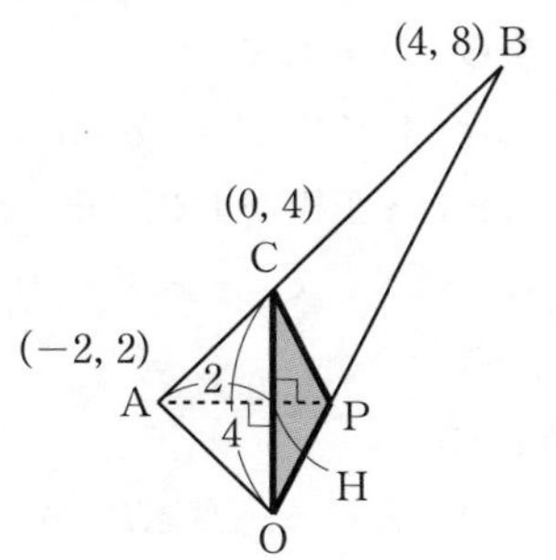

4 Q (8, 4)

例題 3.4

解説

点Aのx座標は-2で，関数$y = \frac{1}{2}x^2$上にあるから，$y = \frac{1}{2} \times (-2)^2 = 2$

よってA (−2, 2)。つまり直線mの式は，$y = 2$

点Pは直線m上にあってx座標は10だから，

P (10, 2)

また点Bのx座標は4で，関数$y = \frac{1}{2}x^2$上にあるから，$y = \frac{1}{2} \times 4^2 = 8$，B (4, 8)

よって四角形OABPの面積は，

$\triangle BAP + \triangle OAP$

$= \{10 - (-2)\} \times (8 - 2) \times \frac{1}{2}$

$+ \{10 - (-2)\} \times 2 \times \frac{1}{2}$

$= 12 \times 6 \times \frac{1}{2} + 12 \times 2 \times \frac{1}{2} = 48$

よって，$\triangle ABQ = 48 \times \frac{1}{2} = 24$となればよい。

$\triangle QAP = \triangle BAP - \triangle ABQ$

$= 12 \times 6 \times \frac{1}{2} - 24 = 36 - 24 = 12$

となればよく，

$\triangle QAP = 12 \times QH \times \frac{1}{2}$だから，

$6QH = 12$，$QH = 2$

つまり点Qのy座標は，$2 + 2 = 4$

ここで直線BPの式は，$y = -x + 12$だから，$y = 4$を代入すれば，

$4 = -x + 12$，$x = 8$

よって，Q (8, 4)

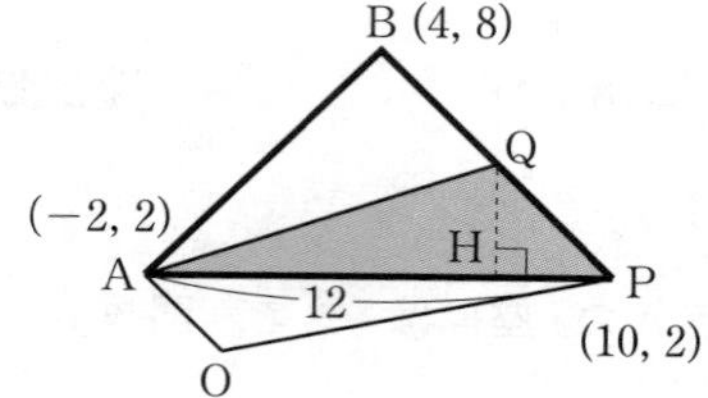

5

(1) A (−1, 1), B (2, 4)
(2) $y = 3x$ 例題 3

解説

(1) 点A，Bは関数$y = x^2$と直線$y = x + 2$の交点だから，

$x^2 = x + 2$, $x^2 - x - 2 = 0$,

$(x - 2)(x + 1) = 0$, $x = 2$, -1

$x = 2$のとき，$y = 2^2 = 4$

$x = -1$のとき，$y = (-1)^2 = 1$

点Bのx座標の方が大きいから，

A (−1, 1), B (2, 4)

(2) AC // x軸だから，点AとCはy軸について対称で，C (1, 1)

四角形AOCBの面積は，

$\{1 - (-1)\} \times (3 + 1) \times \frac{1}{2}$

$= 2 \times 4 \times \frac{1}{2} = 4$

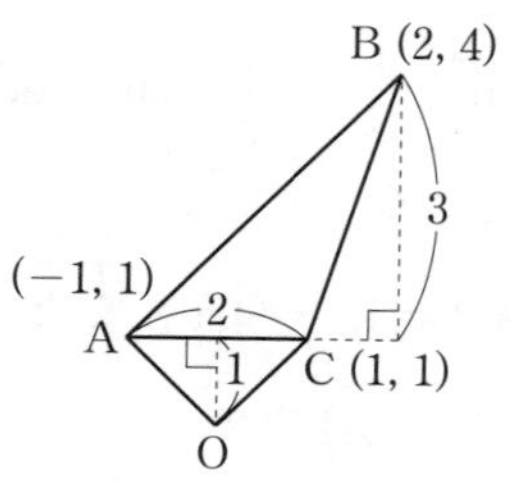

ここで，原点Oを通り面積を二等分する直線は，線分ABと交わり，この交点をPとすれば，$\triangle PAO = 4 \times \frac{1}{2} = 2$となればよい。

また直線ABとy軸との交点をDとすればD (0, 2)だから，

$\triangle DAO = 2 \times \frac{1}{2} = 1$

これより，

$\triangle PDO = \triangle PAO - \triangle DAO$

$= 2 - 1 = 1$

となる。

$\triangle PDO = DO \times PH \times \frac{1}{2}$

$= 2 \times PH \times \frac{1}{2} = 1$

だから，PH = 1となる。

よって，点Pのx座標は1

この点は直線AB上にあって，

$y = 1 + 2 = 3$, P (1, 3)

求める直線はこれと原点を通るので，

$y = 3x$

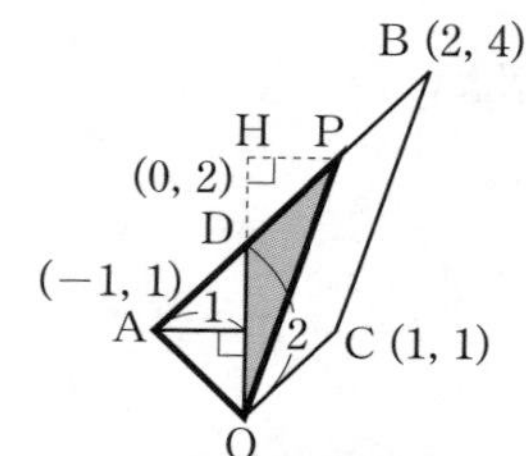

6

(1) $a = 1$ **(2)** $y = 2x + 3$
(3) ① 3 : 2
② $y = \frac{13}{4}x + \frac{17}{4}$ 例題 4

解説

(1) 点A (−2, 4)は放物線$y = ax^2$上にあるから，代入して，

$4 = a \times (-2)^2$, $4 = 4a$, $a = 1$

(2) 点Bはx座標が4で，$y = x^2$上にあるから，代入して，$y = 4^2 = 16$

だから，

B (4, 16)

このことから，直線lの式は

$y = 2x + 8$

ここで点Pはx座標が-1で，$y = x^2$上にあるから，代入して，

$y = (-1)^2 = 1$

だから，

$P(-1,\ 1)$

直線lとmは平行だから，直線mの傾きは2。よって，$y = 2x + b$とおいて，点Pの座標を代入すれば，

$1 = 2 \times (-1) + b$，$1 = -2 + b$，

$b = 3$

なので，$y = 2x + 3$

(3) 点Qは，$y = x^2$と$y = 2x + 3$の交点だから，

$x^2 = 2x + 3$，$x^2 - 2x - 3 = 0$，

$(x - 3)(x + 1) = 0$，$x = 3,\ -1$

よって点Qのx座標は3だから，

$y = 3^2 = 9$

$Q(3,\ 9)$

① 直線$l \parallel m$だから，x座標の差で比べる。

AB：PQ

$= \{4 - (-2)\} : \{3 - (-1)\}$

$= 6 : 4 = 3 : 2$

② y軸と直線l，mの交点はそれぞれ$C(0,\ 8)$，$D(0,\ 3)$

$l \parallel m$より，

$\triangle APB = \triangle ADB$

$= (8 - 3) \times \{4 - (-2)\} \times \frac{1}{2}$

$= 5 \times 6 \times \frac{1}{2} = 15$

同じく$l \parallel m$より，

$\triangle PBQ = \triangle PCQ$

$= (8 - 3) \times \{3 - (-1)\} \times \frac{1}{2}$

$= 5 \times 4 \times \frac{1}{2} = 10$

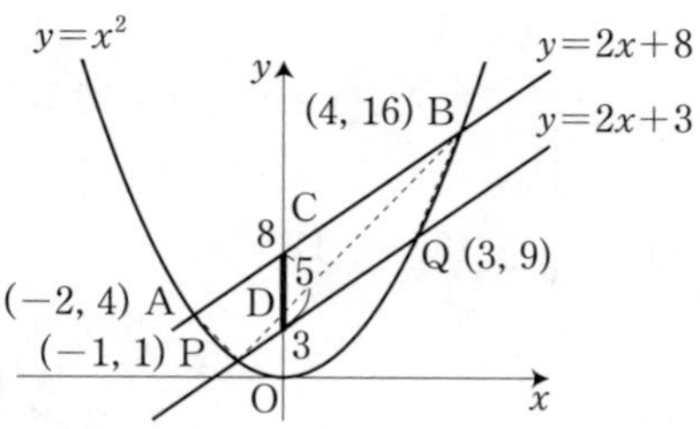

四角形$APQB = \triangle APB + \triangle PBQ$

$= 15 + 10 = 25$

ここで求める直線と線分ABとの交点をSとすると，

$\triangle APS = 25 \times \frac{1}{2} = \frac{25}{2}$

となればよい。

点Pを通りy軸と平行な直線とABとの交点をRとすると，Rのx座標は-1だから，$y = 2x + 8$に代入し，

$y = 2 \times (-1) + 8 = -2 + 8 = 6$

$R(-1,\ 6)$

これより，

$\triangle RAP$

$= (6 - 1) \times \{(-1) - (-2)\} \times \frac{1}{2}$

$= 5 \times 1 \times \frac{1}{2} = \frac{5}{2}$

よって，

$\triangle SRP = \triangle APS - \triangle RAP$

$= \frac{25}{2} - \frac{5}{2} = 10$

一方，図のように，

$\triangle SRP = RP \times SH \times \frac{1}{2}$

$= 5 \times SH \times \frac{1}{2}$

だから，

$5 \times SH \times \frac{1}{2} = 10$，$SH = 4$

つまり点Sのx座標は，

$-1 + 4 = 3$

この点は，$y = 2x + 8$上にあるから，代入して，$y = 2 \times 3 + 8 = 14$，

S(3, 14)

これとP(−1, 1)を通る直線の式は,

$y=\frac{13}{4}x+\frac{17}{4}$

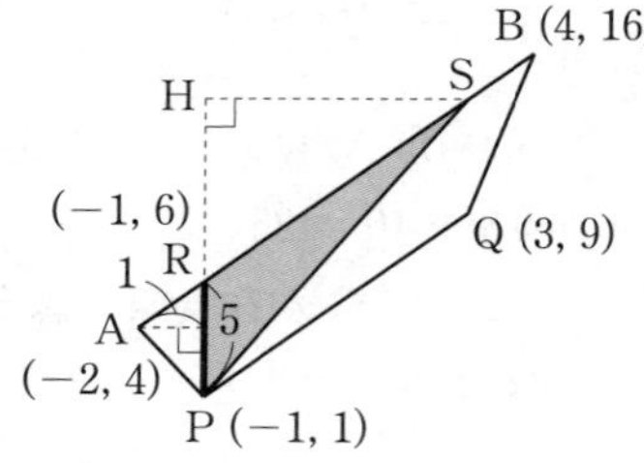

第3章

04 等積変形

P.126

1

(1) $y=-x-3$ (2) 12cm^2

例題 4

解説

(1) 点Aのx座標は-2で, 関数

$y=-\frac{1}{4}x^2$上にあるから, 代入して,

$y=-\frac{1}{4}\times(-2)^2=-1$

A(−2, −1)

点Bのx座標は6で, 関数

$y=-\frac{1}{4}x^2$上にあるから, 代入して,

$y=-\frac{1}{4}\times 6^2=-9$

B(6, −9)

これより, 2点A, Bを通る直線の式は, $y=-x-3$

(2) 直線㋑と直線㋒は平行だから,

△ABC = △ABO

よって△ABOの面積を求める。

図の点Dの座標は(0, −3)だから,

△ABO

$=\{6-(-2)\}\times\{0-(-3)\}\times\frac{1}{2}$

$=8\times 3\times\frac{1}{2}=12$

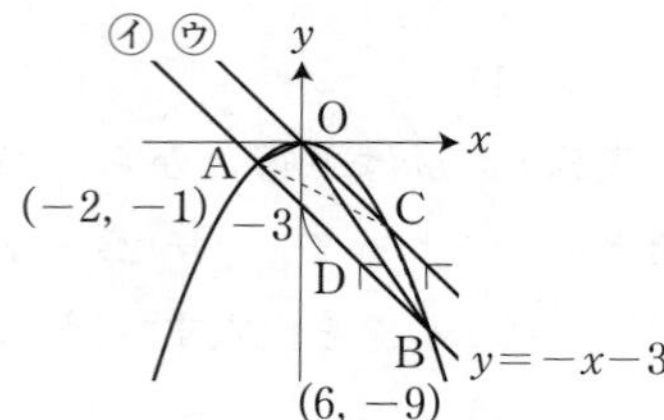

2

(1) A(−6, −18)

(2) P(8, −32)

例題 4

解説

(1) 点Aは放物線$y=-\frac{1}{2}x^2$と直線

$y=\frac{3}{2}x-9$の交点だから,

$\frac{3}{2}x-9=-\frac{1}{2}x^2$, $3x-18=-x^2$,

$x^2+3x-18=0$, $(x-3)(x+6)=0$,

$x=3,\ -6$

点Aのx座標は負だから, $x=-6$

これを$y=-\frac{1}{2}x^2$へ代入して,

$y=-\frac{1}{2}\times(-6)^2=-18$

A(−6, −18)

(2) △CABと△CPBは辺CBを共有しているから, 点Aを通り直線CBと平行な直線を引けばよい。

直線DBの傾きは−1だから直線APの傾きも−1,

$y=-x+b$

とし, A(−6, −18)を代入すれば,

$-18=-(-6)+b$,

$b=-24$

だから, 直線APの式は,

$y=-x-24$

点Pはこれと $y=-\frac{1}{2}x^2$ の交点だから，

$-x-24=-\frac{1}{2}x^2$，$-2x-48=-x^2$，

$x^2-2x-48=0$，$(x-8)(x+6)=0$，

$x=8$，-6

したがって点Pの x 座標は8で，これを $y=-\frac{1}{2}x^2$ へ代入して，

$y=-\frac{1}{2}\times 8^2=-32$

P$(8,\ -32)$

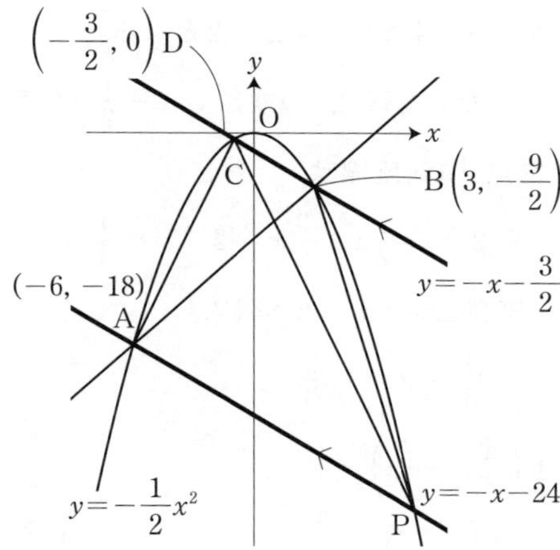

3

(1) A$(-2,\ 1)$　(2) $y=\frac{1}{2}x+2$

(3) C$(8,\ 0)$　例題 5，6

解説

(1)　点Aの x 座標は -2 で，関数 $y=\frac{1}{4}x^2$ 上にあるから，代入して，

$y=\frac{1}{4}\times(-2)^2=1$

A$(-2,\ 1)$

(2)　点Bの x 座標は4で，関数 $y=\frac{1}{4}x^2$ 上にあるから，代入して，

$y=\frac{1}{4}\times 4^2=4$

B$(4,\ 4)$

よって，2点A，Bを通る直線の式は，

$y=\frac{1}{2}x+2$

(3)　y 軸上に点Eを，$\triangle AEB=3\triangle AOB$ となるようにとる。

直線ABと y 軸との交点をDとすれば，

D$(0,\ 2)$

DO：DE＝1：3 となればよいから，点Eの y 座標は，

$2-2\times 3=-4$

ここで，$\triangle$ABEと$\triangle$ABCは線分ABを共有しているから，点Eを通り直線ABと平行な直線をひけばよい。

直線ABの傾きは $\frac{1}{2}$ だから，これと平行で点Eを通る直線の式は，

$y=\frac{1}{2}x-4$

点Cはこの直線と x 軸との交点だから，$y=0$ を代入して，

$0=\frac{1}{2}x-4$，$\frac{1}{2}x=4$，$x=8$

よって，C$(8,\ 0)$

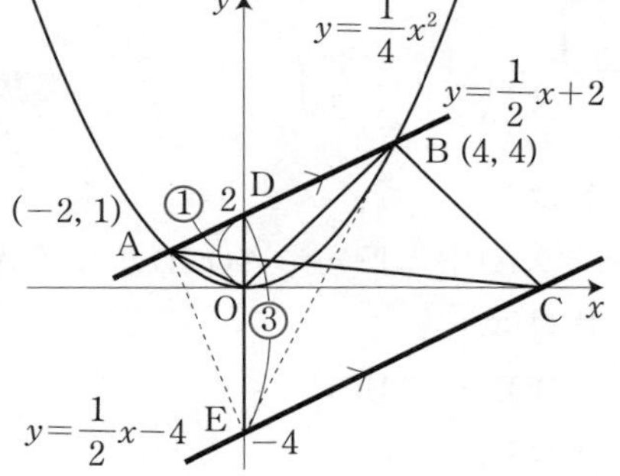

4 $x=\dfrac{24}{5}$

解説

△OBQと△APQにそれぞれ△QOAを加えれば，△BOA＝△POA
となる。

これらは線分OAを共有するから，点Bを通り，OAと平行な直線をひけばよい。

直線OAの傾きは$\dfrac{4}{3}$だから，点Bを通り，OAと平行な直線の式は，

$y=\dfrac{4}{3}x+3$

点Pはこれと$y=3x-5$の交点だから，

$3x-5=\dfrac{4}{3}x+3$，$\dfrac{5}{3}x=8$，$x=\dfrac{24}{5}$

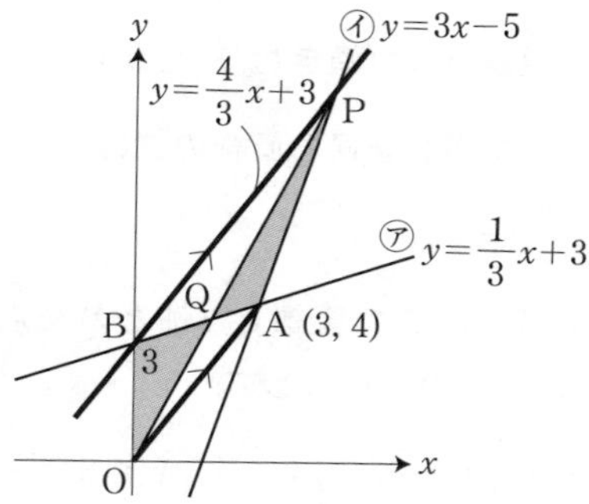

5 $P\left(\dfrac{4}{3},\ -\dfrac{2}{3}\right)$ 例題 7

解説

△APBと四角形AOCBから△AOBを除けば，
△BOP＝△BOC
となる。

よって，△BOPと△BOCは線分OBを共有するから，点Cを通りOBと平行な直線をひけばよい。

点Aのx座標は-2で，放物線$y=\dfrac{1}{4}x^2$上にあるから，代入して，

$y=\dfrac{1}{4}\times(-2)^2=1$

よって，A$(-2,\ 1)$

これより点Bのy座標は$1\times4=4$だから，$y=\dfrac{1}{4}x^2$へ代入して，

$4=\dfrac{1}{4}x^2$，$x^2=16$，$x=\pm4$，

点Bのx座標は正だから，B$(4,\ 4)$

直線OBの傾きは1だから，点Cを通りOBと平行な直線は$y=x+b$と表すことができて，C$(2,\ 0)$を代入し，$0=2+b$，$b=-2$より，$y=x-2$となる。

また，直線OAの式は$y=-\dfrac{1}{2}x$だから，交点Pのx座標は，

$x-2=-\dfrac{1}{2}x$，$\dfrac{3}{2}x=2$，$x=\dfrac{4}{3}$

y座標は$y=x-2$へ代入し，

$y=\dfrac{4}{3}-2=-\dfrac{2}{3}$

$P\left(\dfrac{4}{3},\ -\dfrac{2}{3}\right)$

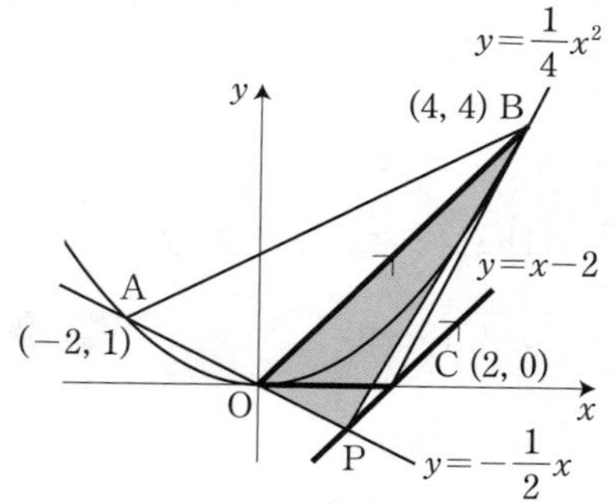

6 $(2,\ 0)$，$(-8,\ 0)$ 例題 7

解説

x軸上の正の部分に点Pを，
四角形ABCD＝△ABP
となるようにとる。これはそれぞれから△ABCを除けば，

$\triangle ADC = \triangle APC$

となるから，線分ACは共通で，点Dを通り直線ACと平行な直線を引けばよい。

A(0，6)，C(6，0)だから，直線ACの傾きは-1。

D(3，4)より，直線DPを$y = -x + b$とおいて代入すれば，$4 = -3 + b$，$b = 7$だから，$y = -x + 7$

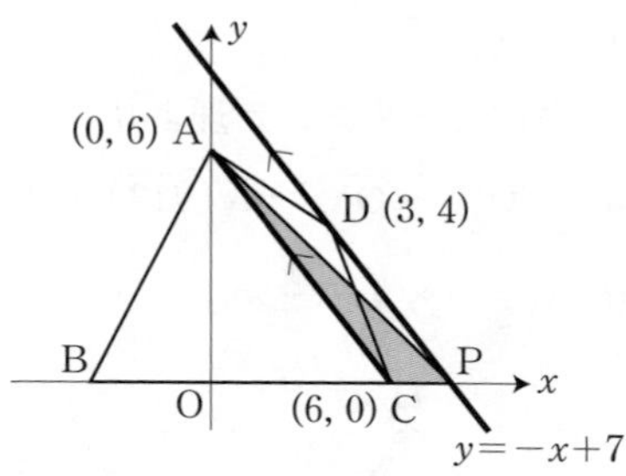

また，点Pのy座標は0だから，x座標は，$0 = -x + 7$，$x = 7$なので，P(7，0)

ここで，△ABEの面積は四角形ABCDの面積の$\dfrac{1}{2}$だから，

$\triangle ABE = \dfrac{1}{2}\triangle ABP$

となればよい。

つまり，点Eは線分BPの中点であるから，そのx座標は$\dfrac{-3+7}{2} = 2$(図の点E_1)

もう一つの点Eは，点Bに対して左側にある。$\triangle ABE_2 = \triangle ABE_1$となるように点$E_2$をとればよいので，

$BE_2 = E_1B = 2 - (-3) = 5$

だから，E_2のx座標は，

$-3 - 5 = -8$

よって，(2，0)，$(-8，0)$

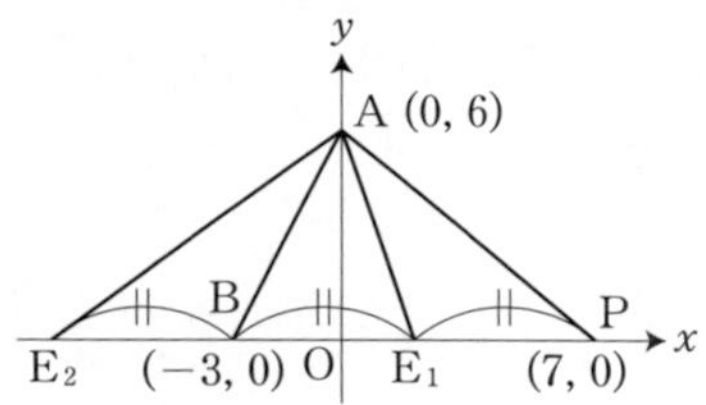

第3章

05 座標平面上の反射と最小

▶ P.130

1 P(5，0) 例題 1

解説

△APBにおいて，点Pがどこにあっても辺ABの長さは変わらないから，

AP + PBを最小にすればよい。

そこで，点Aをx軸について対称に移動した点をA′とすると，

A′(1，-4)

点Pは直線A′B上にあればよいから，点Pは$y = x - 5$とx軸の交点である。

$y = 0$を代入すれば，$0 = x - 5$，$x = 5$

よって，P(5，0)

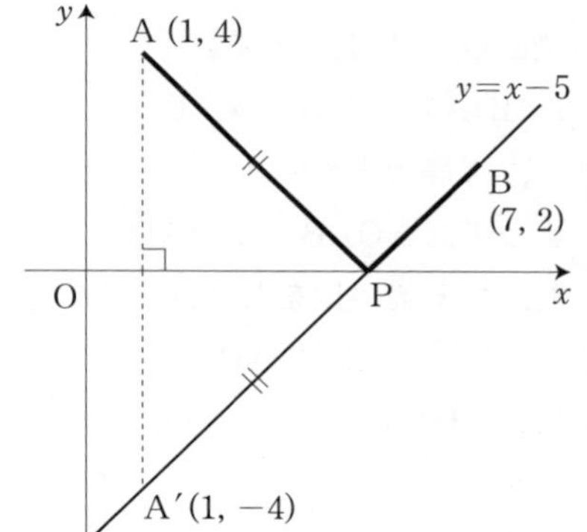

2 C(0，6) 例題 1

解説

点Aは関数$y = x^2$上にあるから，$x = 2$を代入し，$y = 2^2 = 4$，

A(2，4)

同様にして，B(3，9)

点Aをy軸について対称に移動した点をA′とすると，

A′$(-2，4)$

点Cは直線A′B上にあればよいから，

点Cは$y=x+6$とy軸の交点である。

よって，C(0, 6)

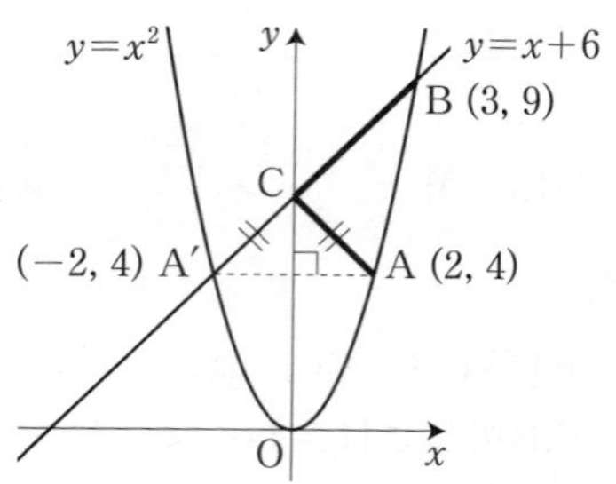

第4章

01 立体図形の長さや面積

▶P.138

1

$\dfrac{8}{3}$cm

解説

側面OABに着目する。

△BDAは，AB = 4，BD = BC = 4だから，二等辺三角形。

よって，△OAB ∽ △BAD

対応する辺の比をとれば，

OA : BA = AB : AD

$6:4=4:x$，$6x=4\times4$，

$x=\dfrac{8}{3}$

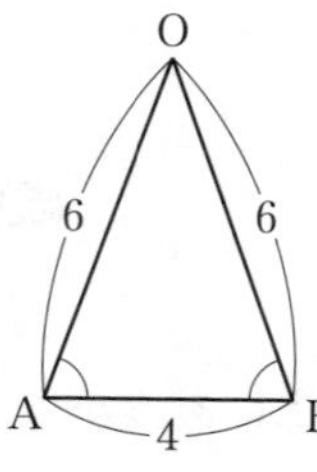

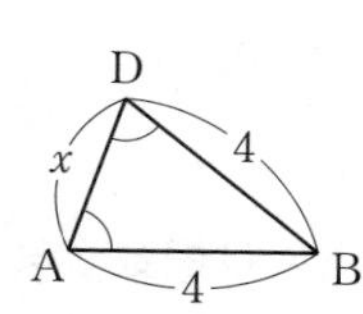

2

OP = $\sqrt{13}$，△POM = 3　例題 1

解説

NはBCの中点だから，ON ⊥ BC

すると△ONCは∠C = 60°の三角定規の形だから，

$ON=\sqrt{3}\,NC=2\sqrt{3}$

またBP = 3より，

$NP=3-2=1$

△ONPで三平方の定理より，

$OP=\sqrt{ON^2+NP^2}=\sqrt{(2\sqrt{3})^2+1^2}=\sqrt{13}$

さて，PA = POだから，△POAは二等辺三角形。ここでMはOAの中点だから，PM ⊥ OA。

△OMPで三平方の定理より，

$PM=\sqrt{OP^2-OM^2}=\sqrt{(\sqrt{13})^2-2^2}=3$

$\triangle POM=2\times3\times\dfrac{1}{2}=3$

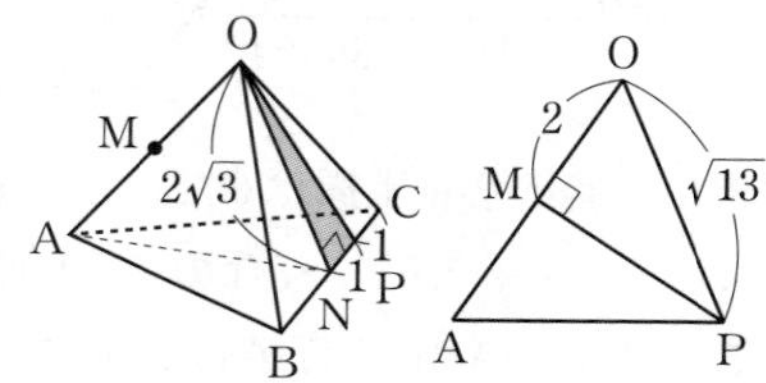

3

$\dfrac{3\sqrt{14}}{2}$cm　例題 2

解説

辺AD，BCの中点をそれぞれM，Nとし，MNの中点をHとすれば，OHは頂点Oから底面の正方形ABCDへ下ろした垂線である。

△OBCはOB = OCの二等辺三角形だからON ⊥ BC。

△OBNで三平方の定理より，

$ON=\sqrt{OB^2-BN^2}=\sqrt{9^2-3^2}=6\sqrt{2}$

△OHNで三平方の定理より，

$OH=\sqrt{ON^2-HN^2}=\sqrt{(6\sqrt{2})^2-3^2}$

$=3\sqrt{7}$

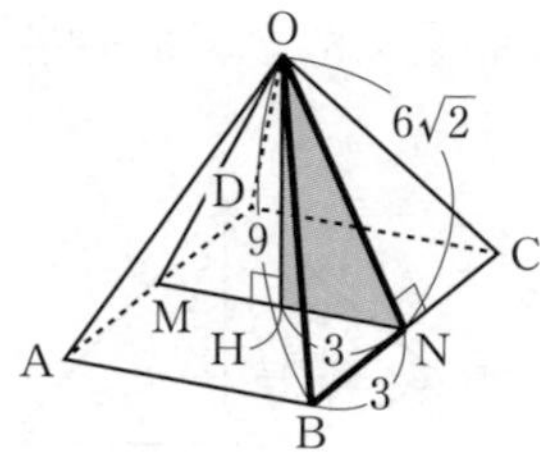

ここでBC // ADより面OBC // ADだから点Aと平面OBCの距離は，点Mと辺ONの距離に等しくなる。これを図のようにMIとする。

∠Nは共通，ON ⊥ MIだから，

△ONH ∽ △MNI

対応する辺の比をとり，

ON ： MN ＝ OH ： MI

$6\sqrt{2}$ ： $6 = 3\sqrt{7}$ ： h,

$6\sqrt{2}\,h = 6 \times 3\sqrt{7}$，$h = \dfrac{3\sqrt{14}}{2}$

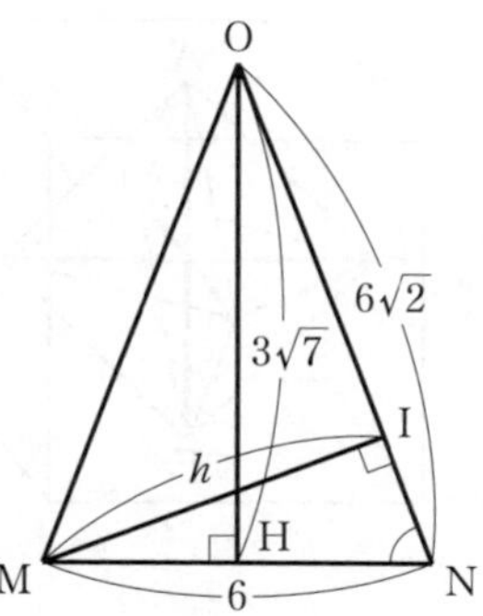

4 $\sqrt{22}$ cm²　例題 3

解説

GBの中点をMとすると，△DBGは二等辺三角形だから，DMについて対称

△EBGで三平方の定理より，

$\mathrm{GB} = \sqrt{\mathrm{EG}^2 + \mathrm{EB}^2} = \sqrt{2^2 + 2^2} = 2\sqrt{2}$

また△EBGは二等辺三角形だから，

EM ⊥ GB。

$\mathrm{GM} = 2\sqrt{2} \times \dfrac{1}{2} = \sqrt{2}$

△EMGで三平方の定理より，

$\mathrm{EM} = \sqrt{\mathrm{EG}^2 - \mathrm{MG}^2} = \sqrt{2^2 - (\sqrt{2})^2} = \sqrt{2}$

また，∠DEG ＝ ∠DEB ＝ 90°だから，

∠DEM ＝ 90°

△DEMで三平方の定理より，

$\mathrm{DM} = \sqrt{\mathrm{DE}^2 + \mathrm{EM}^2} = \sqrt{3^2 + (\sqrt{2})^2} = \sqrt{11}$

よって，

$\triangle\mathrm{BDG} = \mathrm{GB} \times \mathrm{DM} \times \dfrac{1}{2}$

$= 2\sqrt{2} \times \sqrt{11} \times \dfrac{1}{2} = \sqrt{22}$

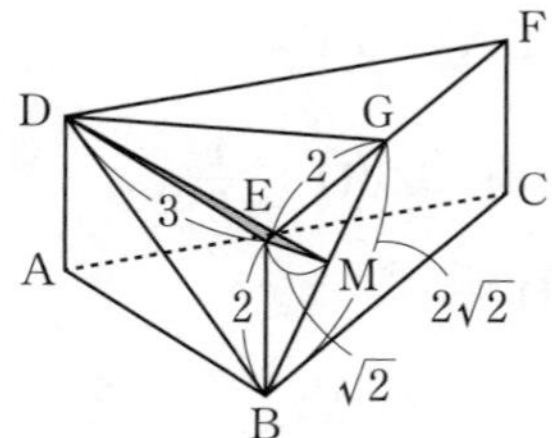

5 $12\sqrt{11}$　例題 4

解説

AD // PQ（…㋐）となるように辺OC上に点Qをとる。すると切り口の図形は，四角形DAPQとなる。

ここでPは辺OBの中点だから，㋐より点Qも辺OCの中点となるから，AP ＝ DQ。これと㋐より，四角形DAPQは等脚台形。

△OABは正三角形だから，OB ⊥ AP

そこで，△ABPは∠B ＝ 60°の三角定規の形であり，

$\mathrm{AP} = \dfrac{\sqrt{3}}{2}\mathrm{AB} = 8 \times \dfrac{\sqrt{3}}{2} = 4\sqrt{3}$

また，△OBCで中点連結定理より，

$\mathrm{PQ} = \dfrac{1}{2}\mathrm{BC} = 4$

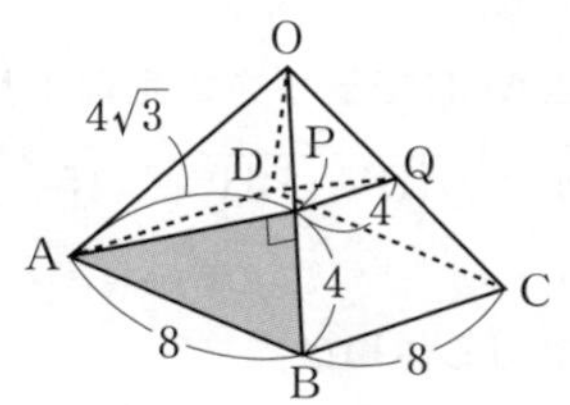

ここで点P，Qから辺DAにそれぞれ垂線PH，QIを引く。

$HA = \frac{1}{2}(DA - IH) = \frac{1}{2}(DA - QP)$

$= \frac{1}{2} \times (8 - 4) = 2$

△PHAで三平方の定理より，

$PH = \sqrt{PA^2 - HA^2} = \sqrt{(4\sqrt{3})^2 - 2^2}$

$= 2\sqrt{11}$

よって求める図形の面積は，

$(QP + DA) \times PH \times \frac{1}{2}$

$= (4 + 8) \times 2\sqrt{11} \times \frac{1}{2}$

$= 12\sqrt{11}$

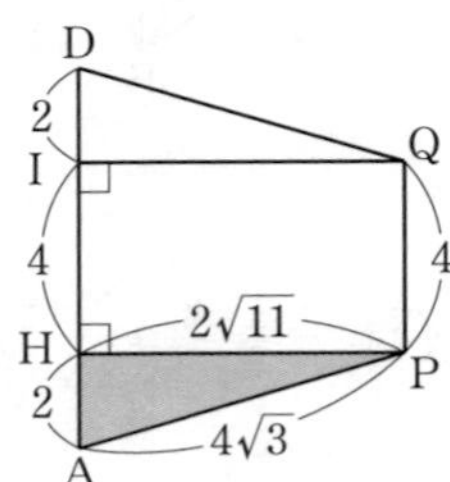

第4章

02 すい体の体積

P.145

1 (1) $5\sqrt{2}$ (2) $\frac{250}{3}$ 例題 1

解説

(1) 底面BCDEは正方形だから，

$BC = \frac{1}{\sqrt{2}}BD = \frac{1}{\sqrt{2}} \times 10 = 5\sqrt{2}$

(2) 頂点Aから底面へ垂線AHを引けば，Hは底面の正方形の対角線の交点と一致する。

△ABHで三平方の定理より，

$AH = \sqrt{AB^2 - BH^2} = \sqrt{(5\sqrt{2})^2 - 5^2}$

$= 5$

求める体積は，

$\frac{1}{3} \times 5\sqrt{2} \times 5\sqrt{2} \times 5 = \frac{250}{3}$

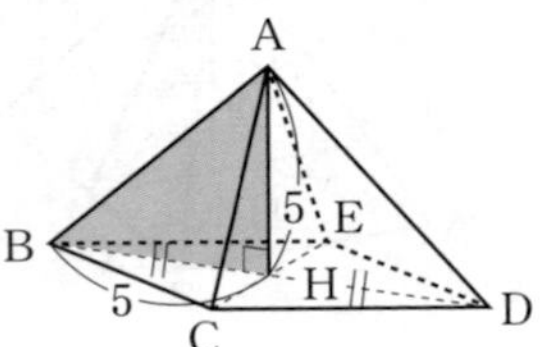

2 36

解説

立方体の1辺は6だから，求める体積は，

底面BCDE $\times AF \times \frac{1}{3}$

$= BD \times CE \times \frac{1}{2} \times AF \times \frac{1}{3}$

$= 6 \times 6 \times \frac{1}{2} \times 6 \times \frac{1}{3} = 36$

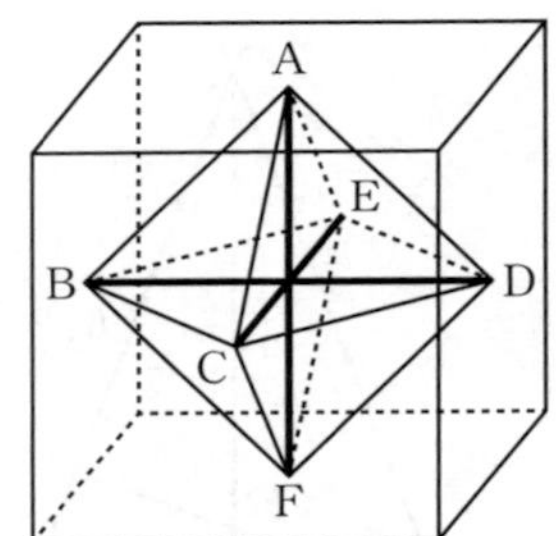

3 $\frac{250\sqrt{2}}{3}$ 例題 1

解説

立方体の1辺は，$\frac{1}{\sqrt{2}} \times 10 = 5\sqrt{2}$

よって求める体積は，

$5\sqrt{2} \times 5\sqrt{2} \times 5\sqrt{2}$

$\quad - 5\sqrt{2} \times 5\sqrt{2} \times \frac{1}{2} \times 5\sqrt{2} \times \frac{1}{3} \times 4$

$= 5\sqrt{2} \times 5\sqrt{2} \times 5\sqrt{2} \times \left(1 - \frac{2}{3}\right)$

$= 5\sqrt{2} \times 5\sqrt{2} \times 5\sqrt{2} \times \frac{1}{3}$

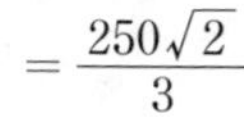

$= \dfrac{250\sqrt{2}}{3}$

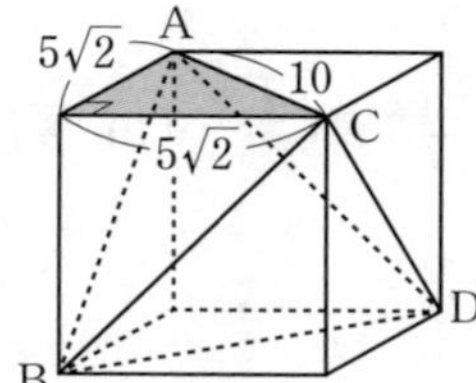

4

$108\,\mathrm{cm}^3$　　例題 2

解 説

ACとDBの交点をNとする。AC ⊥ DBを利用すると，求める体積は，

$\triangle\mathrm{NMG} \times \mathrm{DB} \times \dfrac{1}{3}$ (…㋐)

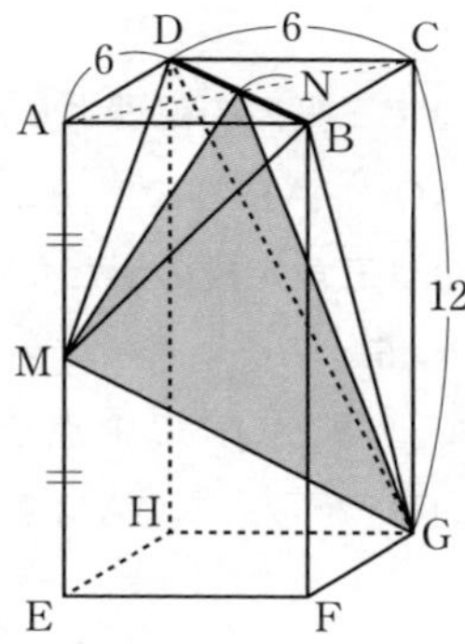

ここで，

$\mathrm{AC} = \sqrt{2}\,\mathrm{AD} = 6\sqrt{2}\ (= \mathrm{DB})$

で，NはACの中点だから図のようになって，△NMGの面積は

△NMG

$= 12 \times 6\sqrt{2} - \left(6 \times 3\sqrt{2} \times \dfrac{1}{2} + 6 \times 6\sqrt{2} \times \dfrac{1}{2} + 12 \times 3\sqrt{2} \times \dfrac{1}{2}\right)$

$= 72\sqrt{2} - (9\sqrt{2} + 18\sqrt{2} + 18\sqrt{2})$

$= 27\sqrt{2}$

㋐…$27\sqrt{2} \times 6\sqrt{2} \times \dfrac{1}{3} = 108$

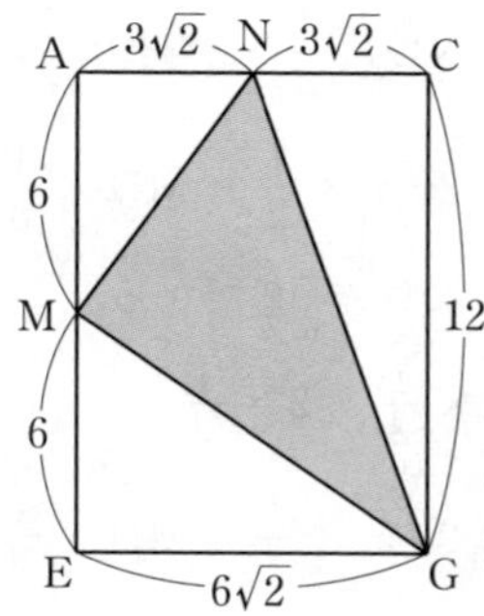

5

$\dfrac{4\sqrt{5}}{5}\,\mathrm{cm}$　　例題 3

解 説

三角すいN-MDEの体積を2通りの方法で表す。

① △ABCで中点連結定理よりMN // BCだから，MN ⊥ AB。

つまり，長方形ADEB ⊥ MN (…㋐)といえる。

また，$\mathrm{MN} = \dfrac{1}{2}\mathrm{BC} = 2$

求める体積は，

$\triangle\mathrm{MDE} \times \mathrm{MN} \times \dfrac{1}{3}$

$= 4 \times 4 \times \dfrac{1}{2} \times 2 \times \dfrac{1}{3}$

② $\triangle\mathrm{NDE} \times \mathrm{MH} \times \dfrac{1}{3}$ (…㋑)とする。

㋐より，$\angle\mathrm{NME} = \angle\mathrm{NMD} = 90^\circ$

ここでME = MD，辺NMは共通だから，

△NME ≡ △NMD

このことによりNE = NDだから，△NDEは二等辺三角形で，辺DEの中点をLとすれば，

$\angle\mathrm{NLE} = 90^\circ$

△NMLで三平方の定理より，

$\mathrm{NL} = \sqrt{\mathrm{NM}^2 + \mathrm{ML}^2} = \sqrt{2^2 + 4^2} = 2\sqrt{5}$

㋑より，求める体積は，

$$\mathrm{DE} \times \mathrm{NL} \times \frac{1}{2} \times \mathrm{MH} \times \frac{1}{3}$$

$$= 4 \times 2\sqrt{5} \times \frac{1}{2} \times \mathrm{MH} \times \frac{1}{3}$$

ここで①＝②だから，

$$4 \times 4 \times \frac{1}{2} \times 2 \times \frac{1}{3}$$

$$= 4 \times 2\sqrt{5} \times \frac{1}{2} \times \mathrm{MH} \times \frac{1}{3}$$

$$\mathrm{MH} = \frac{4\sqrt{5}}{5}$$

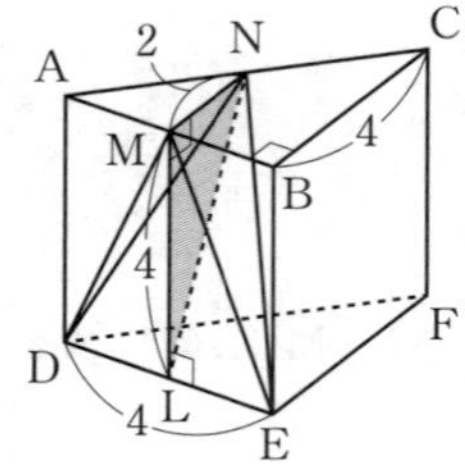

6

$\dfrac{10\sqrt{3}}{3}$ cm　例題 3

解説

三角すいD-HEGの体積を2通りの方法で表す。

① この立方体の1辺を$a$cmとすると，

$$a \times a \times \frac{1}{2} \times a \times \frac{1}{3} = \frac{1}{6}a^3$$

よって体積は，$1000 \times \dfrac{1}{6}$

② 一方，立方体の体積はa^3

$a^3 = 1000$より$a = 10$だから，この立方体の1辺は10cmとわかる。

△DAEで三平方の定理より，

$$\mathrm{DE} = \sqrt{\mathrm{DA}^2 + \mathrm{AE}^2} = \sqrt{10^2 + 10^2}$$

$$= 10\sqrt{2}$$

求める高さをhとすれば，体積は，

$$\triangle \mathrm{DEG} \times h \times \frac{1}{3}$$

△DEGは正三角形だから，体積は，

$$\frac{\sqrt{3}}{4} \times (10\sqrt{2})^2 \times h \times \frac{1}{3}$$

ここで①＝②だから，

$$1000 \times \frac{1}{6} = \frac{\sqrt{3}}{4} \times (10\sqrt{2})^2 \times h \times \frac{1}{3}$$

$$h = \frac{10\sqrt{3}}{3}$$

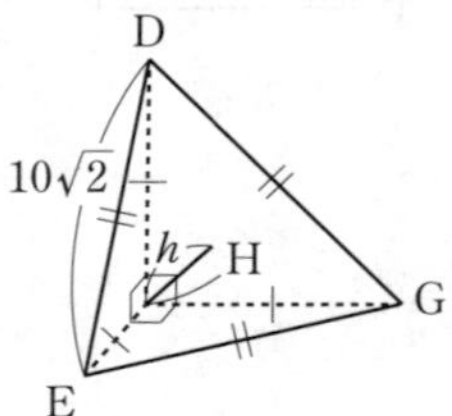

7

$2\sqrt{2}$，$3\sqrt{6}$，$\dfrac{5\sqrt{6}}{9}$　例題 3

解説

△APQで三平方の定理より，

$$\mathrm{PQ} = \sqrt{\mathrm{AQ}^2 + \mathrm{AP}^2} = \sqrt{2^2 + 2^2} = 2\sqrt{2}$$

△APQは三角定規の形だから，

$$\angle \mathrm{AQP} = 45^\circ$$

ここで，線分QPの中点をMとする。AM ⊥ QPだから，△QAMも三角定規の形で，

$$\mathrm{AM} = \frac{1}{\sqrt{2}}\mathrm{AQ} = \frac{1}{\sqrt{2}} \times 2 = \sqrt{2}$$

△QAP ⊥ AEだから，MA ⊥ AE。

△MAEで三平方の定理より，

$$\mathrm{ME} = \sqrt{\mathrm{AM}^2 + \mathrm{AE}^2} = \sqrt{(\sqrt{2})^2 + 5^2}$$

$$= 3\sqrt{3}$$

△AEM ⊥ PQだから，PQ ⊥ ME

よって，

$$\triangle \mathrm{EPQ} = \mathrm{PQ} \times \mathrm{ME} \times \frac{1}{2}$$

$$= 2\sqrt{2} \times 3\sqrt{3} \times \frac{1}{2} = 3\sqrt{6}$$

三角すいE-QAPの体積を2通りの方法で表す。

① $\triangle QAP \times AE \times \frac{1}{3}$

$= 2 \times 2 \times \frac{1}{2} \times 5 \times \frac{1}{3}$

② $\triangle EPQ \times AL \times \frac{1}{3}$

$= 3\sqrt{6} \times AL \times \frac{1}{3}$

ここで①＝②だから，

$2 \times 2 \times \frac{1}{2} \times 5 \times \frac{1}{3} = 3\sqrt{6} \times AL \times \frac{1}{3}$

$AL = \frac{5\sqrt{6}}{9}$

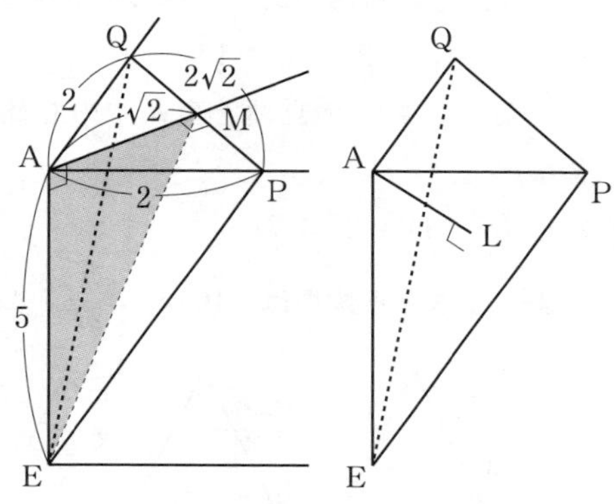

第4章

03 すい体の体積比

P.150

1 5倍 例題1

解説

三角すいA-BCD：三角すいR-BPQ

$= BC \times BD \times BA : BP \times BQ \times BR$

$= 2 \times 2 \times 5 : 1 \times 1 \times 4 = 5 : 1$

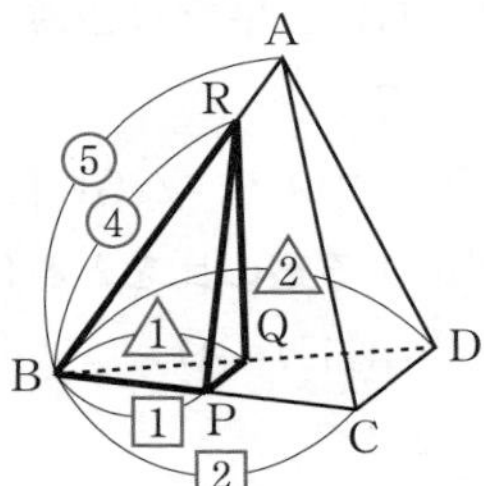

2 $\frac{4\sqrt{6}}{3}$cm 例題1

解説

三角すいO-ABCの体積をVとして，点Oを含む方の立体の体積が，全体の$\frac{1}{3}V$になればよい。

$OE = x$，$OF = 2x$とする。

三角錐O-EBF

$= 三角錐O\text{-}ABC \times \frac{OE}{OA} \times \frac{OB}{OB} \times \frac{OF}{OC}$

$= 三角錐O\text{-}ABC \times \frac{x}{8} \times \frac{8}{8} \times \frac{2x}{8}$

よって，

$\frac{x^2}{32}V = \frac{1}{3}V$，$x^2 = \frac{32}{3}$，$x = \frac{4\sqrt{6}}{3}$

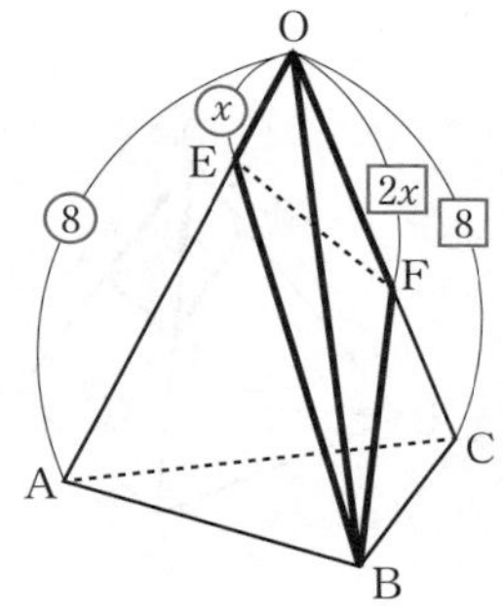

3 $\frac{15}{2}$倍 例題1

解説

三角錐A-BCDの体積をVとする。

三角錐A-FCD $= V \times \frac{CF}{CB}$

$= V \times \frac{5}{8} = \frac{5}{8}V$

図の太線で描かれた図形の体積は，

三角錐A-FCD − 三角錐A-FMN

$= \frac{5}{8}V - \frac{5}{8}V \times \frac{AM}{AC} \times \frac{AN}{AD}$

$= \frac{5}{8}V - \frac{5}{8}V \times \frac{1}{2} \times \frac{1}{2}$

$= \frac{5}{8}V \times \left(1 - \frac{1}{4}\right) = \frac{5}{8}V \times \frac{3}{4} = \frac{15}{32}V$

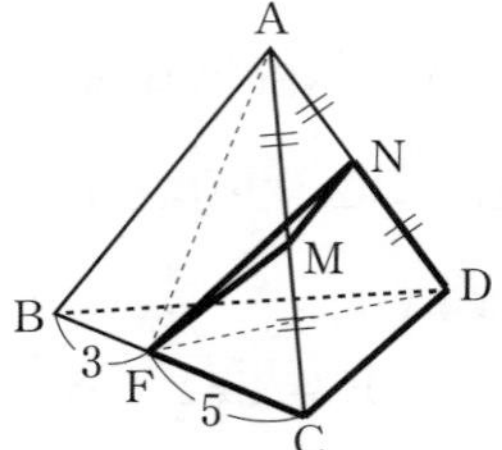

三角錐EAMN

$= V \times \frac{AE}{AB} \times \frac{AM}{AC} \times \frac{AN}{AD}$

$= V \times \frac{2}{8} \times \frac{1}{2} \times \frac{1}{2} = \frac{2}{32}V$

よって，$\frac{15}{32}V$ ： $\frac{2}{32}V = 15$ ： 2

$= \frac{15}{2}$ ： 1

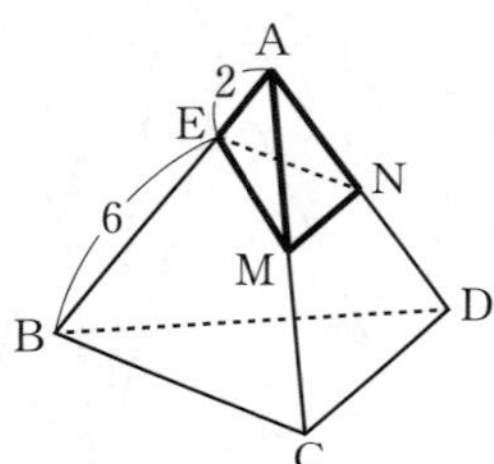

4　27 ： 98　例題 2

解説

円錐Pと円錐(P ＋ Q)は相似である。

その相似比は，

AB ： AO ＝ 3 ： (3 ＋ 2) ＝ 3 ： 5

これより体積比は，

3^3 ： 5^3 ＝ 27 ： 125

よって，

P ： Q ＝ 27 ： (125 － 27) ＝ 27 ： 98

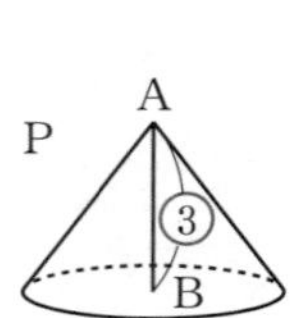

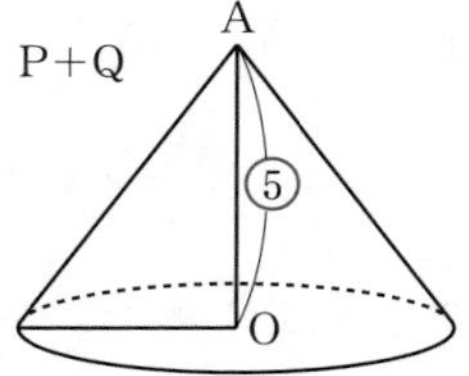

5　28π cm³　例題 2

解説

図のように，円錐P，円錐Q，円錐Rとすれば，これらは相似で，その体積比は，

3^3 ： 2^3 ： 1^3 ＝ 27 ： 8 ： 1

すると，もとの立体と真ん中の立体の体積比は，

27 ： (8 － 1) ＝ 27 ： 7

よって求める体積は，$108\pi \times \frac{7}{27} = 28\pi$

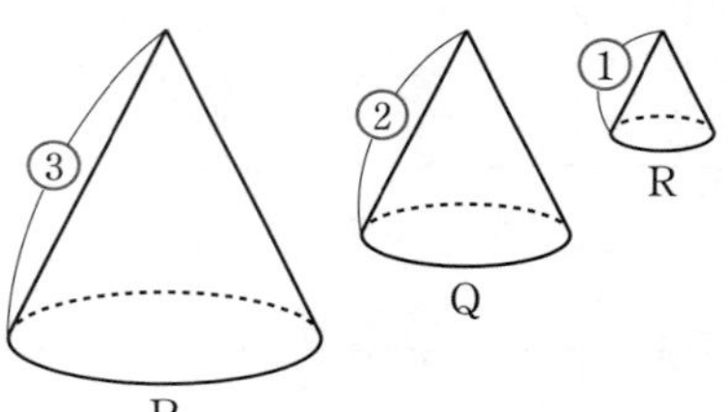

第 4 章

04　空間内の長さや比

P.155

1　$\sqrt{17}$ cm　例題 1

解説

Jを通りHDと平行な直線と，HGの交点をKとする。

△GHDにおいて，△GKJ ∽ △GHDだから，対応する辺の比をとれば，

KJ ： HD ＝ GJ ： GD

KJ ： 3 ＝ 2 ： 3

KJ ＝ 2

また，

$GK : KH = GJ : JD$

でもあるから，

$GK : KH = 2 : 1$

よって，

$HK = 6 \times \frac{1}{3} = 2$

$HI = 3$だから，△HIKで三平方の定理より，

$KI = \sqrt{HK^2 + HI^2} = \sqrt{2^2 + 3^2} = \sqrt{4 + 9}$
$= \sqrt{13}$

△JIKで三平方の定理より，

$IJ = \sqrt{IK^2 + KJ^2} = \sqrt{(\sqrt{13})^2 + 2^2}$
$= \sqrt{13 + 4} = \sqrt{17}$

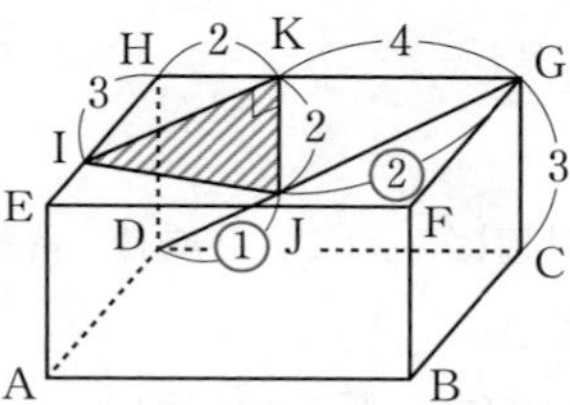

2 $\sqrt{67}$ cm　例題 1

解説

△DBCにおいて，中点連結定理から，

BC // MN

△ABCにおいて同様に，BC // KL

よって，MN // KL

また△ABDにおいて，中点連結定理から，AD // KM …㋐

△ACDにおいて同様に，AD // LN

よって，KM // LN …㋑

㋐，㋑と，△DBC ⊥ ADから，MN ⊥ LNなので四角形KMNLは長方形で，点Eは長方形KMNLの対角線の交点である。

辺BCの中点をFとすると，点Eから面BCDへ垂線EGを引いたとき，GはDF上にありDG = GFである。

ここで，

$BF = \frac{1}{2}BC = \frac{1}{2} \times 12 = 6$

だから，

$GF = \frac{1}{2}DF = \frac{1}{2} \times \sqrt{3}\,BF$

$= \frac{1}{2} \times \sqrt{3} \times 6 = 3\sqrt{3}$

△GBFで三平方の定理より，

$BG = \sqrt{BF^2 + FG^2} = \sqrt{6^2 + (3\sqrt{3})^2}$
$= \sqrt{36 + 27} = 3\sqrt{7}$

また，

$EG = \frac{1}{2}KM = \frac{1}{2} \times \frac{1}{2}AD$

$= \frac{1}{2} \times \frac{1}{2} \times 8 = 2$

△EBGで三平方の定理より，

$BE = \sqrt{BG^2 + EG^2} = \sqrt{(3\sqrt{7})^2 + 2^2}$
$= \sqrt{67}$

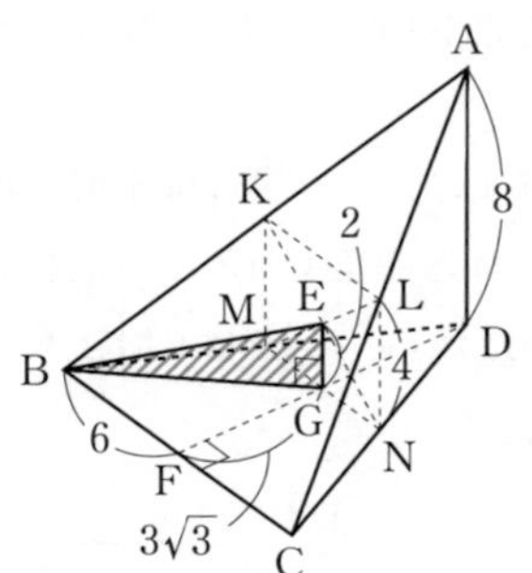

3 (1) 6 cm　(2) $\frac{4\sqrt{5}}{3}$ cm　例題 2

解説

(1)　$AG = \sqrt{4^2 + 2^2 + 4^2} = 6$

(2)　△ABFで三平方の定理より，

$AF = \sqrt{AB^2 + BF^2} = \sqrt{4^2 + 2^2} = 2\sqrt{5}$

さて，面ABFE ⊥ FGだから，

$\angle AFG = 90^\circ$

ここで$\angle FIG = 90^\circ$，∠Gは共通だから，

$\triangle FIG \backsim \triangle AFG$

対応する辺の比をとり，

$FI : AF = FG : AG$

$FI : 2\sqrt{5} = 4 : 6$

$6 \times FI = 2\sqrt{5} \times 4$

$FI = \dfrac{4\sqrt{5}}{3}$

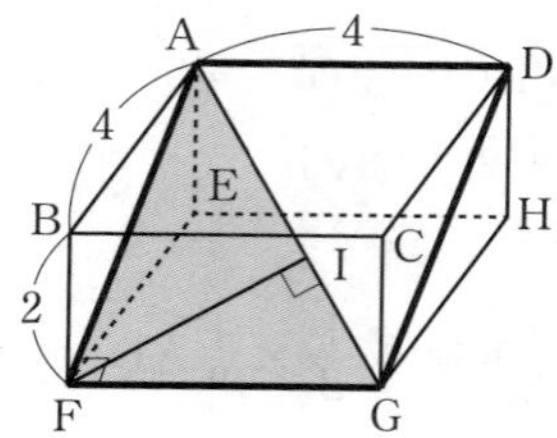

4　1cm　例題 3

解説

長方形EFGHの対角線の交点をMとする。

直方体の対角線AGは平面AEGC上にある。これと平面CHFとの交線は図のようにCMだから，点PはCM上にあることがわかる。

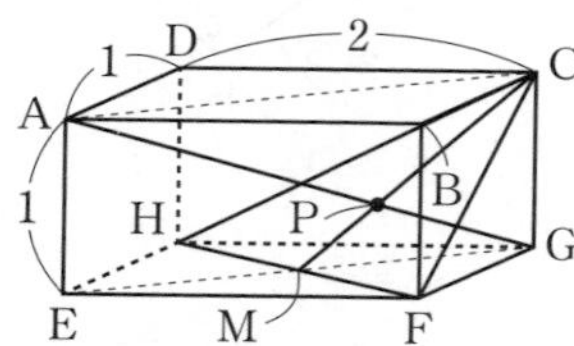

$\triangle APC \backsim \triangle GPM$より，対応する辺の比をとれば，

$CP : MP = AC : GM = 2 : 1$

ここで$\triangle EFG$で三平方の定理より，

$EG = \sqrt{EF^2 + FG^2} = \sqrt{2^2 + 1^2} = \sqrt{5}$

$MG = \dfrac{1}{2}EG = \dfrac{1}{2} \times \sqrt{5} = \dfrac{\sqrt{5}}{2}$

$\triangle CMG$で三平方の定理より，

$CM = \sqrt{MG^2 + CG^2} = \sqrt{\left(\dfrac{\sqrt{5}}{2}\right)^2 + 1^2}$

$= \dfrac{3}{2}$

$CP = \dfrac{2}{3}CM = \dfrac{2}{3} \times \dfrac{3}{2} = 1$

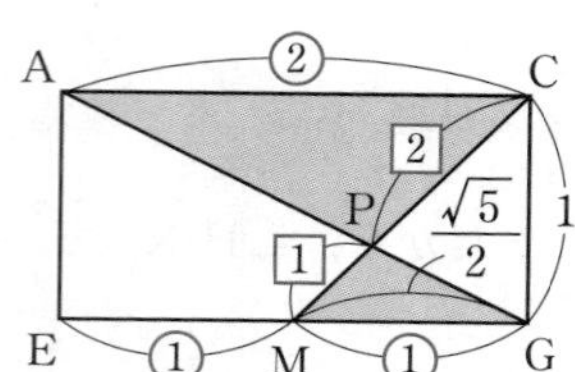

第4章

05　円すいや結んだ最短経路

▶P.160

1　2　例題 1

解説

展開図において，2点B，Hを直線で結べばよい。

$\triangle ABH$で三平方の定理より，

$AH = \sqrt{BH^2 - AB^2} = \sqrt{(5\sqrt{5})^2 - 5^2} = 10$

$BF = DH = AH - AD = 10 - 8 = 2$

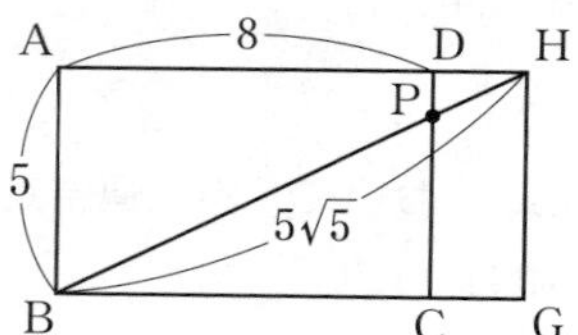

2　$6\sqrt{2}$　例題 1

解説

展開図において，2点M，Nを直線で結べばよい。そのときMNが，㋐辺ABと交わる，㋑辺AEと交わる，㋒辺HEと交わる。この3つの場合が最短経路の候補として考えられる。

㋐のとき，$\triangle MEN$で三平方の定理より，

$MN = \sqrt{ME^2 + EN^2} = \sqrt{9^2 + 3^2} = \sqrt{90}$

㋑のとき，$\triangle MIN$で三平方の定理より，

$MN = \sqrt{MI^2 + IN^2} = \sqrt{6^2 + 6^2} = \sqrt{72}$

ⓦのとき，△MANで三平方の定理より，

$MN = \sqrt{MA^2 + AN^2} = \sqrt{3^2 + 9^2} = \sqrt{90}$

よって，ⓘのときが最小だから，

$\sqrt{72} = 6\sqrt{2}$

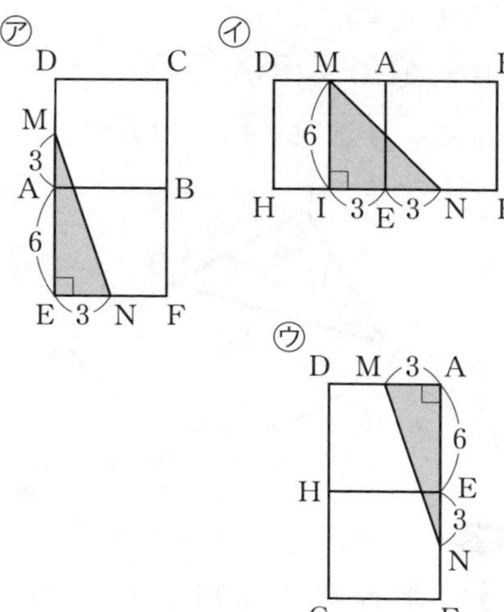

3 $\sqrt{3}$ cm　例題 2

解説

展開図において，2点D，Cを直線で結べばよい。

△ADCは二等辺三角形で，点PはDCの中点だから図のようになる。

$DC = 2DP = 2 \times \frac{\sqrt{3}}{2}AD$

$= 2 \times \frac{\sqrt{3}}{2} \times 1 = \sqrt{3}$

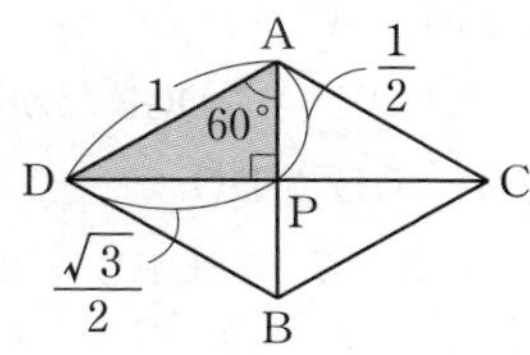

4 $\sqrt{13}$ cm　例題 2

解説

展開図において，2点D，Cを直線で結べばよい。

図のように直角三角形ACHを補えば，

$\angle CAB = 60°$だから，$\angle HAC = 30°$

$HC = \frac{1}{2}AC = \frac{1}{2} \times 2 = 1$

$AH = \frac{\sqrt{3}}{2}AC = \frac{\sqrt{3}}{2} \times 2 = \sqrt{3}$

$AD = \sqrt{3}$ だから，△DCHで三平方の定理より，

$CD = \sqrt{(HA + AD)^2 + HC^2}$

$= \sqrt{(\sqrt{3} + \sqrt{3})^2 + 1^2} = \sqrt{13}$

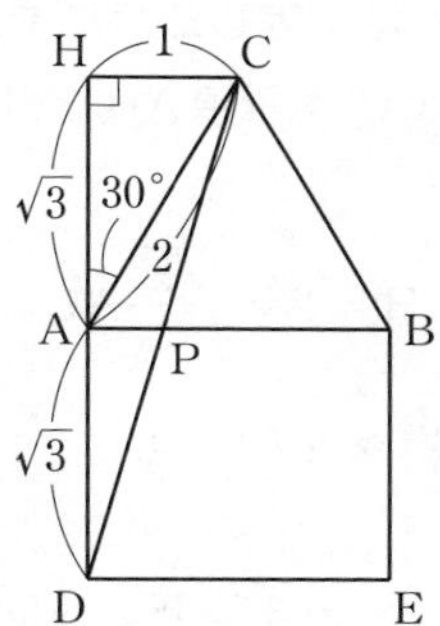

5 $3\sqrt{7}$　例題 2

解説

展開図において，2点M，Cを直線で結べばよい。

図のように直角三角形HOCを補えば，

$\angle AOC = 120°$だから，$\angle HOC = 60°$

$HO = \frac{1}{2}OC = \frac{1}{2} \times 6 = 3$

$HC = \frac{\sqrt{3}}{2}OC = \frac{\sqrt{3}}{2} \times 6 = 3\sqrt{3}$

$OM = 3$だから，△HMCで三平方の定理より，

$MC = \sqrt{(HO + OM)^2 + HC^2}$

$= \sqrt{(3+3)^2 + (3\sqrt{3})^2} = 3\sqrt{7}$

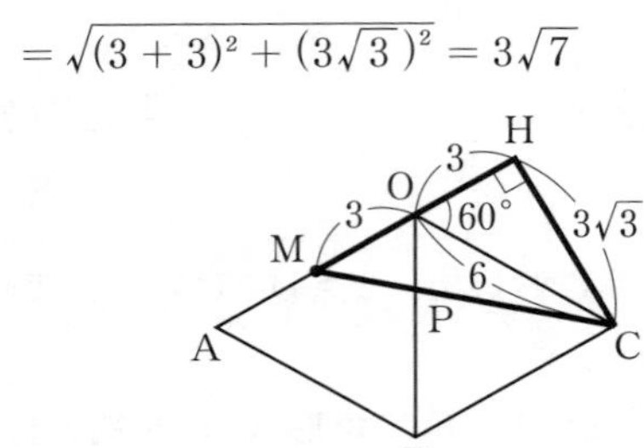

6　6　例題 3,4

解説

展開図において，2点C，C′を直線で結べばよい。

おうぎ形の中心角は，$360° \times \frac{2}{6} = 120°$

△ACC′は二等辺三角形で，図のように点AからCC′へ垂線AHを引く。Hは中点だから，

$CC' = 2CH = 2 \times \frac{\sqrt{3}}{2}AC$

$= 2 \times \frac{\sqrt{3}}{2} \times 2\sqrt{3} = 6$

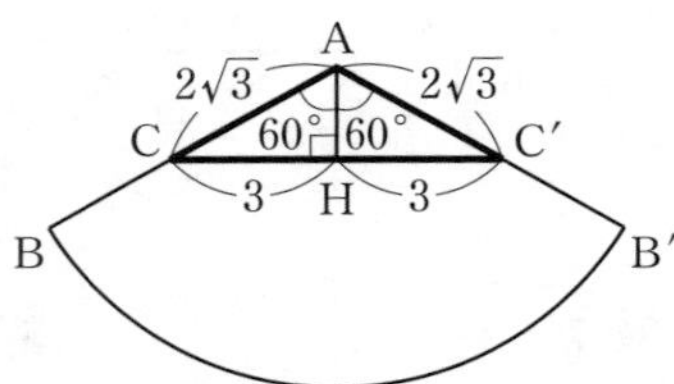

7　$4\sqrt{13}$　例題 3,4

解説

展開図において，2点A，Bを直線で結べばよい。

おうぎ形の中心角は，

$360° \times \frac{4}{12} = 120°$

図のように直角三角形HAOを補えば，

∠HOA = 60°だから，

$HO = \frac{1}{2}OA = \frac{1}{2} \times 12 = 6$

$HA = \frac{\sqrt{3}}{2}OA = \frac{\sqrt{3}}{2} \times 12 = 6\sqrt{3}$

$OB = 12 \times \frac{1}{3} = 4$だから，△HABで三平方の定理より，

$AB = \sqrt{(HO + OB)^2 + HA^2}$

$= \sqrt{(6+4)^2 + (6\sqrt{3})^2} = 4\sqrt{13}$

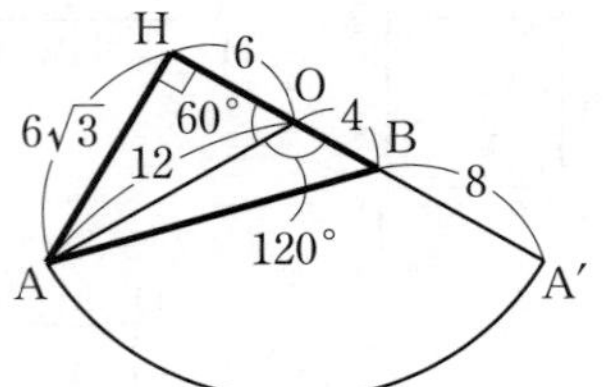

第5章

01 平行線の利用

▶ P.165

1　40：9　例題 1

解説

図のように，FG = 3aとすれば，

AB // FGより，△CFG ∽ △CAB(…㋐)だから，

FG：AB = CF：CA

3a：AB = 3：7，3 × AB = 3a × 7

AB = 7a

また㋐より，

CG：GB = CF：FA = 3：4

だから，GB = 4

さて，△DBE ∽ △DGFだから，

EB：FG = DB：DG

EB：3a = 3：7，7 × EB = 3a × 3，

$EB = \frac{9}{7}a$

$AE : EB = \left(7a - \frac{9}{7}a\right) : \frac{9}{7}a$

$= \frac{40}{7}a : \frac{9}{7}a = 40 : 9$

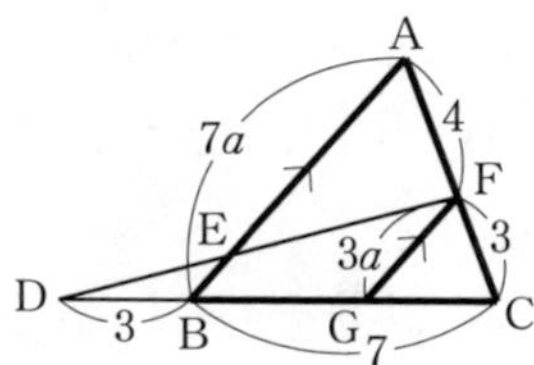

2　3：1　例題 1

解説

△BCDにおいて，BE＝ED，BF＝FCだから，中点連結定理より，DC // EF

よって，△ADG ∽ △AEFだから，

DG：EF＝AD：AE＝1：2

ここで，DG＝aとすると

EF＝$2a$

また，△BFE ∽ △BCDだから，

EF：DC＝BF：BC＝1：2

EF＝$2a$だからDC＝$4a$

CG：GD＝(CD－GD)：GD

＝$(4a-a)$：a＝$3a$：a＝3：1

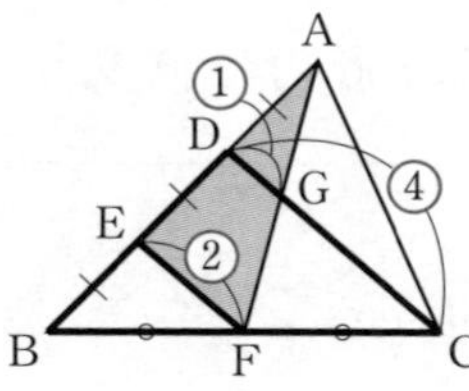

3　$\frac{16}{3}$ cm　例題 1

解説

△ABFで，AD＝DB，AE＝EFだから，中点連結定理より，DE // BF

△CFG ∽ △CEDより，

FG：ED＝CF：CE＝1：2

ここでFG＝aとすれば，ED＝$2a$

△ADE ∽ △ABFより，

DE：BF＝AD：AB＝1：2

よって，BF＝$4a$となればよいから，

$4a = a + 8$，$3a = 8$，$a = \frac{8}{3}$

$DE = 2a = 2 \times \frac{8}{3} = \frac{16}{3}$

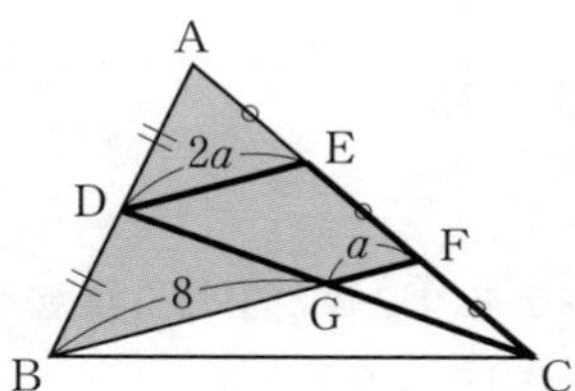

第５章

02 平行四辺形内に引く補助線

▶ P.167

1　7：5　例題 1

解説

点Eを通りADと平行な直線を引き，図のようにI，Jをとる。

ここで，

DI：IC＝AE：EB＝2：3＝6：9

DG：GC＝1：2＝5：10

だから，

DG：GI：IC＝5：(6－5)：9

＝5：1：9

また，△GJI ∽ △GFCだから，

JI：FC＝GI：GC＝1：10

FC＝$\boxed{2}$とすれば，JI＝$\boxed{\frac{1}{5}}$

EJ＝$\boxed{3} - \boxed{\frac{1}{5}} = \boxed{\frac{14}{5}}$

△EHJ ∽ △CHFより，

EH：HC＝EJ：CF＝$\frac{14}{5}$：2＝7：5

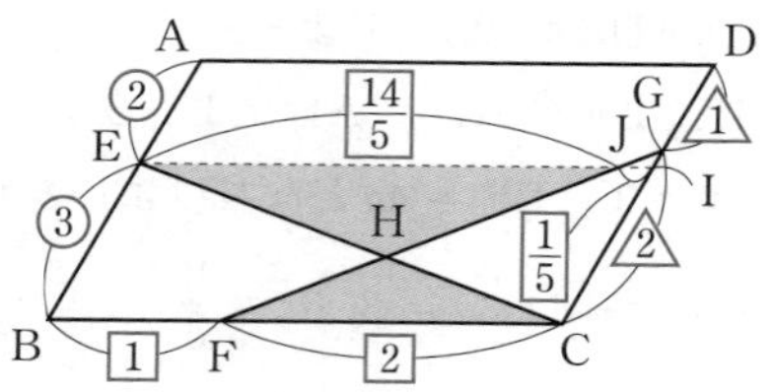

2　49：15　例題 1

解説

点Gを通りADと平行な直線を引き，図のようにH，Iをとる。

△BIH∽△BDA（…㋐）だから，

HI：AD＝BH：BA＝CG：CD

＝3：8

よって，HI＝③とすれば，AD＝⑧だから，

IG＝HG－HI＝⑤

△FDE∽△FIGより，

DF：IF＝DE：IG＝3：5

ここで再び㋐より，

BI：ID＝3：5＝$\dfrac{3}{5}$：1＝$\dfrac{24}{5}$：8

だから，

BF：FD＝$\left(\dfrac{24}{5}+5\right)$：3＝$\dfrac{49}{5}$：3

＝49：15

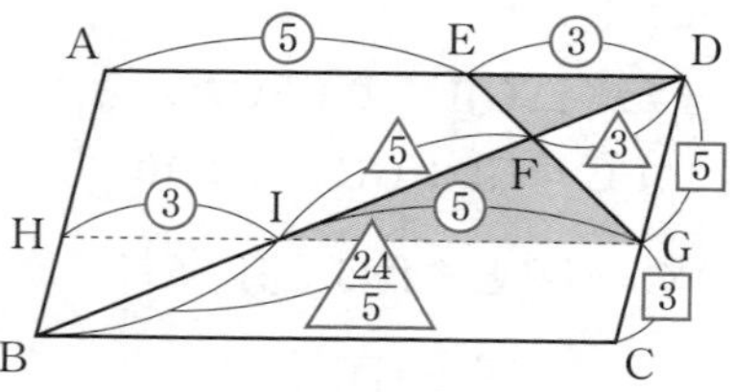

3　9：5　例題 1

解説

点Gを通りADと平行な直線を引き，図のようにI，Jをとる。

また，点Fを通りABと平行な直線を引き，図のようにK，Lをとる。

BF：FC＝3：1

AE：ED＝1：1＝2：2

より，

AE：EL：LD＝2：1：1

△FJK∽△FELだから，

JK：EL＝FK：FL＝2：3

EL＝1とすれば，JK＝$\dfrac{2}{3}$

ここで△BHF∽△GHJより，

BH：GH＝BF：GJ＝3：$\left(\dfrac{2}{3}+1\right)$

＝3：$\dfrac{5}{3}$＝9：5

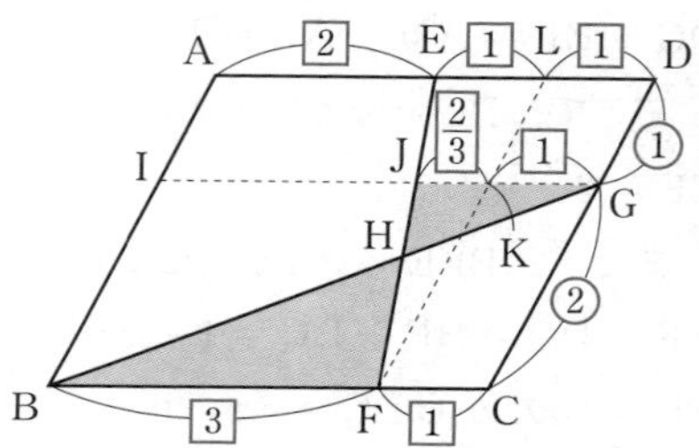

第5章

03　正方形内で直交する線分

▶P.169

1　$3\sqrt{10}$　例題 1

解説

折り返し図形の性質から，点AとEは折り目PQについて線対称だから，

AE⊥PQ（…㋐）

図のようにQから辺ADへ垂線QHを引く。

すると，∠HPQ＋∠HQP＝90°

㋐より，∠API＋∠PAI＝90°

だから，∠HQP＝∠PAI

また，∠QHP＝∠ADE＝90°と，

HQ＝DAより，△HQP≡△DAE

よって，$PQ = EA$

$\triangle DAE$で三平方の定理より，

$AE = \sqrt{AD^2 + DE^2} = \sqrt{9^2 + 3^2} = 3\sqrt{10}$

$(= PQ)$

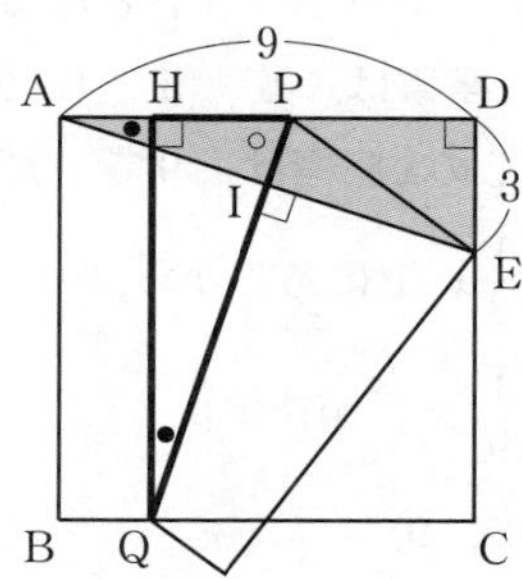

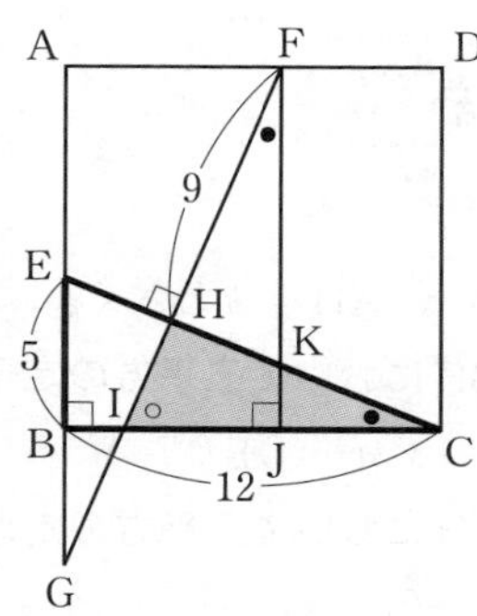

第5章

04 不等辺三角形の高さや面積

▶ P.171

2 $\dfrac{48}{5}$ cm

解説

図のようにFから辺BCへ垂線FJを引く。

すると，$\angle FIJ + \angle IFJ = 90°$

$\angle HIC + \angle ICH = 90°$

だから，$\angle IFJ = \angle ICH$

また，$\angle FJI = \angle CBE = 90°$と，

$FJ = CB$より，$\triangle FJI \equiv \triangle CBE$

よって，$FI = CE$

$\triangle CEB$で三平方の定理より，

$CE = \sqrt{EB^2 + BC^2} = \sqrt{5^2 + 12^2} = 13$

$(= FI)$

すると，$HI = FI - FH = 13 - 9 = 4$

また，$\triangle CBE \backsim \triangle CHI$だから，対応する辺の比をとれば，

$CB : CH = EB : IH$，$12 : CH = 5 : 4$，

$5 \times CH = 12 \times 4$，$CH = \dfrac{48}{5}$

1 12　例題 1

解説

$BH = x$，$AH = h$とおく。

$\triangle ABH$において三平方の定理より，

$h^2 = 13^2 - x^2$ (…①)

$\triangle ACH$において三平方の定理より，

$h^2 = 15^2 - (14 - x)^2$ (…②)

①と②の右辺は等しいことから，

$13^2 - x^2 = 15^2 - (14 - x)^2$

$169 - x^2 = 225 - (196 - 28x + x^2)$，

$169 - x^2 = 29 + 28x - x^2$，$140 = 28x$，

$x = 5$

①へ代入して，

$h^2 = 13^2 - 5^2 = 169 - 25 = 144$，

$AH = h = 12$

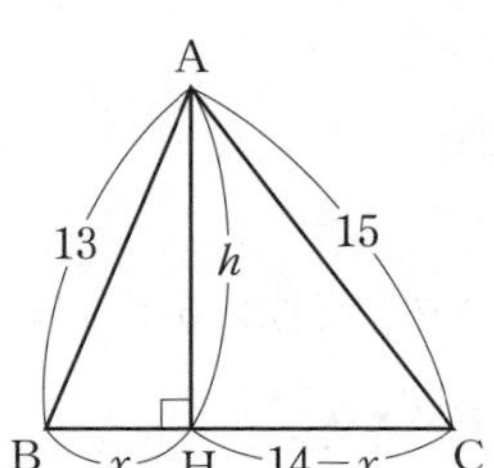

3 $2\sqrt{6}$ 例題 1

解説

$BH = x$, $AH = h$とおく。

△ABHにおいて三平方の定理より,

$h^2 = 5^2 - x^2$ (…①)

△ACHにおいて三平方の定理より,

$h^2 = 7^2 - (6 - x)^2$ (…②)

①と②の右辺は等しいことから,

$5^2 - x^2 = 7^2 - (6 - x)^2$

$25 - x^2 = 49 - (36 - 12x + x^2)$,

$25 - x^2 = 13 + 12x - x^2$, $12 = 12x$,

$x = 1$

①へ代入して,

$h^2 = 5^2 - 1^2 = 25 - 1 = 24$,

$AH = h = 2\sqrt{6}$

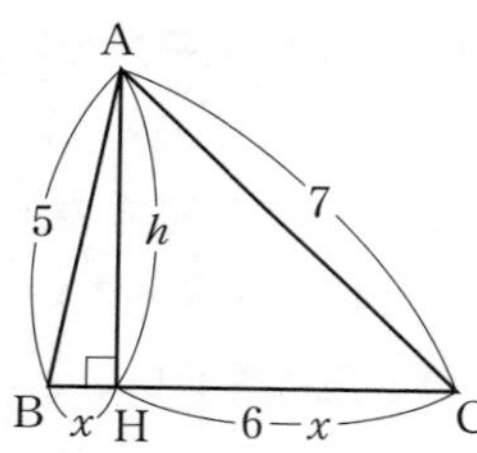

第5章

05 平行四辺形の面積二等分

▶P.173

1 (1) -9 (2) 6 (3) $y = \frac{5}{3}x + 10$ 例題 1

解説

(1) 点Aのx座標は3で，放物線$y = \frac{1}{9}x^2$上にあるから,

$y = \frac{1}{9} \times 3^2 = 1$

A(3, 1)

点Dのx座標は-6だから，同様にして,

$y = \frac{1}{9} \times (-6)^2 = 4$

D(−6, 4)

四角形ABCDは平行四辺形だから,

DA // CB, DA = CBとなるから,

Cのx座標は, $0 - \{3 - (-6)\} = -9$

(2) 点Cのx座標は-9で，放物線

$y = \frac{1}{9}x^2$上にあるから,

$y = \frac{1}{9} \times (-9)^2 = 9$

C(−9, 9)

よって点Bのy座標は,

$9 - (4 - 1) = 6$

(3) 求める直線は，平行四辺形の対角線の交点Mを通る。

Mは線分ACの中点だから,

$\left(\frac{3-9}{2}, \frac{1+9}{2}\right) = (-3, 5)$

これと(−6, 0)を通る直線の式は,

$y = \frac{5}{3}x + 10$

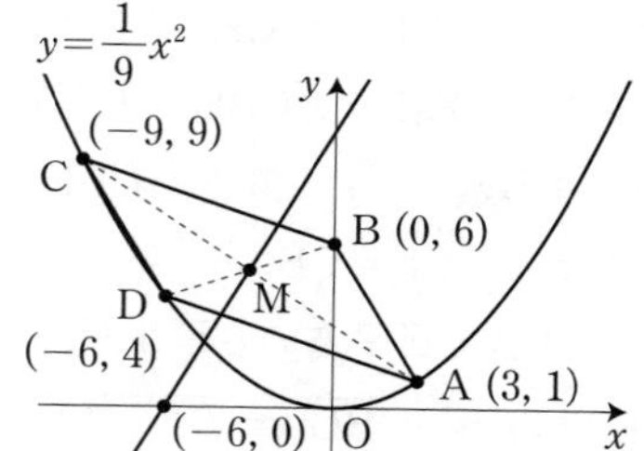

2 (1) D(4, 12) (2) $a = \frac{1}{12}$ (3) $y = \frac{15}{2}x$ 例題 1

解説

(1) 点Aのx座標は-4で，放物線

$y = \frac{3}{4}x^2$上にあるから,

$y=\frac{3}{4}\times(-4)^2=12$

A$(-4,\ 12)$

BCはx軸と平行だから，ADも平行。よって点AとDはy軸について対称。

D$(4,\ 12)$

(2) 点Bのx座標は-2で，$y=\frac{3}{4}x^2$上にあるから，

$y=\frac{3}{4}\times(-2)^2=3$

B$(-2,\ 3)$

ここでAD＝BCだから，点Cのx座標は，

$-2+\{4-(-4)\}=6$

BCはx軸に平行だから，C$(6,\ 3)$

$y=ax^2$に代入し，

$3=a\times6^2$，$3=36a$，$a=\frac{1}{12}$

(3) 四角形ABCDは平行四辺形だから，求める直線は対角線の中点Mを通ればよい。点Mは線分BDの中点だから，

$\left(\frac{-2+4}{2},\ \frac{3+12}{2}\right)=\left(1,\ \frac{15}{2}\right)$

求める点はこれと原点を通るので，

$y=\frac{15}{2}x$

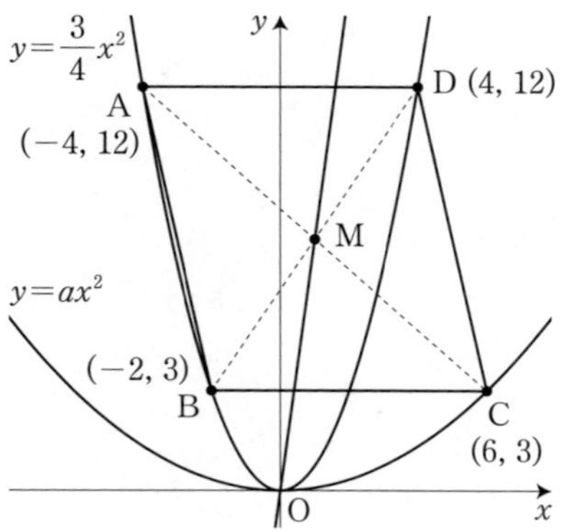

第5章

06 すい台の体積

▶ P.175

1

(1) 6 cm **(2)** $\frac{38}{3}\pi\,\text{cm}^3$ 例題 1

解説

(1) 図の△BCHで三平方の定理より，

$BH=\sqrt{BC^2-CH^2}=\sqrt{(\sqrt{5})^2-1^2}=2$

ここで△BCH ∽ △ABQを使い，対応する辺の比をとり，

BH：AQ＝CH：BQ,

2：AQ＝1：2，AQ＝2×2＝4

AP＝AQ＋QP＝AQ＋BH

＝4＋2＝6

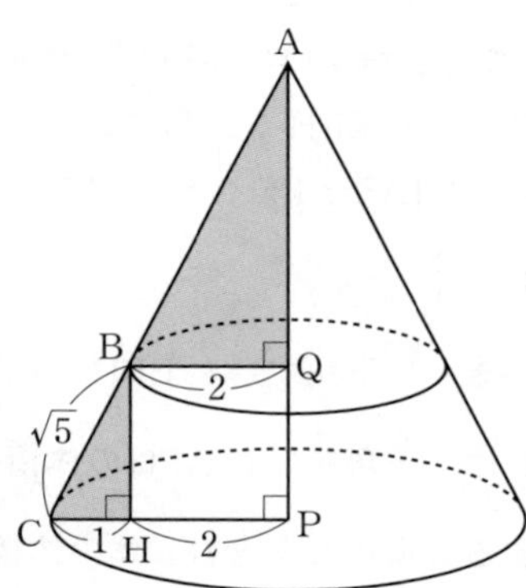

(2) 2つの円すいの体積を比べる。

底面にPを含む円すい：底面にQを含む円すい

$=AP^3 : AQ^3=6^3 : 4^3=27 : 8$

$=1 : \frac{8}{27}$

つまり，底面にPを含む円すいの体積をVとすると，底面にQを含む円すいの体積は$\frac{8}{27}V$

するとAを含まないほうの立体の体積は，$V-\frac{8}{27}V=\frac{19}{27}V$

よってその体積は，

$\frac{19}{27} \times 3^2\pi \times 6 \times \frac{1}{3} = \frac{38}{3}\pi$

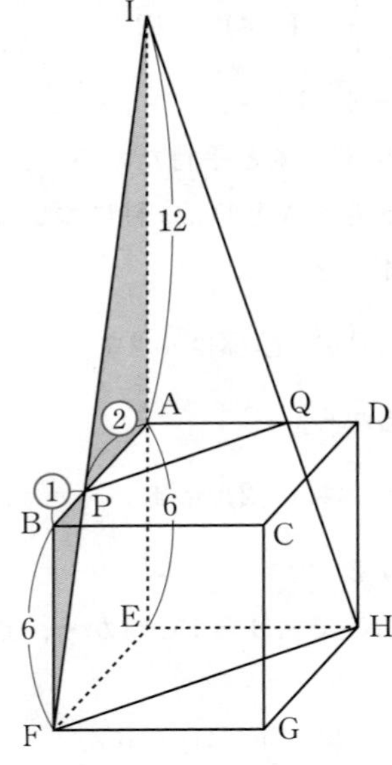

2

76 cm³ 　　例題 1

解説

求める立体は，三角すいI-EFHから三角すいI-APQを除いた三角すい台である。

図で，△IPA ∽ FPBだから，対応する辺の比をとり，

IA：FB＝PA：PB

IA：6＝2：1，IA＝6×2＝12

よって，

IE＝12＋6＝18

2つの三角すいの体積を比べる。

三角すいI-EFH：三角すいI-APQ

$= IE^3 : IA^3 = 18^3 : 12^3 = 27 : 8$

$= 1 : \frac{8}{27}$

つまり，三角すいI-EFHの体積をVとすれば，三角すいI-APQの体積は$\frac{8}{27}V$

すると頂点Eを含む立体の体積は，

$V - \frac{8}{27}V = \frac{19}{27}V$

よってその体積は，

$\frac{19}{27} \times 6^2 \times \frac{1}{2} \times 18 \times \frac{1}{3} = 76$

MEMO

KADOKAWA